河北省精品课程"信息技术"配套教材

高等职业教育通识课系列教材

信息技术

——拓展模块（WPS Office 高效办公 + 新一代信息技术）

主　编　商蕾杰　曹会云　杨　硕

副主编　吴　丽　赵娟娟　周月芝

　　　　赵洪涛　张　熙

主　审　李　存　王　丽

西安电子科技大学出版社

内 容 简 介

本书依据《高等职业教育专科信息技术课程标准(2021年版)》编写而成，包括"WPS Office 办公软件的高效应用"和"新一代信息技术"两部分内容。其中，"WPS Office 办公软件的高效应用"深入探讨了 WPS Office 的高级功能，如长文档排版、邮件合并、审阅、高级数据分析与图表制作、演示文稿中的高级动画设置等。通过完成具体任务，读者能够进行高质量的文档创作与数据分析，进而提升自身解决复杂问题的能力。"新一代信息技术"包括认识信息安全、认识大数据、认识人工智能、认识物联网、认识云计算、认识虚拟现实技术和认识项目管理七个任务。每个任务都结合日常生活中的典型案例，采用"任务描述→任务分析→相关知识点→任务步骤"的结构进行讲解，旨在激发读者的学习兴趣，引领读者探索信息技术领域的最新发展趋势与前沿技术。

本书可作为高等职业教育信息技术通识课程的教材，也可作为各行各业人员提高办公软件应用技能、了解新一代信息技术的参考书。

图书在版编目(CIP)数据

信息技术：拓展模块：WPS Office 高效办公＋新一代信息技术 /
商蕾杰，曹会云，杨硕主编 . -- 西安：西安电子科技大学出版社，2025.3.
ISBN 978-7-5606-7611-1

Ⅰ. TP3

中国国家版本馆 CIP 数据核字第 20254FC409 号

策　　划　杨航斌
责任编辑　程广兰
出版发行　西安电子科技大学出版社(西安市太白南路2号)
电　　话　(029) 88202421　88201467　　　　　邮　　编　710071
网　　址　www.xduph.com　　　　　　　　电子邮箱　xdupfxb001@163.com
经　　销　新华书店
印刷单位　广东虎彩云印刷有限公司
版　　次　2025年3月第1版　2025年3月第1次印刷
开　　本　787毫米×1092毫米　1/16　印张 21.75
字　　数　520千字
定　　价　59.00元
ISBN 978-7-5606-7611-1
XDUP 7912001-1
*** 如有印装问题可调换 ***

▼ 前　言 ▼

信息技术涵盖信息的获取、表示、传输、存储、加工、应用等各种技术，是经济社会转型发展的主要驱动力，也是建设网络强国、数字中国、智慧社会的基础支撑。提升国民信息素养，增强个体在信息社会的适应力与创造力，对个人的生活、学习和工作，以及全面建设社会主义现代化国家具有重大意义。

为适应新时代发展需求，培养高素质信息技术人才，我们依据《高等职业教育专科信息技术课程标准(2021年版)》编写了本书。本书主要具有以下特点：

(1) 实用性强。本书内容紧密贴合实际应用，避免空洞的理论知识，确保读者能够将所学知识直接应用于生活和工作中。

(2) 任务驱动。书中配备大量丰富且具有代表性的实践操作任务，读者通过实际动手操作，能够将理论知识转化为实际技能，真正提升信息技术的应用能力。

(3) 易于理解。本书语言通俗易懂，减少了专业术语的使用，即使是初学者也能够轻松理解复杂的技术概念。

(4) 前瞻性强。本书内容紧跟信息技术发展趋势，提供具有前瞻性的指导。

全书共5个单元：第1单元为WPS文字长文档的高效排版，第2单元为WPS文字文档的进阶操作，第3单元为WPS表格的高效数据处理，第4单元为WPS演示文稿的高级制作，第5单元为新一代信息技术。在每个单元中，我们设置了若干个具体的工作任务。每个任务都包括任务描述、任务分析、相关知识点和任务步骤，旨在帮助读者掌握操作过程和技巧。为了提高读者解决实际问题的能力和知识迁移能力，我们在具体任务后还设计了拓展任务。同时，为落实立德树人的根本任务，本书在每个单元都设置了思政目标并安排了课程思政，在任务中也融入了科学精神、工匠精神、中国文化等有关的思政元素，以达到润物细无声的教学效果。另外，我们将本书中部分任务的操作录制成了视频，读者可通过扫描书中的二维码进行观看。本书还提供了相关操作的素材和效果文件，读者选购本书后，可登录西安电子科技大学出版社官方网站获取。

本书由商蕾杰、曹会云、杨硕担任主编，吴丽、赵娟娟、周月芝、赵洪涛、张熙担任副主编，李存、王丽担任主审。本书的编写分工如下：商蕾杰编写第 3 单元和第 5 单元的任务 5.2、任务 5.3，曹会云编写第 1 单元、第 2 单元和第 5 单元的任务 5.4、任务 5.6，杨硕编写第 4 单元和第 5 单元的任务 5.1、任务 5.5、任务 5.7。

由于编者水平有限，书中难免存在不足之处，敬请广大读者批评指正。

编　者

2024 年 11 月

目 录

第一部分 WPS Office 办公软件的高效应用

第二部分　新一代信息技术

第一部分

WPS Office 办公软件的高效应用

第 1 单元
WPS 文字长文档的高效排版

情景导入

张同学是某职业技术学院的学生，现在面临毕业。这段时间，他一直在忙着撰写毕业论文，现已完成初稿。

最近，学院下发了毕业论文的统一排版要求，详细规定了页面尺寸和页边距、各类文本的字体和字号，以及页眉、目录的格式等。由于张同学的毕业论文篇幅长、结构层次多，且临近毕业，事务繁多，为确保按照学院要求高效完成毕业论文的编排，张同学决定重温WPS 文字长文档的排版技能。

教学目标

▲ 知识目标

(1) 了解文档属性、样式、大纲级别、目录、节、交叉引用、页眉和页脚、WPS 域等概念。

(2) 熟悉文档不同视图和导航窗格的使用方法。

(3) 了解长文档的结构和排版流程。

(4) 理解长文档编辑的重要性并掌握相关技巧。

▲ 技能目标

(1) 能够熟练运用适当的编辑工具和技术编辑长文档。

(2) 能够有效组织和结构化长文档的内容。

(3) 能够运用合适的语言和风格编辑长文档。

▲ 素质目标

(1) 使学生养成良好的文档处理习惯，进一步提升整体编排文档的能力。

(2) 培养学生细心认真的学习态度和处理事情的大局观及方法。

(3) 培养学生的自主学习能力和问题解决能力，鼓励他们通过自主探究和合作学习解决在使用 WPS 文字文档时遇到的问题。

▲ 思政目标

(1) 树立自主创新精神。鼓励学生在学习 WPS 文字文档的过程中，积极探索新功能、新技巧，培养他们自主创新的意识和能力，为未来的科技创新做好准备。

(2) 强化社会责任感。通过 WPS 文字文档的实际应用案例，引导学生理解信息技术在社会发展和国家建设中的重要作用，从而增强学生的社会责任感，激发其为社会进步和国家发展贡献力量的热情。

任务 1.1　编排"毕业论文"文档

一、任务描述

毕业论文的目的是对学生的综合能力进行全面考察。通过编排"毕业论文"文档，学生不仅可以全面展示自己的综合能力，比如专业知识的掌握程度、解决问题的能力等，而且还能展现其信息时代办公自动化的综合应用能力。

任务完成后的效果如图 1-1 所示。

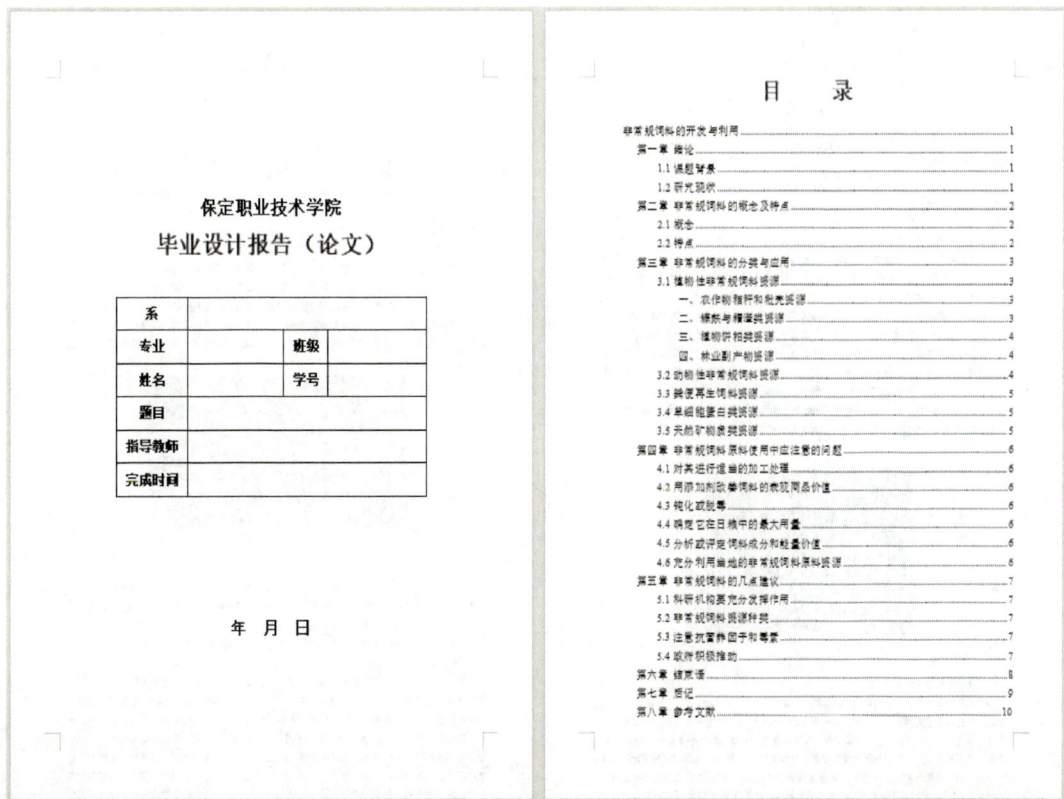

第一章 绪论

非常规饲料的开发与利用

第一章 绪论

1.1 课题背景

近 20 年来，我国畜牧业的增长速度令世人瞩目相睹，人们的膳食结构和动物性食品消费量均发生了显著变化的同时。畜牧业生产资源的耗费基础渐年增加。随着我国人口的增长、生活水平的提高和工业的发展，人们对物质原料的需求量性持续增加。但是人多地少，饲料用粮不足始终是制约我国畜牧业发展的重要因素。为实现在 21 世纪中叶我国达到中等国家发展水平的战略目标，畜牧业仍面临很重的任务，如图 1 所示。

图 1 饲料用粮不足稿关描述

一个国家的人均粮食占有量是衡量其畜牧业发展潜力的重要标志，由于我国人均粮食占有量很低，对畜产品的消费需求又处于上升阶段，饲料用粮的短缺已成为饲料产业发展的重要约因素。尤其是我国现阶段农区畜牧业的生产结构决定了其对粮食的依赖性极大，致使其发展随粮食生产的丰歉呈"马鞍型"波动。

因此，从我国的实际出发，加大对非常规饲料资源的开发、利用、研究将是畜牧业可持续发展的有效途径之一。

1.2 研究现状

谷物、豆饼及牧草等是畜牧业生产中传统采用的常规饲料，然而，随着畜牧业生产的发展，传统的常规饲料供需缺口越来越大，已经满足不了畜牧业生产发展的需要。同时，畜牧业规划生产与环境污染的矛盾也日渐突出。因此，如何既合理利用资源及促进畜牧业、又能保护生态环境，成为当前亟需破解的难题。非常规饲料为上述矛盾的解决做出了重要贡献。

第二章 非常规饲料的概念及特点

第二章 非常规饲料的概念及特点

2.1 概念

非常规饲料原料一般是指在配方中使用较少，或者对其营养特性和饲用价值了解较少的饲料原料。这是一个相对的概念。由于不同地区不同畜禽日粮使用的饲料原料不同，因此在某一地区或某一种日粮中是非常规饲料原料，而在另一地区或另一种日粮中可能是常规饲料原料。一般地，非常规饲料原料是指在配方中用的少使用，或者有营养特性和饲用价值了解较少的那些饲料原料，是区别于常用的糠麸、大宗粮食地常规饲料的资源，主要是农作物的秸秆和秕壳，食品企业排除的废渣、糟粕、废液，畜禽的血液、皮毛、青粗及粪便。

2.2 特点

非常规饲料原料与常规饲料原料相比具有如下几个方面的特点。

1. 来源广泛，种类繁多，成分复杂；2. 适口性差，饲用价值低；3. 体积较大，营养浓度较低；4. 营养成分变异大，质量不稳定；5. 含有各种抗营养物质与毒素，粗经过特殊处理才能使用；6. 掺杂、掺假情况严重，影响品质；7. 相关研究数据缺乏，没有较可靠的数据库，营养价值评定不准确。

第三章 非常规饲料的分类与应用

第三章 非常规饲料的分类与应用

3.1 植物性非常规饲料资源

一、农作物秸秆和秕壳资源

我国农区每年的秸秆和秕壳产量十分巨大，约为 6 亿吨。这类饲料主要包括水稻稻秆和秕壳、小麦秸秆和秕壳、玉米秸秆和玉米芯、高粱秸秆和秕壳、谷子秸秆和秕壳、大豆秸秆和荚壳、薯干、高粱、花生藤等，秸秆的主要成分是粗纤维和粗蛋白，矿物质含量也较丰富，如图 2 所示。目前这类资源主要通过物理加工、化学及微生物发酵处理方式，分解其中的粗纤维为单糖或低聚糖供动物喂用，同时可改善适口性。提高蛋白质含量。据查询对 40 头肉牛进行化处试验结果表明，液质越、青贮越、日增量、饲料转化率三方面都优于对照越，育肥越，且液质越日增重均较越提高 23.68%，饲料转化率提高 28.6%[1]，经验配对照组饲料提示对照越的作用，结果试验越中(饲喂微化的玉米秸秆)日采食量比微喂玉米秸秆提高了 29.9%，且试验越中增重较对照越提高 64.7%，每增重 1kg 比对照秸秆+玉米秸秆提高 0.77kg[1]。李恒等用不同的稻草、玉米秸秆混合育肥喂奶牛，结果饲喂玉米秸秆加稻草(添加含纤维浓合腐剂)的混合育饲料粗蛋白略高于奶量，且对乳成分无不良影响，经济效益可见，值得推广[1]。

图 2 农作物秸秆

二、糟粕与糟渣类资源

糟粕是粮食谷物加工后的副产物，全国年产量在 2200 万吨以上。有 85% 可用于饲料，其中以大豆产量较高，其次为米糠、玉米糟、小米糟等其他杂糟。糟渣资源来源于酿造工业、制糖业、副食加工业等。糟渣主要是酒糟渣、酱糟、醋糟、马铃薯渣、甘蔗渣、果渣等。进文伟研究用菠萝叶渣育饲料对奶牛的影响表明，添加菠萝叶渣育饲料度，使奶牛的产奶量提高 9.7%，牛乳脂量提高了 26.8%[1]。李鹏发现在幼羔日粮中添加一定比例(10%)丹参渣不会影响奶牛的产奶性能和乳品质[1]，陈克梁对 14 只健康牛羔对近

第三章 非常规饲料的分类与应用

的西门塔尔杂交品种育肥中进行饲喂添加苹果渣、玉米纤维及玉米酒精糟三种非常规饲料的全混合日粮，结果试验越较对照越日增重、屠宰率、净肉率、胴体产肉率、眼肌面积分别提高了 1.1%、2.1%、2.1%、3.3%、1.8%[1]。至营养的确定结果表明，鲜苹果渣的代谢能很接近于玉米育[(2.478 MJ/kg)[1]。

三、植物饼粕资源

主要有菜籽饼、花生饼、芝麻饼、向日葵饼、胡麻籽饼、油茶饼、橡胶饼、油桐饼、椰子饼，特别是花生饼、菜籽饼产量相对较高，如图 3 所示。对于花生饼、向日葵饼、芝麻饼含有等氨基酸水解、膨化、破碎处理，发酵方法就能用利用。穿大别探讨菜籽饼蛋白质含量中等，含硫量也高用植物饲料中的最高者，奶牛饲料中用量在饲于 15% 的条件下，产奶量和乳脂均正常[1]。

图 3 植物饼粕

四、林业副产物资源

我国现有林业饲料资源每年约为 6~8 亿吨，主要包括树叶、树枝、嫩枝和木材加工下脚料等，且采摘的槐树叶、榆树叶、松树叶等营养价值很高，粗蛋白含量一般占干物质 25%~29%[1]，是很好的蛋白质补充源。同时径有有大量的维生素和生物素营养。树叶很可直接饲喂牛羊，同嫩枝。木材加工下脚料可通过育贮、发酵、糖化、膨化、水解等处理方式加以利用。

3.2 动物性非常规饲料资源

动物性非常规饲料资源主要指屠宰厂下脚料，皮革工业下脚料、水产品加工厂下脚料、昆虫等动物性饲料资源。这些资源可依其组成分为动物蛋白质资源和动物矿物质资源两类。若家主要有血粉、羽毛粉、制革下脚料及脚料，蹄壳、鳞鱼等，皮革边脚料和蹄壳粉同种，动物性饲料资源可达 500 余万吨，但实际饲用率低，不及 10%。这类资源分布广，不易集中，易腐败变质，加工成本高，利用难度大。据统计，全国大中型肉联厂、杀鸡厂下脚、毛、角，皮革下脚料没有很好加利用，小城镇和农村根本就没有利用。因此，这类饲料资源的潜力相大，动物性蛋白质资源可用发酵法、酶解法、热喷法、膨化法方式处理后利用。我国的动物性资源量约 260 万吨，其中血粉资源

第四章　非常规饲料原料使用中应注意的问题

第五章　非常规饲料的几点建议

第六章　结束语

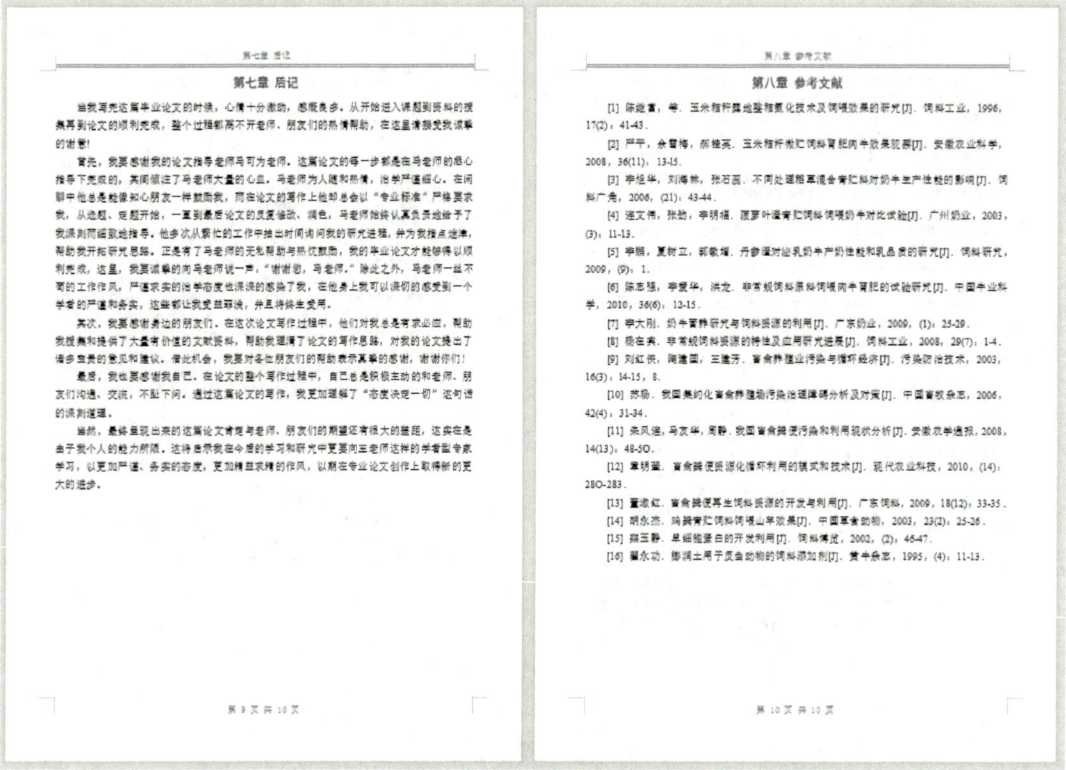

第七章 后记

第七章 后记

当我写完这篇毕业论文的时候，心情十分激动，感慨良多。从开始进入课题到资料的搜集再到论文的顺利完成，整个过程都离不开老师、朋友们的热情帮助，在这里请接受我诚挚的谢意！

首先，我要感谢我的论文指导老师马可为老师。这篇论文的每一步都是在马老师的悉心指导下完成的，其间倾注了马老师大量的心血。马老师为人随和热情，治学严谨细心。在闲聊中他总是能像知心朋友一样鼓励我，而在论文的写作上他却总会以“专业标准”严格要求我，从选题、定题开始，一直到最后论文的反复修改、润色，马老师始终认真负责地给予了我深刻而细致地指导。他多次从繁忙的工作中抽出时间询问我的研究进程，并为我指点迷津，帮助我开拓研究思路。正是有了马老师的无私帮助与热忱鼓励，我的毕业论文才能够得以顺利完成，这里，我要诚挚的向马老师说一声：“谢谢您，马老师。”除此之外，马老师一丝不苟的工作作风，严谨求实的治学态度也深深的感染了我，在他身上我可以深切的感受到一个学者的严谨和务实，这些都让我受益匪浅，并且将终生受用。

其次，我要感谢身边的朋友们。在这次论文写作过程中，他们对我总是有求必应，帮助我搜集和提供了大量有价值的文献资料，帮助我理清了论文的写作思路，对我的论文提出了诸多宝贵的意见和建议。借此机会，我要对各位朋友们的帮助表示真挚的感谢，谢谢你们！

最后，我也要感谢我自己。在论文的整个写作过程中，自己总是积极主动的和老师、朋友们沟通、交流，不耻下问。通过这篇论文的写作，我更加理解了“态度决定一切”这句话的深刻道理。

当然，最终呈现出来的这篇论文肯定与老师、朋友们的期望还有很大的差距，这实在是由于我个人的能力所限。这将启示我在今后的学习和研究中更要向王老师这样的学者型专家学习，以更加严谨、务实的态度，更加精益求精的作风，以期在专业论文创作上取得新的更大的进步。

第 9 页 共 10 页

第八章 参考文献

第八章 参考文献

[1] 陈继富，等. 玉米秸秆露地整秸氨化技术及饲喂效果的研究[J]. 饲料工业，1996，17(2)：41-43.

[2] 严平，余雪梅，郝桂英. 玉米秸秆微贮饲料育肥肉牛效果观察[J]. 安徽农业科学，2008，36(11)：13-15.

[3] 李旭华，刘海林，张石蕊. 不同处理稻草混合青贮料对奶牛生产性能的影响[J]. 饲料广角，2006，(21)：43-44.

[4] 连文伟，张劲，李明福. 菠萝叶渣青贮饲料饲喂奶牛对比试验[J]. 广州奶业，2003，(3)：11-13.

[5] 李鹏，夏树立，郭敏增. 丹参渣对泌乳奶牛产奶性能和乳品质的研究[J]. 饲料研究，2009，(9)：1.

[6] 陈志强，李爱华，洪龙. 非常规饲料原料饲喂肉牛育肥的试验研究[J]. 中国牛业科学，2010，36(6)：12-15.

[7] 李大刚. 奶牛营养研究与饲料资源的利用[J]. 广东奶业，2009，(1)：25-29.

[8] 杨在宾. 非常规饲料资源的特性及应用研究进展[J]. 饲料工业，2008，29(7)：1-4.

[9] 刘红侠，陶建国，王建芳. 畜禽养殖业污染与循环经济[J]. 污染防治技术，2003，16(3)：14-15，8.

[10] 苏杨. 我国集约化畜禽养殖场污染治理障碍分析及对策[J]. 中国畜牧杂志，2006，42(4)：31-34.

[11] 朱凤连，马友华，周静. 我国畜禽粪便污染和利用现状分析[J]. 安徽农学通报，2008，14(13)：48-50.

[12] 章明奎. 畜禽粪便资源化循环利用的模式和技术[J]. 现代农业科技，2010，(14)：280-283.

[13] 董淑红. 畜禽粪便再生饲料资源的开发与利用[J]. 广东饲料，2009，18(12)：33-35.

[14] 胡永杰. 鸡粪青贮饲料饲喂山羊效果[J]. 中国草食动物，2003，23(2)：25-26.

[15] 龚玉静. 单细胞蛋白的开发利用[J]. 饲料博览，2002，(2)：46-47.

[16] 瞿永功. 膨润土用于反刍动物的饲料添加剂[J]. 黄牛杂志，1995，(4)：11-13.

第 10 页 共 10 页

图 1-1 毕业论文排版后的效果图

二、任务分析

每个职业学院对毕业论文的排版要求各不相同，但毕业论文基本上都包括封面、中文摘要、目录、正文、致谢和参考文献六部分。

(1) 封面。学生需按照学院给出的要求制作封面，并填写本人的真实信息。封面中不显示页码。

(2) 中文摘要。中文摘要部分应包括“摘要”字样和摘要正文。摘要正文与关键词之间需空一行，“关键词”字样后应加冒号。关键词一般为 3～5 个，各关键词之间用逗号分隔，最后一个关键词后不加标点符号。

(3) 目录。目录应自动生成，一般提取至三级标题。

(4) 正文。论文正文需按章节撰写，每章应另起一页开始。各章标题格式应保持一致。论文中的表格和插图应按章节顺序编号，表号和表题应置于表上方并居中，图号和图题应位于图片下方并居中。

(5) 致谢。致谢部分通常按照正文格式进行排版。

(6) 参考文献。参考文献的著录应符合国家相关标准。

此外，论文的页面设置（包括页眉、页边距、页码等）以及装订和打印方式均需遵循学院的要求。

三、相关知识点

1. 文档属性

文档属性是 WPS 文字中的一种功能，用于描述和标识文档的各种信息，如文档的大小、类型、保存位置、标题、主题、作者、创建时间、修改时间和存取时间等。通过合理地设置文档属性，用户可以轻松实现文档的归档、管理、存储、共享和传输，从而显著提高文档管理的效率和安全性。

2. 样式

在编排一篇长文档或一本书时，用户需要对大量的文字和段落进行统一的排版工作。如果只是利用字体格式和段落格式编排功能，不仅耗时费力，而且难以确保文档格式的一致性。因此，这时就需要利用样式来满足排版需求。

样式是一套应用于文档中文本、表格和列表的格式特征，它包含了一组已经命名的字符和段落格式，规定了文档中标题、题注和正文等各个文本元素的格式。用户可以将一种样式应用于某个段落或者段落中选定的字符上。使用样式能大幅减少重复操作，快速排出高质量的文档，确保文档风格统一，进而提升读者的阅读体验。例如，当用户需要一次性更改使用某个样式的所有文字的格式时，只需修改该样式的设置即可。

3. 大纲级别

大纲级别是用于为文档中的段落指定等级结构 (1 级至 9 级) 的段落格式。通过设置不同的等级结构，可以清晰地标识文档中各个段落或章节之间的层次关系，便于在大纲视图或文档结构图中处理文档。在大纲级别中，数字越大，表示该层级在文档结构中的等级越低。

4. 目录

目录是文档的重要组成部分，它使读者能够快速了解文档的内容和结构，从而方便地查找所需信息。WPS 文字提供了自动创建目录的功能，极大地简化了目录的制作过程。用户不需要手动编制目录、核对页码，也不需要担心目录与正文内容不一致的问题。当文档内容更新时，用户可以利用更新目录的功能来确保目录与文档内容保持一致。

在生成目录之前，用户必须为将要纳入目录的标题设置合适的大纲级别 (注意不能设置为 "正文文本" 级别)，并确保文档已经正确添加了页码。

5. 节

节是文档格式化的最大单位，只有在不同的节中，用户才能对同一文档中的不同部分进行不同的页面设置，如设置不同的页眉、页脚等。

6. 交叉引用

交叉引用功能可以为文档中的图片、表格与正文相关的说明文字创建对应关系，从而实现内容的自动更新。简单来说，它允许用户在文档内部为图片、表格等创建超链接。

7. 页眉和页脚

页眉和页脚通常用于显示文档的附加信息，如文档标题、章节名称、日期、页码、单位名称等。其中，页眉位于页面的顶部，页脚位于页面的底部。

8. WPS 域

WPS 文字中的域是一段特殊的代码，用于在文档中自动插入各种元素，如文字、图形、日期、时间、页码、目录等。通过 WPS 域，用户可以在一个文档中查看和编辑其他文档的内容。当被嵌入的文档内容更新时，WPS 文字会自动更新当前文档中的相关内容。例如，生成目录后，若页面有增减导致页码发生变化，则用户只需按快捷键 F9 打开更新目录窗口，然后根据需求选择"只更新页码"或"更新整个目录"即可。

总的来说，WPS 域是 WPS 文字中的一个强大功能，能够显著提升用户处理文档的便捷性和工作效率。

9. 视图模式

WPS 文字文档共有 5 种视图模式：页面视图、阅读版式视图、大纲视图、Web 版式视图和写作模式视图。其中，页面视图是 WPS 文字默认的视图模式，在该视图模式下，功能区中的所有按钮都会显示，用户可以根据需要对录入的字符和段落进行编辑，且显示的文档页面与打印效果完全一致。在阅读版式视图下，功能区中的大部分按钮会被隐藏，内容自动布局，便于用户轻松翻阅。但在此视图模式下，文档不可编辑。大纲视图以缩略方式展示文档的级别结构，便于用户对文档结构进行调整和更新目录。Web 版式视图模仿 Web 浏览器的显示方式，不显示页码和章节号，超链接以带下划线的文本形式呈现。在写作模式下，WPS 文字为用户提供了专业的书写环境，其中的历史版本、文档校对、素材推荐等功能有助于提升写作效率和文档处理质量。

10. 导航窗格

导航窗格是一个独立的区域，由文档的各级标题构成，用于展现整个文档的层次结构。它是浏览、查看和编辑长文档的高效工具。在导航窗格中，仅显示标题，不显示正文内容。用户可以通过导航窗格轻松实现定位、搜索等功能。

11. 参考文献和注释

参考文献是作者在写作过程中参考过的文献信息资源，通常按顺序列于文后。注释是对正文中某一内容作进一步解释或补充说明的文字，一般列于文末，与参考文献分列，或置于当页页脚作为脚注。

参考文献和注释不仅体现了作者科学、严谨的求实态度，更是对知识产权的尊重。因此，准确无误地书写参考文献和注释至关重要。

2015 年 5 月 15 日，我国发布了《信息与文献　参考文献著录规则》(GB/T 7714—2015)，该标准自 2015 年 12 月 1 日开始实施。该标准规定了参考文献在正文中的标注方法，推动了中国文献资源的规范化、数字化和国际化进程，对建立中国学术规范、遏制学术不端行为、提升学术道德水平起到了积极作用。

四、任务步骤

本任务可以分为打开文档、设置文档属性并加密、页面设置、使用样式、为文档中的图片添加题注、为图片建立交叉引用、新建题注样式并应用于题注、使用导航窗格查看文档结构、插入分节符、设置页眉和页脚、自动提取文档目录、设计毕业论文的封面、完善全文和保存文档并关闭等步骤。下面我们详细介绍每个步骤的操作方法。

（一）打开文档

打开素材文件夹中的"非常规饲料的开发与利用（文本）.wps"文档，然后将其另存为"非常规饲料的开发与利用 .wps"。

（二）设置文档属性并加密

1. 设置文档属性

选择"文件"→"文档加密"→"属性"→"摘要"，在打开的"文档属性"对话框中选择"摘要"选项卡，填写标题、作者等相关信息，然后单击"确定"按钮，如图 1-2 所示。

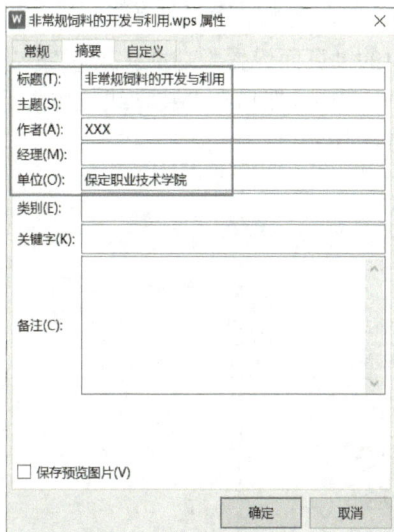

图 1-2　设置文档属性

2. 给文档加密

若需要给文档加密，则选择"文件"→"文档加密"→"密码加密"，即可打开"密码加密"对话框，如图 1-3 所示。在此对话框中，用户可以根据需要设置密码，为文档设置打开权限和编辑权限。

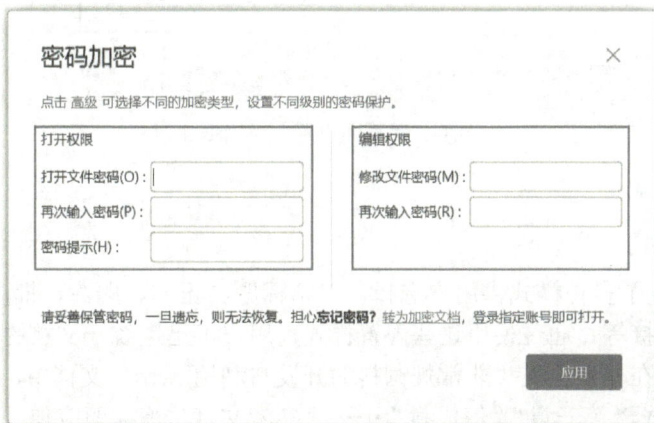

图 1-3　"密码加密"对话框

（三）页面设置

对于 WPS 文字文档的页面，用户可根据需要自行设置。以下是对毕业论文"非常规饲料的开发与利用 .wps"文档页面大小和页边距进行设置的具体操作。

(1) 单击"页面"选项卡中的"纸张大小"下拉按钮，在下拉列表中选择"A4"选项。在"上""下"微调框中设置上、下边距均为 2.5 厘米，在"左""右"微调框中设置左、右边距均为 2 厘米，如图 1-4 所示。

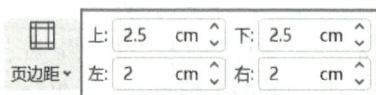

图 1-4　设置页边距

(2) 单击"页面"选项卡中的"页面设置"功能扩展按钮 ↘ ，打开"页面设置"对话框。在此对话框中，选择"页边距"选项卡，然后在"装订线位置"下拉列表中选择"左"，在"方向"栏中选择"纵向"，如图 1-5 所示。

图 1-5　"页面设置"对话框

（四）使用样式

1. 应用系统样式

WPS 文字内置了多种样式供用户选择，包括标题、正文、题注、批注、页眉、页脚、要点、强调、超链接等。通过使用这些内置样式，用户可迅速统一文档的整体风格。

为便于排版，在毕业论文"非常规饲料的开发与利用 .wps"文档中，毕业论文标题应使用"标题 1"样式，"第一章""第二章"……"参考文献"等标题应使用"标题 2"样式，"1.1""1.2"……等标题应使用"标题 3"样式，"一、""二、"……等标题应使用"标题

4"样式，具体操作步骤如下。

(1) 将光标定位到毕业论文标题"非常规饲料的开发与利用"处，然后选择"开始"选项卡"样式"功能区中的"标题 1"选项，如图 1-6 所示，即可为毕业论文标题段落应用"标题 1"样式。

图 1-6　样式快捷窗口

(2) 采用同样的方法，按照要求为毕业论文"非常规饲料的开发与利用 .wps"文档中的相关段落应用相应的样式。

知识补充

• 预设样式

单击"开始"选项卡中的"样式"下拉按钮 ，即可打开"预设样式"下拉面板。该面板内置了多种样式供用户选择。

• 样式的高级设置

若需要对样式进行高级设置，则选择"预设样式"下拉面板中的"显示更多样式"，如图 1-7 所示，或者单击"开始"选项卡中的"样式"功能扩展按钮，即可打开"样式和格式"任务窗格，如图 1-8 所示。在"显示"下拉列表中选择"所有样式"，则系统预设样式和自定义样式均会展示在任务窗格中。"显示"下拉列表中的"有效样式"是指在当前文档中实际被应用的样式，而非所有可用的样式。在 WPS 文字中，有效样式可以帮助用户快速应用和管理文档样式，从而避免样式混乱和重复。

图 1-7　"预设样式"下拉面板

图 1-8　"样式和格式"任务窗格

修改样式

2. 修改样式

有时，系统内置的样式并不满足我们的需求，这时我们可以对系统内置的样式进行修改，具体操作如下。

(1) 将光标定位到应用了"标题 1"样式的论文标题"非常规饲料的开发与利用"段落中，此时"样式"功能区将显示选中"标题 1"，如图1-6所示。右击"标题 1"，在右键菜单中选择"修改样式"选项，即可打开"修改样式"对话框，如图1-9所示。在此对话框的"格式"栏，设置字体为黑体，字号为三号，取消加粗，对齐方式为居中。

图1-9　"修改样式"对话框

接着，单击"修改样式"对话框左下角的"格式"下拉按钮，打开"格式"下拉菜单（可通过此菜单进行更多格式设置），如图1-10所示。在该下拉菜单中，选择"段落"选项，打开"段落"对话框，如图1-11所示。设置大纲级别为 1 级，无缩进，行距为单倍行距，段前、段后间距均为 0.5 行。

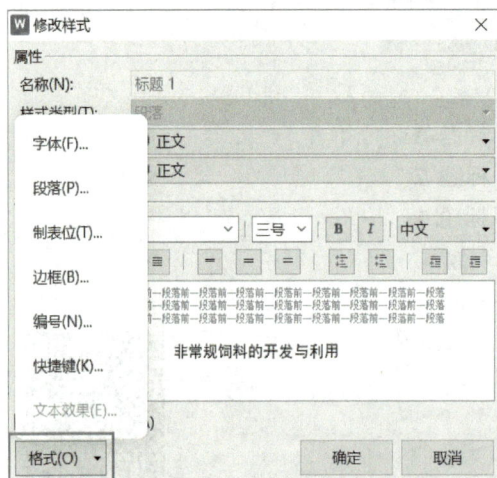

图1-10　"格式"下拉菜单

图1-11　"段落"对话框

设置完成后，单击"确定"按钮返回"修改样式"对话框，再次单击"确定"按钮即可完成"标题 1"样式的修改。

(2) 采用类似的方法完成"标题 2""标题 3""标题 4"及"正文"样式的修改，具体要求如下。

① 修改"标题 2"的样式为：黑体、四号，取消加粗；无缩进，单倍行距，居中，段前、段后间距均为 0 行；大纲级别为 2 级。

② 修改"标题 3"的样式为：黑体、小四号，取消加粗；无缩进，行距为固定值 20 磅，段前、段后间距均为 0 行；大纲级别为 3 级。

③ 修改"标题 4"样式为：黑体、小四号，取消加粗；行距为固定值 20 磅，首行缩进 2 字符，段前、段后间距均为 0 行；大纲级别为 4 级。

④ 修改"正文"样式为：宋体，小四号，行距为固定值 20 磅，首行缩进 2 字符，段前、段后间距均为 0 行；大纲级别为正文文本。

3. 新建样式并应用

如果系统内置样式无法满足需求，那么用户可以自定义样式。通过自定义样式，用户可以根据实际需求创建独特的样式，使文档更符合个人或专业要求。

新建样式并应用

在 WPS 文字文档中，在"预设样式"下拉面板中选择"新建样式"，或者在"样式和格式"任务窗格中单击"新样式"按钮，即可打开"新建样式"对话框，如图 1-12 所示。然后，按照自己的需求设置字体、字号、间距、颜色等属性，并命名该样式，即可创建新样式。

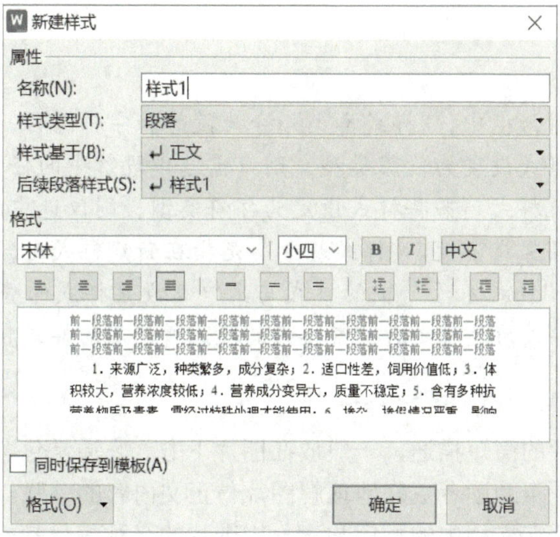

图 1-12　"新建样式"对话框

创建新样式的具体操作如下。

(1) 单击"开始"选项卡中的"样式"下拉按钮，打开"预设样式"下拉面板。接着，单击"新建样式"，打开"新建样式"对话框。在"名称"文本框中输入"图片样式"，在"样式类型"下拉列表中选择"段落"选项，在"样式基于"下拉列表中选择"正文"选项，在"后续段落样式"下拉列表中选择"题注"选项，如图 1-13 所示。然后，设置段落格式为居中，单倍行距，无缩进；并将大纲级别设置为正文文本。设置完成后，单击"确定"按钮，即可完成新建样式的创建。此时，在样式集中可看到新创建的"图片样式"样式，如图 1-14 所示。

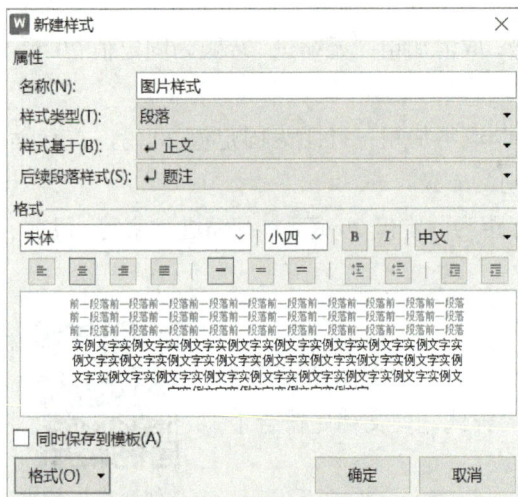

图 1-13　新建"图片样式"样式

图 1-14　新建"图片样式"样式后的效果

（2）利用之前学习的方法，将新创建的"图片样式"样式应用于文档中已插入的所有图片。

知识补充

• 新建样式

在"新建样式"对话框中，"样式类型"分为段落和字符两种，它们的主要区别在于作用范围不同。若将样式设定为段落类型，则只需选中段落中的任意文字并应用该样式，整个段落将统一应用此样式。若将样式设定为字符类型，则仅选中的文字会应用该样式，而段落中未选中的文字保持不变。"样式基于"是指在新建样式时，可以基于现有样式进行扩展，最终效果为"样式基于"中的样式与用户新设置样式的叠加。"后续段落样式"用于设定在应用当前样式的段落之后，紧接着的段落所使用的样式。

（五）为文档中的图片添加题注

图片题注是对图片的简短描述，一般放在图片下方。它通常包含图片的重要信息，目的是帮助读者更好地理解图片与正文内容的关联。

在本文档中，图片在文档中的顺序与素材中图片的名称编号是一致的，图片的题注为该图片的文件名称。下面是为第一张图片添加题注的具体操作。

为文档中的图片
添加题注

（1）选中第一张图片，然后选择"引用"→"题注"，打开"题注"对话框，如图 1-15 所示。

（2）单击"标签"下拉按钮（如图 1-15 所示），在下拉列表中选择"图"作为标签。此时，"题注"对话框中的"题注"栏将显示"图 1"，"标签"栏显示"图"，"位置"保持默认的"所选项目下方"，如图 1-16 所示。

图 1-15　"题注"对话框

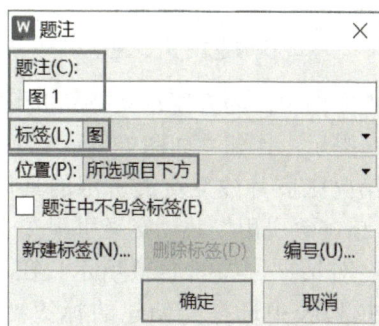

图 1-16　新建"图"标签后的"题注"对话框

(3) 在"题注"栏的"图 1"文本后面输入一个空格,然后参照图片素材,找到编号为"图 1"的图片,将该图片的名称"饲料用粮不足相关报道"复制并粘贴到"题注"栏中"图 1"文本后的空格处,如图 1-17 所示。

(4) 单击"确定"按钮,图片下方即添加了一行题注,如图 1-18 所示。

图 1-17　新建"图"标签并输入图片
　　　　　名称后的"题注"对话框

图 1-18　添加题注后的图片效果

采用同样的方法,为文档中的所有图片依次添加题注。

知识补充

•题注

题注是为图片、表格、图表、公式等项目添加的名称和编号,以便于读者查找和阅读。在长文档中,使用"题注"功能可以确保图片、表格、图表、公式等项目按顺序自动编号。当移动、插入或删除带题注的项目时,WPS 文字会自动更新题注的编号。插入题注不仅便于在文档中创建图表目录,还能确保题注编号的准确性,同时支持对带有题注的项目进行交叉引用。此外,WPS 文字还提供了智能标注题注和交叉引用的功能。

•新建题注标签

若"标签"下拉列表中没有所需的标签,则可单击"新建标签"按钮,打开"新建标签"对话框,如图 1-19 所示。在"标签"文本框中输入标签名称,然后单击"确定"按钮返回"题注"对话框。此时,"题注"栏将显示新建的题注标签和编号。接下来,根据需要进行其他设置,设置完成后单击"确定"按钮即可。

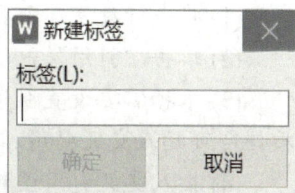

图 1-19　"新建标签"对话框

（六）为图片建立交叉引用

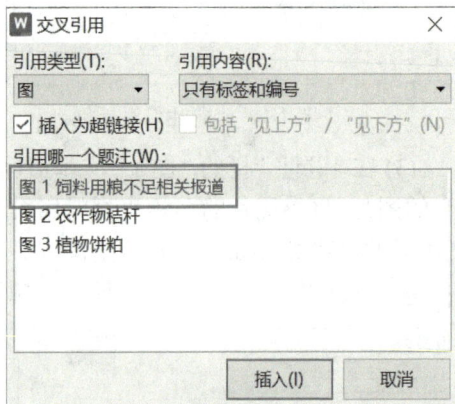

在本文档中，为方便建立交叉引用，所有需要建立交叉引用的地方均有文字提示，比如"如图 1 所示""如图 2 所示"等。

为第一张图片建立交叉引用的具体操作如下：选中正文中的文本"图 1"，单击"引用"→"交叉引用"，打开"交叉引用"对话框，如图 1-20 所示。在"引用类型"下拉列表中选择新创建的标签"图"，在"引用内容"下拉列表中选择"只有标签和编号"，在"引用哪一个题注"列表框中选择为第一张图片创建的题注。然后单击"插入"按钮，即可为第一张图片建立交叉引用。最后，单击"取消"按钮关闭"交叉引用"对话框。

采用类似的方法，为文档中的其他图片建立交叉引用。

为图片建立交叉引用

图 1-20　"交叉引用"对话框

知识补充

• 交叉引用

"交叉引用"功能允许用户引用文档中的标题、图表、题注等。如图 1-21 所示，引用内容会根据用户选择的引用类型自动调整。设置交叉引用后，用户只需按住 Ctrl 键并单击引用的内容，即可快速跳转至对应的内容。

图 1-21　交叉引用类型

设置交叉引用的步骤如下：

(1) 将光标放置在需要插入引用的文本位置。

(2) 单击"引用"→"交叉引用"，打开"交叉引用"对话框。

(3) 根据需要设置引用类型、引用内容以及引用的题注等，设置完成后，单击"插入"按钮即可插入交叉引用。

(4) 插入交叉引用设置完成后，单击"取消"按钮或右上角的"关闭"按钮，即可关闭"交叉引用"对话框。

（七）新建题注样式并应用于题注

运用刚学习的方法，创建一个名为"图片题注"的样式：黑体，10 号；单倍行距，无缩进，居中对齐，段前、段后间距均为 6 磅；大纲级别为正文文本，如图 1-22 所示。

图 1-22　新建"图片题注"样式

将所创建的"图片题注"样式应用于文档中所有已插入的图片题注。

（八）使用导航窗格查看文档结构

1. 调出导航窗格

选择"视图"→"导航窗格"→"靠左"，如图 1-23 所示。此时，WPS 文字文档的左侧将显示导航窗格，其中展示了文档的层次结构，如图 1-24 所示。

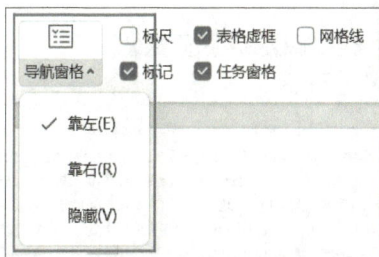

图 1-23　调出导航窗格

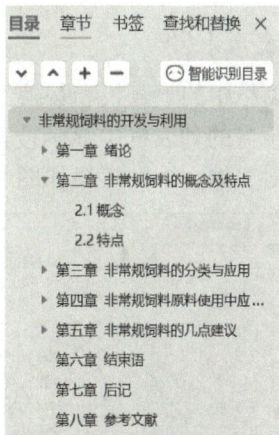

图 1-24　导航窗格中文档的层次结构

2. 定位段落

文档中已应用大纲级别的段落将在导航窗格的"目录"列表中显示。在该窗格中，单击选中某个标题后，插入点将快速定位到对应的段落，效果如图 1-25 所示。

图 1-25　使用导航窗格定位段落的效果

3. 定位页面

单击导航窗格中的"章节"，将显示文档中所有页面的缩略图。在该窗格中，单击选中某个缩略图后，插入点将快速定位到对应的页面，效果如图 1-26 所示。

图 1-26　使用导航窗格定位页面的效果

4. 搜索文本

单击导航窗格中的"查找和替换"，在文本框中输入需要搜索的文本内容并按 Enter 键，导航窗格会在下方的列表框中显示搜索到的结果。此时，单击选中某个结果选项，插入点将快速定位到对应的文本，效果如图 1-27 所示。

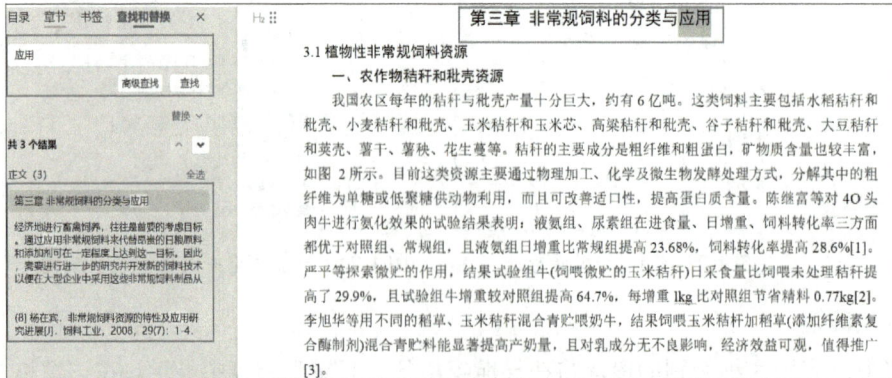

图 1-27　使用导航窗格搜索文本的效果

知识补充

・书签

在浏览长文档时，由于内容繁多，我们常会在关闭 WPS 后忘记阅读进度。为避免这种情况，可为文档插入书签。

插入书签的步骤为：选择"插入"→"书签"，打开"书签"对话框，如图 1-28 所示。在此对话框中，可设置书签名和排序依据。当选择"名称"作为排序依据时，书签将按照名称的字母顺序排列；当选择"位置"作为排序依据时，书签将按照在文档中的位置排序。设置完毕后，点击"添加"按钮即可。

・定位书签

在文档中插入书签后，单击导航窗格中的"书签"按钮，任务窗格将显示所有已插入的书签 (如图 1-29 所示)。单击选中任意书签后，插入点将迅速定位到该书签所在的位置，效果如图 1-30 所示

图 1-28　"书签"对话框

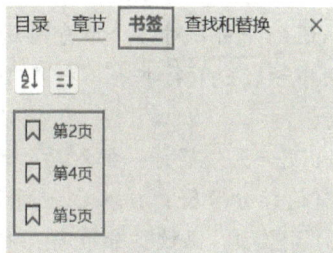

图 1-29　导航窗格中显示的书签

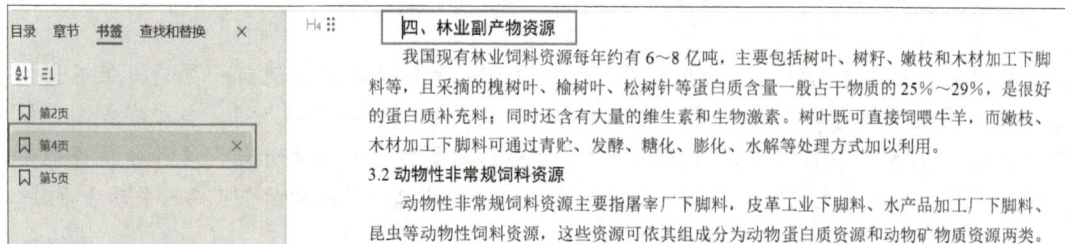

图 1-30　使用导航窗格定位书签的效果

（九）插入分节符

通常情况下，在毕业论文中，每个新章节需另起一页，这可以通过在章节之间插入分节符来实现，具体操作如下。

(1) 将光标定位在论文标题"非常规饲料的开发与利用"之前。

(2) 单击"页面"选项卡中的"分隔符"按钮 (如图 1-31 所示)，在下拉列表中选择"下

一页分节符"选项 (如图 1-32 所示)。此时，光标后的内容将移至下一页，并自动插入一个空白页 (留作目录页)，分节处将显示"分节符"标志，即一条虚线，如图 1-33 所示。

(3) 利用导航窗格快速定位到"第二章　非常规饲料的概念及特点"等其他七个标题之前，采用相同的方法插入分节符，从而将整个文档划分为 9 节。

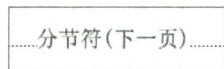

图 1-31　"分隔符"按钮　　　图 1-32　"下一页分节符"选项　　图 1-33　"分节符"标志

知识补充

• 分节符

分节符是用于标示文档中一个节结束的标记。它不仅可以将文档内容划分到不同的页面上，还允许用户对各个节分别进行页面设置，如调整页边距、页面方向、页眉和页脚及页码顺序等。分节符共有四种类型：下一页分节符、连续分节符、偶数页分节符和奇数页分节符。

(1) 下一页分节符：插入后，新节从下一页开始。

(2) 连续分节符：插入后，新节从同一页开始。

(3) 奇数页 / 偶数页分节符：插入后，新节从下一个奇数页或偶数页开始。

分节符还具有分隔其前后文本格式的功能。若删除某个分节符，则其前的文字将并入后续的节中，并采用后续节的格式。

• 分页符

分页符是标志页面结束与开始的符号。分页符用于分隔页面，使前一页的排版不影响后一页，它通常插于每页的末尾。它分为自动分页符和手动分页符两种。当文字或图形排满一页时，WPS 文字文档会自动插入分页符，标示本页结束和下页开始，这种分页符称为自动分页符。而在图文内容未排满一页，但因内容需要另起一页编排时，可插入手动分页符。

• 分栏符

分栏符用于多栏排版，插入后对应内容会自动从下一栏开始。

• 换行符

在默认情况下，当文档内容到达右页边距时会自动换行。插入换行符后，可强制文字断开，换行符的显示符号为↓。

• 分页符和分节符的区别

简而言之，分页符仅用于分隔两个页面，不会改变下一页的格式，即前后页的格式保持一致。分节符虽不影响下一页的格式，但插入分节符后，下一页的格式可与前一页的格式不同。

• 显示 / 隐藏段落标记

若未见分节符标记，则可单击"开始"选项卡中"段落"功能组中的按钮，在下拉列表中选择"显示 / 隐藏段落标记"选项，如图 1-34 所示。

图 1-34　"显示 / 隐藏段落标记"选项

（十）设置页眉和页脚

从正文开始，为文档插入页眉和页脚。每一页的页眉为章节的名称，页脚为页码。在文档中插入页眉和页脚时，默认情况下，所有页的页眉都是一样的。但是，通过取消后一节页眉与前一节页眉之间的链接，可以在不同节中插入不同的页眉，具体操作如下。

设置页眉

(1) 单击"插入"选项卡中的"页眉页脚"按钮 (如图 1-35 所示)，进入页眉和页脚的编辑模式。

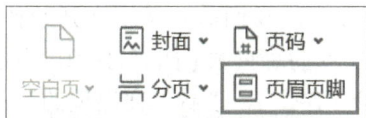

图 1-35　"页眉页脚"按钮

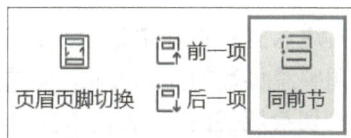

图 1-36　"同前节"按钮

(2) 将光标定位到"页眉 －第 2 节－"，单击"页眉页脚"选项卡中的"同前节"按钮 (如图 1-36 所示)，以取消第 2 节页眉与第 1 节页眉之间的链接，然后输入文本"第一章　绪论"。

(3) 设置页眉的格式为宋体、五号、居中对齐、无缩进。

(4) 设置页眉下边框线为 0.75 磅双实线。

(5) 将光标定位到"页眉 －第 3 节－"，单击"页眉页脚"选项卡中的"同前节"按钮 (如图 1-36 所示)，以取消第 3 节页眉与第 2 节页眉之间的链接，然后输入文本"第二章　非常规饲料的概念及特点"。

设置页脚

(6) 采用同样的方法，先取消当前节页眉与前一节页眉的链接，然后删除前一节页眉的文本，并输入当前节页眉的文本，使每一页的页眉都为对应章节的名称。

(7) 单击"页眉页脚"选项卡中的"页眉页脚切换"按钮，如图 1-37 所示，此时光标定位到页脚。

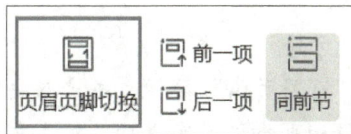

图 1-37　"页眉页脚切换"按钮

(8) 将光标定位到"页脚 －第 2 节－"，单击"页眉页脚"选项卡中的"同前节"按钮 (如图 1-36 所示)，以取消第 2 节页脚与第 1 节页脚之间的链接，因为目录页需要单独编码。

(9) 单击页面底端页脚区域的"插入页码"按钮 (如图 1-38 所示)，从弹出的下拉列表中，将"样式"设置为"第 1 页 共 X 页"，"位置"设置为"居中"，"应用范围"设置为"本节及之后"，如图 1-39 所示，然后单击"确定"按钮。此时，文档将从"第一章绪论"页开始连续编排页码。

图 1-38　"插入页码"按钮　　　　图 1-39　页码设置

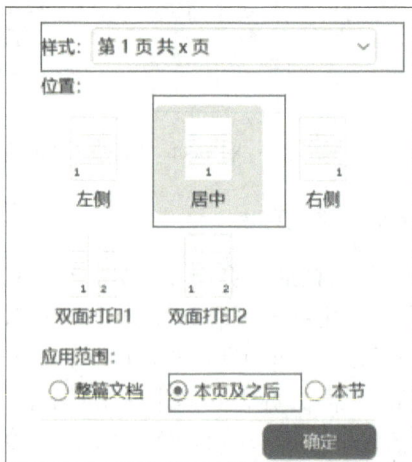

(10) 我们注意到总页数中包含了目录页的页数，但我们需要从正文开始计算总页数。因此，需要调整总页数的计算方式。首先，选中显示的总页数 (如"11")，右击，在右键菜单中选择"切换域代码" (或使用快捷键"Shift + F9")。接着，在出现的域代码中，将光标定位到"NUMPAGES"前面，按下快捷键"Ctrl + F9"，并将"NUMPAGES"剪切并粘贴到大括号中，效果如图 1-40 所示。之后，在域代码"{ NUMPAGES }"前输入"=" (等于号)，在"{ NUMPAGES }"后输入"−1"，如图 1-41 所示。如果目录和封面页共有 2页或更多，则需相应地减去对应的页数。最后，右击新的域代码，在右键菜单中选择"更新域"选项，以更新文档的总页数。

第·1·页·共·{·{·NUMPAGES·}··*·MERGEFORMAT·}·页　　　第·1·页·共·{·={·NUMPAGES·}-1·*·MERGEFORMAT·}·页·

图 1-40　切换域代码（一）　　　　图 1-41　切换域代码（二）

(11) 设置页脚的格式为宋体、五号、居中对齐、无缩进。

(12) 单击"页眉页脚"选项卡中的"关闭"按钮，即可退出页眉和页脚的编辑模式。至此，文档的页眉和页脚设置已完成。

知识补充

• 设置页眉和页脚的另一种方法

单击"页面"选项卡中的"页眉页脚"按钮，或者双击文档上方的空白区域，即可进入页眉和页脚的编辑模式。页眉和页脚设置完成后，双击文档正文区域即可退出页眉和页脚的编辑模式。

• 删除页码

将光标定位到需删除页码的页脚位置，然后单击页脚上方的"删除页码"按钮 (如

图 1-42 所示），在弹出的下拉列表中根据需要选择删除范围，如"本节"（如图 1-43 所示），即可删除当前节的页码。

图 1-42　"删除页码"按钮

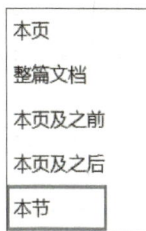

图 1-43　"删除页码"下拉列表

• 页码

单击"页眉页脚"选项卡中的"页码"下拉按钮，可在下拉面板中选择 WPS 文字自带的页码预设样式（如图 1-44 所示），或在下拉面板中选择"页码"选项（如图 1-44 所示），打开"页码"对话框（如图 1-45 所示）进行页码格式设置。

图 1-44　页码预设样式

图 1-45　"页码"对话框

（十一）自动提取文档目录

毕业论文往往需要插入目录，以便读者更好地了解和定位论文内容。由于大纲级别已经预先设置好，因此可以直接插入目录，具体操作如下。

（1）将光标定位到空白页的分节符前面。

（2）单击"开始"选项卡中的"清除格式"按钮（如图 1-46 所示），以清除当前页面的格式。

自动提取文档目录

图 1-46　"清除格式"按钮

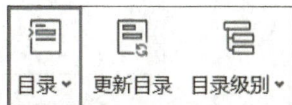

图 1-47　"目录"按钮

（3）输入"目录"两个字，并设置其格式为：宋体、小一号、加粗、居中对齐，无缩进，段前、段后间距均为 1 行，单倍行距。另外，设置"目"字的字符间距为加宽 1 厘米。

(4) 将光标定位到第 2 行，并确保第 2 行文本采用正文格式。

(5) 单击"引用"选项卡中"目录"按钮 (如图 1-47 所示)，在下拉列表中选择预设的目录样式 (如图 1-48 所示)，或在下拉列表中选择"自定义目录"选项 (如图 1-48 所示)，打开"目录"对话框 (如图 1-49 所示)。在该对话框中，设置"显示级别"为"4"，其他设置保持默认。

图 1-48　目录样式列表

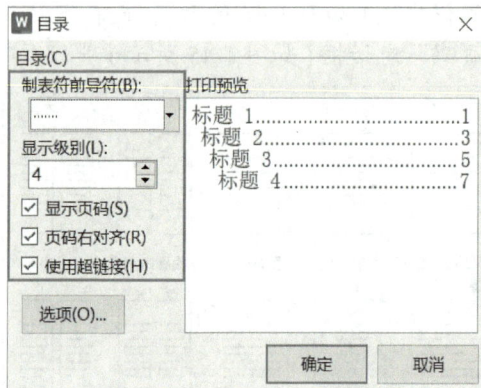

图 1-49　"目录"对话框

(5) 设置目录内容的格式为：宋体、小四号，1.25 倍行距，并取消首行缩进。

(6) 更改一级标题的字号为四号并加粗，并将二级标题的文本字体加粗。

目录设置完成后的效果如图 1-50 所示。

图 1-50　目录设置完成后的效果

（十二）设计毕业论文的封面

(1) 将光标定位到"目录"前面，通过插入分节符来添加一张空白页。

(2) 将光标定位到空白页的分节符前面。

(3) 单击“开始”选项卡中的“清除格式”按钮 (如图 1-46 所示)，以清除当前页面的格式。

(4) 设置段落的格式为无缩进、单倍行距。

设计完成后的毕业论文封面效果如图 1-51 所示。

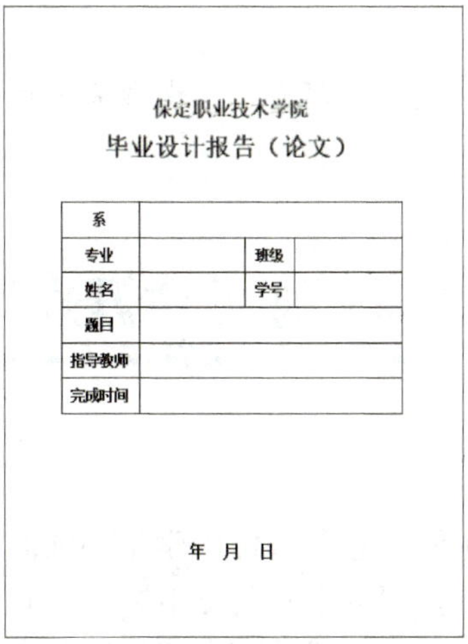
保定职业技术学院

毕业设计报告（论文）

系			
专业		班级	
姓名		学号	
题目			
指导教师			
完成时间			

年　月　日

图 1-51　设计完成后的毕业论文封面效果

（十三）完善全文

(1) 删除文档中因分节符、分页符而产生的多余空行或空白页。

(2) 若封面和目录页出现页眉或页脚线，则将其删除。

(3) 把正文 (参考文献页除外) 中的参考文献编号全部改为上标。通过“查找和替换”功能实现，查找内容设置为 \[*\]，并使用通配符，替换内容留空，格式设置为上标，具体操作如图 1-52 所示。

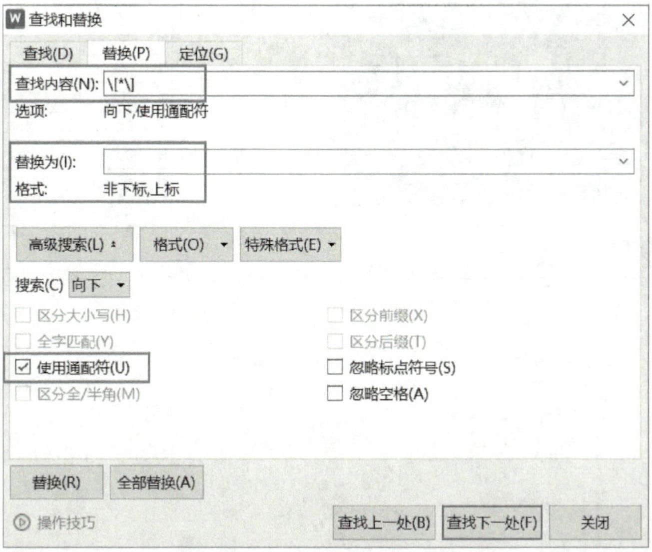

图 1-52　“查找和替换”对话框

(4) 由于插入了封面页，因此文档的总页数也发生了变化。利用之前所学的方法更新正文总页数的域代码。更新后正文总页数的域代码如图 1-53 所示。

$$第·1·页·共·\{·=\{·NUMPAGES·\}·-2··*·MERGEFORMAT·\}·页$$

图 1-53　更新后正文总页数的域代码

（十四）保存文档并关闭

单击功能区中的"保存"按钮以保存文档。保存完成后，单击文档窗口右上角的"关闭"按钮以关闭文档。

任务 1.2　编排"职业生涯规划书"文档

一、任务描述

在现代社会，大学生职业生涯规划是每位大学生必须面对并完成的任务。职业生涯规划是指个人在自我认知的基础上，根据自身的专业特长、知识结构，并考虑社会环境及市场需求，对未来将要从事的职业及欲达成的职业目标所制定的方向性规划。通过职业生涯规划，大学生能够及早明确职业目标，选定职业发展地域，确立职业定位，保持平和稳定的心态，依据既定目标和理想，有条不紊、循序渐进地奋斗。因此，职业生涯规划具有极其重要的意义。现在，请制定一份个人职业生涯规划书。

任务完成后的效果如图 1-54 所示。

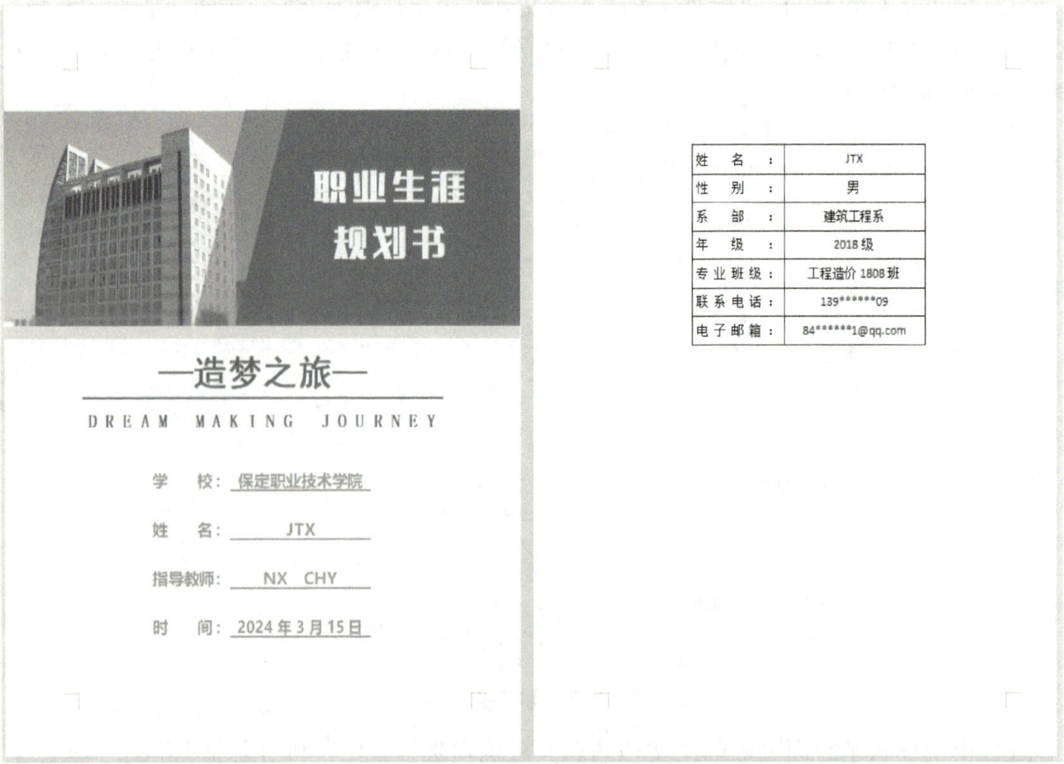

目　录

前言

前言

年年岁岁花相似，岁岁年年人不同。人生就像是过河卒子，只进不退！

生命清单，其实就是人生计划。一个人如果没有规划好自己的人生，且不清晰自己的目标，即使他的学历很高，知识面很广，那么也只能是一个碌碌无为的平庸之人，又或者只能一辈子做别人的跟班，做一个等着时间来把自己生命耗尽的人。生命清单是必需的，它能使人树立一种精神、理想和追求。

一本书中这样写到：一个不能靠自己的潜力改变命运的人，是不幸的，也是可怜的，因为这些人没有把命运掌握在自己的手中，反而成为命运的奴隶。而人的一生中究竟有多少个春秋，有多少事是值得回忆和纪念的。生命就像一张白纸，等待着我们去描绘，去谱写，去创造。

所以，我要策划自己的人生，正确对待自我，成功地发现自我，客观地分析自我，完美地超越自我。

第 1 章　自我认知

第 1 章　自我认知

一、个性特征

1.自我评估

我待人随和、乐观，许多事情都能想得开；诚实、扎实肯干，有不知道的喜欢向别人讨教；脾气好，有着对未知事物的好奇心。喜欢赞赏别人鼓励他人；做事情想得周全，做事情效率高，质量好。不足之处是遇到烦心之事会变得比较浮躁，做事情会有一些顾虑，不敢大胆的着手尝试，有的时候缺乏勇气，不太敏表达自己内心的想法。

2.性格测评

（1）我性格中的优势

友好积极，精力充沛，健谈亲切，好交际，关心体贴，谨慎礼貌，易于共事。实际而正直，做事有条理。有成为领袖的欲望和潜能，如果能够持续努力，将来很有可能会成为一名优秀的施计师和项目经理。性格测评结果如图 1 所示。

图 1

（2）基本描述

①有爱心、有责任心、合作。

②希望周边的环境温馨而和谐，并为此果断地营造这样的环境。

③喜欢和他人一起精确并及时地完成任务。

④忠诚，即使在细微地事情上也如此。

⑤能体察到他人在日常生活中的所需并竭尽全力帮助。

⑥希望自己和自己的所为能受到他人的认可和赏识。

（3）ESPJ 型人格分析

第 1 章　自我认知

ESFJ 型的人通过直接的行动和合作积极地以真实、实际的方法帮助别人。他们友好、富有同情心和责任感。ESFJ 型的人把他们同别人的关系放在十分重要的位置，所以他们往往具有和睦的人际关系，并且通过很大的努力以获得和维持这种关系。

事实上，他们常常理想化自己欣赏的人或物，因而他们对于批评或者别人的漠视很敏感。通常他们很果断，表达自己的坚定的主张，乐于事情能很快得到解决。

ESFJ 型的人很现实，他们讲求实际、实事求是和安排有序。他们参与并能记住重要的事情和细节，乐于别人也能对自己的事情很确信。他们在自己的个人经历或在他们所信赖之人的经验之上制定计划或得出见解。他们知道并参与周围的物质世界，并喜欢具有主动性和创造性。

ESFJ 型的人十分小心谨慎，也非常传统化，因而他们能恪守自己的责任与承诺。他们支持现存制度，往往是委员会或组织机构中积极主动和乐于合作的成员，他们重视并能保持很好的社交关系。他们不辞劳苦地帮助他人，尤其在遇到困难或取得成功时，他们都很积极活跃。

3. 自我认知小结

从主客观分析看，自我评估与客观测评比较一致，很有可能成为一名优秀的造价师和项目经理。我更坚定了信心。

二、职业兴趣

1. 家庭熏陶

我很小的时候我的姥爷就一直建筑行业工作，他的计算能力特别强，当时计算机还不是很发达的时候他做手算工程量之类的东西，我的父亲现在有的时候也会去工地上帮我姥爷打理，所以我才会选择工程造价这个专业，想为家里出自己的一份力量，让这种力量延续下去。

2. 职业倾向测评结果

在我的职业倾向测评报告中，我的职业倾向前两项是项目经营者和销售经理人，如图 2 所示。

第 1 章　自我认知

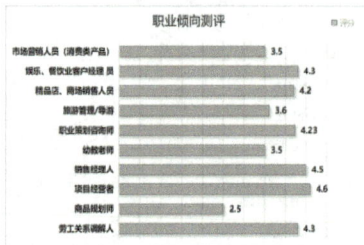

图 2

我天性热情友善，乐于认同他人，具有服务意识，对于自己的承诺十分认真，富有责任心且脚踏实地，有很大的吸引力，这就决定我比较适合沟通性的工作，比如建筑行业中的项目经理、造价师、销售经理等。

其次，我在事业倾向上体现出一定的兴趣。

我给人的感觉总是那样的精力充沛，又自信。一直以来我都心存远大的目标，有抱负。也许从小开始，我在伙伴中就是一个佼佼者，我担任过班干部，组织大家开展过多项活动，充分锻炼了领导才能。拥有了领导才能，才会充分领导我的团队成长壮大，让我的事业如日中天。

综上所述，可以看出我选择的职业与我的测评结果相似度极高，这就坚定了我做造价师和项目经理的决心。

三、职业能力

工程造价专业非常考验一个人对一件事的细心程度。造价师的职业能力包括：建筑 CAD、工程识图、建筑结构、广联达 BIM、项目管理等等，还有最重要的就是责任心，对他人、对项目负责的决心。而经过霍兰德职业测试，我是一个 ERS 类型的人，如表 1 所示。

表 1

第 1 章　自我认知

类型	共同特征	典型职业
企业型（E）	具有领导才能 为人务实 敢冒风险	项目经理、销售人员、企业领导
实际型（R）	动手能力强 做事手脚灵活 动作协调	技能性职业： （机械装配工、修理工、农民、一般劳动）
社会型（S）	喜欢与人交往 不断结交新的朋友 善言谈	咨询人员、公关人员

四、职业价值观

俗话说"三百六十行，行行出状元。"

不管什么行业，我最看重的是能发挥自己的优势，在允许的条件下能得到更好的教育，以提升自己，努力使自己做到极致，以便可以学以致用，创造更多、更好的收益，在自己平凡的岗位上做出不平凡的贡献。如图 3 所示。

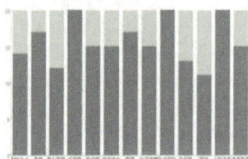

图 3

第 2 章　职业认知

第 2 章　职业认知

一、社会整体经济形势

3 月 6 日，十三届全国人大二次会议举行记者会。国家发展改革委主任何立峰和副主任宁吉喆、连维良就"大力推动经济高质量发展"相关问题回答中外记者的提问。何立峰表示，中国经济一定会继续保持稳中向好的态势，总体平稳、稳中有变、变中有忧，但是总体趋势还是稳中有进的。稳的方面，突出的有几个特点：一是主要经济指标稳定；二是就业稳。

二、目前行业现状与发展前景

1. 行业现状

改革开放以来我国建筑行业得到了持续快速的发展，建筑行业作为国民经济的支柱产业，对国民经济的拉动作用更加明显。随着市场经济的发展，建筑业面临的挑战越来越激烈，入世以后中国建筑行业迎来了机遇的同时也面临着挑战成我国建筑行业将直接参与国际竞争，同时随着市场经济的开放，国内的竞争也会越来越激烈。先进的管理模式、新的建筑技术是传统建筑行业在竞争中获得生存的必经之路。

2. 发展趋势

随着我国城镇化率的提升、基础设施的完善和一带一路倡议的推进，还有雄安新区的建设，我国建筑业市场空间巨大。此外，随着国家和社会对建筑质量、节能环保的重视，建筑业逐步转型和升级，促进了装配式建筑、BIM 技术和绿色建筑等建筑理念和技术在我国的普及，工程总承包、全过程工程咨询等业态和商业模式也受到各级政府的鼓励和支持。如今建筑业广阔的市场空间和转型升级的趋势，为建筑设计行业与企业的发展创造了良好的市场机遇。

第 3 章 职业决策

一、职业目标

　　我的职业规划是从造价员逐步成为一名项目经理。

　　备选目标：就是帮助姥爷去管理和经营自己的建筑事业

二、职业意义

　　当我进入大学的第一天起，我的老师就告诉我：造价员是一个需要责任心、耐心、细心的一项工作；如果结构是躯体，那么造价就是血液，造价关乎着整个项目的经济收益，我要用高度的责任心和细心谨慎的态度去完成我选择的职业和目标。

第 4 章 计划与路径

一、热心公益，为爱筑梦

　　我是一个有梦想，有爱心的人，我于 2014 年加入保定青年爱心志愿者协会，至今已有，将近四年的时间，参加过很多大型的公益活动并在 2015 年多评为优秀志愿者称号，并在 2018 年年初加入了中国直隶救援队成为这个正式队员并参加过很多的救援任务在 2019 年评为 "2018 年度优秀救援队称号" 等，如图 4 所示。

图 4

二、加强锻炼，增强体魄

　　身体是革命的本钱，身体好才能更好的向目标前行。因此，上大学之后我制定了严格的健身计划，以让我的状态达到最佳，如图 5 所示。

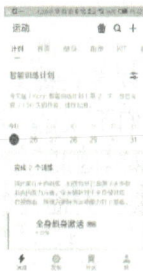

图 5

三、读万卷书，行万里路

　　俗话说：读万卷书，行万里路。除了日常看书以外，我也会趁着假期到外面走一走，去发现一些有历史，有特色的建筑物等。

第 5 章 自我监控

一、计划实施

1.三年计划目标（2018-2021）

　　（1）成果目标：拿到与专业相关的证书

　　（2）学历目标：专科毕业，自考本

　　（3）经济目标：满足自己的生活

2.五年计划目标（2018-2023）

　　（1）学历目标：本科学历

　　（2）能力目标：了解和参加有关工作，提高专业知识水平和技能水平

　　（3）职务目标：造价员

　　（4）经济目标：满足自己的生活，争取攒下一部分存款

3.十年计划目标（2018-2028）

　　（1）成果目标：独立完成建筑造价计算

　　（2）能力目标：对造价方面的知识有很大的认知，出色的手绘与电脑制图能力

　　（3）职务目标：二级建造师

　　（4）经济目标：自给自足，给家人体面的生活

二、评估与调整

　　职业生涯规划是一个动态过程，必须根据实施结果的情况以及相应变化进行及时的评估与修正。

1.评估内容

　　（1）职业目标评估：假如一直没有什么进展或者进展比较缓慢那么我将考虑选择别的工作。

　　（2）职业路径评估：当出现对以后更有利的工作时，我将考虑更好的地方发展

　　（3）实施策略评估：如果出现更好的机会，我会选择改变发展目标

　　（4）其他因素调整：如果出现一些不可抗据的因素，才会选择改变计划

2.评估时间

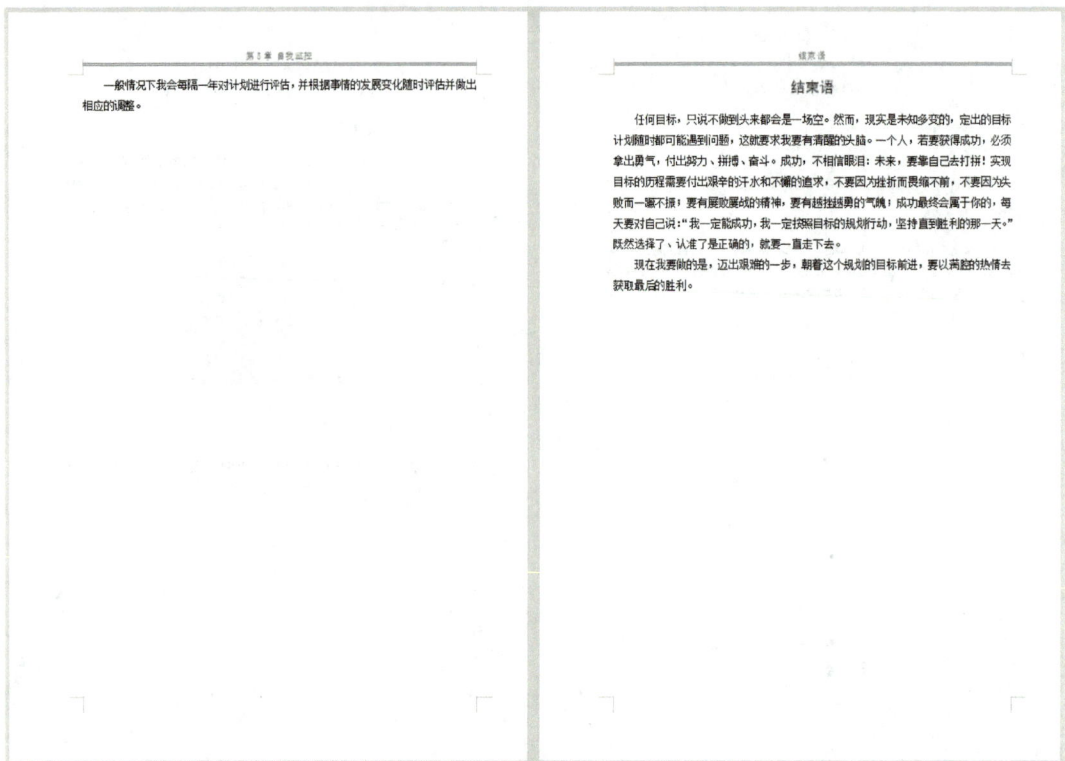

图 1-54　职业生涯规划书的效果图

二、任务分析

职业生涯规划书应包含封面、扉页和正文三部分。

(1) 封面。封面作为职业生涯规划书的重要组成部分，承载着关键信息，具有吸引注意、展现个人特色的功能。通过封面，人们不仅能了解规划者的基本信息，还能了解规划者的个人风格与审美偏好。因此，制作一个既精美又具有吸引力的职业生涯规划书封面至关重要。封面需包含职业生涯规划书的标题、姓名、所在学校、指导教师及完成时间等信息。

编排"职业生涯规划书"文档任务分析

(2) 扉页。扉页需包含姓名、性别、系部、年级、专业班级、联系电话、电子邮箱等信息。

(3) 正文。正文是对个人职业发展路径进行规划与设计的核心部分，规划的具体内容和成果应以文字形式呈现，以便理清规划思路，为实际操作提供指导，并便于后续评估与调整。规划书应充分展现个人的特色与独特性。

在完成任务时，首先，根据自己的审美和创意，运用图文混排技术，设计并制作出与自身职业生涯规划相契合的封面；接着，利用表格制作技术制作扉页；最后，运用 WPS 的长文档排版功能，对职业生涯规划书文档的格式进行高效排版。

三、任务步骤

本任务可分为设计并制作封面、设计并制作扉页、编排职业生涯规划书正文、保存文件并关闭四个步骤，下面我们详细介绍每个步骤的操作方法。

（一）设计并制作封面

首先，新建一个空白文档，命名为"职业生涯规划书 .wps"，并保存至指定文件夹。接着，进行页面设置，选择 A4 纸张，设置上、下页边距为 2.5 厘米，左页边为 3 厘米，右页边距为 2 厘米。确定封面主题和色调后，从网上搜索与主题或文字寓意相符的图片、图标等素材 (注意版权问题)，下载并保存至相应文件夹备用。然后，规划封面上的文字、图片位置及整体版面结构，确保布局合理美观。最后，参考图 1-55，设计并制作封面的各项元素和内容，包括文字排版和图片插入，完成职业生涯规划书的封面设计。下面我们介绍制作封面上方的装饰图、制作中间主题和制作下方个人信息的具体操作步骤。

图 1-55　封面样例

1) 制作封面上方的装饰图

制作封面上方装饰图的步骤如下：

(1) 插入 "弘毅楼 .png" 图片，设置环绕方式为 "四周型环绕"；锁定纵横比，调整图片高度为 8.5 厘米；将图片位置设置为相对于页面水平左对齐，垂直距离页面下侧 4.2 厘米。

(2) 插入梯形，设置其高度为 8.5 厘米，宽度为 17 厘米；无边框颜色，填充色为 "R = 69，G = 120，B = 197"；位置设置为水平距离页面右侧 9.4 厘米，垂直距离页面下侧 4.2 厘米。

(3) 复制梯形，并调整其透明度为 50%；将新梯形的位置设置为水平距离页面右侧 7.7 厘米，垂直距离页面下侧 4.2 厘米。

(4) 将图片和两个梯形进行组合。

(5) 插入一个横向文本框，输入文字 "职业生涯规划书"，设置字体为汉仪铸字美心体简（或其他字体），字号为 40，字符间距加宽 0.1 厘米；调整文本框的大小，使"规划书"三个字位于第二行；设置文字在文本框内居中对齐，无缩进；将文本框设置为无填充颜色与边框颜色；字体颜色设置为"白色，背景 1"。

（6）调整文本框的位置，使其相对于组合图形垂直居中，水平距离页面右侧 12.3 厘米。

（7）绘制矩形，设置其高度为 0.5 厘米，宽度为 21 厘米；无边框颜色，填充色为"R = 218，G = 227，B = 245"；位置设置为相对于页面水平居中，垂直距离页面下侧 12.7 厘米。

（8）将页面中的所有元素进行组合。

2）制作中间主题

制作中间主题的步骤如下：

（1）插入一个横向文本框，输入文字"—造梦之旅—"，设置字体为黑体，字号为 40，加粗，字体颜色设置为标准色"蓝色"；设置文字在文本框中居中对齐，无缩进；文本框高度设置为 2 厘米，无填充颜色和边框颜色；文本框相对于页面水平居中，垂直方向使用方向键调整至合适位置。

（2）插入一条 2.5 磅的水平直线，长度设置为 14.7 厘米，颜色设置为标准色"蓝色"。

（3）再次插入一个横向文本框，输入文字"DREAM MAKING JOURNEY"，设置字体为仿宋，字号为 20，加粗，字体颜色设置为标准色"蓝色"；设置文字在文本框中分散对齐，无缩进；文本框高度设置为 1.3 厘米，宽度设置为 14.7 厘米，无填充颜色和边框颜色。

（3）利用方向键调整两个文本框和直线的垂直间距，然后设置三者水平居中、纵向分布，最后进行组合。组合后的对象需相对于页面水平居中。

3）制作下方个人信息

制作下方个人信息的步骤如下：

（1）插入一个横向文本框，高度设置为 7.5 厘米，宽度设置为 9.5 厘米。根据图 1-56 输入文字，并设置字体为微软雅黑，字号为小二，加粗，字体颜色设置为"R = 164，G = 164，B = 164"，无缩进，文字在文本框内两端对齐；空行段落的字号设置为 1 磅；为指定文本添加粗下划线，下划线颜色与字体颜色相同；通过调整文字宽度实现文本对齐。

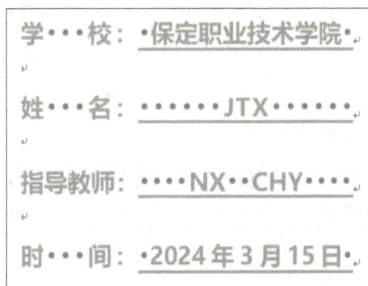

图 1-56　封面个人信息示例

（2）文本框设置为无填充颜色和边框颜色；文本框相对于页面水平居中；对于垂直方向，使用方向键调整至合适位置。

（3）将页面中的所有对象进行组合。

至此，职业生涯规划书封面制作完成。

（二）设计并制作扉页

(1) 利用"分页符"在封面之后插入一张空白页作为扉页。

(2) 将光标定位到新插入的空白页，开始设计和制作扉页。

(3) 利用表格功能来设计和制作扉页布局，可参考图 1-57。完成后，调整表格使其在页面上水平居中，并确保表格底部距离页面下侧 5 厘米。

姓　　　名：	JTX
性　　　别：	男
系　　　部：	建筑工程系
年　　　级：	2018 级
专 业 班 级：	工程造价 1808 班
联 系 电 话：	139******09
电 子 邮 箱：	84*******1@qq.com

图 1-57　扉页样例

（三）编排职业生涯规划书正文

1. 插入一张空白页

利用"下一页分节符"在扉页之后插入一张空白页。

2. 将"职业生涯规划书正文 .wps"文件的文本插入当前文档

选择"插入"→"文本"→"对象"→"文件中的文字"，然后选择素材文件夹中的"职业生涯规划书正文 .wps"文件，将其文本插入当前文档。

3. 使用样式统一设置"职业生涯规划书"文档的格式

(1) 应用系统内置样式：为"前言""第 1 章 自我认知""第 2 章 职业认知"……"结束语"等标题统一应用"标题 1"样式。

(2) 修改"标题 1"样式为：黑体、三号，不加粗，单倍行距，段前、段后距各为 0.5 行，居中，无缩进。

(3) 新建样式。

① 创建名为"新标题 2"的样式："样式类型"设置为"段落"，"样式基于"设置为"无样式"，"后续段落样式"设置为"正文"；字符格式为黑体、四号，大纲级别为 2 级，段前、段后距各为 0.5 行，行距为单倍行距。

② 为文档中所有以"一、""二、""三、"等开头的段落标题应用"新标题 2"样式。

③ 创建名为"新标题 3"的样式："样式类型"设置为"段落"，"样式基于"设置为"无样式"，"后续段落样式"设置为"正文"；字符格式为黑体、小四号，大纲级别为 3 级，段前、段后距各为 0.5 行，行距为单倍行距。

④ 为文档中所有以"1.""2.""3."等开头的段落标题应用"新标题 3"样式。

(4) 修改正文样式。将光标定位到正文段落中，然后修改正文样式为宋体、小四号、首行缩进 2 字符、1.5 倍行距，大纲级别设置为正文文本。

(5) 创建名为"图片样式"的样式："样式类型"设置为"段落"，"样式基于"设置为"无样式"，"后续段落样式"设置为"题注"，居中、无缩进、段前、段后距均为 6 磅，大纲级别为正文文本。将此样式应用于文档中的所有图片。

(6) 修改"题注"样式为：居中、无缩进、单倍行距，大纲级别为正文文本。

4. 为图片添加题注并建立交叉引用

按照图片在文档中出现的顺序为文档中的图片添加题注并建立交叉引用，具体格式参考图 1-54 所示。

5. 为文档中的表格添加题注

为文档中的表格添加题注，"标签"设置为"表"，"位置"设置为"所选项目上方"，并据此建立交叉引用。

6. 插入分节符

利用"下一页分节符"将文档中的"前言""第 1 章 自我认知""第 2 章 职业认知"……"结束语"等每一章节的内容分割成独立的页面，并删除由此产生的多余空行。

7. 设置页面和页脚

(1) 为页眉添加下边框线，样式为上细下粗型，宽度为 1.5 磅。

(2) 设置页眉内容为章节名称，格式为宋体、五号、居中、无缩进、单倍行距。

(3) 设置页脚内容为页码，样式为"第 1 页"，页码文本框内的文本采用宋体、五号字体，居中显示、无缩进、单倍行距。调整页码文本框，使其在页面上水平居中。页码从"前言"页开始计数。

8. 自动提取目录

(1) 在"前言"页前利用"下一页分节符"插入一张空白页，然后将光标定位到该空白页的分节符前面，清除当前页面的格式。

(2) 在空白页的首行输入"目录"二字（两字间留一空格），设置为黑体、三号字，居中对齐，无缩进，单倍行距，段前、段后间距均为 0.5 行。

(3) 将光标移至第二行起始处，确保该行及后续文本采用正文格式。

(4) 根据图 1-58 所示格式插入目录。

图 1-58　目录格式

9. 删除"目录"页的页眉、页脚及页眉线

10. 完善全文

(1) 取消扉页表格中文字的首行缩进。

(2) 删除"封面"页的页眉线。

（四）保存文档并关闭

单击功能区中的"保存"按钮以保存文档。保存完成后，单击文档窗口右上角的"关闭"按钮以关闭文档。

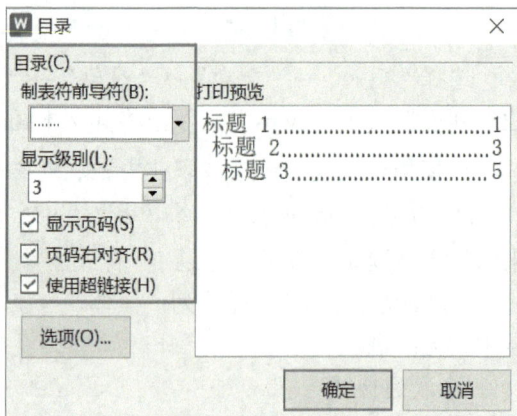

拓展任务 1　完善论文排版工作

一、任务描述

张三同学撰写了硕士学位论文（论文内容已做脱密和简化处理），现需完善论文排版

工作，论文排版效果如图 1-59 所示。

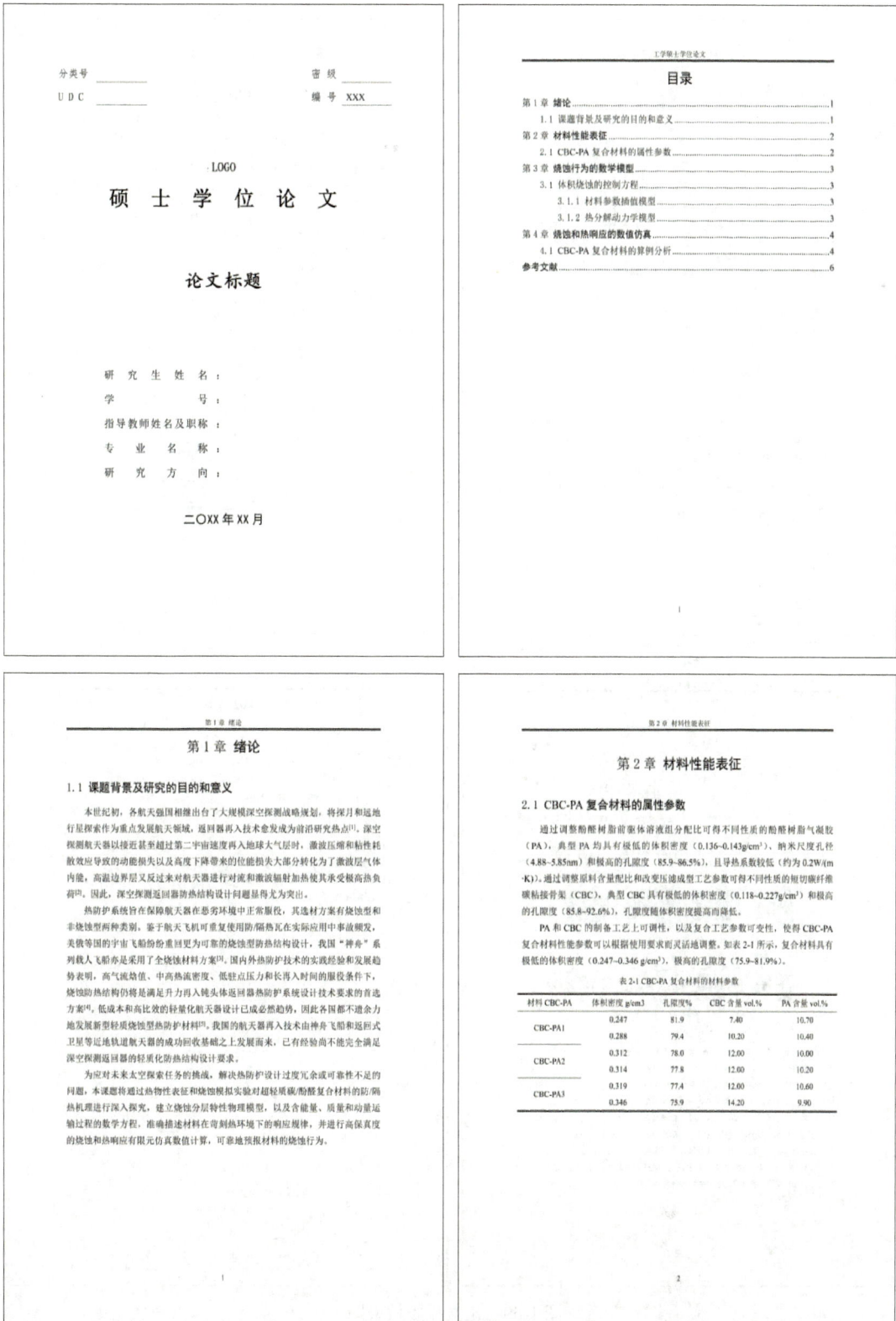

（图 1-59 论文排版效果，包含以下四个预览页面）

预览页一（封面）

分类号 _____　　　密 级 _____
U D C _____　　　编 号 XXX

LOGO

硕 士 学 位 论 文

论文标题

研 究 生 姓 名：
学　　　　　号：
指导教师姓名及职称：
专 业 名 称：
研 究 方 向：

二〇XX 年 XX 月

预览页二（目录）

目录

预览页三（第 1 章 绪论）

第 1 章　绪论

1.1　课题背景及研究的目的和意义

本世纪初，各航天强国相继出台了大规模深空探测战略规划，将探月和返回地行星探索为重点发展航天领域，返回器再入技术愈发成为前沿研究热点[1]。深空探测航天器以接近甚至超过第二宇宙速度再入地球大气层时，激波压缩和粘性耗散效应导致的动能损失以及高速下降带来的位能损失大部分转化为了激波层气体内能，高温边界层又反过来对航天器进行对流和激波辐射加热使其承受极高热负荷[2]。因此，深空探测返回器防热结构设计问题显得尤为突出。

热防护系统皆在保障航天器在恶劣环境中正常服役，其选材方案有烧蚀型和非烧蚀型两种类别。鉴于航天飞机可重复使用阻/隔热瓦在实际应用中事故频发，美欧等国的宇宙飞船纷纷重回更为可靠的烧蚀型防热结构设计，我国"神舟"系列载人飞船亦是采用了全烧蚀材料方案[3]。国内外热防护技术的实践经验和发展势表明，高气流焓值、中高热流密度、低驻点压力和长再入时间的服役条件下，烧蚀防热结构仍将是满足升力再入钝头体返回器热防护系统设计技术要求的首选方案[4]。低成本和高比效的轻量化航天器设计已成必然趋势，因此各国都不遗余力地发展新型轻质烧蚀型热防护材料[5]。我国的航天器再入技术由神舟飞船和返回式卫星等近地轨道航天器的成功回收基础之上发展而来，已有经验尚不能完全满足深空探测返回器的轻质化防热结构设计要求。

为应对未来太空探索任务的挑战，解决热防护设计过度冗余或可靠性不足的问题，本课题将通过热物性表征和烧蚀模拟实验对超轻质碳/酚醛复合材料的防/隔热机理进行探究，建立烧蚀分层特性物理模型，列出烧蚀分层控制方程和质量、质量和动量运输过程的数学方程，准确描述材料在苛刻热环境下的响应规律，并进行高保真度的烧蚀和热响应有限元仿真数值计算，可靠地预报材料的烧蚀行为。

预览页四（第 2 章 材料性能表征）

第 2 章　材料性能表征

2.1　CBC-PA 复合材料的属性参数

通过调整酚醛树脂前躯体溶液组分配比可得不同性质的酚醛树脂气凝胶（PA），典型 PA 均具有极低的体积密度（0.136-0.143g/cm³）、纳米尺度孔径（4.88-5.85nm）和极高的孔隙度（85.9-86.5%），且导热系数较低（约为 0.2W/(m·K)）。通过调整原料含量配比和改变压造成型工艺参数可得不同性质的短切碳纤维碳粘接骨架（CBC），典型 CBC 具有极低的体积密度（0.118-0.227g/cm³）和极高的孔隙度（85.8-92.6%），孔隙度随体积密度提高而降低。

PA 和 CBC 的制备工艺上可调性，以及复合工艺参数可变性，使得 CBC-PA 复合材料性能参数可以根据使用要求而灵活地调整，如表 2-1 所示，复合材料具有极低的体积密度（0.247-0.346 g/cm³），极高的孔隙度（75.9-81.9%）。

表 2-1　CBC-PA 复合材料的材料参数

材料 CBC-PA	体积密度 g/cm3	孔隙度%	CBC 含量 vol.%	PA 含量 vol.%
CBC-PA1	0.247	81.9	7.40	10.70
	0.288	79.4	10.20	10.40
CBC-PA2	0.312	78.0	12.00	10.00
	0.314	77.8	12.00	10.20
CBC-PA3	0.319	77.4	12.00	10.60
	0.346	75.9	14.20	9.90

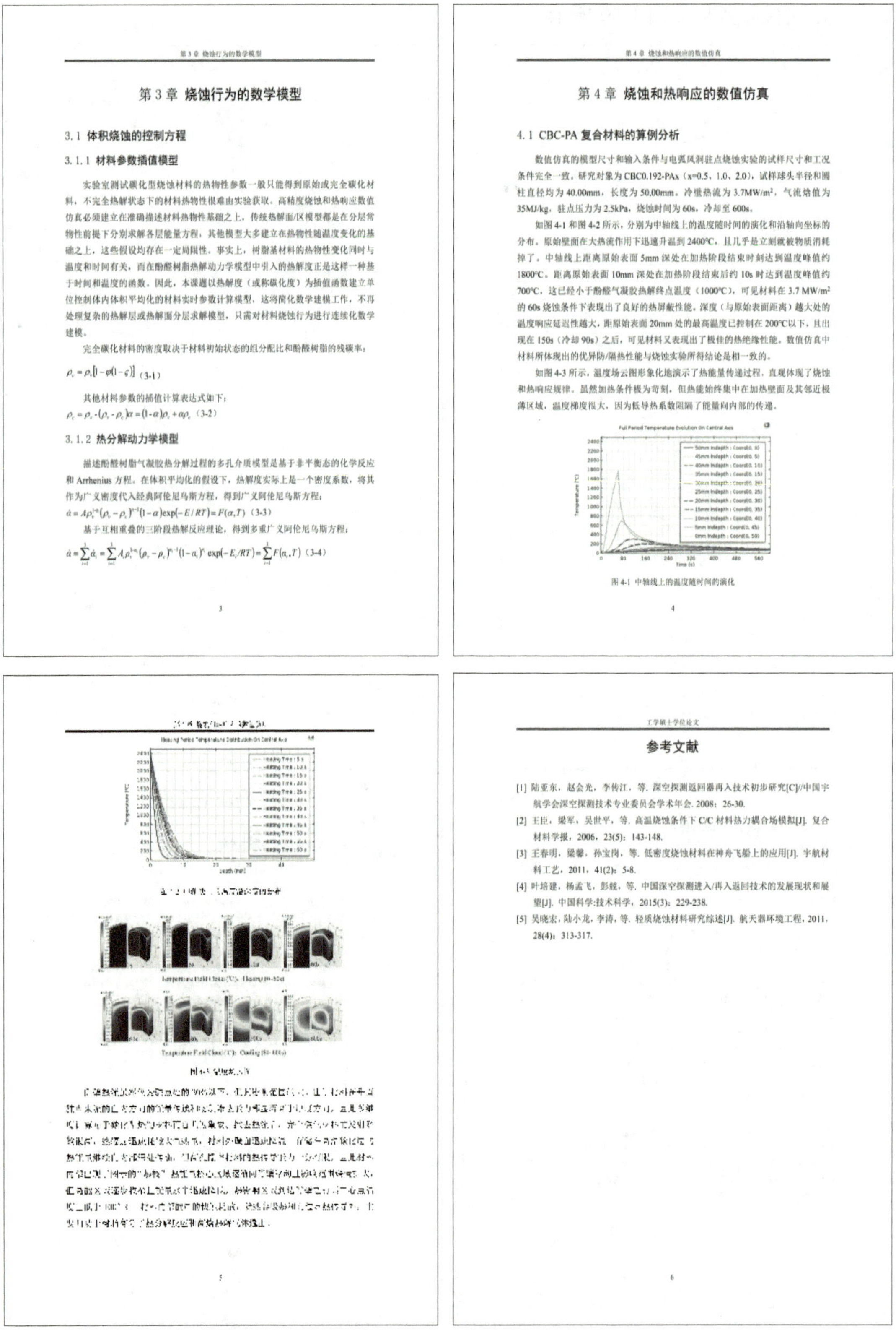

图 1-59　论文排版效果图

二、任务步骤

打开素材文档"WPS.docx"(.docx 为文件扩展名)，后续所有操作均基于该文档进行。本任务的具体步骤如下。

(1) 设置文档属性：将"标题"修改为"硕士学位论文"，"作者"修改为"张三"。

(2) 将上、下页边距均设置为 2.5 厘米，左、右页边距均设置为 3 厘米；页眉、页脚距边界均设置为 2 厘米；文档网格设置为"只指定行网格"，且每页包含 33 行。

(3) 对文中使用的样式进行如下调整：

① 将"正文"样式的中文字体设置为宋体，西文字体设置为 Times New Roman。

② 将"标题 1"(章标题)、"标题 2"(节标题) 和"标题 3"(条标题) 样式的中文字体设置为黑体，西文字体设置为 Times New Roman。

③ 将每章的标题均设置为从新的一页开始，即始终位于下一页的首行。

(4) "章""节""条"三级标题均已预先应用了多级编号，按下列要求做进一步处理：

① 按表 1-1 中的要求修改编号格式，编号末尾不加点号"."，编号数字样式均设置为半角阿拉伯数字 (如 1，2，3，…)。

表 1-1　编 号 格 式

标题级别	编号格式	编号数字样式	标题编号示例
1(章标题)	第①章		第 1 章，第 2 章，…，第 n 章
2(节标题)	①、②	1，2，3，…	1.1，1.2，…，n.1、n.2
3(条标题)	①、②、③		1.1.1，1.1.2.，…，n.1.1，n.1.2

② 各级编号后以空格代替制表符与标题文本隔开。

③ 节标题在章标题之后重新编号，条标题在节标题之后重新编号。例如，第 2 章的第 1 节应编号为"2.1"，而非"2.2"。

(5) 对参考文献列表应用自定义的自动编号以代替原先的手动编号，编号采用半角阿拉伯数字且置于一对半角方括号"[]"中 (如 [1],[2],…)。编号位置设置为顶格左对齐 (对齐位置设置为 0 厘米)。然后，将论文第 1 章正文中的所有引注与对应的参考文献列表编号之间建立交叉引用关系，以代替原先的手动标示 (字样保持不变)，并将正文中的引注设置为上角标。

(6) 使用题注功能，按下列要求对第 4 章中的 3 张图片分别应用按章连续自动编号，以代替原先的手动编号：

① 图片编号应形如"图 4-1"等，其中连字符"-"前面的数字代表章号，连字符"-"后面的数字代表图片在本章中出现的次序。

② 在图片题注中，标签"图"与编号"4-1"之间应无空格 (该空格需在生成题注后手动删除)，编号之后以一个半角空格与图片名称隔开。

③ 修改"图片"样式的段落格式，确保正文中的图片始终与其题注所在段落保持在同一页面中。

④ 在正文中，通过交叉引用自动引用图片编号，以替换原先的手动编号（字样保持不变）。

(7) 参照图 1-60 所示的"三线表"样式美化论文第 2 章中的"表 2-1"。

表 2-1 CBC-PA 复合材料的材料参数

材料 CBC-PA	体积密度 g/cm3	孔隙度%	CBC 含量 vol.%	PA 含量 vol.%
CBC-PA1	0.247	81.9	7.40	10.70
	0.288	79.4	10.20	10.40
CBC-PA2	0.312	78.0	12.00	10.00
	0.314	77.8	12.00	10.20
CBC-PA3	0.319	77.4	12.00	10.60
	0.346	75.9	14.20	9.90

图 1-60　论文第 2 章中"表 2-1"样例

① 根据表格内容调整表格列宽，使表格左右恰好充满版心并适应窗口大小。

② 按图示样式合并表格第一列中的相关单元格。

③ 按图示样式设置表格边框：上、下边框线为 1.5 磅粗黑线，内部横框线为 0.5 磅细黑线。

④ 设置表格标题行（即第 1 行），使其在表格跨页时能够自动重复出现在下页的顶端。

(8) 为论文添加目录，具体要求如下：

① 在论文封面页之后、正文之前插入目录，包含 1～3 级标题。

② 使用格式刷将"参考文献"标题段落的字体和段落格式应用到"目录"标题段落，并将"目录"标题段落的大纲级别设置为正文文本。

③ 将目录中的 1 级标题段落设置为黑体、小四号字，2 级和 3 级标题段落设置为宋体、小四号字，所有英文字体均设置为 Times New Roman，并确保这些格式在更新目录时保持不变。

(9) 将论文划分为封面页、目录页、正文章节、参考文献页 4 个独立的节，每节都从新的一页开始（必要时删除空白页，确保文档总页数不超过 8 页），并按如下要求对各节的页眉和页脚进行独立设置：

① 封面页不设置页眉横线，其余页面应用任意"上粗下细双横线"的样式预设页眉横线。

② 封面页不设置页眉文字；目录页和参考文献页的页眉添加"工学硕士学位论文"字样；正文章节页的页眉设置为自动获取对应章标题（包含章编号和标题文本，以半角空格间隔，如"第 1 章绪论"），且页眉字样居中对齐。

③ 封面页不设置页码；目录页使用大写罗马数字页码（如Ⅰ，Ⅱ，Ⅲ，…）；正文章节页和参考文献页统一使用半角阿拉伯数字页码（如 1，2，3，…），并从 1 开始连续编码。页码数字在页脚处居中对齐。

(10) 论文第 3 章中的公式段落已预先应用了"公式"样式，修改该样式的制表位格式，使正文中的公式内容在 20 字符位置处居中对齐，公式编号在 40.5 字符位置处右对齐。

(11) 为使论文打印时不跑版，首先保存"WPS.docx"文档；然后使用"输出为 PDF"功能，在源文件目录下将其转换为带权限设置的 PDF 格式文件。权限设置为"禁止更改"和"禁止复制"，权限密码设置为三位数字"123"（无须设置文件打开密码），其他选项保持默认设置即可。

拓展任务 2　编排产品宣传册

一、任务描述

　　金山办公软件股份有限公司近期推出了一款全新的办公产品，需要制作一份产品宣传册。员工小张已收集好相关图文素材，请协助他完成排版美化工作，确保宣传册排版完成后的总页数为 6 页。任务完成后的效果如图 1-61 所示。

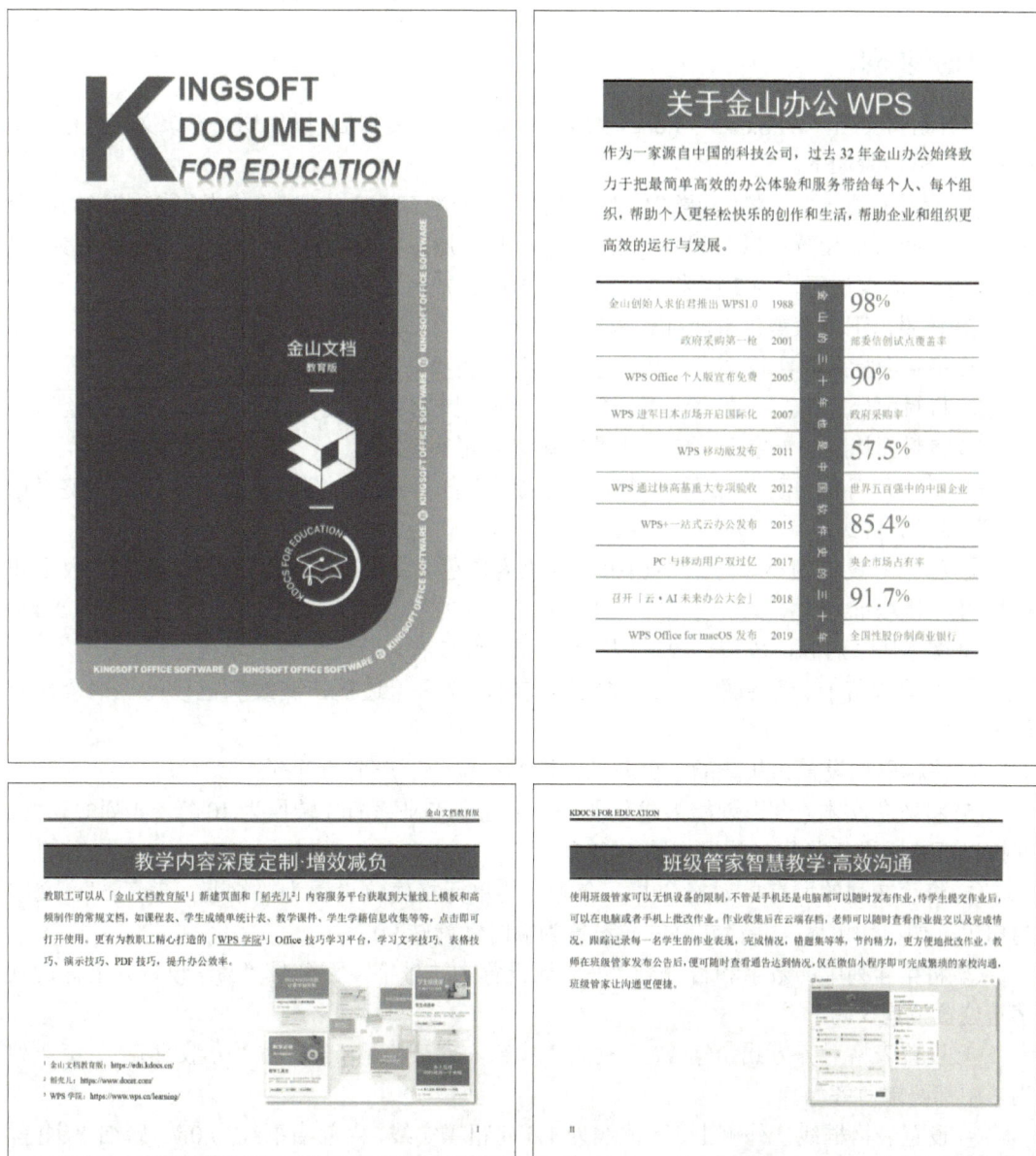

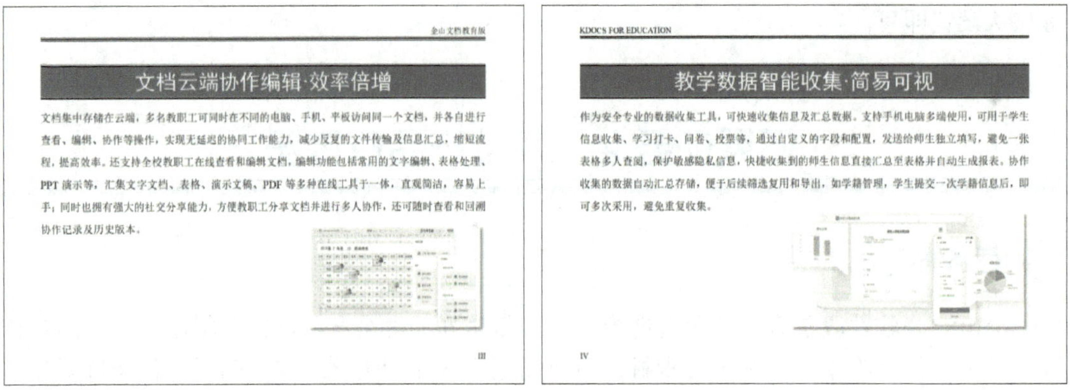

图 1-61　产品宣传册排版完成后的效果图

二、任务步骤

打开素材文档"WPS.docx"（.docx 为文件扩展名），后续所有操作均基于该文档进行。本任务的具体步骤如下。

(1) 设置文档属性：将"标题"修改为"金山文档教育版宣传册"，"作者"修改为"KSO"。

(2) 修改页面设置：纸张尺寸为 21 厘米 × 14.8 厘米（长 × 宽），上、下页边距均为 1.5 厘米，左、右页边距均为 2 厘米，页眉、页脚距边界均为 0.75 厘米。

(3) 按照以下步骤美化封面标题内容：

① 将封面标题前两行文字的颜色设置为标准色"蓝色"。

② 将封面标题第三行文字设置为斜体，并应用艺术字预设样式"渐变填充 - 钢蓝"。

③ 将封面标题的首字母"K"设置为首字下沉 3 行。

(4) 宣传册各部分已应用预设样式并完成了部分格式化，按以下要求进一步调整"标题 1"样式的格式：

① 将字号设置为小一号，不加粗，颜色为白色。中文字体采用黑体，英文、数字和符号均采用 Arial 字体。

② 文本居中对齐，段前、段后间距均设置为 0.5 行，行距设置为单倍行距。

③ 设置段落上、下边框为 1.5 磅粗黑实线，左右无边框，底纹颜色设为"钢蓝，着色 5"。

④ 将标题均设置为从新的一页开始，即始终位于下一页的首行。

(5) 将蓝色文本（金山创始人求伯君……股份制商业银行）转换为 10 行 × 4 列的表格，并按以下要求进行美化，效果如图 1-62 所示：

① 将第 3 列的所有单元格合并，合并后的单元格底纹设置为"钢蓝，着色 5"，文字为白色、加粗、黑体，并将文字方向设置为顺时针旋转 90°。

② 将第 4 列中的数字和百分号"%"均设置为二号字，百分号"%"设置为上标，且字符位置下调 3 磅。

③ 设置表格对齐方式：第 1、2 列为"中部右对齐"，第 3 列为"分散对齐"，第 4 列为"中部两端对齐"。

④ 设置表格框线：外侧上、下框线为 1.5 磅粗黑实线，内部横框线为 0.75 磅细"钢蓝，

着色 5”实线，所有竖框线均为“无”。

⑤ 根据内容调整表格列宽，确保单元格内容不换行。再调整表格大小以适应窗口，使表格左右恰好充满版心。

⑥ 将表格与其前段落之间的距离设置为 1 行，且两者之间没有空段落。适当调整表格高度，确保表格完整显示在同一页面。

金山创始人求伯君推出 WPS1.0	1988	金山的三十年也是中国软件史的三十年	98%
政府采购第一枪	2001		部委信创试点覆盖率
WPS Office 个人版宣布免费	2005		90%
WPS 进军日本市场开启国际化	2007		政府采购率
WPS 移动版发布	2011		57.5%
WPS 通过核高基重大专项验收	2012		世界五百强中的中国企业
WPS+一站式云办公发布	2015		85.4%
PC 与移动用户双过亿	2017		央企市场占有率
召开「云・AI 未来办公大会」	2018		91.7%
WPS Office for macOS 发布	2019		全国性股份制商业银行

图 1-62　表格样例

(6) 在“教学内容深度定制……”处对文档进行分节，使该文本及其后的内容另起一节作为第 2 节。确保第 2 节从新的一页开始，必要时删除多余的空白页，并将该节的纸张方向设置为“横向”。

(7) 按下列要求对两节的页眉和页脚进行独立设置：

① 第 1 节不设置页眉横线，第 2 节采用预设的“上粗下细双横线”页眉横线样式。

② 第 1 节不设置页眉文字；第 2 节设置奇偶页不同的页眉文字，奇数页为右对齐的“金山文档教育版”字样，偶数页为左对齐的“KDOCS FOR EDUCATION”字样。

③ 第 1 节不设置页码；第 2 节使用大写罗马数字页码 (如 Ⅰ，Ⅱ，Ⅲ，…)，页码位置设置为“页脚外侧”，与页眉文字段落对齐方式一致。

(8) 在“教学内容深度定制……”中，为 3 个直角引号“「」”中的关键词添加超链接。关键词及其对应的超链接地址如表 1-2 所示。为添加了超链接的关键词插入脚注，并将页面中标注为红色的 3 行内容分别对应添加到这 3 个脚注中。

表 1-2　关键词及其对应的超链接地址

关键字	超链接地址
金山文档教育版	https://edu.kdocs.cn/
稻壳儿	https://www.docer.com/
WPS 学院	https://www.wps.cn/learning/

(9) 对"教学内容深度定制……"之后每页的图片 (共 4 张) 进行如下设置：

① 将图片的文字环绕方式从默认的"嵌入型"更改为"四周型环绕"。

② 将图片固定在页面上的指定位置，水平方向设置为相对于页边距右对齐，垂直方向设置为相对于页边距下对齐。在不影响文字段落格式的前提下，可适当调整图片大小，确保文档总页数不超过 6 页。

③ 为图片添加"右下斜偏移"的阴影效果。

(10) 为便于打印和共享，先保存"WPS.docx"文字文档；然后使用"输出为 PDF"功能，在源文件目录下将其转换为带权限设置的 PDF 格式文件。权限设置为"禁止更改"和"禁止复制"，权限密码设置为三位数字"123" (无须设置文件打开密码)，其他选项保持默认设置即可。

课程思政

在学习 WPS 文字长文档排版的过程中，我们不仅要掌握实用的技术技能，还要树立正确的价值观，培养自主创新精神和社会责任感，并深刻认识信息技术在推动社会进步和国家发展中的重要作用。

1. 精益求精的工匠精神

WPS 文字长文档排版是对细节极致追求的过程。从字体、字号的选择，到段落、行距的调整，再到页眉、页脚的设置，每个环节都需我们精心雕琢。这种对细节的不懈追求，正是工匠精神在信息技术领域的体现。通过学习与实践 WPS 长文档排版，我们应深刻领会"匠心独运"的内涵，学会在平凡工作中发掘不平凡的价值，以便在未来职业生涯中，无论身处何岗，都能以精益求精的态度对待每项任务。

2. 自主创新精神

WPS 文字提供了诸如多级列表、交叉引用、宏命令等丰富功能。在学习 WPS 文字长文档排版的过程中，我们应积极探索这些新功能和新技巧，如智能排版、文档模板、云协作等。这些创新性工具和技巧的应用，不仅能提升我们解决实际问题的能力，激发科技创新的动力，而且其中蕴含的自主创新精神，正是我国社会主义现代化建设所需的核心素质。

3. 团队协作与沟通能力

WPS 文字长文档排版常需多人协作，包括文档内容的撰写、排版设计的调整及最终版本的审核等环节。在此过程中，团队成员间需保持良好的沟通与合作，以确保文档顺利完成。团队协作与沟通能力是现代社会中不可或缺的重要素质。通过学习与实践 WPS 长文档排版，我们应学会如何在团队中发挥自身优势，如何与他人进行有效沟通，如何协同解决问题，以便在未来职业生涯中更好地融入团队工作。

4. 尊重版权与恪守道德

在使用 WPS 文字进行文档编辑时，遵守版权法律法规、尊重他人劳动成果至关重要。无论是引用他人的文字、图片还是数据，均需注明来源，以避免侵权。通过此类实践，我们应不断培养自身的法律意识和职业道德，成为有责任感、有担当的公民。例如，在撰写研究报告或论文时，正确引用参考文献不仅是学术规范，也体现了对他人劳动成果的尊重。

5. 环保意识

信息技术的发展为我们的生活和工作带来了便捷与高效率，同时我们也应注重环境保护与可持续发展。在使用 WPS 文字进行文档编辑和打印时，我们应主动使用电子文档，减少不必要的纸质打印，以节约资源、保护环境。例如，通过设置双面打印、调整页边距等方式，可有效降低纸张消耗，实现绿色办公。因此，我们在日常工作中应养成良好的环保、节约习惯，为建设美丽中国贡献自己的一份力量。

6. 高度的社会责任感

WPS 文字长文档排版作为信息技术应用的一部分，承载着对社会的责任与担当。通过排版设计，我们能直观感受到文档在信息传递、知识传播中的重要作用。同时，作为信息技术人才，我们肩负着推动社会进步、促进文明发展的使命。因此，在学习 WPS 文字长文档排版时，我们需时刻铭记自身的社会责任，以高度的责任感和使命感对待每一项工作，为社会的繁荣与发展贡献自己的力量。

通过学习 WPS 文字长文档排版，我们在掌握专业技能的同时，还应不断提升工匠精神、自主创新精神，尊重知识产权，恪守道德规范，树立环保意识，增强团队协作与沟通能力，并积极承担社会责任，共同为社会的进步和发展添砖加瓦。让我们携手利用信息技术的力量，共创美好未来。

第 2 单元
WPS 文字文档的进阶操作

情景导入

小李是某公司的办公人员，负责管理公司办公室的相关工作，包括制作、审阅和修订员工的工资条、员工信息卡、客户的邀请函等批量文档，并协调进行多人协作编辑等任务。为了提高工作效率和便利性，小李决定深入学习 WPS 文字文档的进阶操作。

教学目标

▲ 知识目标

(1) 了解邮件合并的作用和应用场景。

(2) 理解合并域和 Next 域的含义。

(3) 了解主文档、数据源和合并文件之间的关系。

(4) 了解 WPS 文字中的修订和批注功能。

(5) 掌握利用云文档进行存储、分享和协作的方法。

▲ 技能目标

(1) 能够利用邮件合并功能批量制作文档。

(2) 能够审阅与修订文档。

(3) 能够多人协同编辑文档。

(4) 能够运用 WPS 文字进行团队协作和文件共享。

▲ 素质目标

(1) 让学生体验学以致用的乐趣，从而增强他们的学习信心。

(2) 通过学习邮件合并，使学生认识到工作效率的重要性，并学会采用有效方法优化工作流程。

(3) 通过学习 WPS 文字的修改和批注功能，培养学生谦逊的品质，学会接受并采纳他人的意见，从而不断提升自我。

(4) 培养学生的自主学习能力和问题解决能力，鼓励他们通过自主探究和合作学习解决在使用 WPS 文字文档时遇到的问题。

▲ 思政目标

(1) 通过学习邮件合并功能，使学生深刻理解信息技术的应用价值。特别是通过亲身实践，让他们切实体会到邮件合并如何提高工作效率，从而认识到信息技术的关键性和重要性，激发他们对信息技术的兴趣和学习积极性，进而培养他们的信息素养。

(2) 在邮件合并、审阅修订文档及多人协作编辑文档的学习实践中，培养学生的团队合作精神与责任感。

任务 2.1　批量制作"工资条"文档

一、任务描述

某公司为了方便员工准确了解每月的工资情况，决定为每位员工打印当月的工资条。工资数据将从"公司员工工资管理"文件中调取。为提高工作效率，办公室的小李采用了 WPS 文字中的"邮件合并"功能来完成此任务。

二、任务分析

在日常工作中，我们经常需要制作工资条、员工信息卡等大量相似的文档。这些文档的结构相似，主体内容也大致相同，仅部分细节内容有所区别。若逐一手动制作，则将耗费大量时间，导致工作效率低下。为此，我们可以利用 WPS 文字的邮件合并功能，实现文档的批量制作，从而提高工作效率。

三、相关知识点

1. 邮件合并功能

WPS 文字的邮件合并功能允许用户将邮件模板与数据源相结合，自动批量生成含有个性化信息的邮件。具体来说，用户可以在邮件模板中预设占位符，然后将数据源中的文本和变量信息填入这些占位符中，从而快速生成多份包含个性化内容的邮件。此功能不仅适用于批量处理信函、信封等邮件相关文档，还能使用户轻松制作标签、工资条、成绩单等多种类型的文档。

总之，WPS 文字的邮件合并功能高效且实用。巧妙运用此功能，用户可以大规模发送个性化邮件，满足客户关怀、营销推广等多种需求。该功能大幅减少了重复劳动，提升了工作效率，并增强了沟通效果。

2. 邮件合并的方式

WPS 文字提供了多种邮件合并方式，用户可以根据实际需求选择适合的方式来执行邮件合并操作。邮件合并的方式主要包括合并到新文档、合并到不同新文档、合并到打印机和合并发送。合并到新文档是将邮件合并的内容输出到一个新文档中，每条数据单独占一页。合并到不同新文档是将邮件合并的内容分别输出到各自独立的新文档中。合并到打印机是将邮件合并的内容直接输出到已连接的打印机进行打印。合并发送是将邮件合并的内容通过电子邮件或微信等方式批量发送出去。

3. 合并域与 Next 域的区别

在邮件合并的主文档中，用户可以插入合并域和 Next 域。合并域由数据源列表中的字段（即收件人列表中的标签项）自动生成。只有插入合并域后，主文档中需要变化的内容才能与收件人列表中的数据相关联，从而实现文档的批量制作。邮件合并完成后，每条记录会单独占一页。若一页内需显示多行合并内容，则需插入 Next 域来实现。

总之，在使用邮件合并功能批量制作文档时，合并域是必需的，而 Next 域则根据实际需求插入。

4. 邮件合并的步骤

邮件合并一般分为以下六个步骤。

(1) 准备数据源。数据源是邮件合并的基础，它集成了邮件合并主文档中需要变化的数据，并按字段进行分类。将主文档与数据源关联后，可快速生成多个内容相似但又不完全相同的文档。在 WPS 文字文档中，数据源需选用外部文件，如 Excel 工作表、Access 文件、Word 数据源、Microsoft Outlook 联系人列表或 HTML 文件等，不支持直接创建。需注意的是，邮件合并功能不支持将 PowerPoint 演示文稿作为数据源。在实际应用中，数据源通常已经存在，可直接使用。数据源文档的首行应为字段名，以便邮件合并时识别和使用。数据源提供了主文档中需要变化的内容。

(2) 准备邮件模板。邮件模板是发送邮件的基础，可包含固定内容，如公司名称、联系方式等。

(3) 打开数据源文件。

(4) 插入合并域。通过插入合并域，将所需字段添加到 WPS 文字文档中。这些合并域会以特殊标记（如占位符）来标示字段名。

(5) 根据需要选择邮件合并类型，并执行邮件合并操作。

(6) 预览邮件合并结果，确认无误后完成合并过程。

四、任务步骤

本任务可分为准备数据源、建立主文档、打开数据源、插入合并域、插入 Next 域、查看合并数据、合并文档和保存文档等步骤。下面我们详细介绍每个步骤的操作方法。

（一）准备数据源——设计电子表格

为了批量制作"工资条"文档，我们需要准备包含每个员工相关信息的电子表格。这些信息包括员工编号、姓名、部门、地区、基本工资、业绩奖金、社会保险、应扣额、应发工资、应纳税工资额、个人所得税和实发工资等字段。在本任务中，我们采用公司现有的 Excel 数据源文件"10 月份工资统计表（数据源）.xls"（如图 2-1 所示）进行制作。

员工编号	姓名	部门	地区	基本工资	业绩奖金	社会保险	应扣额	应发工资	应纳税工资额	个人所得税	实发工资
0001	郭一	机关	北市区	¥7,000.00	¥3,000.00	¥1,260.00	¥0.00	¥8,740.00	¥5,240.00	¥493.00	¥8,247.00
0002	陆二	销售部	北市区	¥4,800.00	¥2,000.00	¥864.00	¥220.00	¥5,716.00	¥2,216.00	¥116.60	¥5,599.40
0003	张三	客服中心	北市区	¥4,700.00	¥300.00	¥846.00	¥390.00	¥3,764.00	¥264.00	¥7.92	¥3,756.08
0004	李四	客服中心	新市区	¥2,700.00	¥3,000.00	¥486.00	¥0.00	¥5,214.00	¥1,714.00	¥66.40	¥5,147.60
0005	赵五	技术部	新市区	¥4,300.00	¥2,000.00	¥774.00	¥20.00	¥5,506.00	¥2,006.00	¥95.60	¥5,410.40
0006	孟六	客服中心	南市区	¥2,200.00	¥3,000.00	¥396.00	¥0.00	¥4,804.00	¥1,304.00	¥39.12	¥4,764.88
0007	丁七	业务部	北市区	¥4,800.00	¥3,000.00	¥864.00	¥120.00	¥6,816.00	¥3,316.00	¥226.60	¥6,589.40
0008	陈八	后勤部	北市区	¥4,800.00	¥3,000.00	¥864.00	¥0.00	¥6,936.00	¥3,436.00	¥238.60	¥6,697.40
0009	韩九	机关	新市区	¥4,500.00	¥3,000.00	¥810.00	¥0.00	¥6,690.00	¥3,190.00	¥214.00	¥6,476.00
0010	关十	后勤部	新市区	¥2,200.00	¥2,000.00	¥396.00	¥320.00	¥3,484.00	¥0.00	¥0.00	¥3,484.00
0011	王十一	机关	南市区	¥2,300.00	¥3,000.00	¥414.00	¥0.00	¥4,886.00	¥1,386.00	¥41.58	¥4,844.42
0012	周十二	后勤部	南市区	¥3,000.00	¥3,000.00	¥540.00	¥0.00	¥5,460.00	¥1,960.00	¥91.00	¥5,369.00

图 2-1　数据源

（二）建立主文档——设计工资条模板

(1) 新建一个空白文档，将其命名为"10 月份工资条 .wps"并保存在指定文件夹中。

(2) 进行页面设置，纸张尺寸为 21 厘米 × 29.7 厘米 (长 × 宽)，上、下、左、右页边距均设置为 2 厘米，纸张方向设置为"横向"。

(3) 在文档中输入工资条标题"10 月份工资条"，并设置其格式为五号字体，中文字体选用华文行楷，西文字体选用 Times New Roman；段前距设置为 1 行，段后距设置为 0.5 行，居中对齐。

(4) 另起一行，清除当前格式，然后插入一个 12 列 × 2 行的表格。

(5) 设置表格格式：表格宽度为 25 厘米，行高为 1.2 厘米，第 10 列的列宽为 2.5 厘米，其他列宽保持默认设置。将表格在页面上居中对齐，表格单元格的边距均设置为 0 厘米。

(6) 根据图 2-2 的示例，在表格的第 1 行输入相应的字段名。

10 月份工资条

员工编号	姓名	部门	地区	基本工资	业绩奖金	社会保险	应扣额	应发工资	应纳税工资额	个人所得税	实发工资

图 2-2　主文档效果图

(7) 将表格内文字的对齐方式设置为水平居中和垂直居中，字体格式为黑体、五号。

(8) 保存文档。

（三）打开数据源

(1) 单击"引用"选项卡中的"邮件"按钮 (如图 2-3 所示)，激活"邮件合并"选项卡。然后，单击"打开数据源"按钮 (如图 2-4 所示)，在弹出的"选取数据源"对话框 (如图 2-5 所示) 中选择素材文件夹内的"10 月份工资统计表 (数据源).xls"文件，并单击"打开"按钮。随后，系统会弹出"选择表格"对话框。

邮件　　群发工具▾　　　　　打开数据源▾　　收件人

图 2-3　"邮件"按钮　　　　图 2-4　"打开数据源"按钮

图 2-5　"选取数据源"对话框

(2) 在"选择表格"对话框 (如图 2-6 所示) 中，选择需要使用的 Excel 工作表"工资总表 $"，然后单击"确定"按钮。

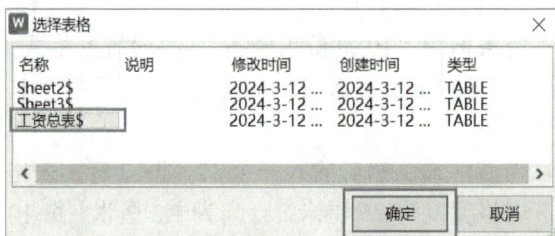

图 2-6　"选择表格"对话框

(3) 此时，"邮件合并"选项卡中的"收件人"按钮会被激活。单击"收件人"按钮，会打开"邮件合并收件人"对话框 (如图 2-7 所示)，该对话框中展示了所选文件中的数据，即邮件合并的数据源。

图 2-7　"邮件合并收件人"对话框

知识补充

• WPS 文字文档无法打开数据源的原因和解决办法

(1) 数据源文件格式不符合要求。应检查导入的数据源格式是否符合 WPS 的要求。例如，PowerPoint 演示文稿不能作为数据源。若数据源文件为 .xlsx 格式，则应将其另存为 .xls 格式后再打开。

(2) 数据源文件已被删除。应检查先前导入的数据文件是否存在，若已被删除，则需重新导入有效的数据源文件。

(3) WPS 程序文件损坏。此时，可利用 WPS 自带的配置修复功能对程序进行修复。

· 打开数据源注意事项

在打开数据源之前，需确保数据源文件已关闭，且建议使用 .xls 格式文件作为数据源文件。

· 邮件合并收件人筛选

若只需将数据源中的部分数据作为收件人，则可在"邮件合并收件人"对话框中进行筛选。具体操作为：在"邮件合并收件人"对话框的"收件人"列表框中，取消选中不需要的收件人对应的复选框即可。

（四）插入合并域

(1) 将光标定位到"员工编号"下方的单元格内，然后单击"邮件合并"选项卡中的"插入合并域"按钮，打开"插入域"对话框（如图 2-8 所示）。在"域"列表框中，选择数据源中所需的字段，如"员工编号"，然后，单击"插入"按钮即可完成插入。插入合并域的效果如图 2-9 所示。最后，单击"关闭"按钮关闭对话框。

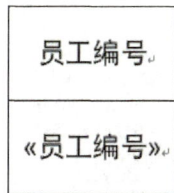

图 2-8　"插入域"对话框　　　　　图 2-9　插入合并域的效果图

(2) 采用相同的方法，依次插入姓名、部门、地区、基本工资等合并域。全部合并域插入完成后的效果如图 2-10 所示。

员工编号	姓名	部门	地区	基本工资	业绩奖金	社会保险	应扣额	应发工资	应纳税工资额	个人所得税	实发工资
《员工编号》	《姓名》	《部门》	《地区》	《基本工资》	《业绩奖金》	《社会保险》	《应扣额》	《应发工资》	《应纳税工资额》	《个人所得税》	《实发工资》

10 月份·工资表

图 2-10　全部合并域插入完成后的效果图

（五）插入 Next 域

由于需要在一页纸上打印多张工资条，因此我们需要通过插入
Next 域来实现，具体操作如下：

插入 Next 域

(1) 将光标定位到表格的下方，单击"邮件合并"选项卡中的"插入
Next 域"按钮，即可插入 Next 域代码。插入后，Next 域将显示在文档中（如图 2-11 所示）。
然后，将文档中的所有内容复制并粘贴到"《Next Record》"代码的下方。插入 Next 域后
的效果如图 2-12 所示。

《Next·Record》

图 2-11　Next 域代码示意图

10 月份工资条

员工编号	姓名	部门	地区	基本工资	业绩奖金	社会保险	应扣额	应发工资	应纳税工资额	个人所得税	实发工资
《员工编号》	《姓名》	《部门》	《地区》	《基本工资》	《业绩奖金》	《社会保险》	《应扣额》	《应发工资》	《应纳税工资额》	《个人所得税》	《实发工资》

《Next·Record》

10 月份工资条

员工编号	姓名	部门	地区	基本工资	业绩奖金	社会保险	应扣额	应发工资	应纳税工资额	个人所得税	实发工资
《员工编号》	《姓名》	《部门》	《地区》	《基本工资》	《业绩奖金》	《社会保险》	《应扣额》	《应发工资》	《应纳税工资额》	《个人所得税》	《实发工资》

图 2-12　插入 Next 域后的效果图

(2) 多次重复上述操作，直至整个页面被占满。注意，若当前行已经是页面的最后一行，
则不需要再插入 Next 域。插入多个 Next 域后的效果如图 2-13 所示。

10 月份工资条

员工编号	姓名	部门	地区	基本工资	业绩奖金	社会保险	应扣额	应发工资	应纳税工资额	个人所得税	实发工资
《员工编号》	《姓名》	《部门》	《地区》	《基本工资》	《业绩奖金》	《社会保险》	《应扣额》	《应发工资》	《应纳税工资额》	《个人所得税》	《实发工资》

《Next Record》

10 月份工资条

员工编号	姓名	部门	地区	基本工资	业绩奖金	社会保险	应扣额	应发工资	应纳税工资额	个人所得税	实发工资
《员工编号》	《姓名》	《部门》	《地区》	《基本工资》	《业绩奖金》	《社会保险》	《应扣额》	《应发工资》	《应纳税工资额》	《个人所得税》	《实发工资》

《Next Record》

10 月份工资条

员工编号	姓名	部门	地区	基本工资	业绩奖金	社会保险	应扣额	应发工资	应纳税工资额	个人所得税	实发工资
《员工编号》	《姓名》	《部门》	《地区》	《基本工资》	《业绩奖金》	《社会保险》	《应扣额》	《应发工资》	《应纳税工资额》	《个人所得税》	《实发工资》

《Next Record》

10 月份工资条

员工编号	姓名	部门	地区	基本工资	业绩奖金	社会保险	应扣额	应发工资	应纳税工资额	个人所得税	实发工资
《员工编号》	《姓名》	《部门》	《地区》	《基本工资》	《业绩奖金》	《社会保险》	《应扣额》	《应发工资》	《应纳税工资额》	《个人所得税》	《实发工资》

图 2-13　插入多个 Next 域后的效果图

（六）查看合并数据

单击"邮件合并"选项卡中的"查看合并数据"按钮，即可查看插入合并域后的数据呈现效果，如图 2-14 所示。

10 月份工资条

员工编号	姓名	部门	地区	基本工资	业绩奖金	社会保险	应扣额	应发工资	应纳税工资额	个人所得税	实发工资
0001	郭一	机关	北市区	7000	3000	1260	0	8740	5240	493	8247

10 月份工资条

员工编号	姓名	部门	地区	基本工资	业绩奖金	社会保险	应扣额	应发工资	应纳税工资额	个人所得税	实发工资
0002	陆二	销售部	北市区	4800	2000	864	220	5716	2216	116.6	5599.4

10 月份工资条

员工编号	姓名	部门	地区	基本工资	业绩奖金	社会保险	应扣额	应发工资	应纳税工资额	个人所得税	实发工资
0003	张三	客服中心	北市区	4700	300	846	390	3764	264	7.92	3756.08

10 月份工资条

员工编号	姓名	部门	地区	基本工资	业绩奖金	社会保险	应扣额	应发工资	应纳税工资额	个人所得税	实发工资
0004	李四	客服中心	新市区	2700	3000	486	0	5214	1714	66.4	5147.6

图 2-14　插入合并域后的数据呈现效果图

知识补充

• 查看合并数据

单击"邮件合并"选项卡中的"首记录"按钮，可查看第一条数据记录插入合并域后的效果；单击"尾记录"按钮，可查看最后一条数据记录插入合并域后的效果；单击"上一条"或"下一条"按钮，可分别查看前一条或后一条数据记录插入合并域后的效果。

（七）合并文档

确认合并数据无误后，即可合并文档。在 WPS 文字中，有四种邮件合并路径：合并到新文档、合并到不同新文档、合并到打印机和合并发送，用户可以根据实际需求进行选择。在本任务中，我们选择"合并到新文档"，具体操作如下。

（1）单击"邮件合并"选项卡中的"合并到新文档"按钮，打开"合并到新文档"对话框。在"合并到新文档"对话框中，可设置合并的范围，这里选择"全部"，如图 2-15 所示。设

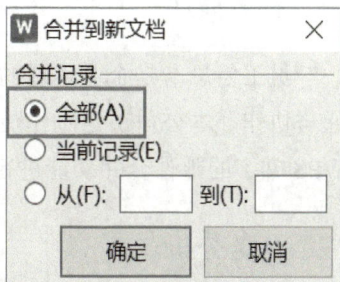

图 2-15　"合并到新文档"对话框

置完成后，单击"确定"按钮。

(2) 此时，合并后的内容将显示在一个新文档中，每 4 条数据记录占一页。邮件合并后的文档效果如图 2-16 所示。

（八）保存文档

(1) 将"10 月份工资条 .wps"文档另存为"10 月份工资条 (插入域).wps"。

(2) 将通过邮件合并新生成的文档保存为"10 月份工资条 (邮件合并).wps"。

10 月份工资条

员工编号	姓名	部门	地区	基本工资	业绩奖金	社会保险	应扣额	应发工资	应纳税工资额	个人所得税	实发工资
0001	郭一	机关	北市区	7000	3000	1260	0	8740	5240	493	8247

10 月份工资条

员工编号	姓名	部门	地区	基本工资	业绩奖金	社会保险	应扣额	应发工资	应纳税工资额	个人所得税	实发工资
0002	陆二	销售部	北市区	4800	2000	864	220	5716	2216	116.6	5599.4

10 月份工资条

员工编号	姓名	部门	地区	基本工资	业绩奖金	社会保险	应扣额	应发工资	应纳税工资额	个人所得税	实发工资
0003	张三	客服中心	北市区	4700	300	846	390	3764	264	7.92	3756.08

10 月份工资条

员工编号	姓名	部门	地区	基本工资	业绩奖金	社会保险	应扣额	应发工资	应纳税工资额	个人所得税	实发工资
0004	李四	客服中心	新市区	2700	3000	486	0	5214	1714	66.4	5147.6

分节符(下一页)

图 2-16　邮件合并后的文档效果图

任务 2.2　批量制作"员工信息卡"文档

一、任务描述

员工信息卡是企业管理的重要组成部分。为更全面地了解每位员工，促进企业内部沟通与协作，本公司决定制作员工信息卡。为高效完成此任务，办公室的小李首先考虑利用 WPS 文字的邮件合并功能进行批量制作。

二、任务分析

通过邮件合并功能，用户可以轻松批量生成个性化的员工信息卡，从而显著提升工作效率。同时，由于每张员工信息卡都是根据数据源自动生成的，因此确保了信息的准确性与一致性。

三、相关知识点

1. 员工信息卡

员工信息卡是企业管理中不可或缺的一部分，它详细记录了员工的基本信息，如姓名、年龄、性别、联系方式、学历、工作经历等。员工信息卡具有以下几个重要作用：

(1) 员工信息卡有助于企业更深入地了解员工，便于信息管理和查询，为人力资源管理和决策制定提供有力支持。

(2) 员工信息卡上的联系方式有助于企业快速与员工取得联系，提升内部沟通效率。

(3) 员工信息卡记录了员工的入职时间、合同期限、薪资水平等信息，有助于维护员工的合法权益。

(4) 通过分析员工信息卡数据，企业能更精确地了解员工的学历、技能、工作经验等情况，从而优化人力资源配置，发挥员工潜力，提高整体工作效率。

(5) 规范、美观的员工信息卡也是企业对外展示形象的一个窗口，能够体现企业的管理水平和文化氛围，有助于提升企业的品牌形象。

因此，企业应重视员工信息卡的建立与管理，确保其信息的准确性和完整性。

2. 文档部件

文档部件是 WPS Office 软件中一种用于快速插入预设格式或内容的功能。利用文档部件，用户可以更高效地完成文档编辑，提升工作效率。插入文档部件的方法如下：单击"插入"选项卡中的"文档部件"按钮，然后在下拉列表中根据需求选择想要插入的文档部件，例如日期、窗体、自动图文集和域等。其中，自动图文集包含预设的样式和格式，用户可以将自动图文集保存为文档部件，并在需要时快速插入到文档中。域是一种特殊代码，可在文档中插入日期、时间、计算结果等动态数据。

3. 域

域是文档中的变量，由域代码和域结果两部分组成。域代码是由域特征字符、域类型、域指令和开关构成的字符串。域结果用于展示域代码所代表的信息，并会根据文档的更改或相关条件的变化而自动更新。域特征字符是包围域代码的大括号 "{}"，这些大括号并非直接通过键盘输入，而需按 "Ctrl + F9" 组合键来插入。

四、任务步骤

本任务可分为准备数据源、建立主文档、打开数据源、插入合并域、插入证件照、设置小数位数、插入 Next 域、查看合并数据、合并文档和保存文档等步骤。下面我们详细介绍每个步骤的操作方法。

（一）准备数据源——设计电子表格

为了批量制作"员工信息卡"文档，需要收集每个员工的个人信息，包括工号、姓名、性别、民族、学历、出生日期、技术等级、技术系数及证件照等。

在本任务中，我们将使用公司现有的 Excel 数据源文件"员工信息表 .xls"（如图 2-17 所示）进行制作。此外，由于员工信息卡上需展示证件照，因此还需额外准备一个"证件照"文件夹（如图 2-18 所示）。为确保证件照与员工信息能够一一对应，在本任务中，我们将员工的证件照以员工工号进行命名，并统一保存在名为"证件照"的文件夹内。数据源文件"员工信息表 .xls"与"证件照"文件夹均保存在"素材"文件夹中，如图 2-19 所示。

工号	姓名	性别	民族	学历	出生日期	技术等级	技术系数	证件照
2009001	郭一	女	汉族	本科	1997-03-21	二级工	20.3	C:\\Users\\chy\\Desktop\\素材\\证件照\\2009001.jpg
2009002	陆二	男	满族	本科	1997-09-16	三级工	32.6	C:\\Users\\chy\\Desktop\\素材\\证件照\\2009002.jpg
2020001	张三	男	汉族	大专	1999-05-07	一级工	25.6	C:\\Users\\chy\\Desktop\\素材\\证件照\\2020001.jpg
2020002	李四	男	汉族	本科	1998-07-12	普通工	20.1	C:\\Users\\chy\\Desktop\\素材\\证件照\\2020002.jpg
2020003	赵五	女	汉族	本科	1998-06-06	普通工	16.5	C:\\Users\\chy\\Desktop\\素材\\证件照\\2020003.jpg
2021001	孟六	女	回族	研究生	1999-08-27	普通工	65.2	C:\\Users\\chy\\Desktop\\素材\\证件照\\2021001.jpg
2022001	丁七	男	汉族	大专	2001-09-20	三级工	14.9	C:\\Users\\chy\\Desktop\\素材\\证件照\\2022001.jpg
2022002	陈八	男	汉族	本科	2001-01-08	三级工	17.7	C:\\Users\\chy\\Desktop\\素材\\证件照\\2022002.jpg
2023001	韩九	女	汉族	大专	2003-08-17	普通工	20.1	C:\\Users\\chy\\Desktop\\素材\\证件照\\2023001.jpg
2023002	关十	男	汉族	本科	2002-10-22	二级工	9.6	C:\\Users\\chy\\Desktop\\素材\\证件照\\2023002.jpg
2024001	王十一	女	汉族	研究生	2000-09-12	一等工	35.3	C:\\Users\\chy\\Desktop\\素材\\证件照\\2024001.jpg
2024002	周十二	男	壮族	本科	2003-06-25	二等工	22.7	C:\\Users\\chy\\Desktop\\素材\\证件照\\2024002.jpg

图 2-17　数据源

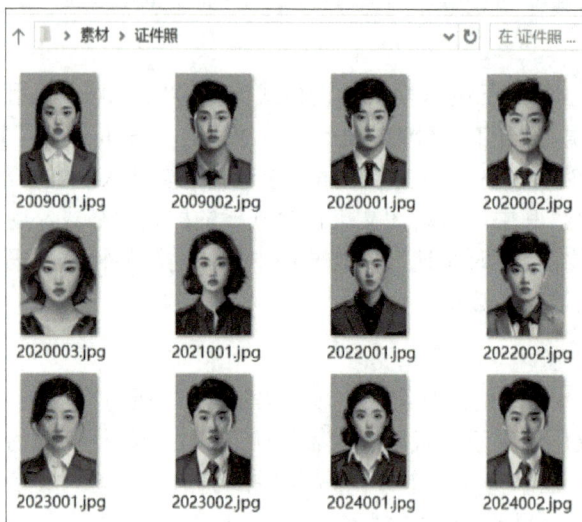

图 2-18　"证件照"文件夹

图 2-19　"素材"文件夹

知识补充

• **批量添加照片的数据源准备**

(1) 将所有文件保存在同一文件夹中，以便于后续操作时使用文件路径。同时，为避免潜在问题，文件路径和文件夹名称应尽量简短。

(2) 照片应统一采用 .jpg 格式或 .jpeg 格式。

(3) 命名照片时应避免使用空格，否则可能因名称与数据源表格不匹配而导致邮件合并时照片无法正确显示。

(4) 所有照片的尺寸应保持一致。

(5) 在数据源表中，应增设一列专门用于记录照片地址。注意：路径中的“\”（单斜杠）应替换为“\\”（双斜杠），且照片名称中不应包含通配符或省略后缀名。

(6) 照片地址数据列中的照片名称必须与本地存储的照片名称完全一致。

（二）建立主文档——设计员工信息卡模板

(1) 新建一个空白文档，将其命名为“员工信息卡 .wps”并保存在指定文件夹中。

(2) 进行页面设置，纸张尺寸为 21 厘米 × 29.7 厘米（长 × 宽），上、下、左、右页边距均设置为 2 厘米，纸张方向设置为“横向”。

(3) 插入一个 5 行 × 5 列的表格。

(4) 设置表格格式：首行行高为 1.3 厘米，其余行行高为 1.2 厘米；前 4 列的列宽为 2 厘米，第 5 列的列宽为 4 厘米；单元格内部边距全部为 0 厘米；表格垂直位置相对于页边距为 1 厘米，且距正文上、下、左、右的距离均为 0.2 厘米；取消勾选“随文字移动”和“允许重叠”选项。

(5) 设置单元格填充色：A1:E1 单元格区域为“R = 72，G = 116，B = 203”，A2:D5 单元格区域为“R = 93，G = 181，B = 255”，其余单元格为“白色，背景 1”。

(6) 设置表格边框：外框线为 1.5 磅的“蓝色”双线，内部框线为 0.5 磅的“白色，背景 1”单线。

(7) 根据图 2-20 合并单元格，并输入相应文本。

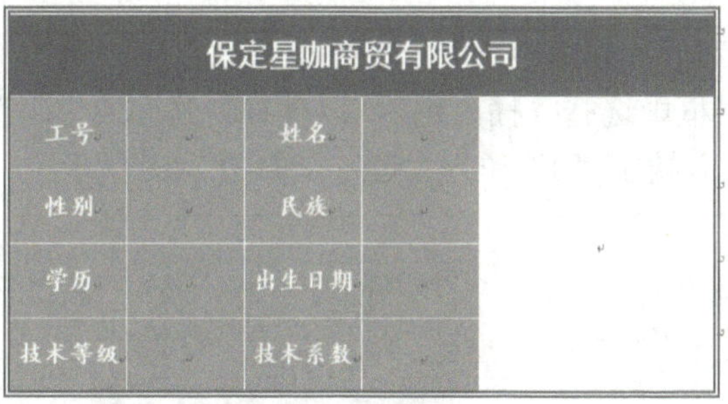

保定星咖商贸有限公司				
工号		姓名		
性别		民族		
学历		出生日期		
技术等级		技术系数		

图 2-20　主文档效果图

(8) 将第 1 行标题的文本格式设置为黑体、小三号、加粗，字体颜色设置为“白色，背景 1”。

(9) 将 A2:D5 单元格区域中的文字格式设置为楷体、小四号、加粗，字体颜色设置为“白色，背景 1”。

(10) 将表格内文字的对齐方式设置为水平居中、垂直居中。

(11) 保存文档。

（三）打开数据源

(1) 选择“引用”→“邮件”→“打开数据源”，在弹出的“选取数据源”对话框中选择“素材”文件夹中的“员工信息表 .xls”文件，然后单击“打开”按钮。

(2) 在打开的“选择表格”对话框中选择需要使用的 Excel 工作表“员工信息表”，然后单击“确定”按钮，即可完成打开数据源的操作。

（四）插入合并域

(1) 将光标定位到"工号"右侧的空白单元格内，然后单击"邮件合并"选项卡中的"插入合并域"按钮，打开"插入域"对话框。在"域"列表框中选择"工号"选项，并单击"插入"按钮，即可插入合并域。

(2) 采用相同的方法，依次插入姓名、性别、民族、学历、出生日期、技术等级、技术系数七个合并域。

（五）插入证件照

(1) 将光标定位到需要插入证件照的空白单元格内，然后单击"插入"选项卡中的"文档部件"按钮，打开下拉列表，如图 2-21 所示。

插入证件照

图 2-21　"文档部件"下拉列表

(2) 在"文档部件"下拉列表中选择"域"选项，打开"域"对话框。在"域"对话框左侧的"域名"列表框中选择"插入图片"，在右侧的"域代码"文本框中输入英文双引号，并在双引号中输入数字"0"作为占位符，如图 2-22 所示。

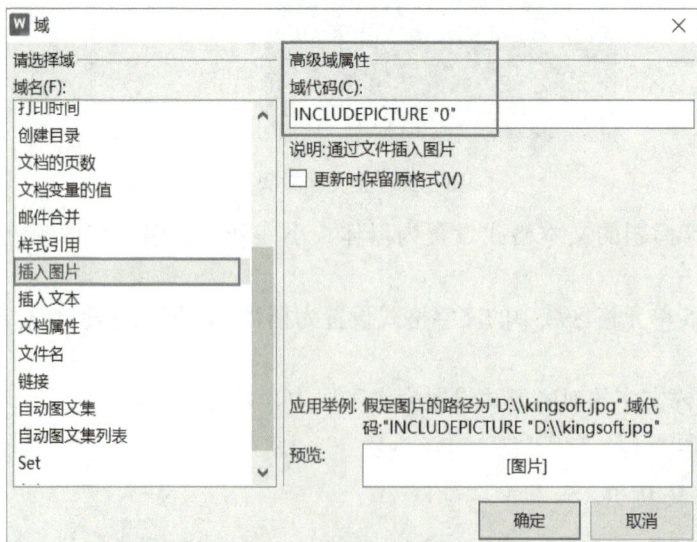

图 2-22　"域"对话框

注意：这里的"0"仅作为占位符使用，在后续操作中将被实际的照片文件路径或名称替换。因此，也可以输入任意字符作为占位符，只要确保在合并前将其替换为正确的照片信息即可。

(3) 取消选中“更新时保留原格式”，以避免合并后证件照尺寸发生变化。设置完成后，单击“确定”按钮。插入图片域后的效果如图 2-23 所示。

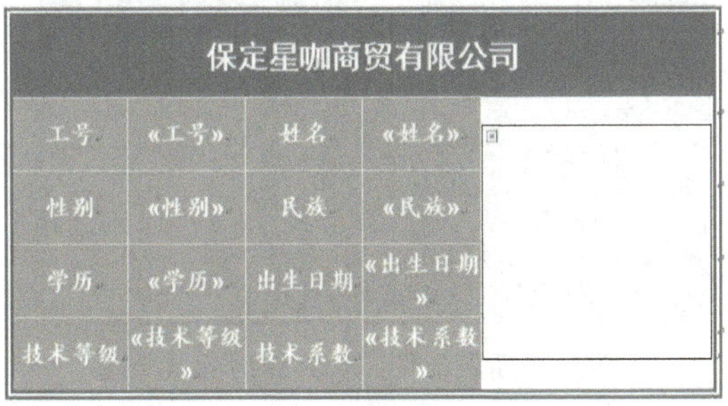

保定星咖商贸有限公司				
工号	«工号»	姓名	«姓名»	
性别	«性别»	民族	«民族»	
学历	«学历»	出生日期	«出生日期»	
技术等级	«技术等级»	技术系数	«技术系数»	

图 2-23　插入图片域后的效果图

(4) 选中图片，按“Alt + F9”组合键，切换至域代码，如图 2-24 所示。

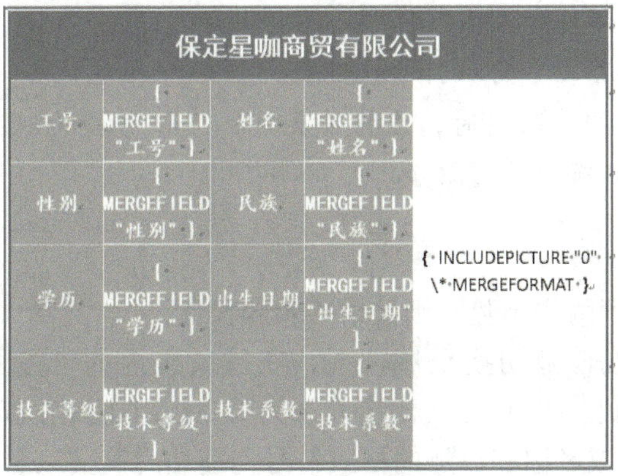

保定星咖商贸有限公司				
工号	{ MERGEFIELD "工号" }	姓名	{ MERGEFIELD "姓名" }	{ INCLUDEPICTURE "0" * MERGEFORMAT }
性别	{ MERGEFIELD "性别" }	民族	{ MERGEFIELD "民族" }	
学历	{ MERGEFIELD "学历" }	出生日期	{ MERGEFIELD "出生日期" }	
技术等级	{ MERGEFIELD "技术等级" }	技术系数	{ MERGEFIELD "技术系数" }	

图 2-24　域代码

(5) 选中并删除“0”占位符(保留英文双引号)，然后将光标置于删除“0”占位符后的位置。单击“邮件合并”选项卡中的“插入合并域”按钮，在打开的“插入域”对话框中选择“证件照”，然后单击“插入”按钮，最后单击“关闭”按钮以关闭对话框，这样就完成了域代码的替换操作。插入合并域后的效果如图 2-25 所示。

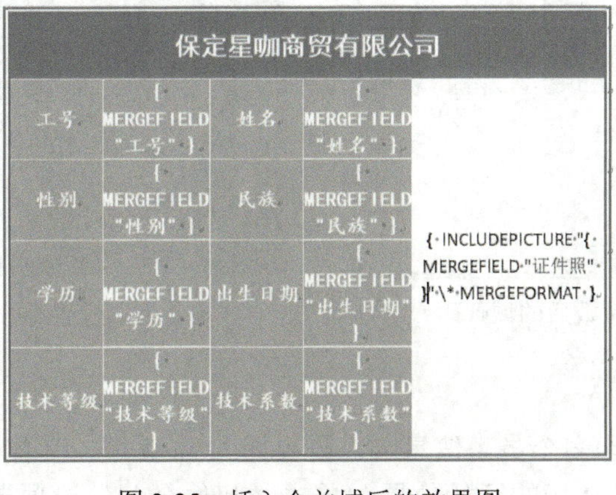

保定星咖商贸有限公司				
工号	{ MERGEFIELD "工号" }	姓名	{ MERGEFIELD "姓名" }	{ INCLUDEPICTURE "{ MERGEFIELD "证件照" }" * MERGEFORMAT }
性别	{ MERGEFIELD "性别" }	民族	{ MERGEFIELD "民族" }	
学历	{ MERGEFIELD "学历" }	出生日期	{ MERGEFIELD "出生日期" }	
技术等级	{ MERGEFIELD "技术等级" }	技术系数	{ MERGEFIELD "技术系数" }	

图 2-25　插入合并域后的效果图

(6) 再次按“Alt + F9”组合键，切换回域代码，此时证件照的合并域已设置完毕。插入证件照合并域后的效果如图 2-26 所示。

保定星咖商贸有限公司				
工号	«工号»	姓名	«姓名»	
性别	«性别»	民族	«民族»	
学历	«学历»	出生日期	«出生日期»	
技术等级	«技术等级»	技术系数	«技术系数»	

图 2-26　插入证件照合并域后的效果图

知识补充

• 高级域属性设置注意事项

(1) 域代码中的现有单词和空格需保留，不得删除。

(2) 图片路径应使用英文半角双引号括起来。

(3) 在域代码中添加图片路径时，应将单反斜杠“\”替换为双反斜杠“\\”，以确保路径为正确的绝对路径。

设置小数位数

（六）设置小数位数

若要将技术系数保留两位小数，则按以下步骤操作：

(1) 按“Alt + F9”组合键切换至域代码，在域代码内的“技术系数”字段后添加“\#0.00”。此时，域代码应显示为“{MERGEFIELD“技术系数”\#0.00}”，如图 2-27 所示。注意，域名称和添加的格式符号均需使用英文双引号。

(2) 再次按“Alt + F9”组合键，切换回域代码。此时，查看合并后的数据，技术系数将正确地保留两位小数，如图 2-28 所示。

保定星咖商贸有限公司				
工号	{ MERGEFIELD "工号" }	姓名	{ MERGEFIELD "姓名" }	{ INCLUDEPICTURE "{ MERGEFIELD "证件照" }" }
性别	{ MERGEFIELD "性别" }	民族	{ MERGEFIELD "民族" }	
学历	{ MERGEFIELD "学历" }	出生日期	{ MERGEFIELD "出生日期" }	
技术等级	{ MERGEFIELD "技术等级" }	技术系数	{ MERGEFIELD "技术系数" "\#0.00 }	

图 2-27　设置小数位数后的域代码

保定星咖商贸有限公司				
工号	2009001	姓名	郭一	
性别	女	民族	汉族	
学历	本科	出生日期	1997-3-21	
技术等级	二级工	技术系数	20.30	

图 2-28　设置小数位数后的效果图

（七）插入 Next 域

为了在一张纸上打印多个员工信息卡，需要插入 Next 域，具体操作如下：

(1) 将光标定位在第 2 行的开始位置，单击“邮件合并”选项卡中的“插入 Next 域”

按钮，然后将段落标记上方的表格复制并粘贴到 "《Next Record》" 代码的下一行。

(2) 重复上述操作两次，直至整个页面被占满。插入 Next 域后的效果如图 2-29 所示。

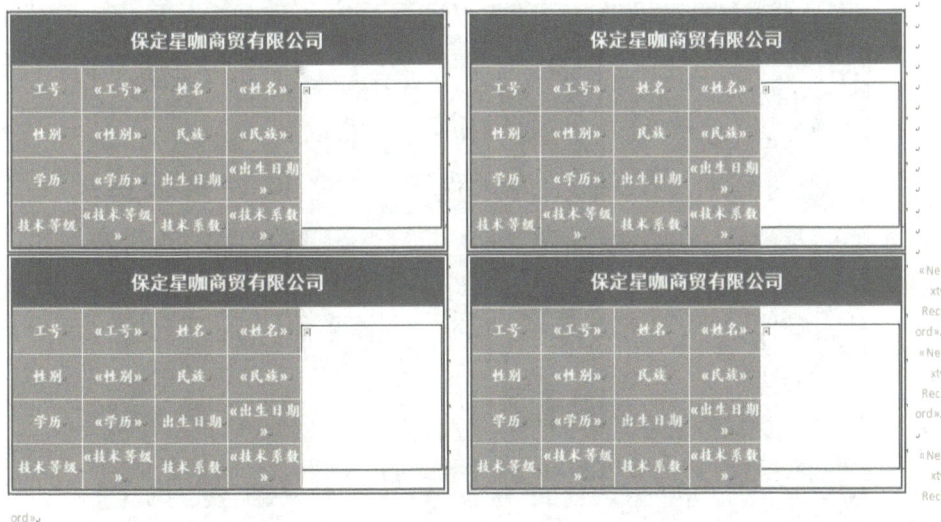

图 2-29　插入 Next 域后的效果图

（八）查看合并数据

单击 "邮件合并" 选项卡中的 "查看合并数据" 按钮，查看插入合并域后的数据效果，如图 2-30 所示。

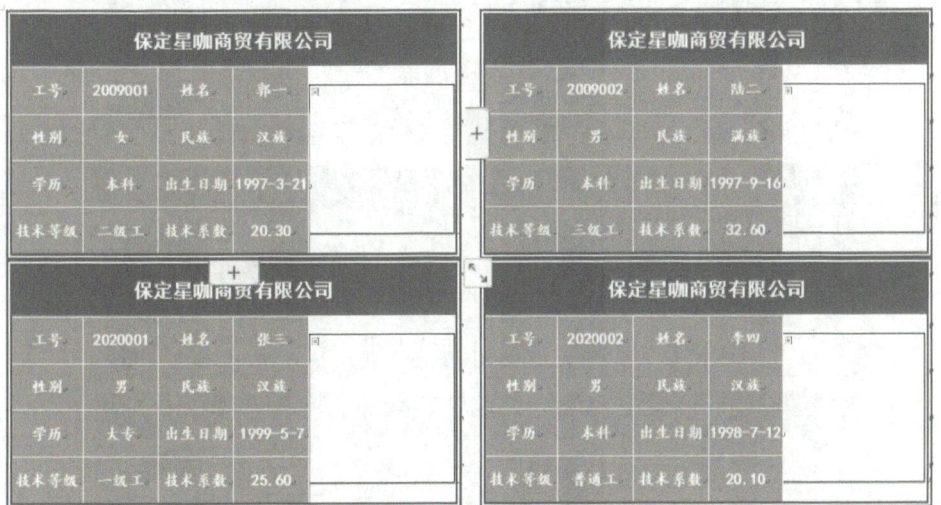

图 2-30　插入合并域后的数据效果图

（九）合并文档

(1) 单击 "邮件合并" 选项卡中的 "合并到新文档" 按钮，打开 "合并到新文档" 对话框。在 "合并到新文档" 对话框中，可设置合并的范围，这里选择 "全部"。设置完成后，单击 "确定" 按钮，系统将生成的邮件合并内容输出到一个新文档中。

(2) 新文档生成后，按"Ctrl + A"组合键两次以全选新生成的文档，随后按 F9 键刷新，这样就可以显示全部正确的图片和对应的文档内容。邮件合并后的文档效果如图 2-31 所示。

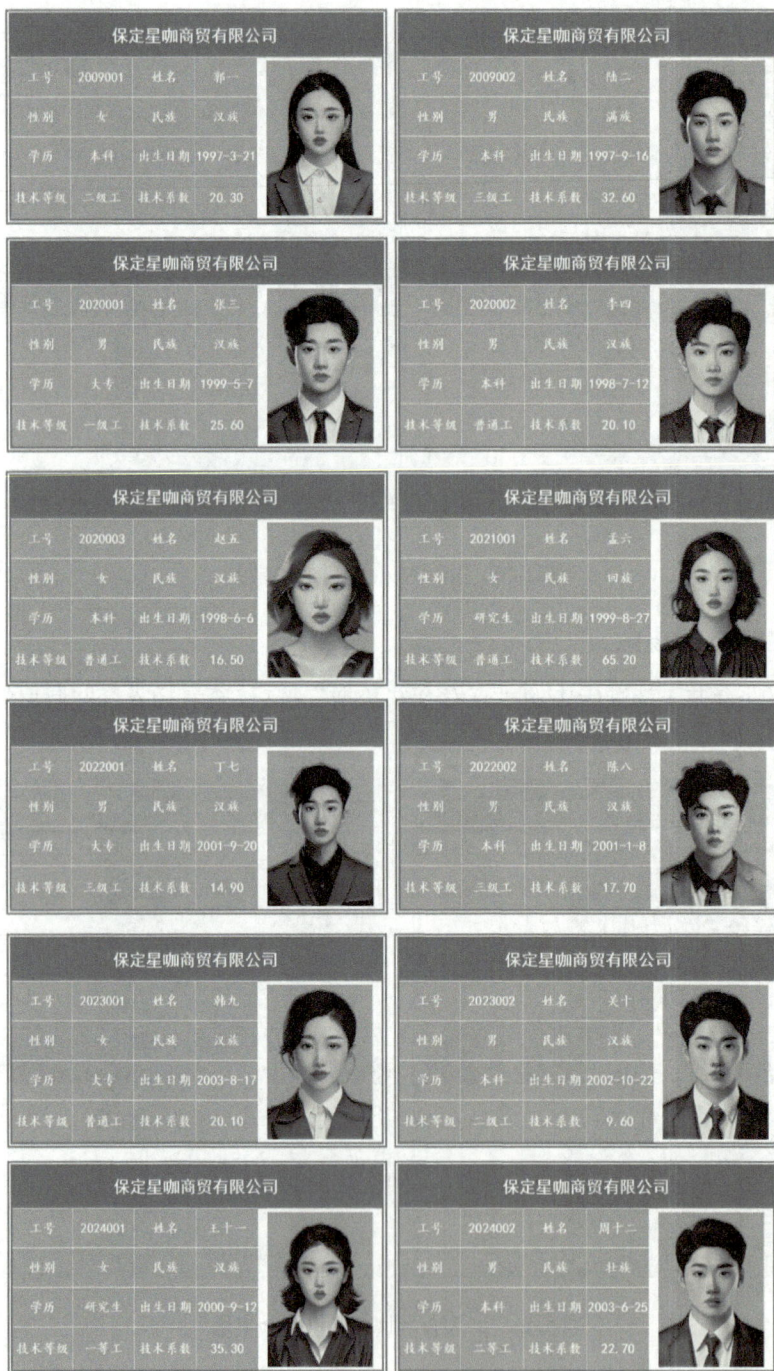

图 2-31　邮件合并后的文档效果图

（十）保存文档

(1) 将"员工信息卡 .wps"文档另存为"员工信息卡（插入域).wps"。

(2) 将通过邮件合并新生成的文档保存为"员工信息卡 (邮件合并).wps"。

任务 2.3　审阅与修订文档

一、任务描述

公司要求小李撰写一份公司简介，并提交给上级领导审阅。领导审阅后，通过批注的方式提出了一些意见，并对部分内容直接进行了修订。小李收到领导的反馈后，根据批注意见和修订内容进行了相应的调整。

二、任务分析

审阅和修订是文档编辑过程中的两个重要环节，特别是在团队合作或需多方协同编辑时，这两个步骤尤为关键。修订是指对文档内容进行修改，以优化文档的内容与形式，使之符合特定要求或标准。审阅是指对修改后的文档内容进行审核和评价，以确保文档的准确性和完整性。

在文档编辑过程中，修订和审阅往往不是一次性的，而需要多次循环进行。它们是文档编辑过程中不可或缺的两个环节，相互配合，共同提升文档质量。

三、相关知识点

1. 审阅功能

当文档被他人修改后，若想查看修改痕迹，则可使用审阅功能。单击"审阅"选项卡中的"审阅"下拉按钮，在下拉列表中可选择按"审阅人"或"审阅时间"来查看修订内容，也可打开"审阅窗格"进行查看。

在"审阅窗格"中，若有更新，则单击"刷新"按钮即可更新；单击具体修订内容可快速定位，随后即可查阅或更新批注。

审阅功能具有以下优势：

(1) 审阅功能支持多人同时对文档进行编辑和校对，显著提升了团队协作与合作的效率。借助审阅功能，每个人可在自己方便的时间仔细检查和修改文档，而不会影响其他人的工作进度。此外，审阅功能还能帮助用户迅速发现并纠正文档中的错误，从而提升文档的准确性。

(2) 审阅功能具备追踪文件修改历史的能力，便于用户查看和对比不同版本的文档。在多人协作的项目中，这一功能尤为重要，因为它能让团队成员清晰了解文档的变化历程，有效避免混乱或重复工作。

(3) 通过审阅功能，团队成员能够添加批注以表达个人见解和建议，使得沟通与协作更为便捷、高效。同时，用户还能通过设定不同的批注作者和修改者来使文档的修改流程更加明晰、透明。

(4) 部分审阅功能还提供了比较和评审等高级功能。这些功能有助于用户更深入地剖析文档的结构与内容，从而提升文档的质量和可读性。

综上所述，审阅功能在提升团队协作与合作效率、追踪修改历史、促进沟通与协作以及提供高级功能支持等方面展现出显著优势，已成为团队协作与项目管理中不可或缺的一项功能。

2. 修订功能

修订功能是一种能够记录文档修改历程的编辑功能，它能帮助用户更方便地进行文档编辑和协同办公。通过合理使用修订功能，用户可以清晰地查看文档所经历的所有修改。被修改的文本会以特殊方式显示，例如新增的文本带有下划线和突出显示，格式调整的文本会以批注框的形式呈现。只要文档被正确保存，其被分享后，接收者就能在修订模式下查看所有修订痕迹。当文档切换至"最终状态"时，界面上的修订痕迹会隐藏，但修订记录依然保留。修订功能常用于协作式文档编辑场景，如媒体行业的多轮多人改稿和返稿、公文写作中的多人审阅与修订等。

3. 插入批注功能

批注是指为文档或表格中的特定内容添加注释或说明。通过批注，用户能够在不更改原始内容的前提下，为文档或表格中的部分内容添加额外的解释、说明或提醒信息。

插入批注功能支持多人协作。文档创建者可以利用插入批注功能记录工作进度、提出修改建议，或在学术写作中临时标注参考文献。值得注意的是，一旦文档被保存，批注也会随之保存。当文档被分享给他人时，批注会一并被分享。因此，插入批注功能也常用于向被指导者提供建议或进行评价。

4. 答复批注功能

当其他协作者在文档中添加了批注时，用户可以查看并答复这些批注。协作者之间可以通过批注进行沟通和讨论，从而更好地协作解决问题。这种方式既能提升沟通效率，又能增进团队协作与交流。

5. 比较文档功能

WPS 文字的比较文档功能可用于对比两个文档的内容，并显示出它们之间的差异。比较文档功能在团队协作、文档修订和校对等方面非常有用，它可以帮助用户快速识别文档之间的差异，进而提高工作效率。

四、任务步骤

WPS 文字提供的审阅功能主要包括两个方面：一是审阅者可以通过为文档添加批注的方式对文档的特定内容提出修改建议，原作者可以根据自身判断选择是否采纳这些建议并进行相应的修改，随后删除批注；二是审阅者在文档修订模式下可以直接对原文档进行修订，原作者可以根据实际需求决定是否接受这些修订。

本任务可分为在文档中插入批注、答复批注、在修订模式下修改文档、接受修订、通过显示状态查看结果、退出修订模式和保存文档等步骤。下面我们详细介绍每个步骤的具体操作。

（一）在文档中插入批注

(1) 打开"公司简介 .wps"文档。

(2) 将光标定位于要插入批注的位置，或拖动鼠标选中要插入批注的文字（如"企业"二字），然后单击"审阅"选项卡中的"插入批注"按钮。此时，窗口右侧会弹出一个批注框，用户可在批注框内输入自己的意见或建议，如图 2-32 所示。

为文档添加
批注并答复

XX 商贸有限公司简介

XX 商贸有限企业是一家充满活力与创新精神的公司，自成立以来，凭借对咖啡文化的深厚热爱与不懈追求，已经逐渐发展成为集咖啡研发、生产、销售和文化传播于一体的综合性商贸平台，致力于为客户提供优质多样的商品和服务。我们始终秉持"客户至上，质量第一"的经营理念，不断追求卓越，力求在日益激烈的市场竞争中脱颖而出。

> **Chy**
> 将"企业"改为"公司"

图 2-32　插入批注示意图

(3) 参照图 2-33 为文档添加批注。

XX 商贸有限企业是一家充满活力与创新精神的公司，自成立以来，凭借对咖啡文化的深厚热爱与不懈追求，已经逐渐发展成为集咖啡研发、生产、销售和文化传播于一体的综合性商贸平台，致力于为客户提供优质多样的商品和服务。我们始终秉持"客户至上，质量第一"的经营理念，不断追求卓越，力求在日益激烈的市场竞争中脱颖而出。　　　批注[Chy1]: 将"企业"改为"公司"

一、公司背景

XX 商贸有限公司成立于 XXXX 年，是一家具有法人资格的私营公司。公司注册资金雄厚，具备完全的法人资格，独立承担民事责任。公司总部位于繁华的商业中心，地理位置优越，交通便利，为公司的业务发展提供了得天独厚的条件。　　　批注[Chy2]: 改为"2004"

二、经营范围与产品特色

我们的经营范围广泛，主营业务涵盖多个方面，包括咖啡豆的采购与烘焙、咖啡器具的销售、咖啡店的连锁经营以及咖啡文化的推广等。公司与全球多个优质咖啡豆产区建立了稳固的合作关系，从源头保证咖啡原料的品质与供应的稳定性。同时，公司还致力于咖啡器具的研发与销售，为广大咖啡爱好者提供丰富多样的选择。通过连锁经营的方式，XX 商贸成功将优质的咖啡产品和服务带到更多消费者身边，让他们能够亲身体验到喝咖啡的魅力。

批注[Chy3]: 加上"长期"两个字

批注[Chy4]: 删除"喝"字

五、公司文化与社会责任

我们非常重视公司文化的建设，提倡"团结、拼搏、创新、奉献"的公司精神。公司视员工为最宝贵的财富，鼓励员工发挥团队合作精神，共同拼搏进取。在创新方面，我们不仅注重产品创新，还积极推动经营模式和管理机制的创新，以保持公司的活力和竞争力。此外，我们积极履行社会责任，关注环保和公益事业，努力为社会做出贡献。　　　批注[Chy5]: 以红色加粗字体显示

六、未来展望与发展规划

展望未来，XX 商贸有限公司将继续坚持创新驱动、质量为本的发展战略，不断扩大经营规模和市场占有率。我们将进一步加强与国内外优秀公司的合作与交流，引进先进技术和管理经验，提升公司核心竞争力。同时，我们将积极拓展新的业务领域和市场空间，为客户提供更多元化、更高品质的产品和服务。我们相信，在未来的发展中，XX 商贸有限公司将以更加昂扬的姿态和更加坚实的步伐，迈向更加辉煌的未来。

批注[Chy6]: 设置"展"字首字下沉 2 行，字体为"楷体"

图 2-33　插入批注后的效果图

（二）答复批注

当审阅者通过插入批注的方式为文档提供反馈或建议时，作者在查看并修改文档时，可以直接在批注下方进行答复，以便审阅者在复查时能了解作者是否已根据建议进行了修改。这种方式有助于增强审阅者与作者之间的沟通，提升文档的准确性、质量和工作效率。答复批注的具体操作步骤如下：

(1) 根据批注要求，将"企业"更改为"公司"。然后，单击批注框右上角的"编辑批注"按钮，打开"编辑批注"下拉列表（如图 2-34 所示）。在下拉列表中，选择"答复"选项，随后在出现的回复栏中直接输入答复内容（如图 2-35 所示）。

(2) 将文档另存为"公司简介（已答复批注）.wps"。

图 2-34　"编辑批注"
下拉列表

图 2-35　答复批注示意图

知识补充

• 答复批注的另一种方法

在批注框上右击，从弹出的右键菜单中选择"答复批注"选项，也可以打开答复批注的回复栏。

（三）在修订模式下修订文档

(1) 打开"公司简介（已答复批注）.wps"文档，然后将文档另存为"公司简介（修订文档）.wps"。

(2) 启用修订模式。启用修订模式的具体操作为：单击"审阅"选项卡中的"修订"按钮，即可进入修订模式；或单击"审阅"选项卡中的"修订"下拉按钮，在下拉列表中选择"修订"选项以进入修订模式，如图 2-36 所示。在修订模式下，对文档的所有更改均会被标记并显示，以便他人查看。

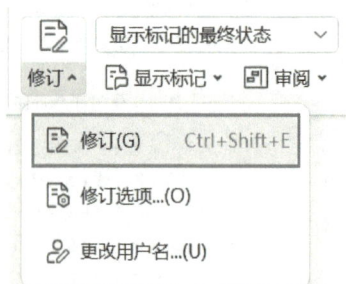

图 2-36　"修订"下拉列表

(3) 自定义修订样式。单击"审阅"选项卡中的"修订"下拉按钮，在下拉列表中选择"修订选项"选项，可打开"选项"对话框，如图 2-37 所示。在"选项"对话框中，我们可以通过调整标记、批注框及打印设置来自定义修订样式。例如，将修订行的颜色设定为红色后，在修订模式下修改文档时，文本左侧的修订线将由默认的黑色变为红色，如图 2-38 所示。

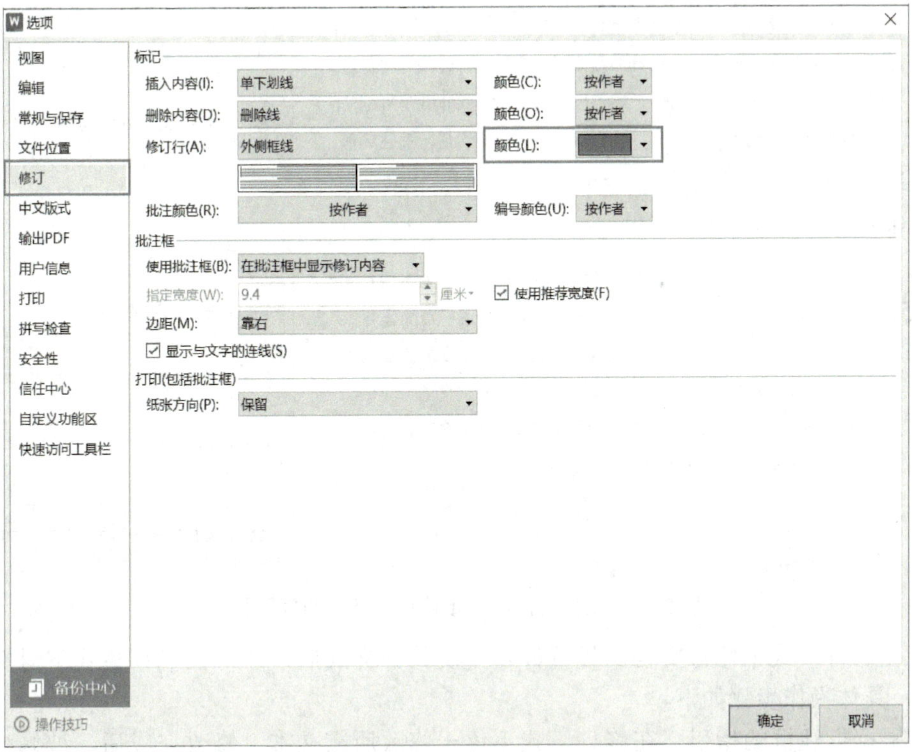

图 2-37 "选项"对话框

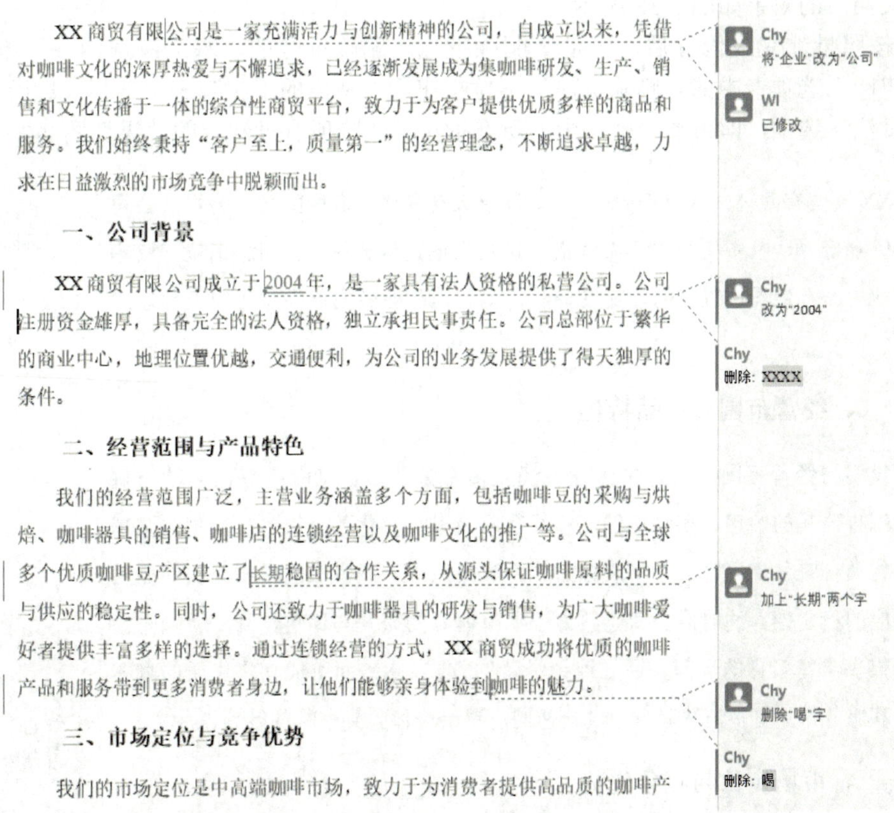

　　XX 商贸有限公司是一家充满活力与创新精神的公司，自成立以来，凭借对咖啡文化的深厚热爱与不懈追求，已经逐渐发展成为集咖啡研发、生产、销售和文化传播于一体的综合性商贸平台，致力于为客户提供优质多样的商品和服务。我们始终秉持"客户至上，质量第一"的经营理念，不断追求卓越，力求在日益激烈的市场竞争中脱颖而出。

　　一、公司背景

　　XX 商贸有限公司成立于 2004 年，是一家具有法人资格的私营公司。公司注册资金雄厚，具备全的法人资格，独立承担民事责任。公司总部位于繁华的商业中心，地理位置优越，交通便利，为公司的业务发展提供了得天独厚的条件。

　　二、经营范围与产品特色

　　我们的经营范围广泛，主营业务涵盖多个方面，包括咖啡豆的采购与烘焙、咖啡器具的销售、咖啡店的连锁经营以及咖啡文化的推广等。公司与全球多个优质咖啡豆产区建立了长期稳固的合作关系，从源头保证咖啡原料的品质与供应的稳定性。同时，公司还致力于咖啡器具的研发与销售，为广大咖啡爱好者提供丰富多样的选择。通过连锁经营的方式，**XX** 商贸成功将优质的咖啡产品和服务带到更多消费者身边，让他们能够亲身体验到咖啡的魅力。

　　三、市场定位与竞争优势

　　我们的市场定位是中高端咖啡市场，致力于为消费者提供高品质的咖啡产

Chy
将"企业"改为"公司"

WI
已修改

Chy
改为"2004"

Chy
删除：XXXX

Chy
加上"长期"两个字

Chy
删除"喝"字

Chy
删除：喝

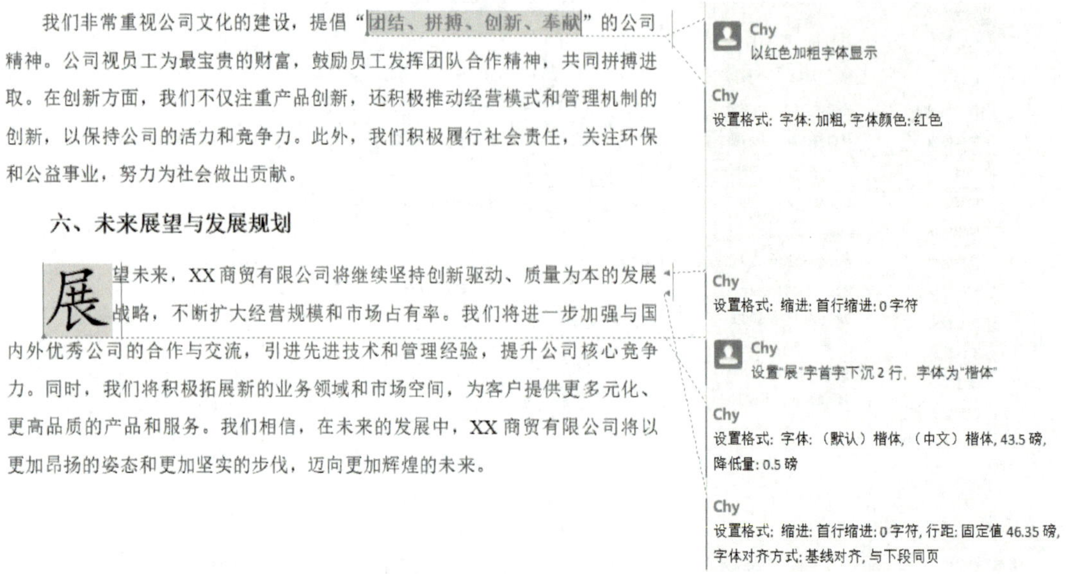

我们非常重视公司文化的建设，提倡"团结、拼搏、创新、奉献"的公司精神。公司视员工为最宝贵的财富，鼓励员工发挥团队合作精神，共同拼搏进取。在创新方面，我们不仅注重产品创新，还积极推动经营模式和管理机制的创新，以保持公司的活力和竞争力。此外，我们积极履行社会责任，关注环保和公益事业，努力为社会做出贡献。

六、未来展望与发展规划

展望未来，XX 商贸有限公司将继续坚持创新驱动、质量为本的发展战略，不断扩大经营规模和市场占有率。我们将进一步加强与国内外优秀公司的合作与交流，引进先进技术和管理经验，提升公司核心竞争力。同时，我们将积极拓展新的业务领域和市场空间，为客户提供更多元化、更高品质的产品和服务。我们相信，在未来的发展中，XX 商贸有限公司将以更加昂扬的姿态和更加坚实的步伐，迈向更加辉煌的未来。

Chy　以红色加粗字体显示

Chy　设置格式：字体：加粗，字体颜色：红色

Chy　设置格式：缩进：首行缩进：0 字符

Chy　设置"展"字首字下沉 2 行，字体为"楷体"

Chy　设置格式：字体：（默认）楷体，（中文）楷体,43.5 磅，降低量：0.5 磅

Chy　设置格式：缩进：首行缩进：0 字符，行距：固定值 46.35 磅，字体对齐方式：基线对齐，与下段同页

图 2-38　根据批注框提示修订文档后的效果图

（4）在修订模式下修订文档。设置好自定义修订样式后，即可在修订模式下对文档进行修订，具体操作步骤如下。

① 根据批注框的指引，在修订模式下逐一修改所需文本。修改完成后，被修订的文档部分将在文本左侧显示修订线，同时在右侧以批注框形式展示修改内容。根据批注框提示修订文档后的效果如图 2-38 所示。

② 按照批注完成修订后，可批量删除批注。删除批注的步骤为：选中任一批注框，单击"审阅"选项卡中的"删除批注"下拉按钮，在弹出的下拉列表中选择"删除文档中的所有批注"选项，即可清除全文中的所有批注。删除所有批注后的效果如图 2-39 所示。

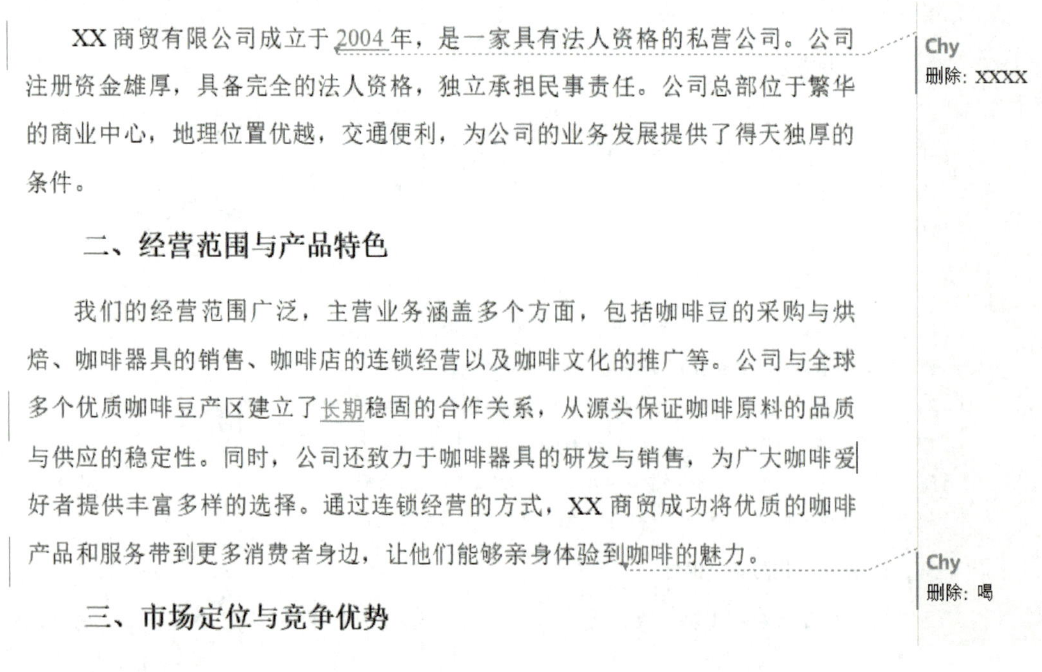

　　XX 商贸有限公司成立于 2004 年，是一家具有法人资格的私营公司。公司注册资金雄厚，具备完全的法人资格，独立承担民事责任。公司总部位于繁华的商业中心，地理位置优越，交通便利，为公司的业务发展提供了得天独厚的条件。

Chy　删除：XXXX

二、经营范围与产品特色

　　我们的经营范围广泛，主营业务涵盖多个方面，包括咖啡豆的采购与烘焙、咖啡器具的销售、咖啡店的连锁经营以及咖啡文化的推广等。公司与全球多个优质咖啡豆产区建立了长期稳固的合作关系，从源头保证咖啡原料的品质与供应的稳定性。同时，公司还致力于咖啡器具的研发与销售，为广大咖啡爱好者提供丰富多样的选择。通过连锁经营的方式，XX 商贸成功将优质的咖啡产品和服务带到更多消费者身边，让他们能够亲身体验到咖啡的魅力。

Chy　删除：喝

三、市场定位与竞争优势

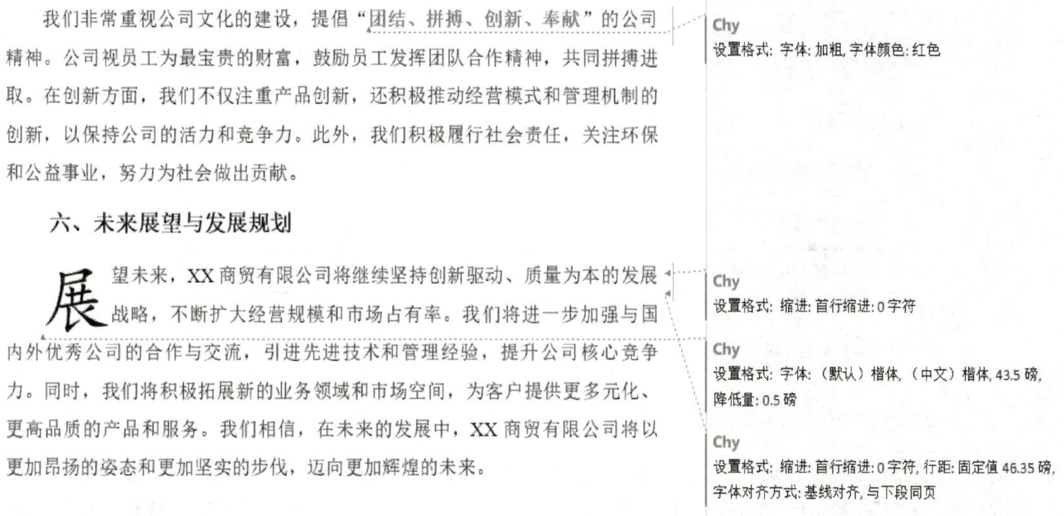

我们非常重视公司文化的建设，提倡"团结、拼搏、创新、奉献"的公司精神。公司视员工为最宝贵的财富，鼓励员工发挥团队合作精神，共同拼搏进取。在创新方面，我们不仅注重产品创新，还积极推动经营模式和管理机制的创新，以保持公司的活力和竞争力。此外，我们积极履行社会责任，关注环保和公益事业，努力为社会做出贡献。

Chy
设置格式：字体：加粗，字体颜色：红色

六、未来展望与发展规划

展望未来，XX 商贸有限公司将继续坚持创新驱动、质量为本的发展战略，不断扩大经营规模和市场占有率。我们将进一步加强与国内外优秀公司的合作与交流，引进先进技术和管理经验，提升公司核心竞争力。同时，我们将积极拓展新的业务领域和市场空间，为客户提供更多元化、更高品质的产品和服务。我们相信，在未来的发展中，XX 商贸有限公司将以更加昂扬的姿态和更加坚实的步伐，迈向更加辉煌的未来。

Chy
设置格式：缩进：首行缩进：0 字符

Chy
设置格式：字体：（默认）楷体，（中文）楷体，43.5 磅，降低量：0.5 磅

Chy
设置格式：缩进：首行缩进：0 字符，行距：固定值 46.35 磅，字体对齐方式：基线对齐，与下段同页

图 2-39　删除所有批注后的效果图

知识补充

• 删除批注的另外两种方法

(1) 在批注框上右击，在弹出的右键菜单中选择"删除批注"选项，即可删除当前批注。

(2) 单击批注框右上角的"编辑批注"按钮，打开"编辑批注"下拉列表，在下拉列表中选择"删除"选项即可删除当前批注。

③ 保存文档。

（四）接受修订

当准备好分享文档的最终版本时，可以通过接受或拒绝修订来整理文档，具体操作如下：

(1) 打开"公司简介（修订文档）.wps"文档，然后将文档另存为"公司简介（终稿）.wps"。

(2) 查看修订意见，单击批注框上的对勾图标（通常表示接受修订）来接受当前修订，如图 2-40 所示；若单击叉号图标，则表示拒绝当前修订。

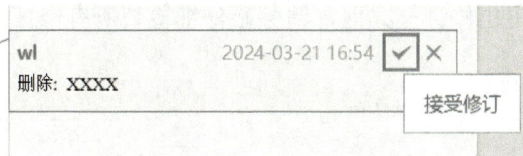

wl　　　　　　2024-03-21 16:54　✓ ✕
删除：XXXX
　　　　　　　　　　　　　　　　接受修订

图 2-40　批注框上的对勾图标

(3) 若要一次性接受文档中的所有修订，则单击"审阅"选项卡中的"接受"下拉按钮，在下拉列表中选择"接受对文档所做的所有修订"选项，如图 2-41 所示；也可以根据需要选择其他选项。同理，若要一次性拒绝文档中的所有修订，则单击"审阅"选项卡中的"拒绝"下拉按钮，在下拉列表中选择"拒绝对文档所做的所有修订"选项，如图 2-42 所示。

(4) 采用同样的方法继续查看文档中的其他修订，并根据需要决定接受或拒绝。对于本文档，需接受所有修订。

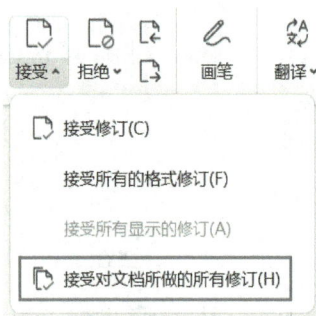

图 2-41　"接收"下拉列表　　　　图 2-42　"拒绝"下拉列表

（五）通过显示状态查看结果

接受修订后，在"修订"按钮的右侧有"显示标记的最终状态"设置栏。单击此设置栏，可以选择显示标记的原始状态、最终状态，或不显示标记的原始状态和最终状态。此处，我们应选择"最终状态"选项（如图 2-43 所示），以隐藏所有修订标记。

图 2-43　修订状态

（六）退出修订模式

当用户不需要修订文档时，可退出修订模式。退出修订模式的具体操作为单击"审阅"选项卡中的"修订"按钮，即可退出修订模式。

需要注意的是，在退出修订模式前，请务必仔细检查所有修订标记，确保所有必要的修订都已被接受。

（七）保存文档

将文档另存为"公司简介（已接收修订）.wps"。

知识补充

• 修订功能

(1) 单击"审阅"选项卡中的"显示标记"按钮后，可勾选批注、插入和删除、格式设置等选项。

(2) 通过单击"审阅"选项卡中的"上一条"或"下一条"按钮，可自动跳转至文档中的上一条或下一条修订。

(3) 在修订文件时，可以显示修订人的信息。添加修订人信息的方法为：选择"审阅"→"修订"→"更改用户名",在弹出的"选项"对话框中,在"姓名"和"缩写"文本框中输入个人信息,如图 2-44 所示。此后,这些信息将显示在修订的文档中。

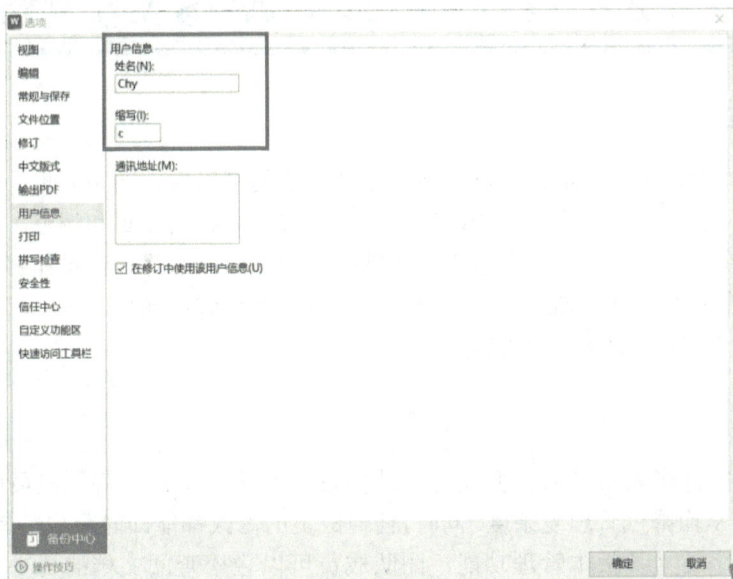

图 2-44　"选项"对话框

• 审阅窗格

单击"审阅"选项卡中的"审阅"下拉按钮,可打开下拉列表,如图 2-45 所示。在下拉列表中,选择"审阅窗格"选项以展开多级扩展菜单,在其中选择想要的审阅窗格样式,这里选择"垂直审阅窗格"。选择后,文档右侧将显示审阅窗格,如图 2-46 所示。在审阅窗格中,可以查看审阅人、审阅时间等信息,并可根据这些信息查阅修订记录。若需要,则可直接单击修订内容以快速定位、查阅或更新相关批注。

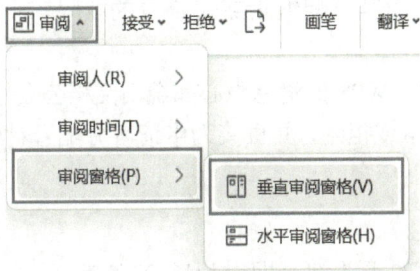

图 2-45　"审阅"下拉列表

图 2-46　审阅窗格

任务 2.4　多人协作编辑 WPS 文字文档

一、任务描述

在日常工作流程中，我们经常需要将文档共享给同事以供查阅和编辑。例如，在团队协作的项目中，多位成员常常需要同时对一份文档进行细致的编辑和调整，以确保信息的即时同步和工作的协同性。为了有效提高团队的工作效能，并保证信息能够实时更新，小李决定搭建一个协作共享文档平台，并邀请项目组的所有成员加入。这样，团队将能更高效地协同工作，共同推动项目的进展。

二、任务分析

WPS 文字支持多人实时协作并允许团队内进行明确分工，使每位成员能够专注于各自负责的部分，从而降低管理复杂度。同时，任何成员的修改都能即时呈现给其他团队成员。此外，WPS 文字还具备版本管理功能，团队成员可以轻松查阅文档的历史版本，无须担心重要内容被误删或覆盖。并且，WPS 文字支持通过在线聊天和云端共享功能来实现对同一文档的协同编辑，即便团队成员身处不同地点，也能实现无缝协作，显著提升工作效率。

三、相关知识点

1. 多人协作开启方式

多人协作有以下两种开启方式：① 通过 WPS Office 的首页：在 WPS 的"文档"界面中选中需进行多人协作的文档，单击其右侧的"分享"按钮。② 通过文档内部：打开需多人协作的文档后，单击右上角的"分享"按钮。无论采用哪种方式，都会弹出"协作"任务窗格，用户可在该任务窗格中选择相应的协作权限，并将生成的链接分享给他人，邀请其加入协作。

2. 权限设置与管理

WPS 文字的多人协作功能提供了灵活的权限设置，以确保文档的安全与隐私。

(1) 设置链接权限：在邀请他人加入文档之前，可对文档的"链接权限"进行设定，例如仅允许指定人员查看或编辑。

(2) 成员权限管理：成员加入文档后，可对其分配编辑或仅查看的权限。对于无关人员，可将其从协作中移除。

(3) 申请与审批：当他人申请访问文档时，WPS 的消息中心和金山文档公众号将接收申请通知。系统管理员可及时审批申请，选择同意或拒绝，并直接为申请者分配查看或编辑权限。

3. 协作功能的优点

协作功能具有以下优点。

(1) 实时编辑与自动保存。所有参与者的更改都会即时反映在文档上，并且数据会自动实时保存。

(2) 评论与讨论功能。在 WPS 文字文档中，用户可以在需要讨论或提出意见的位置右击并选择"添加评论"，形成讨论串以方便追踪和管理。

(3) 历史记录与版本管理。WPS 文字会自动记录每一次更改，并允许用户查阅文档的历史版本。

(4) 任务分配与提醒功能。在 WPS 文字文档内，用户可为团队成员分配具体任务，并设定截止日期。WPS 文字支持设置提醒，确保团队成员不会错过任何重要截止日期或会议。

4. 使用协作功能的注意事项

使用协作功能时，应注意以下事项。

(1) 登录 WPS 账号：为确保文档能保存至云端并实现共享，用户需先登录 WPS 账号。

(2) 上传文档至云端：协作文档需上传至云端，以便团队成员访问和编辑。

(3) 切换编辑状态：在 WPS 客户端与高级编辑模式间切换时，需注意多人同时在线编辑的限制。在高级编辑模式下，可能不支持多人同时在线编辑。

综上所述，WPS 文字的多人协作功能为团队协作带来了极大便利，显著提高了工作效率。凭借灵活的权限管理、实时编辑保存、评论讨论以及历史版本追踪等功能，团队成员能够无缝协作，高效完成任务。

四、任务步骤

本任务可分为登录 WPS 账号、创建协作文档、邀请成员协作、保存与分享等步骤。下面我们详细介绍每个步骤的具体操作。

（一）登录 WPS 账号

在使用 WPS 协作文档前，需确保已登录 WPS 账号，以便将文档保存至云端进行共享。WPS 支持多种登录方式，如使用微信、QQ、微博等社交账号登录，或使用邮箱、手机号登录。

登录 WPS 账号的步骤为：首先，启动 WPS 程序，并单击其右上角的"立即登录"按钮 立即登录，进入登录界面（如图 2-47 所示）；然后，勾选"已阅读并同意金山办公在线服务协议和 WPS 隐私政策"复选框，并根据个人需求选择是否勾选"自动登录"复选框；最后，在登录界面下方选择适合的登录方式，如选择"微信扫码登录"，扫码成功后即可登录账号。

图 2-47　登录 WPS 账号的界面

（二）创建协作文档

(1) 新建文字文档并将其命名为"文字文稿 1.wps"。

(2) 单击文档右上角的"分享"按钮 ，在弹出的"协作"任务窗格中单击"和他人一起编辑"右侧的按钮 （如图 2-48 所示），随后会弹出"上传至云空间"对话框（图 2-49 所示）。

创建协作文档

图 2-48　"协作"任务窗格

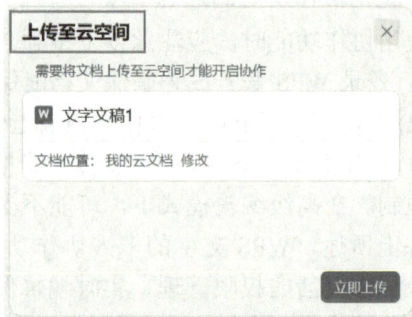

图 2-49　"上传至云空间"对话框

(3) 在"上传至云空间"对话框中，单击"修改"按钮，弹出"上传到"对话框，如图 2-50 所示。接着，单击"新建文件夹"按钮，创建一个名为"多人协作编辑"的云文件夹。选中该文件夹后，单击"上传"按钮，随后返回"上传至云空间"对话框。最后，单击"立即上传"按钮，将"文字文稿 1.wps"文档上传至云文档。

图 2-50　"上传到"对话框

(4) 上传完成后，会弹出"正在切换到协作模式"提示框，如图 2-51 所示。提示结束后，文档即进入协作模式，同时文档右侧会显示"协作"任务窗格，如图 2-52 所示。

图 2-51　"正在切换到协作模式"提示框

图 2-52　"协作"任务窗格

知识补充

· 创建共享文件夹

单击 WPS 首页菜单，然后选择"共享"选项并单击右上角的"新建共享文件夹"按钮，即可打开"创建共享文件夹"对话框，如图 2-53 所示。单击文本框输入文件名，然后单击"立即创建"按钮即可创建一个共享文件夹，从而实现团队资料共享、多人编辑和权限管理等协助功能。

图 2-53　"创建共享文件夹"对话框

· 云文档的管理

单击 WPS 程序左上角的 WPS Office 按钮，进入 WPS 首页（如图 2-54 所示）。在 WPS 首页，可以对云文档和共享文件进行管理，方法为：选中需要管理的云文档或文件夹，

单击其右侧的按钮 ⋯，即可对文档或文件夹进行重命名、复制、移动、删除等操作（如图 2-55 所示）。

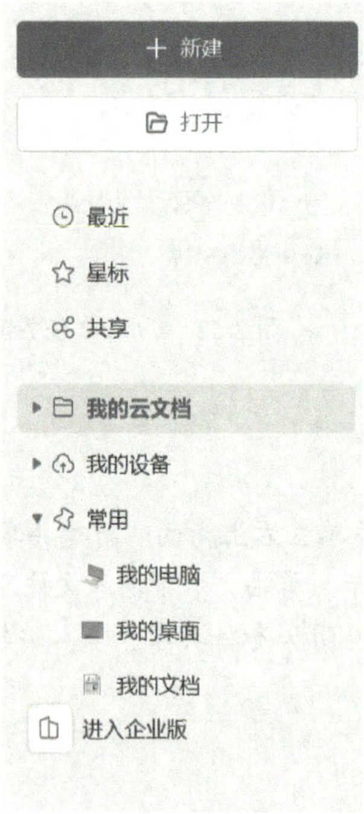

图 2-54　WPS 首页 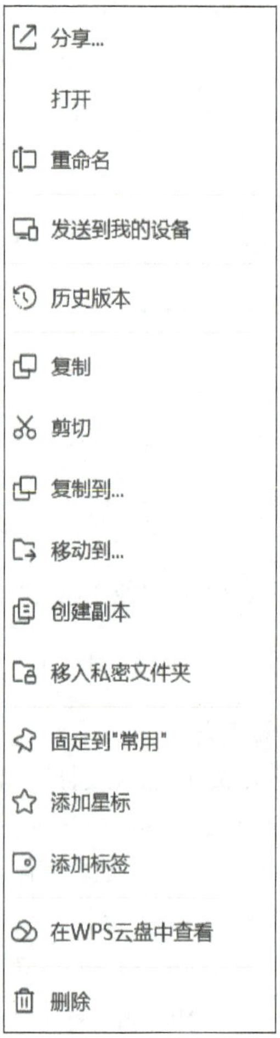　　　　图 2-55　对文档或文件夹进行管理

（三）邀请成员协作

邀请成员协作有以下两种方法。

(1) 在"协作"任务窗格中，单击"复制链接"按钮，然后选择该按钮下方的微信、QQ 图标，或通过链接、二维码的方式，即可把链接发送给协作成员。被邀请的成员收到邀请后，单击小程序或链接即可进入协作文档。在 WPS 程序右上角"分享"按钮的左侧，可以查看当前协作者列表（如图 2-56 所示），方便管理人员管理文档。

图 2-56　协作者列表

(2) 在"协作"任务窗格中，单击"添加协作者"，弹出"添加联系人"对话框（如图 2-57

所示)，通过输入手机号搜索或发送邀请链接即可邀请对方加入文档协作。

图 2-57　"添加联系人"对话框

知识补充

• 管理协作者

在"协作"任务窗格中，单击"管理协作者"，即可打开"管理协作者"列表。选中需要进行管理的协作者，单击其右侧的"可编辑"下拉按钮，即可对该协作者进行管理，如图 2-58 所示。

协作成员加入文档后，可直接在文档内进行操作。WPS 协作文档支持多人实时编辑，便于成员即时修改和查阅文档内容。此外，WPS 还提供了文本高亮、评论留言和版本管理等功能，帮助成员更高效地管理文档。

知识补充

• 链接权限设置

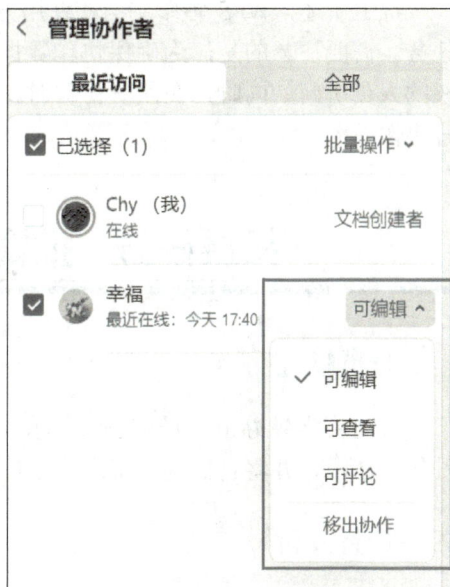

图 2-58　管理协作者

在"协作"任务窗格中，单击"链接权限"右侧的"所有人可编辑"下拉按钮，可以设置链接的打开和编辑权限，如图 2-59 所示。

• 高级设置

在"协作"任务窗格中，单击"高级设置"，可以打开"高级设置"列表，从而对协作文档进行高级设置，如图 2-60 所示。

图 2-59　链接权限设置 　　　　　　　　图 2-60　"高级设置"列表

（五）保存与分享

在协作文档中编辑完所需内容后，可以选择保存文档。WPS 会自动将文档存储在云端，便于后续的使用和共享。此外，WPS 提供了多种分享方式，如复制链接分享文档，或直接通过邮件、QQ、微信等渠道分享文档。

综上所述，WPS 协作文档的使用方法简便易懂，有助于用户在团队协作中高效地完成任务。需要注意的是，为确保协作数据的安全，应严格管理文档的访问权限，防止未经授权的人员访问。同时，在团队协作时，还需根据实际情况合理分配成员角色和权限，以提升协作效率。

拓展任务　批量制作公司周年庆邀请函

一、任务描述

公司决定举办 10 周年庆典活动，计划邀请一些重要客户参加。公司的小李负责批量制作邀请函，并将它们逐一寄送给每位受邀客户。

二、任务分析

邀请函又称请柬或请帖，是单位、团体或个人在邀请相关人员出席重要会议、典礼或参与某些重大活动时所使用的礼仪性文书。它不仅体现了礼貌与庄重，还具备凭证的功能。利用邮件合并功能制作邀请函，能够更便捷地邀请多人参与活动或会议。

三、任务步骤

本任务可分为利用模版创建主文档、利用 WPS 表格制数据源文件和邮件合并等步骤。下面我们详细介绍每个步骤的具体操作。

（一）利用模板创建主文档

(1) 使用模板新建文档：通过 WPS 文字的模板功能创建一个名为 "公司邀请函 .wps" 的主文档。

(2) 根据需求修改模板内容，以制作邀请函主文档。

（二）利用 WPS 表格制作数据源文件

为了批量制作邀请函，需准备一个包含客户姓名、性别等信息的数据源文件，具体字段根据公司实际需求来确定。

（三）邮件合并

(1) 在 WPS 文字中，选择 "引用" → "邮件" → "打开数据源"，在打开的 "选取数据源" 对话框中选择数据源文件。

(2) 在文档中插入对应的合并域。

(3) 预览并检查合并数据后的效果。

(4) 执行合并操作。

(5) 将合并后生成的新文档另存为 "公司邀请函（邮件合并）.wps"。

课程思政

在学习 WPS 文字的邮件合并、审阅与修订及多人协作编辑功能时，我们不仅要熟练掌握这些高效的信息技术工具，还要树立正确的信息技术使用观念，并增强自身的社会责任感。

1. 效率与责任并重

邮件合并是 WPS 文字中的一项强大功能，它能自动将数据源中的信息填充到文档模板中，快速生成大量个性化文档。此功能在提高工作效率的同时，也凸显了责任的重要性。在使用邮件合并时，我们必须确保数据的准确无误和完整性，因为任何微小的错误都可能导致批量文档出错，进而产生严重后果。这要求我们保持严谨的工作态度，具备高度的责任心，对每个环节都进行仔细核对和严格审查。这种对工作一丝不苟的精神正是 "工匠精神" 和 "责任心" 的体现。

2. 批判性思维与团队合作

审阅与修订是 WPS 文字文档编辑中不可或缺的一环。它不仅要求我们阅读并理解文档内容，还需要我们提出建设性的意见。在此过程中，我们必须运用批判性思维，对文档中的观点、论据及表达方式进行深入分析和评估。同时，修订工作通常需要团队成员间的紧密合作，大家各自发挥专业优势，共同提升文档质量。这种合作模式不仅提高了文档的品质，也培养了我们的团队合作精神和沟通技巧。

3. 共享与共赢的理念

多人协作编辑是 WPS 文字的一项创新功能，它打破了传统文字文档编辑的限制，允许多个人同时在一个文档上进行编辑和修改。这一功能不仅提高了工作效率，还促进了知识的共享，实现了团队的共赢。在多人协作编辑过程中，每个人都能发挥自己的专长，共同推动项目的进展。同时，通过实时交流，团队成员能够及时了解彼此的想法和反馈，从而做出更明智的决策。这种共享与共赢的理念正是"社会主义核心价值观"和"和谐社会"理念的生动体现。

通过学习和实践这些内容，我们不仅掌握了 WPS 文字文档的高级应用技巧，还在无形中接受了思政教育的熏陶。邮件合并功能让我们深刻认识到个性化服务的重要性，审阅与修订功能锻炼了我们的批判性思维和沟通能力，而多人协作编辑功能增强了我们的集体主义精神和责任感。这些思政元素的内化将助力我们树立正确的世界观、人生观和价值观，为未来成为德才兼备的社会主义建设者打下坚实基础。

第 3 单元
WPS 表格的高效数据处理

情景导入

小张是企业销售部门的一名行政人员，负责销售数据的整理与分析工作。对于企业的而言，销售数据分析至关重要。通过收集、整理和分析销售数据，企业能够获取销售业绩和市场趋势的相关信息，进而辅助决策，及时优化销售策略。WPS 表格是 WPS Office 软件中的一个主要组件，具有数据管理和图形展示功能，不仅能对表格数据进行各种复杂计算，还能将数据以图表的形式直观地展现出来。

教学目标

▲ 知识目标

(1) 了解电子表格的应用场景，并熟悉相关工具的功能和操作界面。

(2) 掌握 WPS 表格中工作簿、工作表、单元格的基本概念和基本操作。

(3) 了解 WPS 表格中数据的数字类型，并掌握数据的录入技巧。

(4) 熟悉 WPS 表格中公式和函数的正确使用方法。

(5) 熟悉排序、筛选、分类汇总的方法，以及创建图表、数据透视表和数据透视图的操作方法。

(6) 掌握页面布局、打印预览和打印操作的相关设置方法。

▲ 技能目标

(1) 能够熟练运用 WPS 表格进行工作簿、工作表和单元格的基本操作。

(2) 能够根据数据特点运用录入技巧快速录入数据。

(3) 能够对工作表进行格式化设置，以美化表格。

(4) 能够正确运用公式和函数对表格中的数据进行复杂的计算。

(5) 能够根据需要正确运用排序、筛选、分类汇总等功能，以及创建图表、数据透视表和数据透视图等手段来分析数据。

▲ 素质目标

(1) 通过 WPS 表格函数的应用，培养学生的计算思维能力，让学生体验数据的魅力与算法的精妙。

（2）通过数据的录入与精确计算过程，培养学生严谨细致的工作态度。

（3）通过规范数据格式，增强学生的规范意识，并加深学生对职业规范的理解。

（4）通过运用 WPS 表格解决工作和生活中的实际问题，有效提升学生的问题解决能力。

▲ **思政目标**

（1）培养科学精神与严谨的工作态度。通过学习 WPS 表格中数据的精准录入、公式与函数的正确运用等技能，使学生深刻理解在处理信息和数据时保持严谨工作态度的重要性。

（2）激发创新思维与提高解决问题的能力。WPS 表格提供了丰富多样的功能和工具，在教学过程中，引导学生突破传统思维定式，尝试运用多样化的方法和技巧来解决数据处理与分析中的相关问题。

（3）增强信息素养与强化数据安全意识。在学习 WPS 表格的过程中，学生会接触大量数据的收集、整理、分析与存储。这有助于引导学生树立正确的信息素养观念，认识到数据作为重要资源的价值，并理解合理合法利用数据的必要性。

任务 3.1 录入销售员工基本信息

一、任务描述

为更有效地管理本部门的销售人员，小张决定使用 WPS 表格创建一个销售员工基本信息表。任务完成后的效果如图 3-1 所示。

序号	工号	姓名	性别	民族	学历	出生日期	所属区域	省/市	辖区	详细地址	联系电话
						销售员工基本信息表					
1	2009001	郭一	女	汉族	本科	1997/03/21	华北地区	北京市	海淀区	北京市海淀区	13501030000
2	2019002	陆二	男	满族	本科	1997/09/16	华东地区	上海市	黄浦区	上海市黄浦区	13802110000
3	2020001	张三	男	汉族	大专	1999/05/07	华南地区	深圳市	南山区	深圳市南山区	13307550000
4	2020002	李四	男	汉族	本科	1998/07/12	华北地区	北京市	东城区	北京市东城区	13801050020
5	2020003	赵五	女	汉族	本科	1998/06/06	华南地区	深圳市	罗湖区	深圳市罗湖区	13607550006
6	2021001	孟六	女	回族	本科	1999/08/27	华东地区	上海市	徐汇区	上海市徐汇区	13702120030
7	2022001	丁七	男	汉族	大专	2001/09/20	西南地区	成都市	锦江区	成都市锦江区	13102860000
8	2022002	陈八	男	汉族	本科	2001/01/08	华东地区	上海市	黄浦区	上海市黄浦区	13302140004
9	2023001	韩九	女	汉族	大专	2003/08/17	华北地区	北京市	海淀区	北京市海淀区	13901080070
10	2023002	关十	男	汉族	本科	2002/10/22	西南地区	成都市	武侯区	成都市武侯区	13502850005

图 3-1 销售员工基本信息表的效果图

二、任务分析

销售员工基本信息表主要包含工号、姓名、性别、民族、学历、出生日期、所属区域、省/市、辖区、详细地址及联系电话等数据项。此任务涵盖工作簿、工作表及单元格的基础操作，数据的录入，以及通过边框和底纹等设置来美化工作表。WPS 表格提供了多种数据录入技巧，用户可根据数据的类型和特点选择适当的录入方法，从而显著提升工作效率。

三、相关知识点

1. 工作簿

工作簿是 WPS 表格中用于存储并处理工作数据的文件，也就是说，WPS 表格文件本质上就是工作簿，它由一个或多个工作表构成。工作簿的主要操作包括创建、保存、重命名、打开和关闭。

2. 工作表

工作表是显示在工作簿窗口中的电子表格，是 WPS 表格进行数据处理的基本单元。一个工作表包含 1 048 576 行和 16 384 列，行号从 1 到 1 048 576，列号依次以字母 A 至 XFD 标识，行号显示在工作簿窗口的左侧，列号显示在工作簿窗口的上侧。工作表的主要操作有插入、重命名、切换、复制、移动和删除等。

3. 单元格

每张工作表由列和行构成的单元格组成。所有输入的数据均保存在单元格中，这些数据可以是字符串、数字、公式、图形或声音文件等。每个单元格都有唯一的地址，例如 C3 代表第 C 列、第 3 行的单元格。同样，一个地址也唯一标识一个单元格，如 A6 指的是第 A 列与第 6 行交叉处的单元格。

活动单元格是指当前正在操作的单元格，其外框加粗，输入的数据将被保存在此单元格内。工作表中的名称框会显示活动单元格的地址，编辑栏则显示其内容。用户可以通过鼠标直接选择目标单元格作为活动单元格，也可以使用键盘或快捷键进行选取。

单元格的操作包括选择、插入、删除、移动、复制、合并、拆分，以及调整行高和列宽等。

4. 单元格区域

单元格区域指的是由多个单元格构成的区域，这些单元格可以是连续的，也可以是不连续的。对于连续区域，我们常用区域左上角和右下角的单元格地址来表示，例如 A2:C6 表示的是从 A2 单元格到 C6 单元格所围成的矩形区域。

5. 数据类型

WPS 表格可识别的数据类型包括数值、日期或时间、文本等。

1) 数值型数据

任何由数字构成的单元格输入项均被视为数值。数值中可包含负号、正号 (通常不显示)、百分比符号、货币符号等特殊字符。

(1) 负号：若数值前带有负号 (-)，则 WPS 表格将其识别为负数。

(2) 正号：若数值前带有正号 (+) 或未加符号，则 WPS 表格将其识别为正数，且通常不显示正号。

(3) 百分比符号：若数值后添加有百分比符号 (%)，则 WPS 表格将其识别为百分比，并自动应用百分比格式。

(4) 货币符号：若数值前添加有系统识别的货币符号 (如￥)，则 WPS 表格将其识别为货币值，并自动应用相应的货币格式。

此外，若数值中包含半角逗号和字母 E，且位置正确，则 WPS 表格会将其识别为千位分隔符和科学记数法符号。例如，WPS 表格将 5300 和 1.3E+06 分别识别为 5300 和 1 300 000（即 1.3 乘以 10 的 6 次方），并自动应用相应的数字格式。

2) 日期型数据和时间型数据

日期型数据是数值数据的一种特殊形式，经过格式设置后，以日期格式显示。同样，时间型数据经过格式设置后，以时间格式显示。因此，用户在输入日期和时间时，需使用正确的格式。在 Windows 中文操作系统的默认设置下，有效的日期格式可以使用短横线 (-)、斜杠 (/) 或中文"年""月""日"分隔。例如，"2024-2-1""2024/2/1"或"2024 年 2 月 1 日"均为有效日期。输入时间时，需用冒号 (:) 分隔时、分、秒。

3) 文本型数据

文本通常是指一些非数值性的文字、符号等。一些不需要进行数学计算的数值，如手机号码、身份证号码、邮政编码等，也可以保存为文本格式。当输入的数值长度超过 WPS 表格的单元格默认的数值显示范围（通常为 15 位）时，WPS 表格会自动将该数值视为文本，并在其前面添加半角单引号以进行标识。此时，该数值即以文本格式存储，无须额外设置。

四、任务步骤

本任务可分为新建工作簿并保存、录入数据、格式化工作表、重命名工作表、再次保存工作簿等步骤。下面我们详细介绍每个步骤的操作方法。

（一）新建工作簿并保存

1. 新建工作簿

打开 WPS Office 软件，单击窗口左上角的"WPS Office"图标，选择"新建"→"表格"→"空白表格"，系统会自动创建一个名称为"工作簿 1"的新工作簿文件。其中，"新建"按钮和"新建"窗口分别如图 3-2 和图 3-3 所示。

图 3-2　"新建"按钮

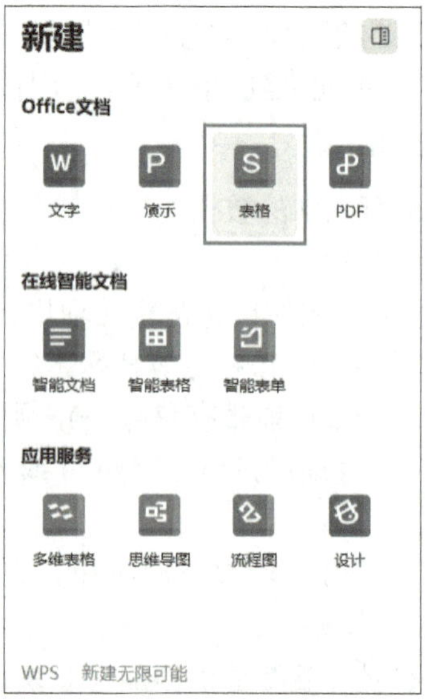

图 3-3　"新建"窗口

2. 保存工作簿

选择"文件"→"另存为"，会弹出"另保存"对话框。如图 3-4 所示，在地址栏中选择文件保存的位置，在"文件名称"文本框中输入"商品销售数据统计"作为工作簿的名称，在"文件类型"下拉列表中选择"WPS 表格 文件 (*.et)"，最后单击"保存"按钮，工作簿即可保存完成。

图 3-4　保存工作簿

知识补充

• 将工作簿保存到我的云文档的方法

选择"文件"→"另存为"→"我的云文档"，可将工作簿保存到我的云文档。这样做能够实现多设备跨平台同步、历史版本恢复、文档链接分享和团队协作等功能，为用户提供更加便捷、高效和安全的文档处理体验。

（二）录入数据

1. 利用常规方法录入数据

选中"Sheet1"工作表，按照图 3-1 所示录入数据。

1) 录入表格标题和列标题

选中 A1 单元格，输入表格标题"销售员工基本信息表"。随后按键盘上的"↓"键选中 A2 单元格，输入列标题"序号"。接着依次按"→"键，在 B2 至 L2 单元格中分别输入工号、姓名、性别、民族、学历、出生日期、所属区域、省/市、辖区、详细地址、联系电话。录入表格标题和列标题后的效果如图 3-5 所示。

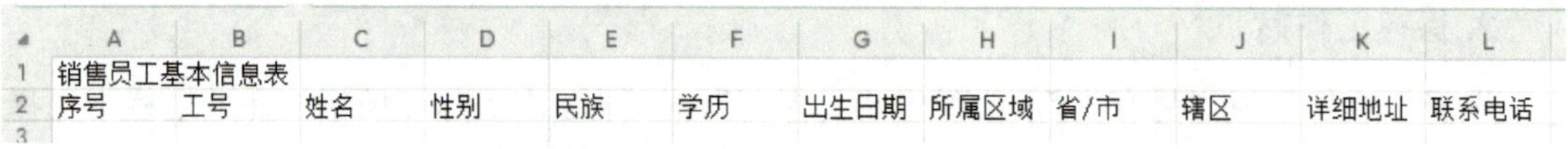

	A	B	C	D	E	F	G	H	I	J	K	L
1	销售员工基本信息表											
2	序号	工号	姓名	性别	民族	学历	出生日期	所属区域	省/市	辖区	详细地址	联系电话
3												

图 3-5　录入表格标题和列标题后的效果图

2) 录入姓名

选中 C3 单元格，输入姓名"郭一"，然后依次在 C4 至 C12 单元格内输入其余销售人员的姓名。

3) 录入工号

(1) 方法一：选中 B3 单元格，先输入英文半角的单引号"'"，再紧接着输入"2009001"，即输入"'2009001"。采用同样的方法输入其余销售人员的工号。

(2) 方法二：选中 B3 至 B12 单元格，右击，在右键菜单中选择"设置单元格格式"。然后在弹出的"单元格格式"对话框中单击"数字"选项卡，在"分类"列表框中选择"文本"选项，最后单击"确定"按钮，如图 3-6 所示。之后，可以直接在 B3 至 B12 单元格中输入工号。

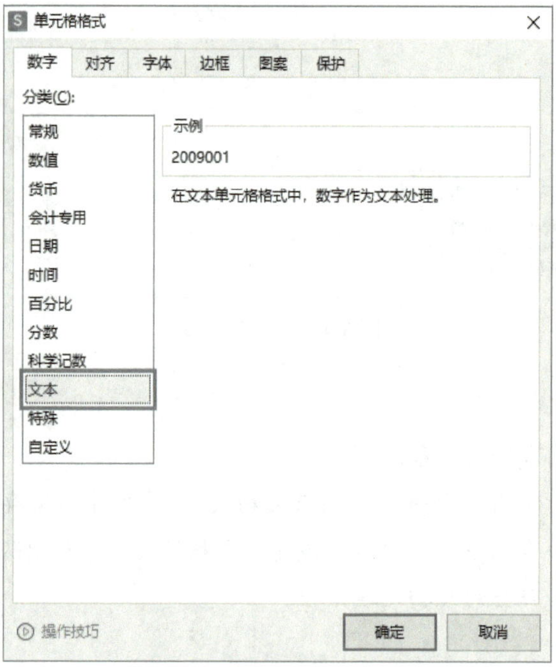

图 3-6　设置数字的文本格式

录入联系电话

4) 录入联系电话

在录入联系电话时，需确保数字位数为 11 位，否则系统将提示输入错误。

(1) 选中 L3 至 L12 单元格，右击，在右键菜单中选择"设置单元格格式"。然后在弹出的"单元格格式"对话框中单击"数字"选项卡，在"分类"列表框中选择"文本"选项，最后单击"确定"按钮。

(2) 选择"数据"→"有效性"→"有效性"，打开"数据有效性"对话框，如图 3-7(a) 所示。

(3) 单击"设置"选项卡，在"允许"下拉列表中选择"文本长度"，在"数据"下拉列表中选择"等于"，在"数值"文本框中输入"11"，如图 3-7(b) 所示。

(a) 打开"数据有效性"对话框　　　　　　(b)"数据有效性"对话框

图 3-7　设置数据有效性

(4) 单击"出错警告"选项卡，在"标题"文本框中输入"输入提示"，在"错误信息"文本框中输入"请输入 11 位手机号码"，然后单击"确定"按钮，如图 3-8 所示。

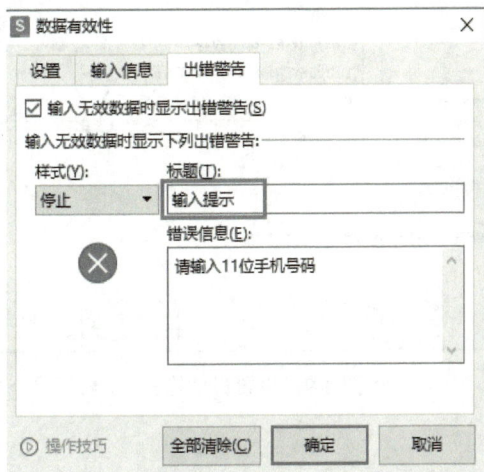

图 3-8　设置出错警告

知识补充

• 文本型数据

在 WPS 表格中，文本型数据包括汉字、英文字符、被当作文本处理的数字、标点符号和特殊符号等，这些字符无法进行数学计算。一般情况下，直接输入这些字符即可。对于需要作为文本处理的数字串 (如工号、手机号、身份证号等)，可通过在数字前加英文半角单引号或将单元格格式设置为文本型，来防止其被自动转换为数值型数据。

默认情况下，文本型数据在单元格内左对齐显示，并且单元格左上角会显示一个绿色的小三角标志，用以提示用户该单元格包含文本型数据。若需将文本型数字串转换为数值型数据进行计算，则可单击单元格旁边出现的黄色警告标识 (通常位于单元格的右上角或左侧边缘)，并在弹出的菜单中选择"转换为数字"选项，以完成数据类型的转换。

5) 录入出生日期

录入出生日期时，日期的格式为"yyyy/mm/dd"。

(1) 按照图 3-1 所示录入出生日期，年、月、日之间可以使用"年、月、日""/"或连字符"-"分隔。

(2) 选中 G3:G12 单元格区域，右击，在右键菜单中选择"设置单元格格式"选项。在弹出的"单元格格式"对话框中，选择"数字"选项卡中"分类"列表框中的"自定义"选项，然后在"类型"文本框中输入"yyyy/mm/dd"，如图 3-9 所示。完成后，点击"确定"按钮。

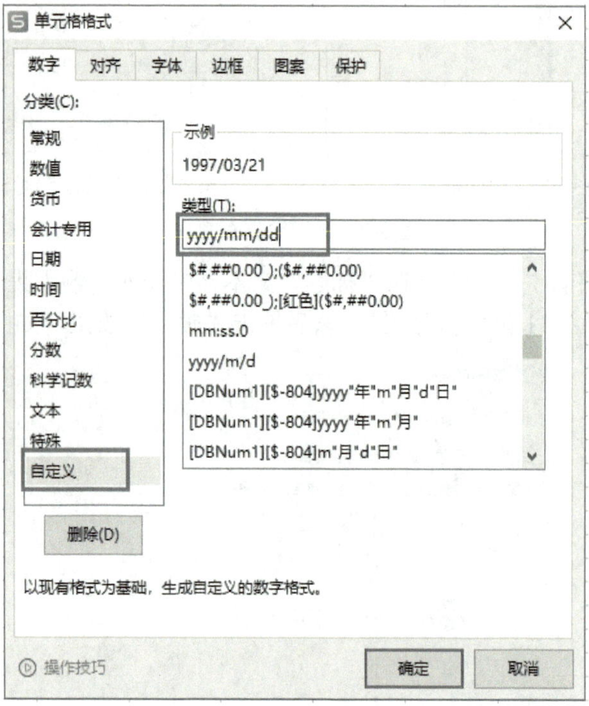

图 3-9　设置日期格式

知识补充

• 列宽的调整

当输入的数据长度超出列宽时，单元格中会显示"########"符号，提示用户需要调整列宽。调整列宽有以下两种方法：

(1) 将鼠标指针移至该列列标右侧的边框线上，待鼠标指针变为左右双向箭头时，按住鼠标左键向右拖动至合适宽度后释放，此时该列数据将能够完全显示。

(2) 选中该列，单击"开始"选项卡中的"行和列"按钮，然后在下拉列表中选择"最适合的列宽"。

2. 利用快速录入技巧录入数据

1) 利用自动填充功能填充序号

(1) 方法一：在 A3 单元格中输入数字"1"，将鼠标指针移至 A3 单元格右下角的填充柄上，待鼠标指针变为"+"形状后，按住鼠标左键向下拖动至 A12 单元格后释放。此时，

A4 至 A12 单元格将完成自动填充，填充内容为递增的序号。

(2) 方法二：在 A3 单元格输入数字"1"，并选中 A3:A12 单元格区域。然后，单击"开始"选项卡中的"填充"下拉按钮，在下拉列表中选择"序列"，如图 3-10(a) 所示。在弹出的"序列"对话框中，在"序列产生在"栏中选中"列"单选按钮，在"类型"栏中选中"等差序列"单选按钮，在"步长值"文本框中输入"1"，"终止值"文本框中不填数值 (因为已指定填充范围)，如图 3-10(b) 所示。单击"确定"按钮，完成 A3:A12 单元格区域的自动填充。

(a) 选择"序列"选项　　　　　　　　(b) 输入"序列"内容

图 3-10　数据填充

2) 利用"Ctrl + Enter"组合键在不连续单元格中快速填充性别信息

(1) 选中 D3 单元格，按住 Ctrl 键的同时，依次单击 D7、D8、D11 单元格以将它们全部选中。然后，在 D11 单元格中输入"女"，接着按下"Ctrl + Enter"组合键，即可完成这些单元格的性别信息填充，如图 3-11 所示。

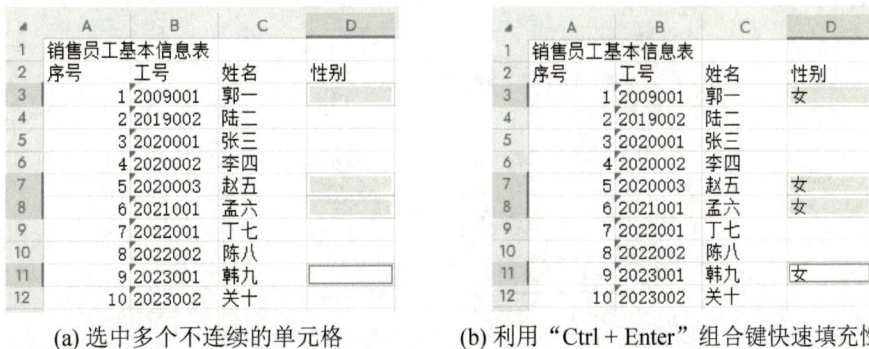

(a) 选中多个不连续的单元格　　　　(b) 利用"Ctrl + Enter"组合键快速填充性别

图 3-11　利用"Ctrl + Enter"组合键录入性别

(2) 采用同样的方法，首先选中需要填充"男"的单元格，然后在这些单元格中输入"男"，最后按下"Ctrl + Enter"组合键完成填充。

3) 利用下拉列表录入民族信息

(1) 选中 E3:E12 单元格区域，单击"数据"选项卡中的"下拉列表"按钮。

(2) 在打开的"插入下拉列表"对话框中选中"手动添加下拉选项"单选按钮。然后单击右上角的绿色按钮 ，分别创建"汉族""满族""回族""壮族"选项，最后单击"确定"按钮，如图 3-12 所示。

(3) 设置完成后，单击 E3:E12 区域内的任意单元格，会出现下拉箭头，单击该箭头即可在下拉选项中选择民族信息，完成录入。

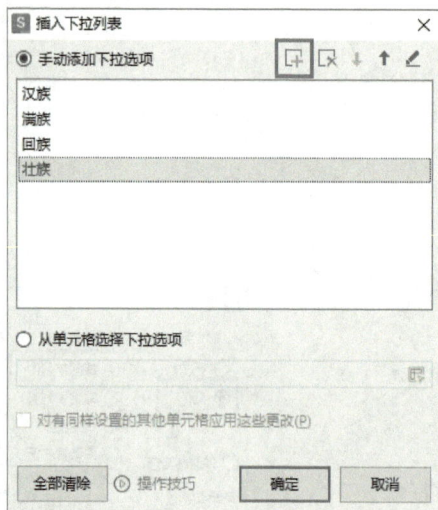

图 3-12 "插入下拉列表"对话框

4) 利用数据有效性录入学历

(1) 选中 F3:F12 单元格区域。

(2) 单击"数据"选项卡中的"有效性"下拉按钮，在下拉列表中选择"有效性"选项，打开"数据有效性"对话框。

(3) 单击"设置"选项卡，在"允许"下拉列表中选择"序列"，在"来源"参数框中输入"大专,本科,研究生"（各项之间用英文半角逗号隔开），最后单击"确定"按钮，如图 3-13 所示。

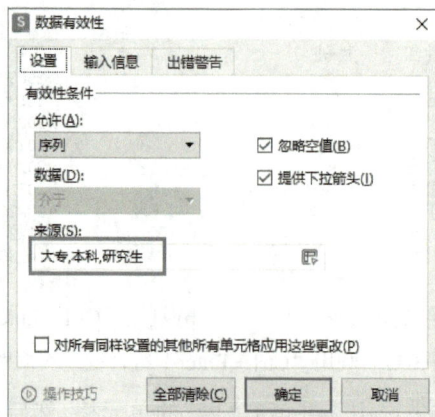

图 3-13 设置学历数据有效性

(4) 设置完成后，单击 F3:F12 区域内的任意单元格，其右边会出现一个下拉按钮，单击该按钮即可选择需要填入的"学历"信息，从而快速完成数据的录入。

5) 利用级联下拉列表录入所属区域、省 / 市、辖区

销售人员所属区域、省 / 市、辖区这三列数据具有层级关联性，因此需要将它们分别设置为一级、二级和三级下拉菜单。其中，二级下拉菜单的选项会根据一级下拉菜单的选定内容动态变化，三级下拉菜单的选项会根据二级下拉菜单的选定内容动态变化。

录入所属区域、
省 / 市、辖区

(1) 准备三级关联数据。打开"素材"工作簿，然后右击"基础信息"工作表标签，并在右键菜单中选择"移动"选项，如图 3-14(a) 所示。在弹出的"移动或复制工作表"对话框中，在"工作簿"下拉列表中选择"商品销售数据统计 .et"，在"下列选定工作表之前"栏中选择"移至最后"，并勾选"建立副本"复选框，最后单击"确定"按钮，如图 3-14(b) 所示。这样，便在"商品销售数据统计 .et"工作簿中成功创建了"基础信息"工作表的副本。

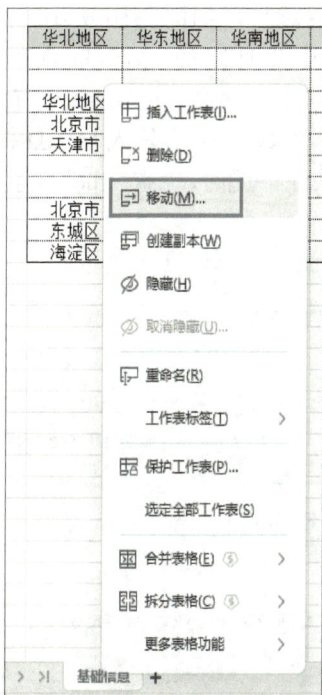

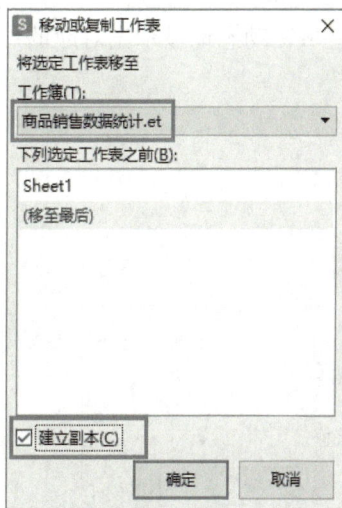

(a) 选择"移动"选项　　　(b) "移动或复制工作表"对话框

图 3-14　创建"基础信息"工作表的副本

(2) 设置"所属区域"一级下拉菜单。在"Sheet1"工作表中，选中 H3:H12 单元格区域，选择"数据"→"有效性"→"有效性"，打开"数据有效性"对话框。在"设置"选项卡中，在"允许"下拉列表中选择"序列"选项，然后将光标定位到"来源"参数框内。接着，切换到"基础信息"工作表，选中 B13:E13 单元格区域。此时，"来源"参数框内应自动填充为"= 基础信息 !$B$13:$E$13"，如图 3-15 所示。完成上述设置后，单击"确定"按钮。现在，所属区域单元格已显示下拉按钮，用户可通过下拉菜单进行数据录入。

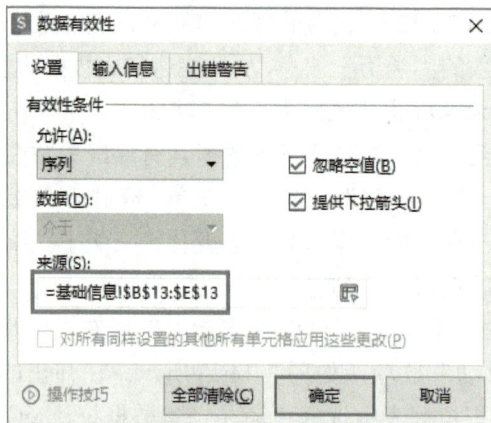

图 3-15　设置"所属区域"一级下拉菜单

　　(3) 设置"省 / 市"二级下拉菜单。首先，单击"基础信息"工作表标签，选中 B16:E18 单元格区域。然后，选择"公式"→"指定"，打开"指定名称"对话框。在该对话框中，在"名称创建于"栏中勾选"首行"复选框，如图 3-16 所示。设置完成后，单击"确定"按钮。接着，单击"Sheet1"工作表标签，选中 I3:I12 单元格区域。选择"数据"→"有效性"→"有效性"，打开"数据有效性"对话框。在"设置"选项卡中，在"允许"下拉列表中选择"序列"选项，然后将光标定位到"来源"参数框内，并输入"=INDIRECT($H3)"，如图 3-17 所示。完成上述设置后，单击"确定"按钮。此时，"省 / 市"下拉菜单会根据已选择的所属区域，动态地显示出对应的省 / 市名称。

图 3-16　"指定名称"对话框

图 3-17　根据所属区域获取省 / 市

　　(4) 设置"辖区"三级下拉菜单。首先，单击"基础信息"工作表标签，选中 B21:I23 单元格区域。然后，选择"公式"→"指定"，打开"指定名称"对话框。在该对话框中，设在"名称创建于"栏中勾选"首行"复选框。设置完成后，单击"确定"按钮。接着，单击"Sheet1"工作表标签，选中 J3:J12 单元格区域。选择"数据"→"有效性"→"有效性"，打开"数据有效性"对话框。在"设置"选项卡中，在"允许"下拉列表中选择"序列"选项，然后将光标定位到"来源"参数框内，并输入"=INDIRECT($I3)"。完成上述设置后，单击"确定"按钮。此时，"辖区"下拉菜单会根据已选择的省 / 市，动态地显示出对应的辖区名称。

知识补充

• INDIRECT 函数

在创建名称时，我们实际上是将参数表中单列的各省 / 市名称视为一个数组，并使用所属区域的名称作为这个数组的标识符，以便后续操作中能够方便地引用它。

INDIRECT 函数的功能是将单元格中存储的文本字符串 (该字符串代表一个已定义的名称) 转换为对应的实际数据范围或值。在本任务中，H3 单元格中存储的是文本"华北地区"，但这里的"华北地区"不仅仅是指这四个字符，而代表了一个名为"华北地区"的动态数据范围，该范围包含了属于"华北地区"的所有省 / 市名称。

6) 利用智能填充功能录入详细地址

首先，选中 K3 单元格，并输入由 I3 和 J3 单元格内容组合而成的地址，例如"北京市海淀区"。然后，选中 K3:K12 单元格区域，选择"开始"→"填充"→"智能填充"，即可快速完成其他详细地址的录入，如图 3-18 所示。

图 3-18　利用智能填充功能录入详细地址

（三）格式化工作表

1. 设置表格标题的格式

将表格标题设置为合并居中，行高设置为 25 磅，字体设置为宋体，字号设置为 14 磅，具体步骤如下：

(1) 选中 A1:L1 单元格区域，单击"开始"选项卡中的"合并"下拉按钮，在下拉列表中选择"合并居中"选项，将多个单元格合并为一个，并使标题文字在合并后的单元格中水平居中显示。

(2) 单击"开始"选项卡中的"行和列"下拉按钮，在下拉列表中选择"行高"选项，弹出"行高"对话框。在"行高"文本框中输入"25"，然后单击"确定"按钮。

(3) 在"开始"选项卡中，将字体设置为"宋体"，字号设置为"14 磅"，如图 3-19 所示。

图 3-19 设置表格标题的格式

2. 设置数据区域的格式

将数据区域设置为水平居中和垂直居中，行高设置为 18 磅，字体设置为宋体，字号设置为 12 磅，并手动调整列宽至合适，具体步骤如下：

(1) 选中 A2:L12 单元格区域，单击"开始"选项卡中的"水平居中"和"垂直居中"按钮，这样所需单元格区域中的数据就设置为居中对齐。

(2) 单击"开始"选项卡中的"行和列"下拉按钮，在下拉列表中选择"行高"选项，弹出"行高"对话框。在"行高"文本框中输入"18"，然后单击"确定"按钮。

(3) 在"开始"选项卡中，将字体设置为"宋体"，字号设置为"12 磅"，并单击"水平居中"和"垂直居中"按钮，如图 3-20 所示。

图 3-20 设置数据区域的格式

3. 为数据区域添加边框线

为数据区域添加边框线 (内部框线为虚线，外部框线为单实线) 的具体步骤如下：

(1) 选中 A2:L12 单元格区域，右击，在右键菜单中选择"设置单元格格式"选项。

(2) 在弹出的"单元格格式"对话框中，单击"边框"选项卡。如图 3-21 所示，首先，在"样式"栏中选择"虚线"；然后，在"预置"栏中选择"内部"；接着，再次在"样式"栏中选择"单实线"，并在"预置"栏中选择"外边框"；最后，单击"确定"按钮，完成边框线的添加。

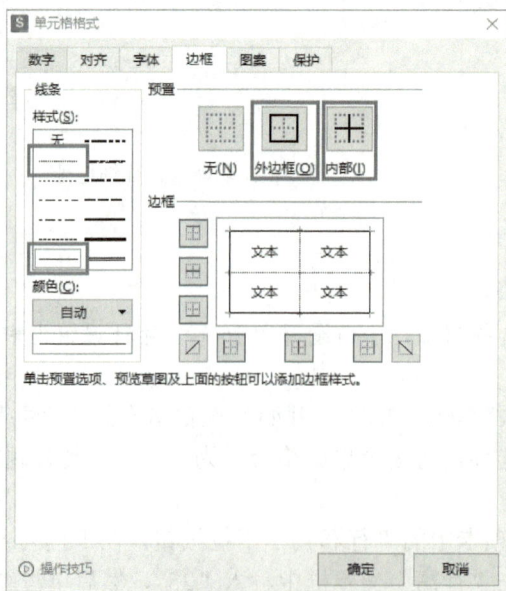

图 3-21 为数据区域添加边框线

4. 为数据区域添加底纹

为数据区域的偶数行添加浅绿色底纹，具体步骤如下：

(1) 选中 A2:L12 单元格区域，单击"开始"选项卡中的"条件格式"下拉按钮，然后在下拉列表中选择"新建规则"选项，如图 3-22 所示。

为偶数行添加
浅绿色底纹

(2) 在弹出的"新建格式规则"对话框 (如图 3-23 所示) 中，在"选择规则类型"栏中选择"使用公式确定要设置格式的单元格"选项，并在"只为满足以下条件的单元格设置格式"参数框中输入公式"=mod(row(),2)=0"，随后单击"格式"按钮。

(3) 在弹出的"单元格格式"对话框中，单击"图案"选项卡，然后选择第 2 行的最后一个浅绿色。

(4) 单击"确定"按钮关闭"单元格格式"对话框，并返回"新建格式规则"对话框。

(5) 在"新建格式规则"对话框中，单击"确定"按钮。此时，数据区域中的所有偶数行都将被添加浅绿色底纹。

图 3-22　选择"新建规则"选项　　　图 3-23　"新建格式规则"对话框

知识补充

• MOD 函数和 ROW 函数

在 WPS 表格中，MOD 函数用于计算两数相除后的余数。该函数的语法为"=MOD(被除数 , 除数)"，MOD 函数的结果是被除数除以除数后得到的余数。

ROW 函数用于返回指定单元格或单元格区域的行号。该函数的语法为"=ROW([参照区域])"，其中 [参照区域] 是可选参数，表示要返回行号的单元格或单元格区域。若省略该参数，则 ROW 函数将返回当前活动单元格的行号。

5. 复制"Sheet1"工作表的格式到"基础信息"工作表

(1) 选中 A1:L12 单元格区域，单击"开始"选项卡中的"格式刷"按钮。此时，光标将变为一个带有空心加号和小刷子的组合形状，表示已进入格式复制模式。

(2) 切换到"基础信息"工作表，单击并拖动鼠标以选中 B2:G9 单元格区域。松开鼠标后，该区域的格式将变为与"Sheet1"工作表中 A1:L12 单元格区域相同的格式。

（3）使用同样的方法，完成 B12:I23 单元格区域格式的复制。

（4）完成格式复制后，再次单击"格式刷"按钮以退出格式复制模式。

知识补充

• 格式刷

单击"格式刷"按钮可进行一次格式复制，双击"格式刷"按钮可进行多次连续的格式复制。格式复制完成后，需再次单击"格式刷"按钮以退出复制模式。

（四）重命名工作表

将"Sheet1"工作表重命名为"销售员工基本信息表"的方法是：右击"Sheet1"工作表标签，在弹出的右键菜单中选择"重命名"选项。当工作表标签变为可编辑状态（通常背景变蓝，字体颜色变白或反色显示）时，输入新名称"销售员工基本信息表"，然后按回车键进行确认。

（五）再次保存工作簿

单击"文件"→"保存"，或单击功能区中的"保存"按钮，以保存工作簿。

任务 3.2　计算并打印商品销售明细

一、任务描述

为方便统计销售数据，需每日记录销售订单，并每月对销售记录进行汇总。今天，小张的任务是统计 2 月份的商品销售明细，并将其打印出来提交给领导审核。任务完成后的效果如图 3-24 所示。

	时间	订单号	商品名称	单价	销售数量	销售金额	提成比例	提成金额	销售员	所属区域
1	2月份商品销售明细表									
3	2024/2/1	2024020101	产品1	￥480.00	60	￥28,800.00	1.2	￥345.60	孟六	华东地区
4	2024/2/1	2024020102	产品2	￥550.00	75	￥41,250.00	1.1	￥453.75	孟六	华东地区
5	2024/2/1	2024020103	产品1	￥480.00	50	￥24,000.00	1.2	￥288.00	关十	西南地区
6	2024/2/1	2024020104	产品5	￥430.00	80	￥34,400.00	0.8	￥275.20	张三	华南地区
7	2024/2/2	2024020201	产品1	￥480.00	140	￥67,200.00	1.2	￥806.40	陆二	华东地区
8	2024/2/2	2024020202	产品3	￥340.00	160	￥54,400.00	1	￥544.00	陆二	华东地区
9	2024/2/2	2024020203	产品3	￥340.00	70	￥23,800.00	1	￥238.00	丁七	西南地区
10	2024/2/2	2024020204	产品4	￥380.00	90	￥34,200.00	0.9	￥307.80	陈八	华东地区
11	2024/2/2	2024020205	产品5	￥430.00	150	￥64,500.00	0.8	￥516.00	韩九	华北地区
12	2024/2/2	2024020206	产品6	￥270.00	230	￥62,100.00	0.7	￥434.70	张三	华南地区
13	2024/2/3	2024020301	产品2	￥550.00	90	￥49,500.00	1.1	￥544.50	李四	华北地区
14	2024/2/3	2024020302	产品2	￥550.00	155	￥85,250.00	1.1	￥937.75	赵五	华南地区
15	2024/2/3	2024020303	产品3	￥340.00	85	￥28,900.00	1	￥289.00	赵五	华南地区
16	2024/2/3	2024020304	产品4	￥380.00	150	￥57,000.00	0.9	￥513.00	李四	华北地区

图 3-24　部分商品销售明细效果图

二、任务分析

商品销售明细表包括时间、订单号、商品名称、单价、销售数量、销售金额、提成比例、提成金额、销售员及所属区域等数据。其中，时间、订单号、商品名称、销售数量和销售员等数据在订单成交后立即记录。小张当前的任务是根据商品名称填写"单价"列数据，根据销售员信息填写"所属区域"列数据，利用单价与销售数量计算销售金额，根据商品名称确定提成比例，并据此计算提成金额。WPS 表格具备便捷的引用功能和强大的计算能力，可显著提升小张的工作效率。

由于每月销售记录数量庞大，因此在查看这些数据时，可以灵活调整视图模式；在打印时，也可以合理设置打印界面。

三、相关知识点

1. 公式

表格中的公式以等号"="起始，通过组合运算符（包括四则运算符、比较运算符、逻辑运算符等）、常量（如"10"）、单元格引用（如"G1"）和函数（如"SUM(A1:A10)"）等元素，按照特定顺序构成，用于对工作表内的数据进行计算。例如，"=SUM(A1:A10)*G1+10"就是一个公式。

(1) 公式的输入方法：首先选中需进行计算的单元格，然后在单元格内或编辑栏中输入等号"="，接着输入公式内容，最后单击编辑栏左侧的"√"或直接按回车键确认。

(2) 公式的修改方法：双击含有公式的单元格，或在编辑栏中直接进行编辑。

(3) 公式的复制方法：在某个单元格中输入公式后，若相邻单元格需执行相同计算，则可通过拖动填充柄或双击填充柄来实现公式的快速复制与填充。

(4) 公式的删除方法：选中需删除的公式所在的单元格，然后按 Delete 键进行删除。

2. 函数

函数是利用预先定义好的公式对特定数值（即参数）按照特定顺序或结构进行计算，在需要时可直接调用的数学表达式。函数由等号"="、函数名称、括号及参数构成。以常用的求和函数 SUM 为例，其语法为"SUM(数值 1, 数值 2, …)"。其中，"SUM"为函数名称，每个函数均拥有唯一的名称，该名称决定了函数的具体功能和用途。函数名称后紧跟左括号，随后是用逗号分隔的参数列表，最后以右括号结束。

1) 函数的输入方法

函数的输入包括以下两种方法：

(1) 若对函数较为熟悉，则可手动输入。先选中需计算的单元格，在单元格内或编辑栏中输入等号"="，然后输入函数名称、括号和参数。

(2) 使用插入函数功能。先选中需计算的单元格，然后依次单击"公式"→"插入函数"，或单击编辑栏左侧的"fx"按钮，打开"插入函数"对话框。在"选择函数"栏中选择所需的函数，然后单击"确定"按钮，在打开的"函数参数"对话框中进行参数设置。

2) 函数的修改方法

函数的修改可直接双击单元格进行，或在编辑栏中进行。也可选中单元格后，单击编辑栏左侧的"fx"按钮，在打开的"函数参数"对话框进行修改。

3. 单元格引用

单元格引用是函数中最常见的参数，用于标识工作表中的单元格或单元格区域，指明公式或函数所引用数据的位置。通过单元格引用，用户可以方便地在工作表的不同位置引用数据或在多个函数中引用同一单元格的数据。此外，单元格引用还可以引用同一工作簿中不同工作表的单元格，甚至引用其他工作簿中的数据。

根据公式所在单元格位置的不同，单元格引用可分为相对引用、绝对引用和混合引用三种类型。相对引用是指单元格的引用会随公式的移动而相应变化，其格式为"A1"。绝对引用是指无论公式如何移动，公式中引用的单元格始终保持不变，其格式为"$A$1"。混合引用是指在公式移动时，只有行或列发生变化，其格式为"A$1"（行不变）或"$A1"（列不变）。

4. 查找与引用函数

查询与引用函数用于在数据列表或表格中查找特定数值，或者引用某一单元格的数据。例如，若需在表格中查找与第一列中的值相匹配的数值，则可使用 VLOOKUP 函数；若要返回特定范围内指定行与列交叉处的值，则可使用 INDEX 函数；若要确定数据列表中某数值的具体位置（即其行号或列号），则可使用 MATCH 函数。

1) VLOOKUP 函数

VLOOKUP 函数用于查找并返回指定区域内的值，其语法为

    VLOOKUP(查找值 , 数据表 , 列序数 , [匹配条件])

(1) 查找值：指在数据表的第一列中需要查找的数值。

(2) 数据表：查找的数据区域，应从包含查找值的第一列开始选择。为确保拖动公式时区域不变，建议将数据表设置为绝对引用（选定区域后，按 F4 键可快速在行和列前添加 $ 符号）。

(3) 列序数：指明返回结果在数据表中的列序号，包含隐藏的列。

(4) 匹配条件：若为 0 或 FALSE，则表示精确匹配；若为 1 或 TRUE，则表示近似匹配。

2) INDEX 函数

INDEX 函数用于返回特定数组或范围内指定行与列交叉处的值，其语法为

    INDEX(数组 , 行序数 , [列序数], [区域序数])

(1) 数组：指查找范围，即需进行查找的单元格区域或数组常量。

(2) 行序数：指定返回的值在查找范围中的行序数。若省略，则必须指定列序数。

(3) 列序数：指定返回的值在查找范围中的列序数。若省略，则必须指定行序数。

(4) 区域序数：当查找范围包含多个区域时，指定在第几个区域中进行查找。

3) MATCH 函数

MATCH 函数用于返回在指定方式下与指定数组中匹配的元素的相对位置。若需要确定匹配元素的位置而非元素本身，则应使用 MATCH 函数而非 LOOKUP 函数。

MATCH 函数的语法为

    MATCH(查找值 , 查找区域 , [匹配类型])

(1) 查找值：需在数组中查找的数值，可以是数字、文本、逻辑值或对这些值的单元格引用。

(2) 查找区域：包含待查找数值的连续单元格范围。

(3) 匹配类型：为 -1、0 或 1，决定 MATCH 函数如何在查找区域中搜索数值。若匹配类型为 1，则 MATCH 函数将查找小于或等于查找值的最大值，此时查找区域需按升序排序（如…，-2，-1，0，1，2，…，A~Z，FALSE，TRUE)；若匹配类型为 0，则 MATCH 函数将查找等于查找值的第一个值，此时查找区域的排序不受限制；若匹配类型为 -1，则 MATCH 函数将查找大于或等于查找值的最小值，此时查找区域需按降序排序（如 TRUE，FALSE，Z~A，…，2，1，0，-1，-2，…）。

5. 视图模式

WPS 表格提供了多种视图模式，用户可根据自己的需求选择合适的视图模式。单击"视图"选项卡即可看到"普通""分页预览""全屏显示""阅读"和"护眼"等按钮。下面我们只介绍普通模式、分页预览模式、全屏显示模式和阅读模式。

(1) 普通模式。这是默认且最常用的视图模式，适用于日常编辑和制作表格。它展示整个电子表格的内容，但不包含具体的分页和布局信息。

(2) 分页预览模式。选择此模式后，画面中会出现显示当前页码和页面分隔的虚线。此视图模式便于在打印前设计版面，并允许用户在需要分页的位置增加或删除分页符。

(3) 全屏显示模式。当表格数据较多时，全屏显示模式能够尽可能地将表格的行和列在一屏中全部显示出来。此时，窗口会最大化，同时隐藏功能区和视图控制区中的工具按钮。

(4) 阅读模式。当表格中行或列数量较多，导致查找数据困难时，可以开启阅读模式。在此模式下，表格中会出现一个带颜色的高亮条，类似于数轴的坐标轴，帮助用户更轻松地查看表格数据。如果用户不满意默认的颜色，那么可以单击"视图"选项卡中的"阅读"下拉按钮，在下拉列表中选择喜欢的颜色进行替换。

6. 打印设置

(1) 设置打印区域。打开表格，选中需要打印的数据区域。然后，选择"页面"→"打印区域"→"设置打印区域"，所选区域即被设定为打印区域。选择"页面"→"打印预览"，可预览打印效果。若效果不理想，则可进行进一步调整。单击"页面"选项卡中的"页面设置"功能扩展按钮，可打开"页面设置"对话框，在此对话框中可对页面 (如纸张大小、纸张方向)、页边距 (如居中方式)、页眉 / 页脚和工作表等进行详细设置。

(2) 始终打印标题行 / 列。当表格内容较多，打印出来跨越多页时，为方便阅读，可设置标题行 / 列在每页顶端重复显示。在"页面设置"对话框中，单击"工作表"选项卡，将光标置于"顶端标题行"或"左端标题列"参数框内，并在表格中选定相应的标题行 / 列。单击"确定"按钮后，再次进行打印预览，会发现每一页顶端均显示标题行 / 列。

(3) 设置打印页眉页脚。在"页面设置"对话框的"页眉 / 页脚"选项卡中设置好页眉和页脚，单击"确定"按钮即可保存设置。

(4) 调整打印区域大小。选择"页面"→"分页预览"，随后可通过移动蓝色边框线来调整表格的打印范围。

(5) 打印缩放设置。选择"页面"→"打印缩放"，在下拉列表中可根据实际需求选择不同的选项。

四、任务步骤

本任务可分为新建"2 月份商品销售明细表"工作表、填充工作表中的基础数据、利用公式进行计算、设置单元格格式、查看工作表数据、进行表格的打印设置和设置表格保护等步骤。下面我们详细介绍每个步骤的操作方法。

（一）新建"2 月份商品销售明细表"工作表

1. 打开工作簿

双击打开名为"商品销售数据统计 .et"的工作簿。

2. 新建工作表

单击"基础信息"工作表标签右侧的"+"按钮，新建一个名为"Sheet1"的工作表。随后，双击"Sheet1"工作表标签，将其重命名为"2 月份商品销售明细表"。

3. 移动工作表

将鼠标移至"基础信息"工作表标签上，按住鼠标左键并拖动，当看到倒三角标志出现在"销售员工基本信息表"工作表标签前时，松开鼠标，"基础信息"工作表即被移至"销售员工基本信息表"工作表的前面。

4. 复制工作表数据

首先，打开"素材"工作簿，并单击"2 月份商品数据"工作表。接着，单击 A 列编号与第 1 行编号的交叉区域 (即左上角区域)，以选中整个工作表。然后，右击，在弹出的右键菜单中选择"复制"选项。之后，切换回"商品销售数据统计 .et"工作簿，单击"2 月份商品销售明细表"工作表的 A1 单元格，并再次右击，在弹出的右键菜单中选择"粘贴"选项。此时，"2 月份商品数据"工作表中的数据及格式均被复制到"2 月份商品销售明细表"工作表中。

（二）填充工作表中的基础数据

1. 利用 VLOOKUP 函数引用"基础信息"工作表中的数据以填充"单价"列的数据

(1) 选中 D3 单元格，依次单击"公式"→"插入"，或单击编辑栏左侧的"fx"按钮，打开"插入函数"对话框。在"或选择类别"下拉列表中选择"全部"选项，然后在"选择函数"列表框中直接输入字母"V"，即可跳转到以字母"V"开头的函数列表，从中找到并选中"VLOOKUP"函数，如图 3-25 所示。

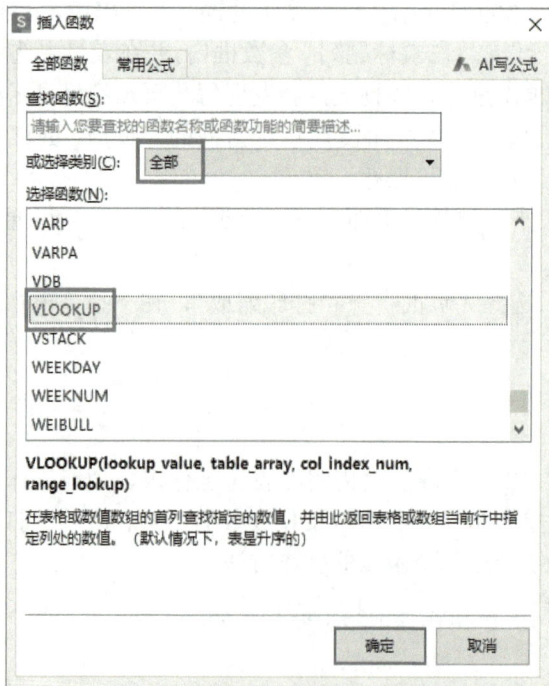

图 3-25　选中"VLOOKUP"函数

利用 VLOOKUP 函数填充"单价"列的数据

(2) 单击"确定"按钮，打开"函数参数"对话框 (如图 3-26 所示)，需设置以下 4 个参数：

① 查找值。根据商品名称"产品 1"进行匹配，以获取对应产品的单价，故"查找值"设置为"C3"。

② 数据表。该参数用于指定查找区域。在"基础信息"工作表中，以"商品名称"所在的 C 列为起始列，以"单价"所在的 F 列为结束列，构成查找区域 C4:F9。因为需要引用其他工作表的单元格，所以需包含工作表名，因此该参数设置为"基础信息 !C4:F9"。

③ 列序数。所需查找的单价位于查找区域 C4:F9 的第 4 列，所以该参数设置为"4"。

④ 匹配条件。该查找是精确匹配，所以该参数设置为"FALSE"。

参数设置完成后，单击"确定"按钮，D3 单元格将显示计算结果。

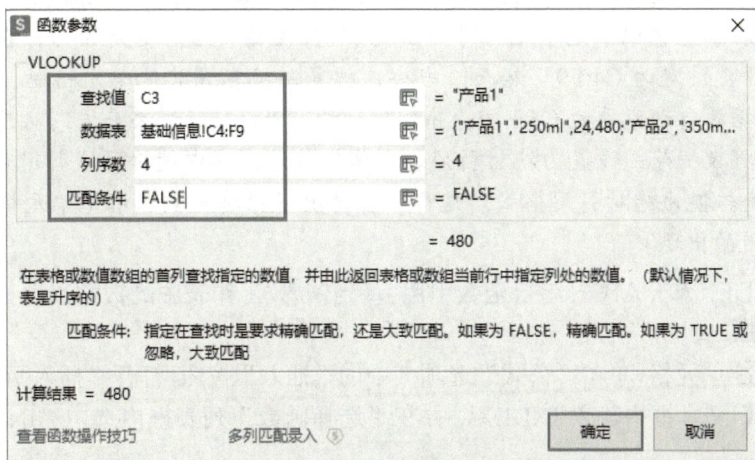

图 3-26　"函数参数"对话框

(3) 双击 D3 单元格右下角的填充柄以复制公式，但出现了如图 3-27 所示的错误提示。

图 3-27　错误提示

(4) 调整数据表参数。首先，选中 D3 单元格；然后，单击编辑栏左侧的"fx"按钮以重新打开"函数参数"对话框，定位到数据表参数栏；接着，按 F4 键将数据表参数更改为绝对引用形式，即"基础信息 !$C$4:$F$9"；最后，单击"确定"按钮以保存更改。再次双击 D3 单元格右下角的填充柄以复制公式，即可得到正确结果。此时，VLOOKUP 函数的正确设置如图 3-28 所示。

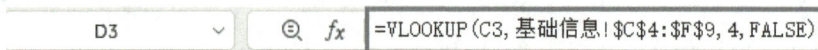

| D3 | ∨ | ⊕ | *fx* | =VLOOKUP(C3,基础信息!$C$4:$F$9,4,FALSE) |

图 3-28　VLOOKUP 函数的正确设置

知识补充

·#N/A 错误值

#N/A 是 WPS 表格中的一个常见错误值，通常表明无法找到匹配项或数据存在问题。常见原因包括查找值在查找区域中不存在、数据类型不匹配、查找数据源引用错误，或引用了返回 #N/A 错误值的函数 / 公式等。

在本任务中，错误源于查找数据源引用不当。具体表现为，表格前几项的查找已成功完成，但在下拉填充柄以填充单元格时却出现了 #N/A 错误值。这是因为，在查询"产品 1"时，数据源被设定为 C4:F9。然而，当公式被复制填充到其他单元格时，由于相对引用的特性，数据源自动变更为 C5:F10，导致后续的"产品 1"无法查询到对应结果。为解决此问题，需将数据范围设置为绝对引用。具体操作是，选中数据区域引用（在公式中），按 F4 键以快速转换为绝对引用格式。这样，在再次下拉填充柄以填充单元格时，即可避免 #N/A 错误值的出现。

2. 利用 INDEX 和 MATCH 组合函数引用"基础信息"工作表中的数据以填充"提成比例"列的数据

(1) 选中 G3 单元格，单击"公式"选项卡中的"插入"按钮，打开"插入函数"对话框。在"查找函数"文本框内输入 INDEX，并在"选择函数"列表框内选中"INDEX"，如图 3-29 所示。

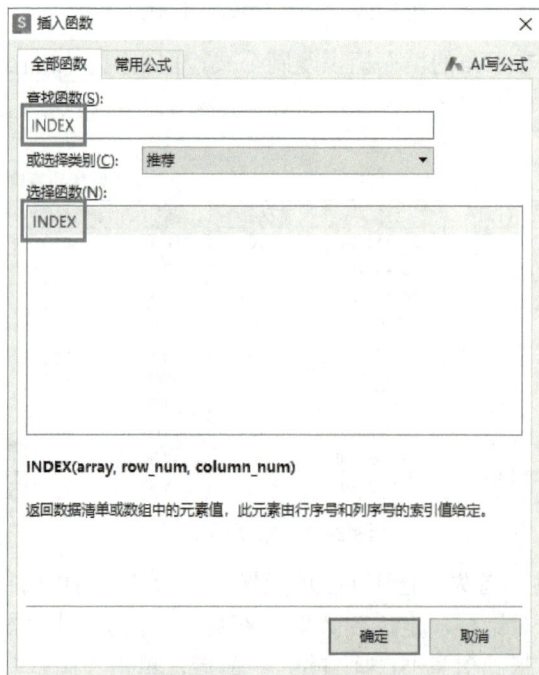

图 3-29　选择"INDEX"函数

利用组合函数
填充"提成比
例"列的数据

(2) 单击"确定"按钮，打开"函数参数"对话框，参数设置如图 3-30 所示。

① 数组。将此参数设置为"基础信息 !$G$4:$G$9"（使用绝对引用），用于查找产品的提成比例。

② 行序数。通过 MATCH 函数根据商品名称来确定产品所在行的序号。MATCH 函数的三个参数分别为"C3"（要查找的商品名称）、"基础信息 !$C$4:$C$9"（引用的"商品名称"列，使用绝对引用）和"0"（表示进行精确匹配）。

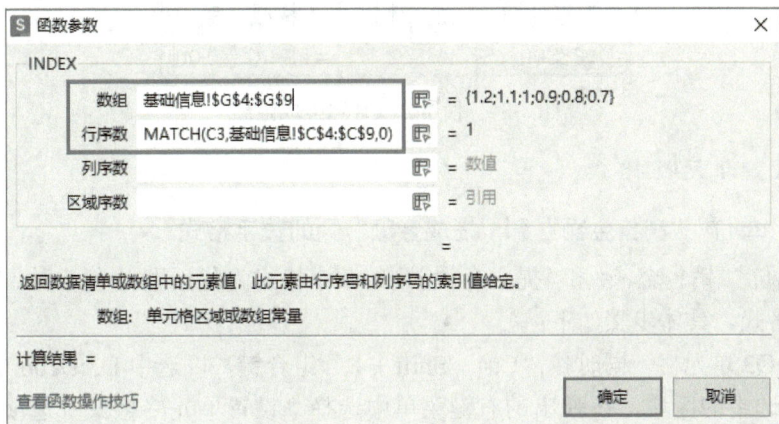

图 3-30　INDEX 函数参数设置

(3) 双击 G3 单元格右下角的填充柄以复制公式，从而填充"提成比例"列的数据。

3. 引用"销售员工基本信息表"工作表中的数据以填充"所属区域"列的数据

(1) 方法一：使用 VLOOKUP 函数填充"所属区域"列的数据，如图 3-31 所示。

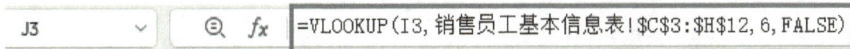

图 3-31　使用 VLOOKUP 函数填充"所属区域"列的数据

(2) 方法二：使用 INDEX 和 MATCH 组合函数填充"所属区域"列的数据，如图 3-32 所示。

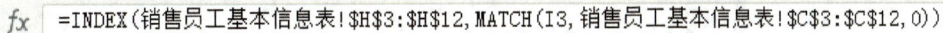

图 3-32　使用 INDEX 和 MATCH 组合函数填充"所属区域"列的数据

（三）利用公式进行计算

1. 计算销售金额

使用公式"销售金额 = 单价 × 销售数量"来计算销售金额的步骤如下：

(1) 选中 F3 单元格，输入公式"=D3*E3"，如图 3-33 所示。按回车键后，F3 单元格中将显示计算出的销售金额。

(2) 双击 F3 单元格右下角的填充柄，以将公式复制到该列的其他单元格。

单价	销售数量	销售金额
480	60	=D3*E3

图 3-33　使用公式计算销售金额

2. 计算提成金额

利用公式"提成金额＝销售金额×提成比例/100"来计算提成金额的步骤如下：

(1) 选中 H3 单元格，输入公式"=F3*G3/100"，如图 3-34 所示。按回车键后，H3 单元格中将显示计算出的提成金额。

(2) 双击 H3 单元格右下角的填充柄，以将公式复制到该列的其他单元格。

销售金额	提成比例	提成金额
28800	1.2	=F3*G3/100

图 3-34　使用公式计算提成金额

（四）设置单元格格式

1. 设置"单价""销售金额"和"提成金额"列的数字格式

设置"单价""销售金额"和"提成金额"列的数字格式为货币型、2 位小数、人民币符号、第 4 种负数格式，具体步骤如下：

(1) 选中 D3 单元格，同时按"Ctrl + Shift + ↓"组合键，以选中 D3:D106 单元格区域。

(2) 右击选中的区域，在弹出的右键菜单中选择"设置单元格格式"选项，打开"单元格格式"对话框。单击"数字"选项卡，在"分类"列表框中选择"货币"，在"小数位数"微调框中输入"2"，在"货币符号"下拉列表中选择"￥"，在"负数"列表框中选择第 4 种格式，如图 3-35 所示。

(3) 单击"确定"按钮，完成"单价"列的数字格式设置。

(4) 使用相同的方法设置"销售金额"和"提成金额"列的数字格式。

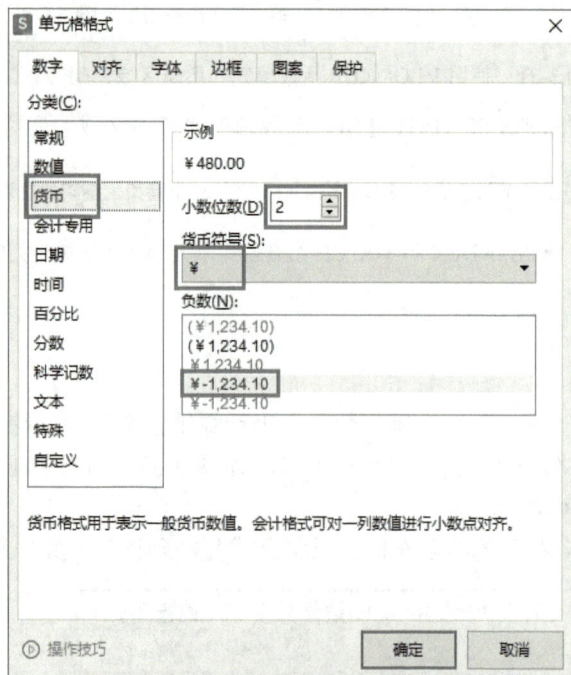

图 3-35　设置"单价"列的数字格式

2. 修正数据区域的边框线

修正数据区域的边框线，使内部框线为虚线、外部框线为单实线，具体步骤如下：

(1) 选中 A2:J106 单元格区域，右击，在右键菜单中选择"设置单元格格式"选项。

(2) 在弹出的"单元格格式"对话框中，单击"边框"选项卡。首先，在"样式"栏中选择"虚线"；然后，在"预置"栏中选择"内部"；接着，在"样式"栏中选择"单实线"，并在"预置"栏中选择"外边框"；最后，单击"确定"按钮，完成数据区域边框线的修正。

（五）查看工作表数据

1. 利用冻结窗格固定列标题行和"时间"列

利用冻结窗格固定列标题行和"时间"列的操作步骤如下：

(1) 将光标定位到列标题行和"时间"列交汇的单元格，即 B3 单元格。

(2) 选择"视图"→"冻结窗格"→"冻结至第 2 行 A 列"，如图 3-36 所示。此时，列标题行下方和"时间"列右侧会出现冻结标志线，无论是拖动垂直滚动条还是水平滚动条，列标题行和"时间"列都将保持固定不动。

若需取消冻结窗格，则选择"视图"→"冻结窗格"→"取消冻结窗格"即可。

图 3-36　利用冻结窗格固定列标题行和"时间"列

2. 利用阅读模式查看数据

选中 E38 单元格，然后选择"视图"→"阅读"。此时，与 E38 单元格处于同一行和同一列的数据会被填充颜色以突出显示，从而方便用户快速识别 E38 单元格表示的是李四在 2024/2/6 销售产品 2 的数量。单击"阅读"下拉按钮，可以更改填充颜色。若要退出阅读模式，则再次选择"视图"→"阅读"即可。

（六）进行表格的打印设置

1. 页面设置

(1) 单击"页面"选项卡中的"页面设置"功能扩展按钮，打开"页面设置"对话框。

(2) 在"页面设置"对话框中，单击"页面"选项卡，在"方向"栏中选中"纵向"单选按钮。

(3) 单击"页边距"选项卡，在"上"和"下"微调框中都输入"1.5"，在"居中方式"栏中勾选"水平"和"垂直"复选框，如图 3-37 所示。

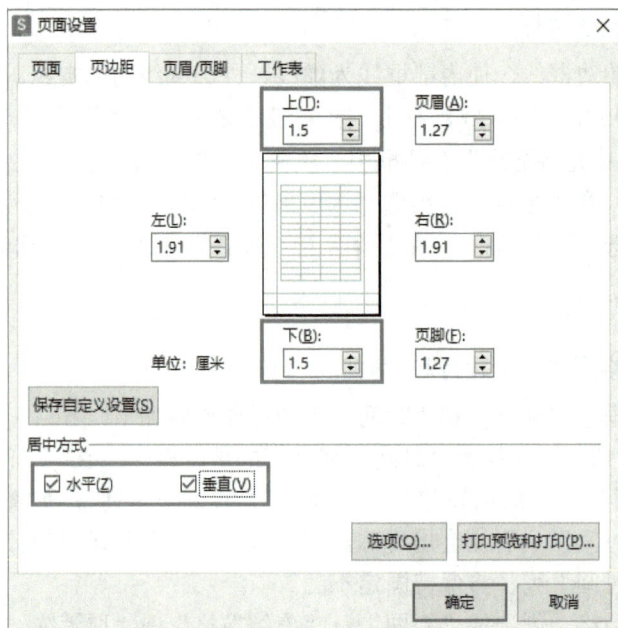

图 3-37　设置页边距和居中方式

　　(4) 单击"页眉／页脚"选项卡，然后单击"自定义页眉"按钮。在弹出的"页眉"对话框中，将光标定位到左侧编辑框，输入文字"2月份商品销售明细表"；再将光标定位到右侧编辑框，单击上方的"日期"按钮以插入日期，如图 3-38 所示。设置完成后，单击"确定"按钮返回"页眉／页脚"选项卡，在页脚下拉列表中选择"第 1 页，共？页"选项，如图 3-39 所示。

图 3-38　设置页眉

图 3-39　设置页脚

　　(5) 单击"工作表"选项卡，然后，单击"顶端标题行"后的按钮 ，选中工作表的前两行（即第 1 和第 2 行）；接着，单击"左端标题列"后的按钮 ，选中工作表的第 A 列，如图 3-40 所示。

　　(6) 单击"确定"按钮，完成页面设置。

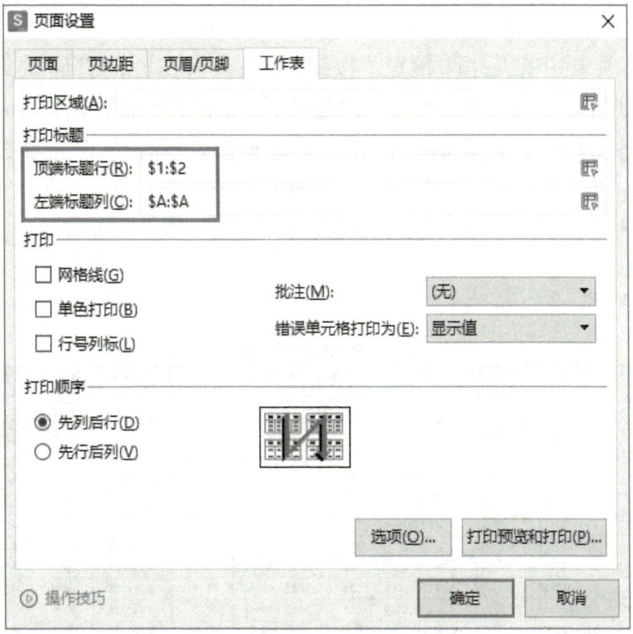

图 3-40　设置打印标题行和标题列

2. 设置分页预览

单击"页面"选项卡中的"分页预览"按钮，进入分页预览模式。在此模式下，可以看到表格中间的分页符 (以蓝色虚线表示) 和当前显示的页数，如图 3-41 所示。将光标分别移动至水平或垂直分页符上，当光标变为双向箭头 (上下或左右方向) 时，向下或向右拖动光标可以调整打印内容的范围。随后，再次单击"分页预览"按钮以退出分页预览模式。

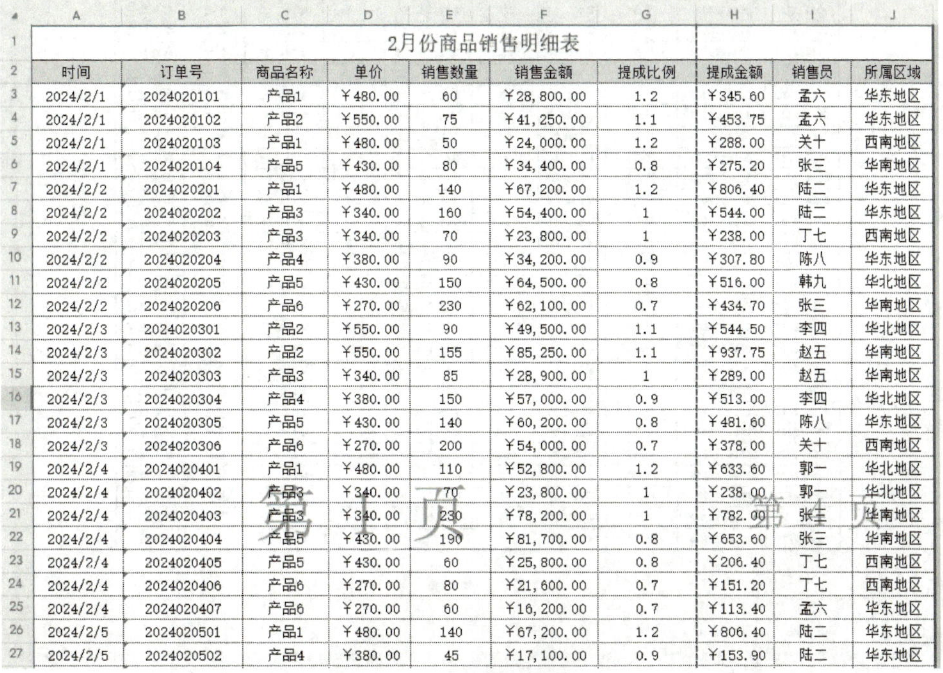

	A	B	C	D	E	F	G	H	I	J
1				2月份商品销售明细表						
2	时间	订单号	商品名称	单价	销售数量	销售金额	提成比例	提成金额	销售员	所属区域
3	2024/2/1	2024020101	产品1	¥480.00	60	¥28,800.00	1.2	¥345.60	孟六	华东地区
4	2024/2/1	2024020102	产品2	¥550.00	75	¥41,250.00	1.1	¥453.75	孟六	华东地区
5	2024/2/1	2024020103	产品1	¥480.00	50	¥24,000.00	1.2	¥288.00	关十	西南地区
6	2024/2/1	2024020104	产品5	¥430.00	80	¥34,400.00	0.8	¥275.20	张三	华南地区
7	2024/2/2	2024020201	产品1	¥480.00	140	¥67,200.00	1.2	¥806.40	陆二	华东地区
8	2024/2/2	2024020202	产品3	¥340.00	160	¥54,400.00	1	¥544.00	陆二	华东地区
9	2024/2/2	2024020203	产品3	¥340.00	70	¥23,800.00	1	¥238.00	丁七	西南地区
10	2024/2/2	2024020204	产品4	¥380.00	90	¥34,200.00	0.9	¥307.80	陈八	华北地区
11	2024/2/2	2024020205	产品5	¥430.00	150	¥64,500.00	0.8	¥516.00	韩九	华北地区
12	2024/2/2	2024020206	产品6	¥270.00	230	¥62,100.00	0.7	¥434.70	张三	华南地区
13	2024/2/3	2024020301	产品2	¥550.00	90	¥49,500.00	1.1	¥544.50	李四	华北地区
14	2024/2/3	2024020302	产品2	¥550.00	155	¥85,250.00	1.1	¥937.75	赵五	华南地区
15	2024/2/3	2024020303	产品3	¥340.00	85	¥28,900.00	1	¥289.00	赵五	华南地区
16	2024/2/3	2024020304	产品4	¥380.00	150	¥57,000.00	0.9	¥513.00	李四	华东地区
17	2024/2/3	2024020305	产品5	¥430.00	140	¥60,200.00	0.8	¥481.60	陈八	华东地区
18	2024/2/3	2024020306	产品6	¥270.00	200	¥54,000.00	0.7	¥378.00	关十	西南地区
19	2024/2/4	2024020401	产品1	¥480.00	110	¥52,800.00	1.2	¥633.60	郭一	华北地区
20	2024/2/4	2024020402	产品3	¥340.00	70	¥23,800.00	1	¥238.00	郭一	华北地区
21	2024/2/4	2024020403	产品3	¥340.00	230	¥78,200.00	1	¥782.00	张三	华南地区
22	2024/2/4	2024020404	产品5	¥430.00	190	¥81,700.00	0.8	¥653.60	张三	华南地区
23	2024/2/4	2024020405	产品5	¥430.00	60	¥25,800.00	0.8	¥206.40	丁七	西南地区
24	2024/2/4	2024020406	产品6	¥270.00	80	¥21,600.00	0.7	¥151.20	丁七	西南地区
25	2024/2/4	2024020407	产品6	¥270.00	60	¥16,200.00	0.7	¥113.40	孟六	华东地区
26	2024/2/5	2024020501	产品1	¥480.00	140	¥67,200.00	1.2	¥806.40	陆二	华东地区
27	2024/2/5	2024020502	产品4	¥380.00	45	¥17,100.00	0.9	¥153.90	陆二	华东地区

图 3-41　分页预览视图

3. 预览及打印表格

单击“页面”选项卡中的“打印预览”按钮，即可查看实际的打印效果，如图 3-42 所示。若预览效果不佳，则可以通过调整行高、列宽或移动分页符来优化打印效果。在页面右侧的“打印设置”任务窗格中，设置好打印机、打印份数、打印方式等参数后，单击“打印”按钮即可打印表格。

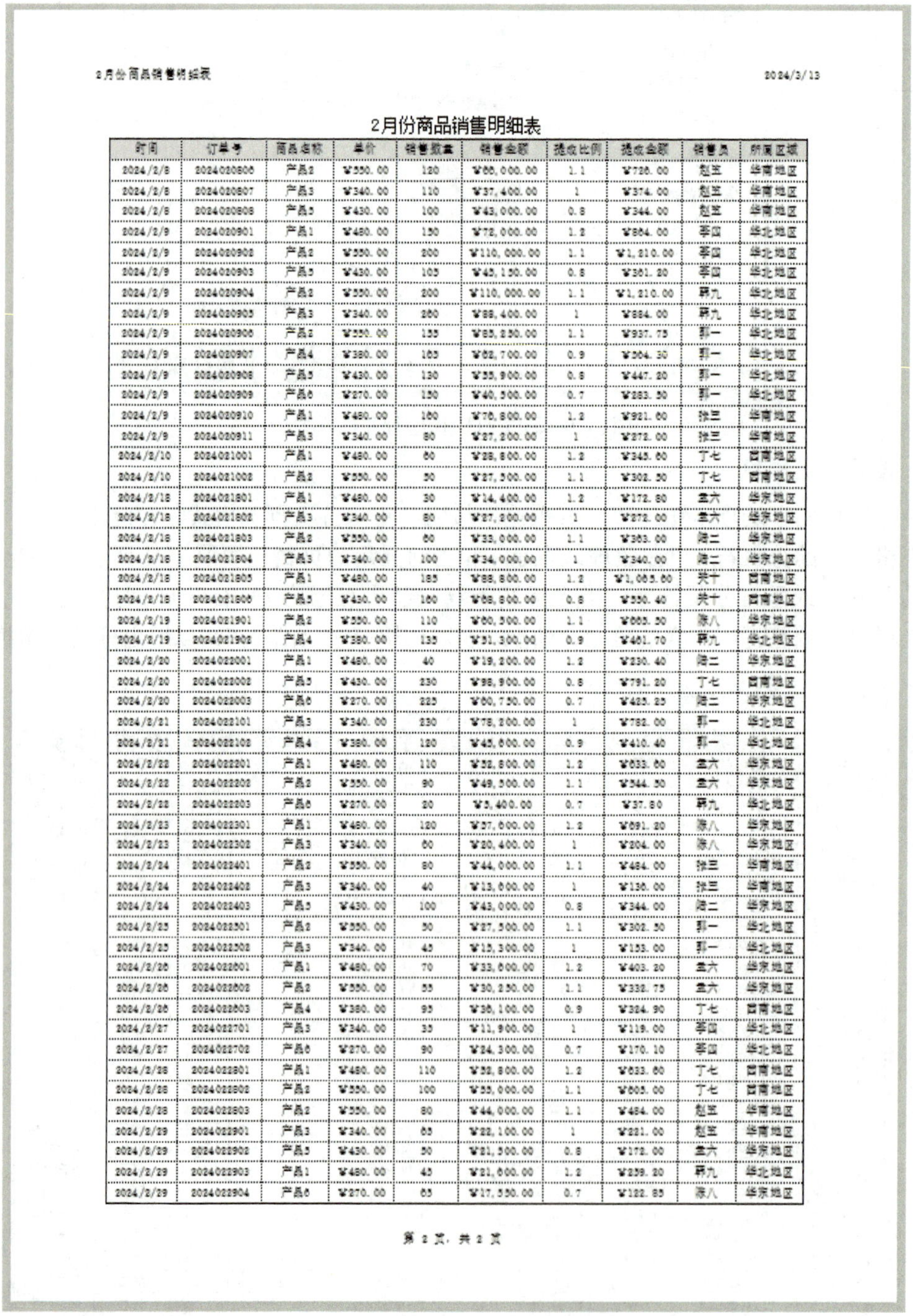

2月份商品销售明细表　　2024/3/13

2月份商品销售明细表

时间	订单号	商品名称	单价	销售数量	销售金额	提成比例	提成金额	销售员	所属区域
2024/2/8	2024020806	产品2	¥550.00	120	¥66,000.00	1.1	¥726.00	赵五	华南地区
2024/2/8	2024020807	产品3	¥340.00	110	¥37,400.00	1	¥374.00	赵五	华南地区
2024/2/8	2024020808	产品5	¥430.00	100	¥43,000.00	0.8	¥344.00	赵五	华南地区
2024/2/9	2024020901	产品1	¥480.00	150	¥72,000.00	1.2	¥864.00	李四	华北地区
2024/2/9	2024020902	产品2	¥550.00	200	¥110,000.00	1.1	¥1,210.00	李四	华北地区
2024/2/9	2024020903	产品5	¥430.00	105	¥45,150.00	0.8	¥361.20	李四	华北地区
2024/2/9	2024020904	产品2	¥550.00	200	¥110,000.00	1.1	¥1,210.00	韩九	华北地区
2024/2/9	2024020905	产品3	¥340.00	260	¥88,400.00	1	¥884.00	韩九	华北地区
2024/2/9	2024020906	产品2	¥550.00	155	¥85,250.00	1.1	¥937.75	郭一	华北地区
2024/2/9	2024020907	产品4	¥380.00	165	¥62,700.00	0.9	¥564.30	郭一	华北地区
2024/2/9	2024020908	产品5	¥430.00	130	¥55,900.00	0.8	¥447.20	郭一	华北地区
2024/2/9	2024020909	产品6	¥270.00	150	¥40,500.00	0.7	¥283.50	郭一	华北地区
2024/2/9	2024020910	产品1	¥480.00	160	¥76,800.00	1.2	¥921.60	张三	华南地区
2024/2/9	2024020911	产品3	¥340.00	80	¥27,200.00	1	¥272.00	张三	华南地区
2024/2/10	2024021001	产品1	¥480.00	60	¥28,800.00	1.2	¥345.60	丁七	西南地区
2024/2/10	2024021002	产品2	¥550.00	50	¥27,500.00	1.1	¥302.50	丁七	西南地区
2024/2/18	2024021801	产品1	¥480.00	30	¥14,400.00	1.2	¥172.80	孟六	华东地区
2024/2/18	2024021802	产品3	¥340.00	80	¥27,200.00	1	¥272.00	孟六	华东地区
2024/2/18	2024021803	产品2	¥550.00	60	¥33,000.00	1.1	¥363.00	周二	华东地区
2024/2/18	2024021804	产品3	¥340.00	100	¥34,000.00	1	¥340.00	周二	华东地区
2024/2/18	2024021805	产品1	¥480.00	185	¥88,800.00	1.2	¥1,065.60	吴十	西南地区
2024/2/18	2024021806	产品5	¥430.00	160	¥68,800.00	0.8	¥550.40	吴十	西南地区
2024/2/19	2024021901	产品2	¥550.00	110	¥60,500.00	1.1	¥665.50	陈八	华东地区
2024/2/19	2024021902	产品4	¥380.00	135	¥51,300.00	0.9	¥461.70	韩九	华北地区
2024/2/20	2024022001	产品1	¥480.00	40	¥19,200.00	1.2	¥230.40	周二	华东地区
2024/2/20	2024022002	产品5	¥430.00	230	¥98,900.00	0.8	¥791.20	丁七	西南地区
2024/2/20	2024022003	产品6	¥270.00	225	¥60,750.00	0.7	¥425.25	周二	华东地区
2024/2/21	2024022101	产品3	¥340.00	230	¥78,200.00	1	¥782.00	郭一	华北地区
2024/2/21	2024022102	产品4	¥380.00	120	¥45,600.00	0.9	¥410.40	郭一	华北地区
2024/2/22	2024022201	产品1	¥480.00	110	¥52,800.00	1.2	¥633.60	孟六	华东地区
2024/2/22	2024022202	产品2	¥550.00	90	¥49,500.00	1.1	¥544.50	孟六	华东地区
2024/2/22	2024022203	产品6	¥270.00	20	¥5,400.00	0.7	¥37.80	韩九	华北地区
2024/2/23	2024022301	产品1	¥480.00	120	¥57,600.00	1.2	¥691.20	陈八	华东地区
2024/2/23	2024022302	产品3	¥340.00	60	¥20,400.00	1	¥204.00	陈八	华东地区
2024/2/24	2024022401	产品2	¥550.00	80	¥44,000.00	1.1	¥484.00	张三	华南地区
2024/2/24	2024022402	产品3	¥340.00	40	¥13,600.00	1	¥136.00	张三	华南地区
2024/2/24	2024022403	产品5	¥430.00	100	¥43,000.00	0.8	¥344.00	周二	华东地区
2024/2/25	2024022501	产品2	¥550.00	50	¥27,500.00	1.1	¥302.50	郭一	华北地区
2024/2/25	2024022502	产品3	¥340.00	45	¥15,300.00	1	¥153.00	郭一	华北地区
2024/2/26	2024022601	产品1	¥480.00	70	¥33,600.00	1.2	¥403.20	孟六	华东地区
2024/2/26	2024022602	产品2	¥550.00	55	¥30,250.00	1.1	¥332.75	孟六	华东地区
2024/2/26	2024022603	产品4	¥380.00	95	¥36,100.00	0.9	¥324.90	丁七	西南地区
2024/2/27	2024022701	产品3	¥340.00	35	¥11,900.00	1	¥119.00	李四	华北地区
2024/2/27	2024022702	产品6	¥270.00	90	¥24,300.00	0.7	¥170.10	李四	华北地区
2024/2/28	2024022801	产品1	¥480.00	110	¥52,800.00	1.2	¥633.60	丁七	西南地区
2024/2/28	2024022802	产品2	¥550.00	100	¥55,000.00	1.1	¥605.00	丁七	西南地区
2024/2/28	2024022803	产品2	¥550.00	80	¥44,000.00	1.1	¥484.00	赵五	华南地区
2024/2/29	2024022901	产品3	¥340.00	65	¥22,100.00	1	¥221.00	赵五	华南地区
2024/2/29	2024022902	产品5	¥430.00	50	¥21,500.00	0.8	¥172.00	孟六	华东地区
2024/2/29	2024022903	产品1	¥480.00	45	¥21,600.00	1.2	¥259.20	韩九	华北地区
2024/2/29	2024022904	产品6	¥270.00	65	¥17,550.00	0.7	¥122.85	陈八	华东地区

第 2 页，共 2 页

图 3-42　打印效果

（七）设置表格保护

1. 保护"2 月份商品销售明细表"中的"销售数量"列数据不被修改

(1) 选中 E3 单元格，然后按"Ctrl＋Shift＋↓"组合键选中 E3:E106 单元格区域。接着，单击"审阅"选项卡中的"锁定单元格"按钮，此时"锁定单元格"按钮应变为灰色。

(2) 单击"保护工作表"按钮，在弹出的"保护工作表"对话框中设置密码，并取消选中"选定锁定单元格"复选框，如图 3-43 所示。

(3) 单击"确定"按钮后，尝试编辑 E3:E106 单元格区域，将发现无法修改其内容。

图 3-43　保护工作表

2. 保护工作簿

单击"审阅"选项卡中的"保护工作簿"按钮，在输入密码和重新输入密码后，工作簿即进入保护状态，此时无法删除、移动或重命名当前工作簿中的工作表，如图 3-44 所示。

3. 撤销工作簿和工作表保护

分别单击"审阅"选项卡中的"撤销工作簿保护"和"撤销工作表保护"按钮，输入之前设置的密码，即可撤销工作簿和工作表保护。

> **知识补充**
>
> ・保护工作表
>
> 除了可以设置选中的单元格区域不被编辑，还可以限制对单元格格式的修改、插入行列、排序等操作，从而为他人提供特定的编辑权限。
>
> ・保护工作簿
>
> 设置保护工作簿后，将无法对工作簿进行结构上的修改，例如插入或删除工作表、重命名工作表、隐藏工作表等。但是，已经存在的工作表内容仍然可以编辑，即保护工作簿后，表格中的数据仍然可以修改。

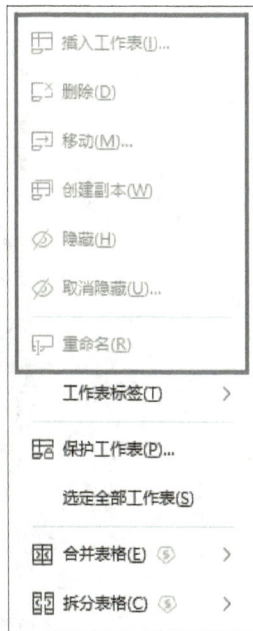

图 3-44　保护工作簿

任务 3.3　计算销售业绩和销售数据

一、任务描述

为了使领导在审阅 2 月份商品销售明细表后能更全面地了解每位销售人员的业绩以及

各商品的销售情况，小张接下来需要制作"2月份销售业绩分析"和"2月份销售数据分析"工作表。任务完成后的效果如图3-45、图3-46所示。

销售人员	订单总数	销售总量	销售总额	提成总额	是否达到平均销售额	目标完成情况	奖金
				2月份销售业绩分析			
郭一	14	1895	80.0万	¥8,051.55	是	超额完成	¥2,000.00
陆二	11	1315	52.2万	¥5,427.95	否	超额完成	¥2,000.00
张三	11	1490	59.6万	¥5,645.10	是	超额完成	¥2,000.00
李四	9	1320	62.4万	¥6,719.80	是	超额完成	¥2,000.00
赵五	12	1300	54.7万	¥5,496.95	是	超额完成	¥2,000.00
孟六	13	1085	48.3万	¥5,259.20	是	完成目标	¥1,000.00
丁七	9	855	37.0万	¥3,598.40	否	未完成	¥0.00
陈八	8	810	33.6万	¥3,241.95	否	未完成	¥0.00
韩九	7	920	38.9万	¥3,747.10	否	未完成	¥0.00
关十	10	1565	64.8万	¥6,598.50	是	超额完成	¥2,000.00
总值	104	12555	531.5万	¥53,786.50			
平均值	10.4	1255.5	53.1万	¥5,378.65			
最大值	14	1895	80.0万	¥8,051.55			
最小值	7	810	33.6万	¥3,241.95			

图 3-45　销售业绩效果图

商品名称	订单数量	销售数量	销售总额	销售额排名
		按产品分析		
产品1	23	2735	131.3万	2
产品2	21	2455	135.0万	1
产品3	22	2520	85.7万	3
产品4	12	1595	60.6万	5
产品5	16	1945	83.6万	4
产品6	10	1305	35.2万	6
		按区域分析		
销售区域	订单数量	销售数量	销售总额	销售额排名
华北地区	30	4135	181.2万	1
华东地区	32	3210	134.1万	2
华南地区	23	2790	114.3万	3
西南地区	19	2420	101.8万	4
		按时间分析（年前9天）		
销售时间	订单数量	销售数量	销售总额	销售额排名
2024/2/1	4	265	12.8万	9
2024/2/2	6	840	30.6万	7
2024/2/3	6	820	33.5万	6
2024/2/4	7	800	30.0万	8
2024/2/5		1290	51.0万	3
2024/2/6		1190	56.6万	2
2024/2/7	9	1180	50.4万	4
2024/2/8	8	1025	45.5万	5
2024/2/9	11	1755	77.4万	1

图 3-46　销售数据效果图

二、任务分析

首先设计好"2 月份销售业绩分析"和"2 月份销售数据分析"工作表的框架结构。其中，"2 月份销售业绩分析"工作表用于计算每位销售人员的订单总数、销售总量、销售总额、提成总额，判断是否达到平均销售额，并统计目标完成情况及奖金等数据。"2 月份销售数据分析"工作表中设计了按产品、区域和时间三个维度进行数据分析的模块，分别计算并展示各维度下的订单数量、销售数量、销售金额及销售额排名。本任务主要利用 WPS 表格的公式与函数功能来完成这些计算工作。

三、相关知识点

1. 格式刷

在使用 WPS 表格办公时，若想快速将单元格格式复制到其他单元格，则可以使用"格式刷"功能。首先，选中需要复制格式的单元格，然后单击"开始"选项卡中的"格式刷"按钮。单击后，光标将变为一个带有空心加号与小刷子的组合形状，此时只需选中要应用该格式的单元格即可。若要将格式复制到多个单元格，则需双击"格式刷"按钮，再依次单击需要应用格式的单元格，这样就能将格式复制到多个单元格中。

2. 自动求和功能

若想要快速对表格中的数据进行求和、求平均值、求最大值、求最小值或计数，则可以使用 WPS 表格的"求和"功能。该功能能够迅速完成计算，非常便捷。

若需要将计算结果放置在相邻的单元格中，则只需选中数据区域，然后单击"公式"选项卡中的"求和"按钮，在下拉列表中选择所需的计算方式，结果就会自动显示在相邻的单元格中。若需要将计算结果放置在不相邻的单元格中，则先选中需放置结果的单元格，然后单击"公式"选项卡中的"求和"按钮并在下拉列表中选择计算方式，接着选中正确的数据区域，最后按回车键即可得出结果。

3. IF 函数

IF 函数是 WPS 表格中常用的函数之一，用于根据条件判断的结果返回不同的值。该函数的语法为

IF(测试条件 , [真值], [假值])

(1) 测试条件：指可判断为真或假的数值或表达式。

(2) 真值：测试条件为真时返回的值。

(3) 假值：测试条件为假时返回的值。

若需要判断的情况较为复杂，则可使用 IF 函数的嵌套功能。

4. COUNTIF 函数

COUNTIF 函数的作用是计算区域中满足给定条件的单元格的个数。该函数的语法为

COUNTIF(区域 , 条件)

(1) 区域：要计算其中满足条件的单元格区域。

(2) 条件：所设定的满足要求的条件，可以是数字、文本或表达式。

5. SUMIF 函数

SUMIF 函数是一个单条件求和函数，用于对满足条件的单元格进行求和。该函数的语法为

SUMIF(区域 , 条件 , [求和区域])

(1) 区域：用于条件判断的单元格区域。

(2) 条件：确定哪些单元格将求和的条件，可以是数字、文本或表达式。

(3) 求和区域：用于进行求和计算的实际单元格范围。

6. RANK 函数

若要计算某个单元格数据在某一组单元格数据中的排名，则可使用 RANK 函数。该函数的语法为

RANK(数值 , 引用 , [排序方式])

(1) 数值：需要计算排名的数值。

(2) 引用：包含用于排名的数据区域。

(3) 排序方式：可选参数，若为 0 或省略，则按降序排名；若为非零值，则按升序排名。

7. 批注

在填写 WPS 表格时，若需说明填写注意事项，则可添加批注。添加批注的操作为：单击"审阅"选项卡中的"新建批注"按钮，然后在弹出的批注框内输入所需的批注内容。添加批注后，单元格的右上角会出现一个红色三角形图标，表示该单元格含有批注。将鼠标指针悬停在该单元格上，即可显示批注内容。

四、任务步骤

本任务可分为新建工作表、利用公式与函数计算"2 月份销售业绩分析"工作表中的数据、利用公式与函数计算"2 月份销售数据分析"工作表中的数据等步骤。下面我们详细介绍每个步骤的操作方法。

（一）新建工作表

1. 打开工作簿

双击打开名为"商品销售数据统计 .et"的工作簿。

2. 新建工作表

首先，连续单击两次工作表标签右侧的"+"按钮，新建"Sheet1"和"Sheet2"工作表。然后，双击工作表标签，将这两个工作表分别重命名为"2 月份销售业绩分析"和"2 月份销售数据分析"。

3. 录入行 / 列标题

根据图 3-45 和图 3-46，在新建的两个工作表中分别输入标题、行标题和列标题。

4. 格式化工作表

(1) 设置"2 月份销售业绩分析"工作表的格式。将所有字体设置为微软雅黑，标题字号设置为 12，行 / 列标题字号设置为 11，具体数据字号设置为 10；调整行高和列宽以确保内容清晰；所有文本均居中对齐；工作表外边框设置为绿色单实线，行 / 列标题的内外

边框也设置为绿色单实线，数据区域的内边框设置为绿色虚线；将行 / 列标题单元格区域填充为浅绿色，具体颜色参数为着色 4、浅色 60%。

(2) 利用格式刷复制格式。首先选中"2 月份销售业绩分析"工作表的 A1:H16 单元格区域，然后双击"开始"选项卡中的"格式刷"按钮，接着切换到"2 月份销售数据分析"工作表，依次用"格式刷"将格式应用到 A1:E8、A9:E14、A15:E25 单元格区域，从而将"2 月份销售业绩分析"工作表的格式复制到"2 月份销售数据分析"工作表。

（二）利用公式与函数计算"2 月份销售业绩分析"工作表中的数据

单击"2 月份销售业绩分析"工作表标签，使其成为当前活动工作表。

1. 利用 COUNTIF 函数计算订单总数

(1) 选中 B3 单元格，然后单击"公式"选项卡中的"插入"按钮，在弹出的"插入函数"对话框中，从"选择函数"列表框中选中"COUNTIF"。最后，单击"确定"按钮，打开"函数参数"对话框。

(2) 设置 COUNTIF 函数的两个参数，如图 3-47 所示。

利用 COUNTIF
函数计算订单总数

① 区域：为统计"2 月份商品销售明细表"工作表中郭一的销售订单数，需指定"销售人员"列的数据范围，因此这个参数设置为"'2 月份商品销售明细表 '!$I$3:$I$106"(注意：使用绝对引用，因数据量较大，建议选中 I3 单元格后，按"Ctrl + Shift +↓"组合键快速选定整个数据区域)。

② 条件：用于统计"销售人员"列中郭一的订单数量，故将这个参数设置为"A3"(选中 A3 单元格即可完成输入)。

图 3-47　COUNTIF 函数参数设置

(3) 单击"确定"按钮，即可得到计算结果。然后，拖动 B3 单元格右下角的填充柄至 B12 单元格，完成公式的复制，进而得到其他销售人员的订单总数。

2. 利用 SUMIF 函数计算销售总量、销售总额、提成总额

(1) 选中 C3 单元格，单击"公式"选项卡中的"数学和三角"下拉按钮，在下拉列表中找到并选择 SUMIF，打开"函数参数"对话框。

(2) 设置 SUMIF 函数的三个参数，如图 3-48 所示。

利用 SUMIF
函数计算销售总量

① 区域：需通过"2 月份商品销售明细表"工作表中的"销售人员"列定位郭一的相关数据，故该参数设置为"'2 月份商品销售明细表 '!$I$3:$I$106"(采用绝对引用)。

② 条件：用于筛选"销售人员"列中所有郭一的数据，因此该参数设置为"A3"（选中 A3 单元格即可完成输入）。

③ 求和区域：对筛选出的郭一数据对应的销售数量进行求和，所以该参数设置为"'2月份商品销售明细表'!$E$3:$E$106"。

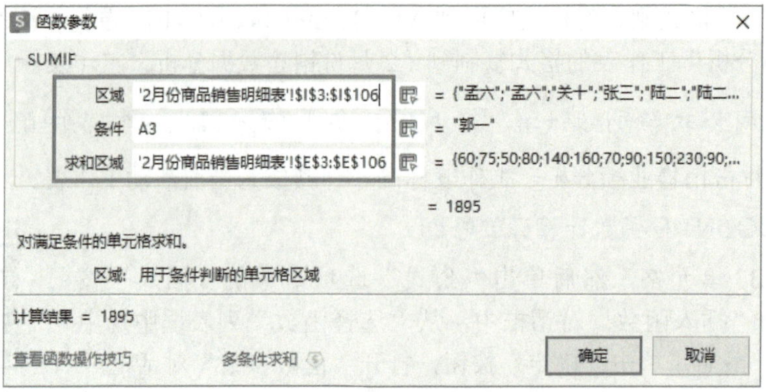

图 3-48　SUMIF 函数参数设置

(3) 单击"确定"按钮，即可得到计算结果。然后，拖动 C3 单元格右下角的填充柄至 C12 单元格，完成公式的复制，进而得到其他销售人员的销售总量。

(4) 采用相同的方法计算销售总额和提成总额，相关函数参数设置如图 3-49 所示。

| D3 | ⌄ | 🔍 fx | =SUMIF('2月份商品销售明细表'!$I$3:$I$106,A3,'2月份商品销售明细表'!$F$3:$F$106) |

(a) 利用 SUMIF 函数计算销售总额的参数设置

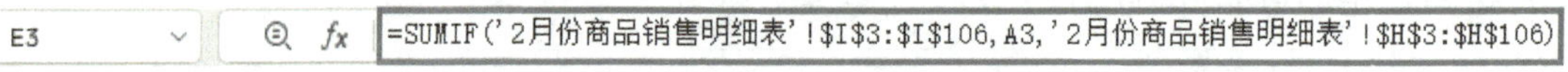

| E3 | ⌄ | 🔍 fx | =SUMIF('2月份商品销售明细表'!$I$3:$I$106,A3,'2月份商品销售明细表'!$H$3:$H$106) |

(b) 利用 SUMIF 函数计算提成总额的参数设置

图 3-49　利用 SUMIF 函数计算销售总额和提成总额的参数设置

3. 利用自动求和计算订单总数、销售总量、销售总额、提成总额的总值、平均值、最大值、最小值

(1) 选中 B13 单元格，选择"公式"→"求和"→"求和"，B13 单元格中将自动插入已设置好参数的 SUM 函数，如图 3-50 所示。按回车键，即可显示计算结果。接着，拖动 B13 单元格右下角的填充柄至 E13 单元格，以完成公式的复制。

(2) 选中 B14 单元格，选择"公式"→"求和"→"平均值"，B14 单元格中将自动插入已设置好参数的 AVERAGE 函数。但是参数的单元格地址不确定，需重新选择正确的单元格地址后按回车键，即可得到计算结果。随后，拖动 B14 单元格右下角的填充柄至 E14 单元格，完成公式的复制。

(3) 采用同样的方法计算最大值 (MAX 函数) 和最小值 (MIN 函数)。

4. 利用 IF 函数判断是否达到平均销售额

(1) 选中 F3 单元格，选择"公式"→"常

利用 IF 函数判断是否达到平均销售额

	销售人员	订单总数
3	郭一	14
4	陆二	11
5	张三	11
6	李四	9
7	赵五	12
8	孟六	13
9	丁七	9
10	陈八	8
11	韩九	7
12	关十	10
13	总值	=SUM(B3:B12)
14	平均值	

图 3-50　插入 SUM 函数

用"→"IF"，打开"函数参数"对话框。

(2) 设置 IF 函数的三个参数，如图 3-51 所示。

① 测试条件：因为需要根据每位销售人员的销售总额是否大于或等于平均值来判断是否达到平均销售额，所以该参数设置为"D3-$D$14>=0"（注意，平均值单元格需使用绝对引用）。

② 真值：当 D3-$D$14>=0 为真时，说明达到了平均销售额，所以该参数设置为"" 是 ""。

③ 假值：当 D3-$D$14>=0 为假时，说明未达到平均销售额，所以该参数设置为"" 否 ""。

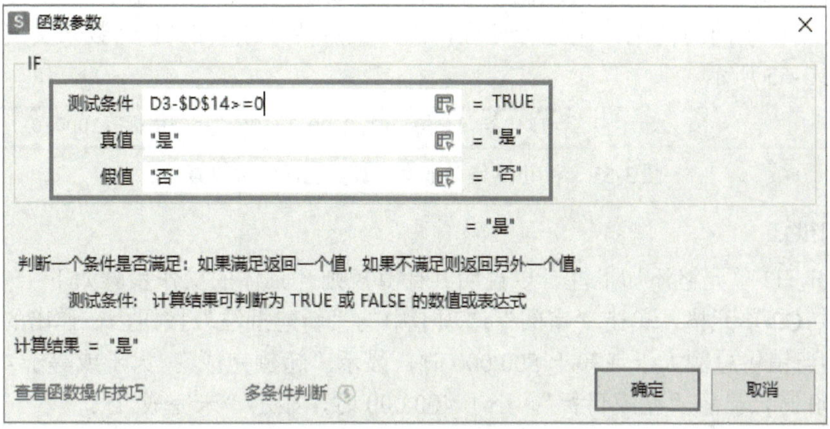

图 3-51　IF 函数参数设置

(3) 单击"确定"按钮，即可得到计算结果。随后，拖动 F3 单元格右下角的填充柄至 F12 单元格，完成公式的复制。

5. 利用 IF 函数嵌套判断目标完成情况

当销售总额大于或等于 500 000 时，显示"超额完成"；当销售总额大于或等于 400 000 且小于 500 000 时，显示"完成目标"；当销售总额小于 400 000 时，显示"未完成"。

(1) 选中 G3 单元格，选择"公式"→"常用"→"IF"，打开"函数参数"对话框。

(2) 设置 IF 函数的三个参数。

① 测试条件：因为先判断销售总额是否大于或等于 500 000，所以该参数设置为"D3-500000>=0"。

② 真值：当 D3-500000>=0 为真时，说明销售总额大于或等于 500 000，所以该参数设置为"" 超额完成 ""。

③ 假值：当 D3-500000>=0 为假时，需要进一步判断，所以这里嵌套另一个 IF 函数。将光标定位于"假值"参数框，然后选择"公式"→"插入函数"→"IF"，打开"函数参数"对话框。设置第二层 IF 函数的参数，"测试条件"为"D3>=400000"，"真值"为"" 完成目标 ""，"假值"为"" 未完成 ""。

(3) 完成第二层 IF 函数的参数设置后，单击"函数参数"对话框中的"确定"按钮，再单击第一层 IF 函数"函数参数"对话框中的"确定"按钮，即可得到 G3 单元格的计算结果。随后，拖动 G3 单元格右下角的填充柄至 G12 单元格，以复制公式并判断其他单元格的目标完成情况。

利用 IF 函数嵌套判断目标完成情况的参数设置如图 3-52 所示。

| G3 | ∨ | ⊕ fx | =IF(D3-500000>=0,"超额完成",IF(D3-400000<0,"未完成","完成目标")) |

图 3-52　利用 IF 函数嵌套判断目标完成情况的参数设置

6. 利用 IF 函数嵌套计算奖金

当超额完成目标时，奖金为 2000；当完成目标时，奖金为 1000；当未完成目标时，奖金为 0。

利用 IF 函数嵌套计算奖金的原理和利用 IF 函数嵌套判断目标完成情况的原理相似，均需要针对三种不同的情况分别进行处理，因此采用两个嵌套的 IF 函数来实现，具体参数设置如图 3-53 所示。

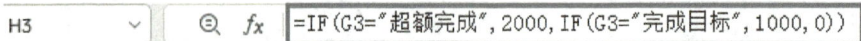

| H3 | ∨ | ⊕ fx | =IF(G3="超额完成",2000,IF(G3="完成目标",1000,0)) |

图 3-53　利用 IF 函数嵌套计算奖金的参数设置

7. 添加批注

为 G2 和 H2 单元格添加批注，以说明其计算规则，具体的操作步骤如下：

(1) 选中 G2 单元格，单击"审阅"选项卡中的"新建批注"按钮，在弹出的批注框内输入文字：当销售总额大于或等于 500 000 时，显示"超额完成"；大于或等于 400 000 且小于 500 000 时，显示"完成目标"；小于 400 000 时，显示"未完成"。

(2) 通过鼠标拖动批注框的控制点来调整其大小，之后单击其他单元格以退出编辑状态。此时，G2 单元格的右上方将出现一个红色三角形图标，当鼠标指针悬停在该单元格上时，就会显示出批注的内容，具体效果如图 3-54 所示。

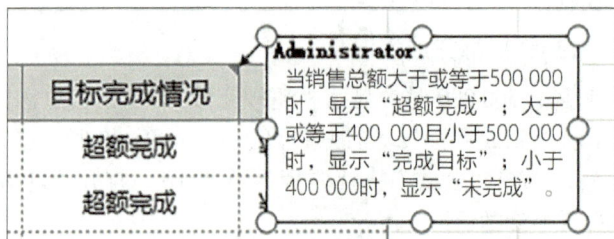

图 3-54　添加批注后的效果图

(3) 采用相同的方法为 H2 单元格添加批注，批注的内容为：当超额完成目标时，奖金为 2000；当完成目标时，奖金为 1000；当未完成目标时，奖金为 0。

8. 设置单元格的数字格式

(1) 设置"销售总额"列的数字格式为"万"：选中 D3:D16 单元格区域，右击，在弹出的右键菜单中选择"设置单元格格式"选项，打开"单元格格式"对话框。单击"数字"选项卡，在"分类"列表框中选择"特殊"，然后在"类型"列表框中依次选择"单位：万元"和"万"，如图 3-55 所示。单击"确定"按钮，完成"销售总额"列的数字格式设置。

(2) 设置"提成总额"和"奖金"列的数字格式为货币型，保留 2 位小数，显示人民币符号，负数格式为第 4 种。

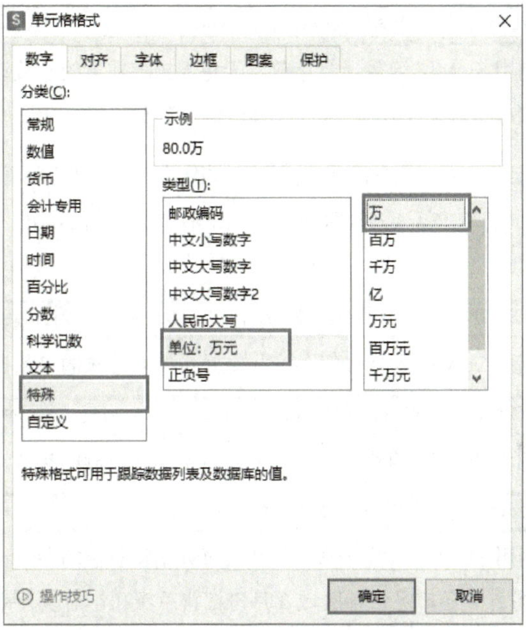

图 3-55　设置"销售总额"列的数字格式为"万"

（三）利用公式与函数计算"2 月份销售数据分析"工作表中的数据

单击"2 月份销售数据分析"工作表标签，使其成为当前活动工作表。

1. 利用 COUNTIF 函数计算各产品、各区域 2 月份订单数量和年前 9 天每天的订单数量

利用 COUNTIF 函数计算各产品、各区域 2 月份订单数量和年前 9 天每天订单数量的参数设置如图 3-56 所示。

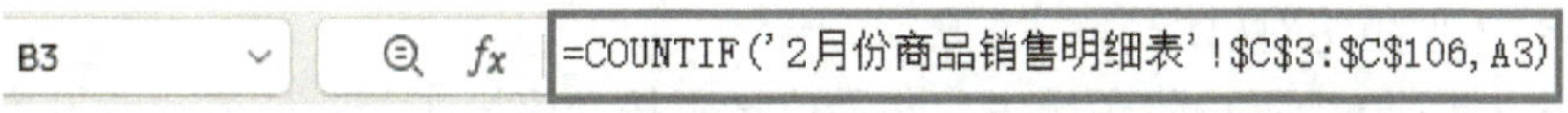

B3 　⊕ *fx*　`=COUNTIF('2月份商品销售明细表'!$C$3:$C$106,A3)`

(a) 利用 COUNTIF 函数计算各产品 2 月份订单数量的参数设置

B11 　⊕ *fx*　`=COUNTIF('2月份商品销售明细表'!$J$3:$J$106,A11)`

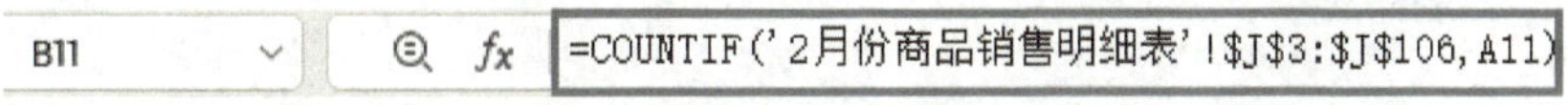

(b) 利用 COUNTIF 函数计算各区域 2 月份订单数量的参数设置

B17 　⊕ *fx*　`=COUNTIF('2月份商品销售明细表'!$A$3:$A$106,A17)`

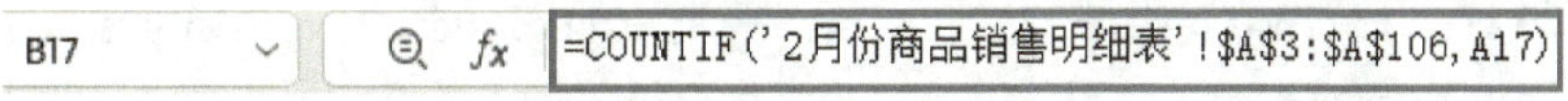

(c) 利用 COUNTIF 函数计算年前 9 天每天订单数量的参数设置

图 3-56　利用 COUNTIF 函数计算各产品、各区域 2 月份订单数量和年前 9 天每天订单数量的参数设置

2. 利用 SUMIF 函数计算各产品、各区域 2 月份销售数量和年前 9 天每天的销售数量

利用 SUMIF 函数计算各产品、各区域 2 月份销售数量和年前 9 天每天销售数量的参数设置如图 3-57 所示。

C3 　⊕ *fx*　`=SUMIF('2月份商品销售明细表'!$C$3:$C$106,A3,'2月份商品销售明细表'!$E$3:$E$106)`

(a) 利用 SUMIF 函数计算各产品 2 月份销售数量的参数设置

C11 　⊕ *fx*　`=SUMIF('2月份商品销售明细表'!$J$3:$J$106,A11,'2月份商品销售明细表'!$E$3:$E$106)`

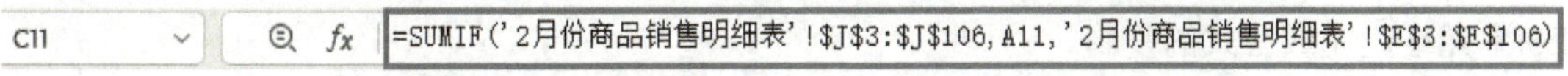

(b) 利用 SUMIF 函数计算各区域 2 月份销售数量的参数设置

| C17 | ∨ | ⊕ | *fx* | =SUMIF（'2月份商品销售明细表'!$A$3:$A$69,A17,'2月份商品销售明细表'!$E$3:$E$69) |

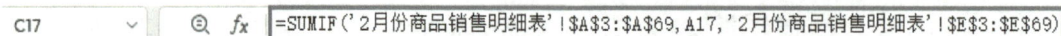

(c) 利用 SUMIF 函数计算年前 9 天每天销售数量的参数设置

图 3-57　利用 SUMIF 函数计算各产品、各区域 2 月份销售数量和年前 9 天每天销售数量的参数设置

3. 利用 SUMIF 函数计算各产品、各区域 2 月份销售总额和年前 9 天每天的销售总额

利用 SUMIF 函数计算各产品、各区域 2 月份销售总额和年前 9 天每天销售总额的参数设置如图 3-58 所示。

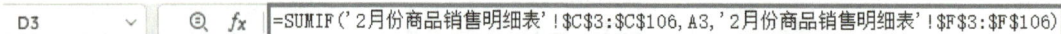

| D3 | ∨ | ⊕ | *fx* | =SUMIF（'2月份商品销售明细表'!$C$3:$C$106,A3,'2月份商品销售明细表'!$F$3:$F$106) |

(a) 利用 SUMIF 函数计算各产品 2 月份销售总额的参数设置

| D11 | ∨ | ⊕ | *fx* | =SUMIF（'2月份商品销售明细表'!$J$3:$J$106,A11,'2月份商品销售明细表'!$F$3:$F$106) |

(b) 利用 SUMIF 函数计算各区域 2 月份销售总额的参数设置

| D17 | ∨ | ⊕ | *fx* | =SUMIF（'2月份商品销售明细表'!$A$3:$A$69,A17,'2月份商品销售明细表'!$F$3:$F$69) |

(c) 利用 SUMIF 函数计算年前 9 天每天销售总额的参数设置

图 3-58　利用 SUMIF 函数计算各产品、各区域 2 月份销售总额和年前 9 天每天销售总额的参数设置

4. 利用 RANK 函数计算各产品、各区域 2 月份销售额排名和年前 9 天每天的销售额排名

(1) 选中 E3 单元格，单击"公式"选项卡中的"插入"按钮，打开"插入函数"对话框，在"选择函数"列表框中选中"RANK"。然后单击"确定"按钮，随后打开"函数参数"对话框。

(2) 设置 RANK 函数的三个参数，如图 3-59 所示。

① 数值：指用于排名的数值，该参数设置为"D3"。

利用 RANK 函数
计算销售额排名

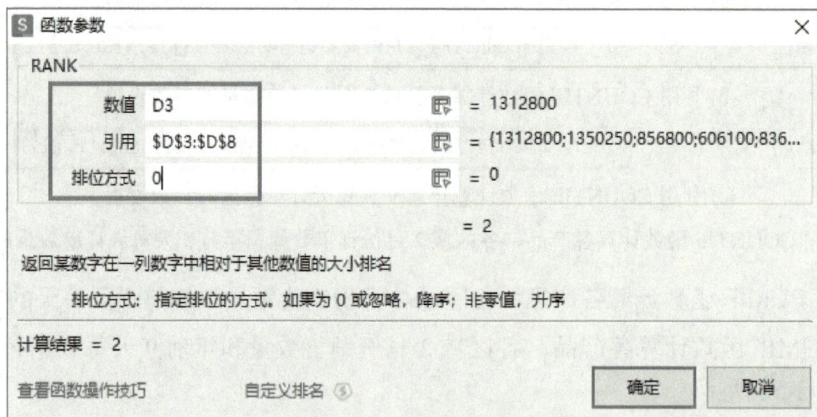

② 引用：指所有参与排名的销售总额数据区域，该参数设置为"$D$3:$D$8"（使用绝对引用）。

③ 排序方式：0 表示按降序排序，非零值表示按升序排序，此处该参数设置为"0"。

| S 函数参数 | × |

RANK

数值　D3　🔢　= 1312800

引用　$D$3:$D$8　🔢　= {1312800;1350250;856800;606100;836...

排位方式　0　🔢　= 0

= 2

返回某数字在一列数字中相对于其他数值的大小排名

排位方式：指定排位的方式。如果为 0 或忽略，降序；非零值，升序

计算结果 = 2

查看函数操作技巧　　自定义排名 ⑤　　　　　　确定　　取消

图 3-59　RANK 函数参数设置

(3) 单击"确定"按钮，即可得到计算结果。随后，拖动 E3 单元格右下角的填充柄至 E8 单元格，完成公式的复制。

(4) 按照相同的方法计算各区域 2 月份的销售额排名和年前 9 天每天的销售额排名，

参数设置如图 3-60 所示。

| E11 | ∨ | ⊕ fx | =RANK(D11,$D$11:$D$14,0) |

(a) 利用 RANK 函数计算各区域 2 月份销售额排名的参数设置

| E17 | ∨ | ⊕ fx | =RANK(D17,$D$17:$D$25,0) |

(b) 利用 RANK 函数计算年前 9 天每天销售额排名的参数设置

图 3-60　利用 RANK 函数计算各区域 2 月份销售额排名和年前 9 天每天销售额排名的参数设置

最后，设置"2 月份销售数据分析"工作表中销售总额的单位为"万"。至此，"2 月份销售业绩分析"和"2 月份销售数据分析"工作表制作完成。

任务 3.4　分析商品销售明细

一、任务描述

为了更清楚地了解 2 月份的商品销售情况，小张决定对 2 月份的商品销售明细进行更详细的分析。任务完成后的效果如图 3-61～图 3-64 所示。

	A	B	C	D	E	F	G	H	I	J
1					2月份商品销售明细表					
2	时间	订单号	商品名称	单价	销售数量	销售金额	提成比例	提成金额	销售员	所属区域
3	2024/2/1	2024020101	产品1	￥480.00	60	￥28,800.00	1.2	￥345.60	孟六	华东地区
4	2024/2/1	2024020102	产品2	￥550.00	75	￥41,250.00	1.1	￥453.75	孟六	华东地区
5	2024/2/1	2024020103	产品1	￥480.00	50	￥24,000.00	1.2	￥288.00	关十	西南地区
6	2024/2/1	2024020104	产品5	￥430.00	80	￥34,400.00	0.8	￥275.20	张三	华南地区
7	2024/2/2	2024020201	产品1	￥480.00	140	￥67,200.00	1.2	￥806.40	陆二	华东地区
8	2024/2/2	2024020202	产品3	￥340.00	160	￥54,400.00	1	￥544.00	陆二	华东地区
9	2024/2/2	2024020203	产品3	￥340.00	70	￥23,800.00	1	￥238.00	丁七	西南地区
10	2024/2/2	2024020204	产品4	￥380.00	90	￥34,200.00	0.9	￥307.80	陈八	华东地区
11	2024/2/2	2024020205	产品5	￥430.00	150	￥64,500.00	0.8	￥516.00	韩九	华北地区
12	2024/2/2	2024020206	产品6	￥270.00	230	￥62,100.00	0.7	￥434.70	张三	华南地区
13	2024/2/3	2024020301	产品2	￥550.00	90	￥49,500.00	1.1	￥544.50	李四	华北地区
14	2024/2/3	2024020302	产品2	￥550.00	155	￥85,250.00	1.1	￥937.75	赵五	华南地区
15	2024/2/3	2024020303	产品3	￥340.00	85	￥28,900.00	1	￥289.00	赵五	华南地区
16	2024/2/3	2024020304	产品4	￥380.00	150	￥57,000.00	1	￥513.00	李四	华北地区

图 3-61　部分条件格式效果图

	A	B	C	D	E	F	G	H	I	J
1					2月份商品销售明细表					
2	时间	订单号	商品名称	单价	销售数量	销售金额	提成比例	提成金额	销售员	所属区域
13	2024/2/3	2024020301	产品2	￥550.00	90	￥49,500.00	1.1	￥544.50	李四	华北地区
20	2024/2/4	2024020402	产品3	￥340.00	70	￥23,800.00	1	￥238.00	郭一	华北地区
87	2024/2/22	2024022203	产品6	￥270.00	20	￥5,400.00	0.7	￥37.80	韩九	华北地区
93	2024/2/25	2024022501	产品2	￥550.00	50	￥27,500.00	1.1	￥302.50	郭一	华北地区
94	2024/2/25	2024022502	产品3	￥340.00	45	￥15,300.00	1	￥153.00	郭一	华北地区
98	2024/2/27	2024022701	产品3	￥340.00	35	￥11,900.00	1	￥119.00	李四	华北地区
99	2024/2/27	2024022702	产品6	￥270.00	90	￥24,300.00	0.7	￥170.10	李四	华北地区
105	2024/2/29	2024022903	产品1	￥480.00	45	￥21,600.00	1.2	￥259.20	韩九	华北地区

图 3-62　自动筛选结果

时间	订单号	商品名称	单价	销售数量	销售金额	提成比例	提成金额	销售员	所属区域
2024/2/1	2024020101	产品1	￥480.00	60	￥28,800.00	1.2	￥345.60	孟六	华东地区
2024/2/2	2024020201	产品1	￥480.00	140	￥67,200.00	1.2	￥806.40	陆二	华东地区
2024/2/2	2024020206	产品6	￥270.00	230	￥62,100.00	0.7	￥434.70	张三	华南地区
2024/2/4	2024020403	产品3	￥340.00	230	￥78,200.00	1	￥782.00	张三	华南地区
2024/2/5	2024020501	产品1	￥480.00	140	￥67,200.00	1.2	￥806.40	陆二	华东地区
2024/2/5	2024020507	产品4	￥380.00	220	￥83,600.00	0.9	￥752.40	关十	西南地区
2024/2/6	2024020603	产品1	￥480.00	300	￥144,000.00	1.2	￥1,728.00	李四	华北地区
2024/2/6	2024020605	产品2	￥550.00	250	￥137,500.00	1.1	￥1,512.50	郭一	华北地区
2024/2/7	2024020706	产品1	￥480.00	185	￥88,800.00	1.2	￥1,065.60	孟六	华东地区
2024/2/8	2024020804	产品1	￥480.00	160	￥76,800.00	1.2	￥921.60	陆二	华东地区
2024/2/9	2024020905	产品3	￥340.00	260	￥88,400.00	1	￥884.00	韩九	华北地区
2024/2/18	2024021801	产品1	￥480.00	30	￥14,400.00	1.2	￥172.80	孟六	华东地区
2024/2/20	2024022001	产品1	￥480.00	40	￥19,200.00	1.2	￥230.40	陆二	华东地区
2024/2/20	2024022002	产品5	￥430.00	230	￥98,900.00	0.8	￥791.20	丁七	西南地区
2024/2/20	2024022003	产品6	￥270.00	225	￥60,750.00	0.7	￥425.25	陆二	华东地区
2024/2/21	2024022101	产品3	￥340.00	230	￥78,200.00	1	￥782.00	郭一	华北地区
2024/2/22	2024022201	产品1	￥480.00	110	￥52,800.00	1.2	￥633.60	孟六	华东地区
2024/2/23	2024022301	产品1	￥480.00	120	￥57,600.00	1.2	￥691.20	陈八	华东地区
2024/2/26	2024022601	产品1	￥480.00	70	￥33,600.00	1.2	￥403.20	孟六	华东地区

图 3-63　高级筛选结果

	A	B	C	D	E	F	G	H	I	J
1				2月份商品销售明细表						
2	时间	订单号	商品名称	单价	销售数量	销售金额	提成比例	提成金额	销售员	所属区域
8			产品1 汇总		755	￥362,400.00				
16			产品2 汇总		1145	￥629,750.00				
23			产品3 汇总		790	￥268,600.00				
28			产品4 汇总		570	￥216,600.00				
34			产品5 汇总		615	￥264,450.00				
38			产品6 汇总		260	￥70,200.00				
39					4135	￥1,812,000.00				华北地区 汇总
50			产品1 汇总		1055	￥506,400.00				
56			产品2 汇总		390	￥214,500.00				
64			产品3 汇总		790	￥268,600.00				
68			产品4 汇总		235	￥89,300.00				
73			产品5 汇总		390	￥167,700.00				
77			产品6 汇总		350	￥94,500.00				
78					3210	￥1,341,000.00				华东地区 汇总
81			产品1 汇总		260	￥124,800.00				
88			产品2 汇总		620	￥341,000.00				
96			产品3 汇总		680	￥231,200.00				
99			产品4 汇总		325	￥123,500.00				
104			产品5 汇总		490	￥210,700.00				
107			产品6 汇总		415	￥112,050.00				
108					2790	￥1,143,250.00				华南地区 汇总
115			产品1 汇总		665	￥319,200.00				
119			产品2 汇总		300	￥165,000.00				
122			产品3 汇总		260	￥88,400.00				
126			产品4 汇总		465	￥176,700.00				
130			产品5 汇总		450	￥193,500.00				
133			产品6 汇总		280	￥75,600.00				
134					2420	￥1,018,400.00				西南地区 汇总
135					12555	￥5,314,650.00				总计

图 3-64　分类汇总结果

二、任务分析

为了方便查看不同条件下的数据记录，本任务利用条件格式为满足特定条件的单元格应用不同样式，并运用筛选功能筛选出符合条件的数据。此外，本任务还利用 WPS 表格依据不同字段进行数据排序，并对复杂类别的数据进行汇总。

三、相关知识点

1. 条件格式

条件格式是指当单元格的内容满足特定条件时，自动为这些单元格应用预设的格式，以突出显示数据或美化表格。

条件格式设置的步骤为：首先，选中需要应用条件格式的单元格区域。接着，选择"开始"→"条件格式"，并选择一种规则类型进行参数设置。这些规则包括突出显示单元格规则、项目选取规则、数据条、色阶、图标集、新建规则、清除规则和管理规则等。完成规则参数设置后，再设置符合这些规则的单元格应显示的格式，如颜色、字体和边框等。最后，单击"确定"按钮，条件格式即应用到所选的单元格区域。

2. 排序

排序是指根据特定条件，将数据以升序或降序的方式重新排列。通过排序，数据可以按照字母、数字、日期等标准进行分类，从而更易于理解和分析。WPS 表格提供了简单排序和自定义排序两种功能。

(1) 简单排序：选中需要排序的列中的任意单元格，然后单击"数据"选项卡中的"排序"下拉按钮，在下拉列表中选择"升序"或"降序"选项即可完成排序。

(2) 自定义排序：选中数据区域内的任意单元格，然后选择"数据"→"排序"→"自定义排序"。在弹出的"排序"对话框中，设置"主要关键字""排序依据"和"次序"。若需添加更多排序条件，则可单击"添加条件"按钮，继续设置"次要关键字""排序依据"和"次序"，以此类推。

3. 筛选

筛选是一种通过设定特定条件，从大量数据中挑选出符合要求的数据的方法。根据条件复杂程度的不同，筛选可分为自动筛选和高级筛选。

(1) 自动筛选。当仅涉及一个条件，或者多个条件之间为"与"关系时，可使用自动筛选。操作步骤为：首先选中数据区域，选择"数据"→"筛选"→"筛选"，随后每列的列标题右侧会出现一个下拉按钮；然后单击对应列的下拉按钮并设置筛选条件；最后单击"确定"按钮完成筛选。

(2) 高级筛选。当条件较为复杂 (例如同一字段包含多个条件或涉及不同字段的多个条件) 时，需使用高级筛选。操作步骤为：首先正确书写筛选条件 (这是进行高级筛选的关键)；然后选择"数据"→"筛选"→"高级筛选"，在弹出的"高级筛选"对话框中设置筛选方式、列表区域、条件区域和结果放置位置；最后单击"确定"按钮完成筛选。

书写高级筛选条件时应注意以下事项：

① 条件区域应与原数据区域至少间隔一行或一列。

② 将高级筛选涉及的字段名复制到条件区域的第 1 行，并确保字段名连续排列。

③ 在字段名下方输入对应的条件值，确保同一条件的字段名和条件值位于同一列的不同单元格内。若多个条件之间为"与"关系，则条件值应写在同一行；若多个条件之间为"或"关系，则条件值应分别写在不同行中。

④ 条件区域内不得包含空行或空列。

4. 分类汇总

分类汇总是依据类别对数据进行自动汇总计算的功能。在使用分类汇总之前，需要先对数据进行排序，以确保需要分类汇总的同类数据排列在一起，然后进行汇总计算。汇总方式包括求和、求平均值、计数等。分类汇总的结果会以分级形式显示，用户可以选择显示或隐藏具体的明细数据行。

四、任务步骤

本任务可分为创建工作表副本、设置条件格式、排序、筛选、分类汇总等步骤。下面我们详细介绍每个步骤的操作方法。

（一）创建工作表副本

1. 打开工作簿

双击打开名为"商品销售数据统计 .et"的工作簿。

2. 创建工作表副本

在"2 月份商品销售明细表"工作表标签上右击，在弹出的右键菜单中选择"创建副本"选项。此时，会在该工作表后新建一个名为"2 月份商品销售明细表 (2)"的工作表。然后双击新工作表标签，将其重命名为"条件格式"。

3. 移动工作表

将"条件格式"工作表移至"2 月份销售数据分析"工作表之后。然后，采用相同的方法依次创建名为"简单排序""自定义排序""自动筛选""高级筛选"和"分类汇总"的工作表副本。

（二）设置条件格式

单击"条件格式"工作表标签，使其成为当前活动工作表。

1. 将商品名称为"产品 1"的单元格用浅红色填充以突出显示

(1) 选中 C3:C106 单元格区域，选择"开始"→"条件格式"→"突出显示单元格规则"→"等于"（如图 3-65 所示），弹出"等于"对话框。

(2) 将光标定位到"为等于以下值的单元格设置格式"参数框中，单击 C3 单元格以输入"=$C$3"，然后在"设置为"下拉列表中选择"浅红色填充"，如图 3-66 所示。

(3) 单击"确定"按钮，商品名称列中值为"产品 1"的单元格将被填充为浅红色。

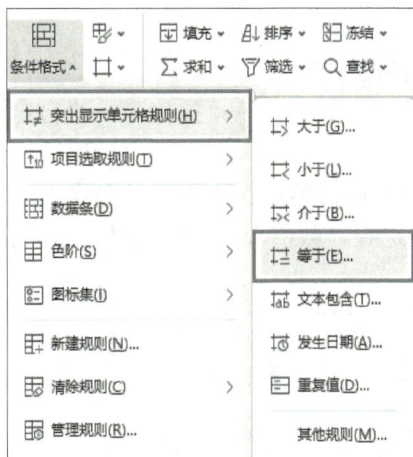

图 3-65　选择条件格式设置规则（一）　　　　图 3-66　"等于"对话框

2. 将销售金额低于平均值的单元格用红色边框突出显示

（1）选中 F3:F106 单元格区域，选择"开始"→"条件格式"→"项目选取规则"→"低于平均值"（如图 3-67 所示），弹出"低于平均值"对话框。

（2）在"针对选定区域，设置为"下拉列表中选择"红色边框"，如图 3-68 所示。

（3）单击"确定"按钮，"销售金额"列中销售金额低于平均值的单元格将被红色边框突出显示。

图 3-67　选择条件格式设置规则（二）　　　　图 3-68　"低于平均值"对话框

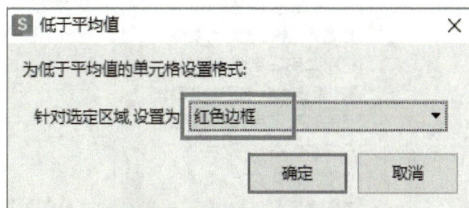

（三）排序

1. 按销售金额从高到低进行排序

（1）单击"简单排序"工作表标签，使其成为当前活动工作表。

（2）将光标定位到"销售金额"列的任一单元格内，然后选择"数据"→"排序"→"降序"（如图 3-69 所示），数据将根据销售金额从高到低重新排序。

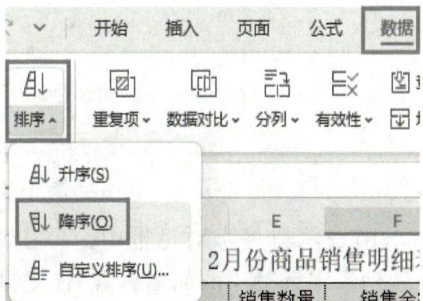

图 3-69　按销售金额从高到低进行排序

2. 先按所属区域降序排序，再按商品名称升序排序

(1) 单击"自定义排序"工作表标签，使其成为当前活动工作表。

(2) 选中该工作表数据区域内的任一单元格，然后选择"数据"→"排序"→"自定义排序"，打开"排序"对话框。

(3) 在"排序"对话框中，勾选"数据包含标题"复选框，然后在"主要关键字"下拉列表中选择"所属区域"，在"排序依据"下拉列表中选择"数值"，在"次序"下拉列表中选择"自定义序列"，如图 3-70 所示。

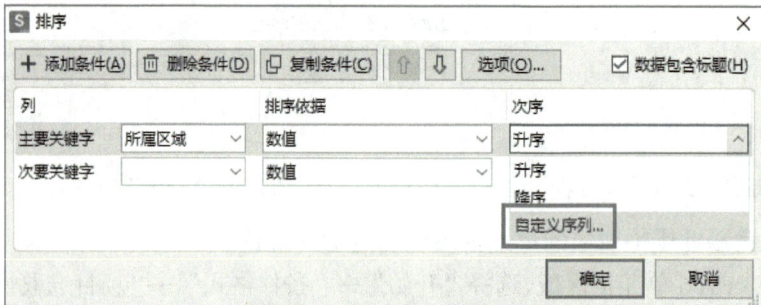

图 3-70　"排序"对话框

(5) 在弹出的"自定义序列"对话框中，在"输入序列"编辑框中按顺序输入：华北地区、华东地区、华南地区、西南地区（如图 3-71 所示），然后依次单击"添加"按钮和"确定"按钮，返回"排序"对话框。

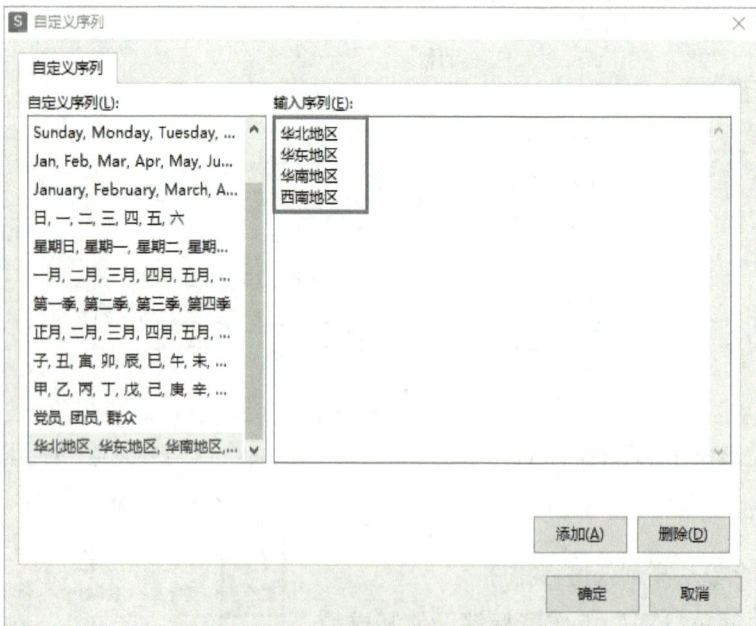

图 3-71　"自定义序列"对话框

(6) 在"排序"对话框中，单击"添加条件"以设置次要关键字。在"次要关键字"下拉列表中选择"商品名称"，在"排序依据"下拉列表中选择"数值"，在"次序"下拉列表中选择"升序"，如图 3-72 所示。

(7) 单击"确定"按钮，数据将按照所属区域降序、商品名称升序的顺序重新排列。

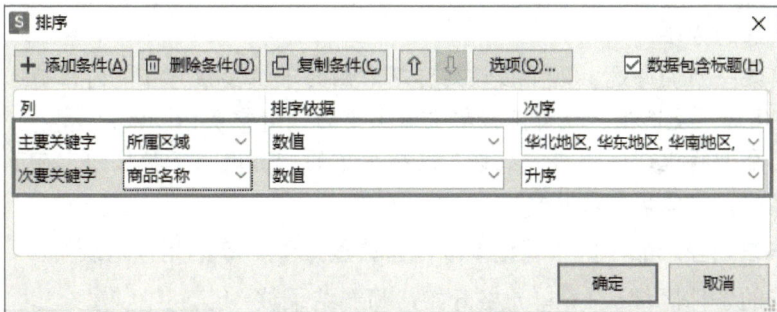

图 3-72　设置好的排序条件

（四）筛选

1. 查看华北地区销售数量小于 100 的数据记录

(1) 单击"自动筛选"工作表标签，使其成为当前活动工作表。

(2) 选中 A2:J106 单元格区域，选择"数据"→"筛选"→"筛选"，每列的列标题右侧出现一个下拉按钮，该数据区域即进入自动筛选状态。

(3) 单击"所属区域"列标题右侧的下拉按钮，在"内容筛选"选项卡中，取消选中"全选 | 反选"复选框，然后勾选"华北地区"复选框，如图 3-73(a) 所示。

(4) 单击"确定"按钮，数据区域将只显示所属区域为华北地区的数据记录。

(5) 单击"销售数量"列标题右侧的下拉按钮，然后选择"数字筛选"→"小于"(如图 3-73(b) 所示)，弹出"自定义自动筛选方式"对话框。在第 1 行前面的下拉列表中选择"小于"选项，并在后面的文本框中输入"100"。

(6) 单击"确定"按钮，完成筛选，此时仅显示华北地区销售数量小于 100 的数据记录。

(a) 设置"所属区域"列　　　　　　　　(b) 设置"销售数量"列

图 3-73　设置自动筛选条件

知识补充

• 取消筛选的方法

若要取消某一列的筛选，则单击该列标题右侧的下拉按钮，在"内容筛选"选项卡中勾选"全选 | 反选"复选框，或者直接单击右上角的"清空条件"按钮。

若要取消全部筛选，则单击"数据"选项卡中的"筛选"下拉按钮，在下拉列表中选择"筛选"选项，以退出筛选状态。

2. 查看华东地区产品 1 的销售记录或销售数量大于 200 的销售记录

高级筛选的条件区域从 L6 单元格开始，筛选结果放置在从 L11 单元格开始的区域。

(1) 单击"高级筛选"工作表标签，使其成为当前活动工作表。

(2) 在条件区域书写如下筛选条件：首先，将 J2 单元格中的"所属区域"复制到 L6 单元格，将 C2 单元格中的"商品名称"复制到 M6 单元格，将 E2 单元格中的"销售数量"复制到 N6 单元格；然后，在 L7 单元格中输入"华东地区"，在 M7 单元格中输入"产品 1"，在 N8 单元格中输入">200"，如图 3-74 所示。

所属区域	商品名称	销售数量
华东地区	产品1	
		>200

图 3-74　在条件区域书写筛选条件

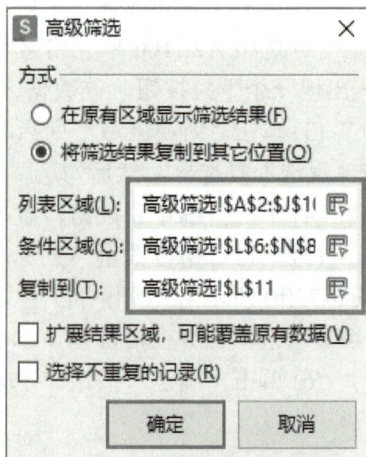

(3) 选中数据区域中的任一单元格，选择"数据"→"筛选"→"高级筛选"，弹出的"高级筛选"对话框。在"方式"栏中勾选"将筛选结果复制到其他位置"复选框；单击"列表区域"后的按钮，选中 A2:J106 单元格区域；单击"条件区域"后的按钮，选中 L6:N8 单元格区域；单击"复制到"后的按钮，选中 L11 单元格，如图 3-75 所示。

(4) 单击"确定"按钮，得到筛选结果，如图 3-63 所示。

图 3-75　设置高级筛选条件

（五）分类汇总

按所属区域和商品名称汇总销售数量和销售金额之和。

1. 按所属区域和商品名称进行分类

(1) 单击"分类汇总"工作表标签，使其成为当前活动工作表。选中该工作表数据区域中的任一单元格，选择"数据"→"排序"→"自定义排序"，打开"排序"对话框。

分类汇总

(2) 单击"添加条件"按钮，并勾选"数据包含标题"复选框。

(3) 在"主要关键字"下拉列表中选择"所属区域"，在"排序依据"下拉列表中选择"数值"，在"次序"下拉列表中选择"升序"；在"次要关键字"下拉列表中选择"商品名称"，在"排序依据"下拉列表中选择"数值"，在"次序"下拉列表中选择"升序"。

(4) 单击"确定"按钮，数据将按照所选字段重新排列，完成字段的分类。

2. 对销售数量和销售金额进行汇总

(1) 选中 A2:J106 单元格区域，然后单击"数据"选项卡中的"分类汇总"按钮，弹出"分类汇总"对话框。在"分类字段"下拉列表中选择"所属区域",在"汇总方式"下拉列表中选择"求和",在"选定汇总项"栏中勾选"销售数量"和"销售金额"复选框,如图 3-76 所示。最后单击"确定"按钮。

(2) 再次单击"数据"选项卡中的"分类汇总"按钮,弹出"分类汇总"对话框。在"分类字段"下拉列表中选择"商品名称",在"汇总方式"下拉列表中选择"求和",在"选定汇总项"栏中勾选"销售数量"和"销售金额"复选框,并取消勾选"替换当前分类汇总"复选框,如图 3-77 所示。

(3) 单击"确定"按钮,每类商品名称和所属区域下方均会显示汇总结果。

(4) 单击分类汇总结果左侧的分级显示按钮,即可查看分级数据,结果如图 3-64 所示。

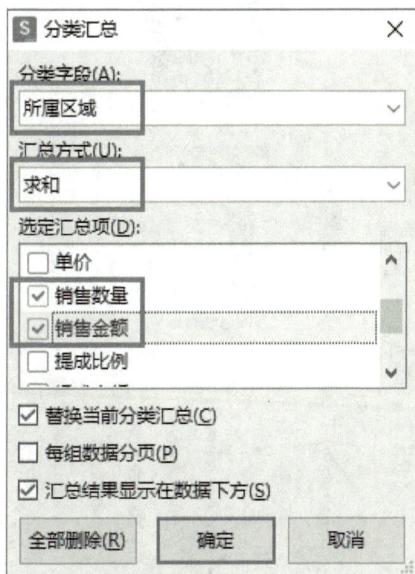

图 3-76　分类汇总参数设置(一)　　　　图 3-77　分类汇总参数设置(二)

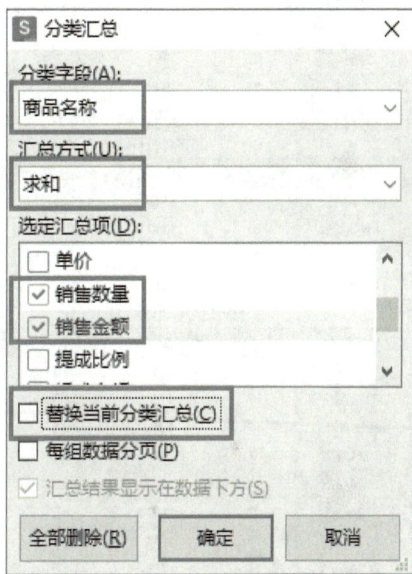

知识补充

• 清除分类汇总的方法

选中包含分类汇总的数据区域中的任一单元格,然后单击"数据"选项卡中的"分类汇总"按钮。在弹出的"分类汇总"对话框中,单击"全部删除"按钮,即可清除分类汇总。

任务 3.5　利用图表分析销售数据

一、任务描述

公司即将召开 2 月份商品销售分析会,小张需在会上就 2 月份的销售情况进行汇报。为更方便、直观地分析和比较数据,小张决定利用 WPS 表格的图表功能来展示这些数据。任务完成后的效果如图 3-78、图 3-79、图 3-80 所示。

求和项:销售数量	商品名称						
时间	产品1	产品2	产品3	产品4	产品5	产品6	总计
2024/2/1-2024/2/10	2025	1830	1865	1245	1405	905	9275
2024/2/11-2024/2/20	255	170	180	135	390	225	1355
2024/2/21-2024/3/1	455	455	475	215	150	175	1925
总计	2735	2455	2520	1595	1945	1305	12555

图 3-78　数据透视表效果图

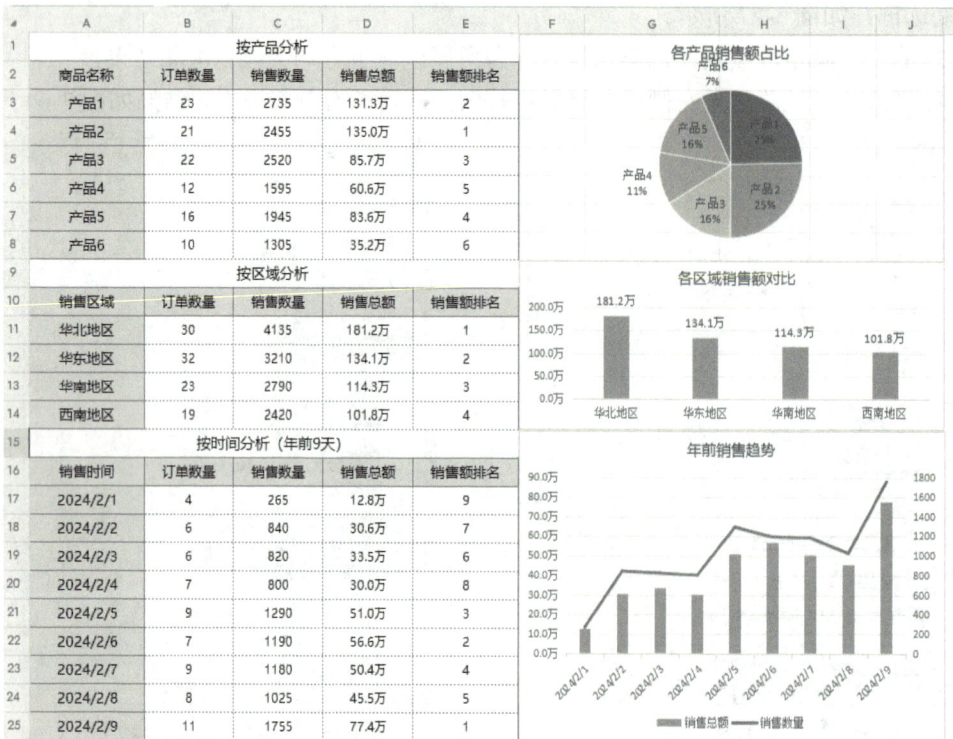

图 3-79　图表效果图

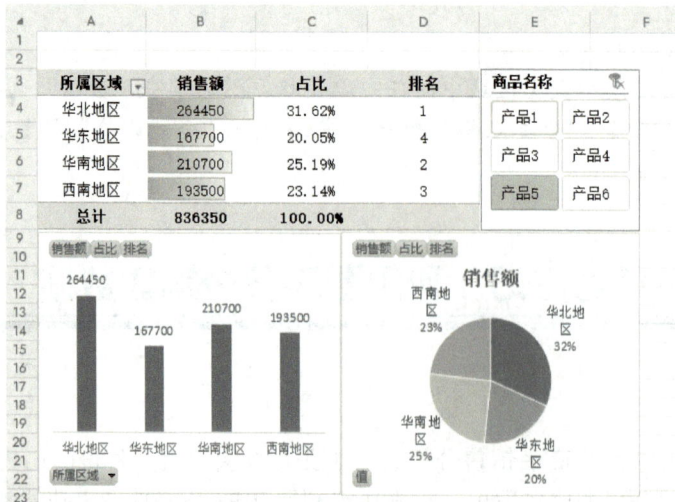

图 3-80　动态图效果图

二、任务分析

首先，利用数据透视表统计各商品每天的销售数量；然后，运用不同类型的图表展示 2 月份的销售数据，分析占比、对比数值和揭示趋势；最后，利用动态的数据透视表和数据透视图比较各地区各商品的销售数据。

三、相关知识点

1. 数据透视表

数据透视表是一种用于数据汇总和分析的工具。它能够将复杂的数据按照指定的字段进行分类汇总，并通过快速构建多维数据分析模型，帮助用户迅速提取、分析和展示数据。简而言之，数据透视表就是实现多维度数据分类汇总的工具。

创建数据透视表的方法是：单击"插入"选项卡中的"数据透视表"按钮，在弹出的"创建数据透视表"对话框中选定数据源和数据透视表的位置后，在数据透视表操作界面通过拖拽字段按钮来完成数据透视表结构的设置。

创建数据透视表所需的数据源需满足以下要求：

(1) 数据必须是规则的；

(2) 字段值不能为空；

(3) 不能包含合并的单元格；

(4) 数据表中不能有断行或断列的情况；

(5) 每个字段中的数据类型必须一致。

2. 数据透视图

数据透视图是数据透视表的一种图形化表现形式，它利用图形直观地展示数据透视表中的数据。数据透视图具有交互性，通常与具有相应布局的数据透视表相关联。用户既可以根据原始数据表直接创建数据透视图，也可以基于已创建的数据透视表来生成数据透视图。

创建数据透视图的方法：选中数据透视表中的任意单元格，然后单击"插入"选项卡中的"数据透视图"按钮，在弹出的"创建数据透视图"对话框中选择所需的图表类型，最后单击"确定"按钮，即可看到根据数据透视表生成的数据透视图。

3. 图表

图表是以图形化方式展示数据的一种工具，它帮助我们更便捷、更直观地分析和比较数据，从而发现其中的差异或关系。WPS 表格提供了多种图表类型，用户可以根据实际需求选择适合的图表。柱形图常用于展示离散的数据点，适合直接比较多组数据的大小；折线图常用于描绘数据随时间或其他连续变量的变化趋势，便于我们观察其中的规律；饼图常用于表示整体中各部分的比例分布。

四、任务步骤

本任务可以分为创建数据透视表、插入图表、创建数据透视表和数据透视图等步骤。下面我们详细介绍每个步骤的操作方法。

（一）创建数据透视表

打开"商品销售数据统计 .et"工作簿，并单击"2月份商品销售明细表"工作表标签，使其成为当前活动工作表，以便根据该工作表中的数据统计不同商品上、中、下旬的销售数量。

1. 创建数据透视表

(1) 选中"2月份商品销售明细表"工作表数据区域中的任一单元格，然后单击"插入"选项卡中的"数据透视表"按钮，弹出"创建数据透视表"对话框。单击"请选择单元格区域"参数框右侧的按钮，并选中工作表中的 A2:J106 区域，此时"请选择单元格区域"参数框中将显示为"'2月份商品销售明细表 !$A$2:$J$106"；在"请选择放置数据透视表的位置"栏中选中"新工作表"单选按钮，如图 3-81 所示。

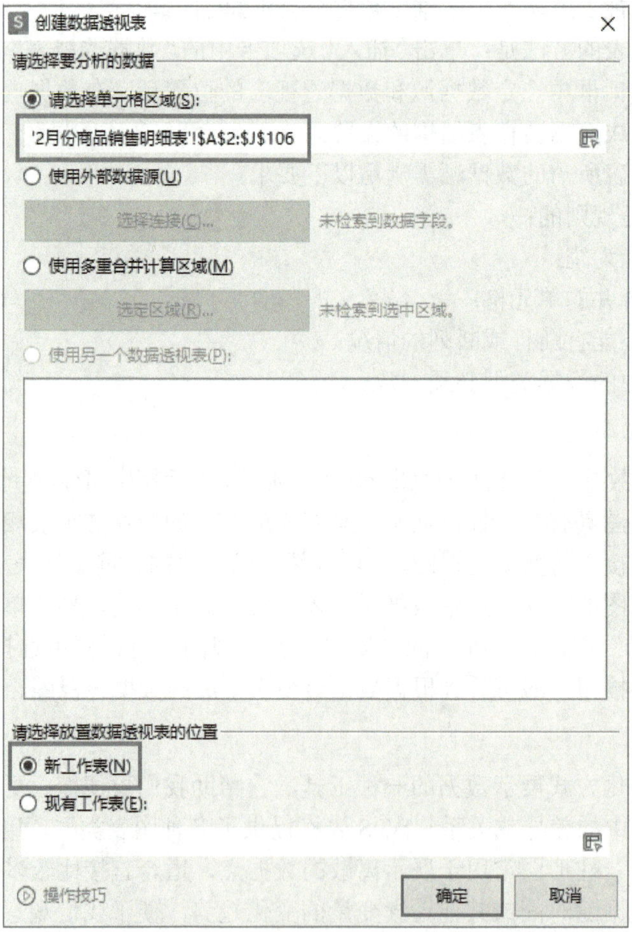

图 3-81　"创建数据透视表"对话框

(2) 单击"确定"按钮，系统会创建一个包含数据透视表框架和数据透视表选项的新工作表"Sheet1"。将该工作表重命名为"不同商品上中下旬的销售数量"，并将其移至"2月份销售数据分析"工作表之后。

(3) 在数据透视表的"字段列表"栏中，将"时间"字段拖至"行"位置，将"商品名称"

字段拖至"列"位置，将"销售数量"字段拖至"值"位置。在"值"位置，默认汇总方式已设置为"求和"，如图 3-82 所示。此时，数据透视表区域会根据字段的设置显示出统计结果。

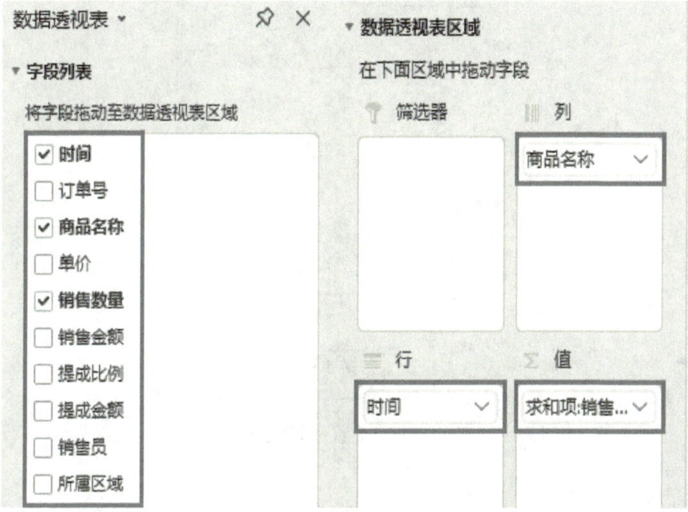

图 3-82　设置数据透视表字段

2. 设置数据透视表的样式

(1) 设置数据区域单元格的对齐方式为"居中"。

(2) 单击"设计"选项卡中的"预设样式"下拉按钮，然后在"预设样式"下拉面板中选择"数据透视表样式 5"，如图 3-83 所示。

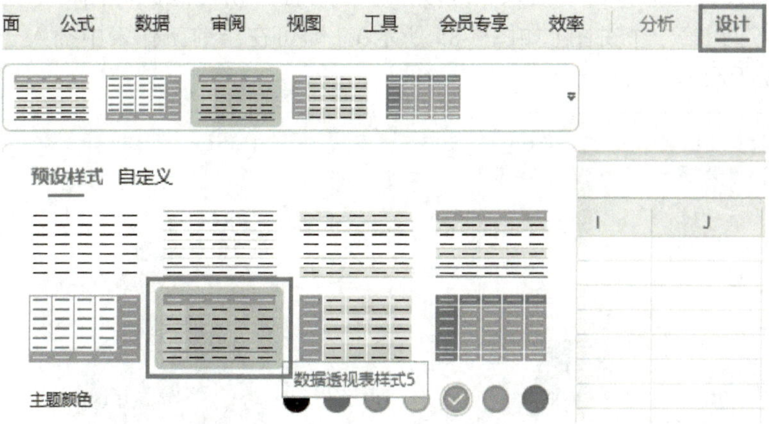

图 3-83　设置数据透视表的样式

3. 分组统计

选中行标签中的任一时间单元格，单击"分析"选项卡中的"组选择"按钮，打开"组合"对话框。在该对话框中，取消选中"步长"列表框中的"月"选项，选中"日"选项，并在"天数"微调框中输入"10"，如图 3-84 所示。单击"确定"按钮后，行标签将按上旬、中旬、下旬三组进行数据汇总，结果如图 3-78 所示。

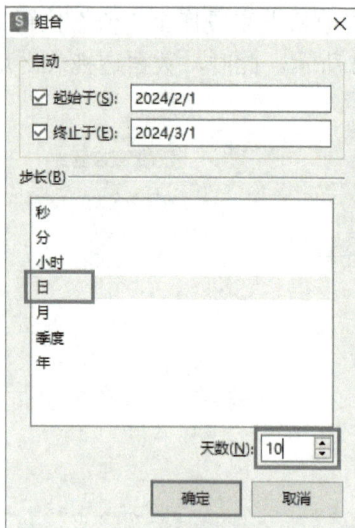

图 3-84　设置字段分组

（二）插入图表

单击"2 月份销售数据分析"工作表标签，使其成为当前活动工作表，然后根据该表中的数据插入图表。

1. 根据"按产品分析"数据创建"各产品销售额占比"饼图

(1) 选择创建图表的数据源：先选中 A2:A8 单元格区域，然后按住 Ctrl 键选中 D2:D8 单元格区域。

(2) 选择图表类型：单击"插入"选项卡中的"插入饼图或圆环图"下拉按钮，然后在下拉面板中选择第一个饼图（如图 3-85 所示），即可在当前工作表中插入一个嵌入式饼图（如图 3-86 所示）。

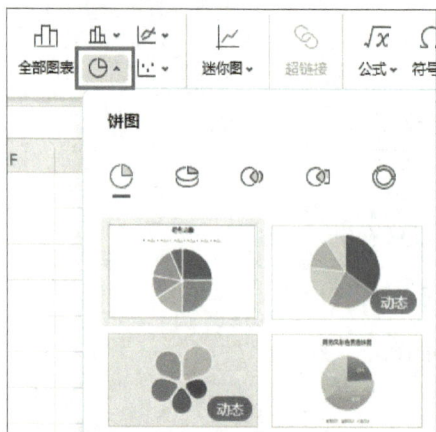

图 3-85　选择图表类型

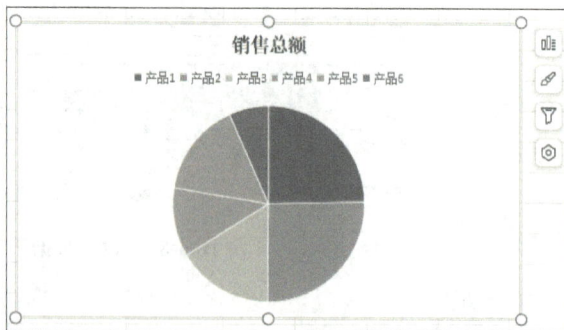

图 3-86　插入嵌入式饼图

(3) 修改图表标题：选中图表标题，将其修改为"各产品销售额占比"，并将字体格式设置为微软雅黑、12 号，取消加粗。

(4) 取消图例：选中图表后，图表右上方会出现图表快捷工具，单击"图表元素"按钮，取消选中"图例"复选框。

(5) 设置数据标签格式：再次单击图表快捷工具中的"图表元素"按钮，先勾选"数据标签"复选框，然后在"数据标签"的子菜单中选择"更多选项"(如图 3-87 所示)，打开"属性"任务窗格。在"标签包括"下拉列表中取消勾选"值"复选框，勾选"类别名称""百分比"和"显示引导线"三个复选框，如图 3-88 所示。

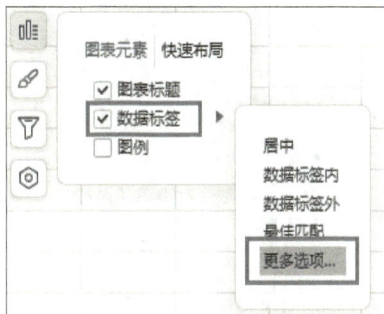

(6) 选中图表区域，在"属性"任务窗格中，选择"图表选项"→"填充与线条"→"填充"，并选中"无填充"单选按钮。

(7) 调整图表区域的大小和位置，使其与"按产品分析"数据区域对齐。

图 3-87　设置数据标签格式 (一)

图 3-88　设置数据标签格式 (二)

2. 根据"按区域分析"数据创建"各区域销售额对比"柱形图

(1) 选择创建图表的数据源：先选中 A10:A14 单元格区域，然后按住 Ctrl 键选中 D10:D14 单元格区域。

(2) 选择图表类型：单击"插入"选项卡中的"插入柱形图"下拉按钮，然后在下拉面板中选择第一个柱形图，即可在当前工作表中插入一个嵌入式柱形图。

(3) 修改图表标题：选中图表标题，将其修改为"各区域销售额对比"，并将字体格式设置为微软雅黑、12 号，取消加粗。

(4) 取消图例：选中图表后，图表右上方会出现图表快捷工具，单击"图表元素"按钮，取消选中"图例"复选框。

(5) 设置数据标签格式：再次单击图表快捷工具中的"图表元素"按钮，先勾选"数据标签"复选框，然后在"数据标签"的子菜单中选择"数据标签外"。

(6) 选中数据系列，打开"属性"任务窗格，选择"图表选项"→"填充与线条"→"填充"，选中"纯色填充"单选按钮，在"颜色"下拉列表中选择"巧克力色，着色 2"。

(7) 调整图表区域的大小和位置，使其与"按区域分析"数据区域对齐。

3. 根据"按时间分析 (年前 9 天)"数据创建年前销售数量和销售额的趋势组合图

(1) 选择创建图表的数据源：先选中 A16:A25 单元格区域，然后按住 Ctrl 键分别选中 C16:C25 和 D16：D25 单元格区域。

(2) 选择图表类型：选择"插入"→"全部图表"，打开"图表"对话框，在左侧列表中选择"组合图"，在右侧，将"销售数量"对应的图表类型选择为"折线图"，并勾选"次坐标轴"复选框，将"销售总额"对应的图表类型选择为"簇状柱形图"，如图 3-89 所示，然后单击"插入预设图表"按钮。

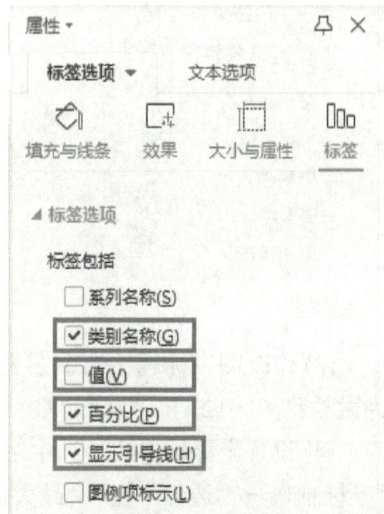

创建组合图表

图 3-89　插入组合图

(3) 修改图表标题：选中图表标题，将其修改为"年前销售趋势"，并将字体格式设置为微软雅黑、12 号，取消加粗。

(4) 设置坐标轴格式：选中右侧次坐标轴，打开"属性"任务窗格，选择"坐标轴选项"→"坐标轴"→"边界"，将"最大值"修改成"1800"。

(5) 调整图表区域的大小和位置，使其与"按时间分析（年前 9 天）"数据区域对齐。

（三）创建数据透视表和数据透视图

单击"2 月份商品销售明细表"工作表标签，使其成为当前活动工作表，利用数据透视表和数据透视图制作不同商品在不同区域销售数据分析动态图。

1. 插入数据透视表

(1) 选中"2 月份商品销售明细表"数据区域中的任一单元格，然后单击"插入"选项卡中的"数据透视表"按钮。在弹出的"创建数据透视表"对话框中，在"请选择单元格区域"参数框中输入"$A$2:$J$106"，在"请选择放置数据透视表的位置"栏中选中"新工作表"单选按钮。

插入数据透视表
和切片器

(2) 单击"确定"按钮，系统会创建一个新工作表，默认命名为"Sheet1"。将该工作表重命名为"各商品在各地区的销售数据动态图"，并将其移至"2 月份销售数据分析"工作表之后。

(3) 在数据透视表的"字段列表"栏中，将"所属区域"字段拖至"行"位置，将"销售金额"字段拖动三次至"值"位置。在"值"位置，默认汇总方式已设置为"求和"。

(4) 修改值字段名称和显示方式：双击"值"位置的"销售金额"字段，打开"值字段设置"对话框,在"自定义名称"文本框中输入"销售额",如图 3-90 所示。然后用同样的方法把另外两个"销售金额"值字段名称分别更改为"占比"和"排名"。选中"占比"列中的任一单元格,右击并选择"值显示方式"→"父行汇总的百分比",如图 3-91所示。选中"排名"列中的任一单元格,右击并选择"值显示方式"→"降序"。

图 3-90　修改值字段名称

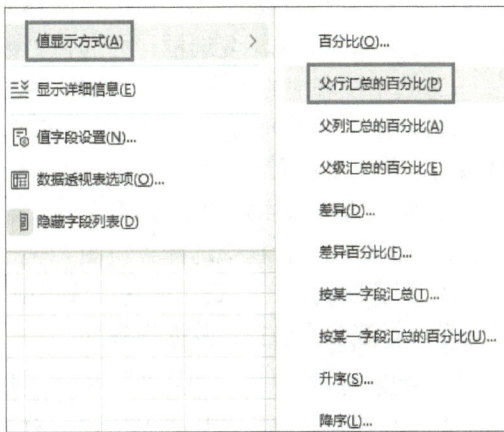

图 3-91　选择值显示方式

(5) 为"销售额"列数据添加数据条:选中 B4:B7 单元格区域,单击"开始"→"条件格式"→"数据条"→"渐变填充",选择"绿色数据条"。

(6) 将所有单元格内容居中显示,并根据数据内容适当调整行高和列宽。

2. 插入切片器

(1) 选中数据透视表中的任一单元格,单击"分析"选项卡中的"插入切片器"按钮,打开"插入切片器"对话框,勾选"商品名称"复选框,如图 3-92 所示。设置完成后,单击"确定"按钮。

(2) 设置切片器的尺寸:单击切片器,在"选项"选项卡下方的功能区中输入按钮的列数、高度和宽度 (如图 3-93 所示),并将切片器与数据透视表对齐。

图 3-92　插入切片器

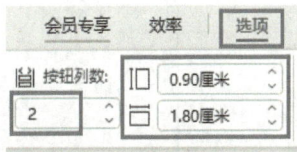

图 3-93　设置切片器的尺寸

(3) 单击切片器中的商品名称,数据透视表中的数据会随之变化。

3. 插入数据透视图

根据数据透视表中的数据制作商品的各区域销售额对比柱形图和占比饼图。

(1) 选中 A3:B7 单元格区域，单击"插入"选项卡中的"数据透视图"按钮，在弹出的"图表"对话框中选择"柱形图"→"簇状"下的第一个样式。

(2) 选中已插入的数据透视图，其右侧会出现图表快捷按钮。单击"图表元素"按钮，在下拉列表中取消勾选"图例"和"网格线"复选框，同时在"坐标轴"子菜单中取消勾选中"主要纵坐标轴"复选框，并选择"数据标签"子菜单中的"数据标签外"选项。

(3) 选中图表中的百分比和与排名相关的数据标签，然后删除它们。

(4) 双击数据系列，打开"属性"任务窗格，选择"系列选项"→"系列"→"系列重叠"，将系列重叠值设置为 100%。

(5) 再次选中 A3:B7 单元格区域，单击"插入"选项卡中的"数据透视图"按钮，在弹出的"图表"对话框中选择"饼图"→"饼图"下的第一个样式。

(6) 删除图例：在"数据标签"选项中取消"值"，选择"类别名称"和"百分比"两个选项，标签位置选择"数据标签外"。

4. 调整数据透视表、切片器、柱状图和数据透视图的大小与位置

调整数据透视表、切片器、柱状图和数据透视图的大小和位置，使它们相互对齐。当在切片器上切换商品名称时，数据透视表的列宽会发生变化。为解决这个问题，右击数据透视表中的任一单元格，在弹出的右键菜单中选择"数据透视表选项"，然后在打开的"数据透视表选项"对话框中取消选中"更新时自动调整列宽"复选框，如图 3-94 所示，然后单击"确定"按钮。调整完成后的效果如图 3-80 所示。

图 3-94　固定数据透视表的列宽

任务 3.6　制作"销售数据查询"表

一、任务描述

为了方便查看 2 月份的销售数据，小张决定制作一张"2 月份销售数据查询"表。任务完成后的效果如图 3-95 所示。

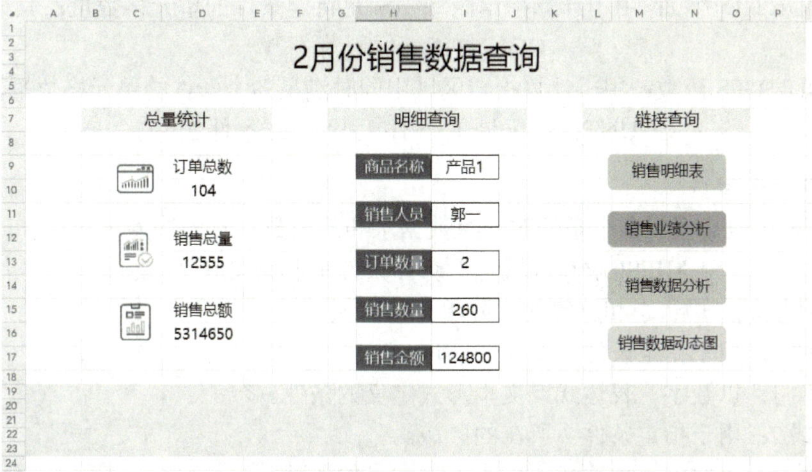

图 3-95　"2 月份销售数据查询"表效果图

二、任务分析

"2 月份销售数据查询"表旨在提供 2 月份的订单总数、销售总量和销售总额的查询功能，并包含每种商品和每名销售人员的销售数据。此外，该表还建立了与"2 月份商品销售明细表"工作表、"2 月份销售业绩分析"工作表、"2 月份销售数据分析"工作表和"各商品在各地区的销售数据动态图"工作表的链接。

三、相关知识点

1. 为单元格定义名称

单元格的默认名称由它的列编号和行编号组成。例如，A1 表示第 1 行第 1 列的单元格。但是，为了方便，我们可以为单元格或单元格区域重新命名 (即定义名称)，以便在公式和函数中使用定义的名称代替单元格地址。为单元格定义名称的两种方法如下：

(1) 选中目标单元格或单元格区域，在公式栏左侧的名称框中可以看到其当前的名字。按照名称定义的规则 (名称的第一个字符必须是字母或下划线，最多可包含 255 个字符，可以包含大、小写字母，但不能包含空格，且不能与现有的单元格引用冲突)，在名称框中输入新的名称后按回车键即可。

(2) 选中目标单元格或单元格区域，单击"公式"选项卡中的"名称管理器"按钮，在打开的"名称管理器"对话框中单击"新建"按钮，然后在打开的"新建名称"对话框中输入名称，单击"确定"按钮即可。

2. 计数函数

计数函数有 COUNT 函数、COUNTA 函数、COUNTIF 函数和 COUNTIFS 函数等。

(1) COUNT 函数：用于计算指定区域中数字单元格的数量，其语法为

$$COUNT(区域 1, 区域 2, 区域 3, …)$$

(2) COUNTA 函数：用于计算指定区域中非空单元格的个数，其语法为

$$COUNTA(区域 1, 区域 2, 区域 3, …)$$

(3) COUNTIF 函数：用于计算指定区域中满足特定条件的单元格数量，其语法为

$$COUNTIF(区域 , 条件)$$

(4) COUNTIFS 函数：用于计算指定区域中同时满足多个条件的单元格数量，其语法为

$$COUNTIFS(区域 1, 条件 1, 区域 2, 条件 2, …)$$

3. SUMIFS 函数

SUMIFS 函数是根据多个条件对一组数据求和的函数，其语法为

$$SUMIFS(求和区域 , 区域 1, 条件 1, 区域 2, 条件 2, …)$$

(1) 求和区域：用于求和计算的实际单元格区域。

(2) 区域 1：用于指定条件 1 所在的区域。

(3) 条件 1：以数字、表达式或文本形式定义的条件。

(4) 区域 2：用于指定条件 2 所在的区域。

(5) 条件 2：以数字、表达式或文本形式定义的条件。

SUMIFS 函数最多可以实现 127 个条件区域的求和。

四、任务步骤

本任务可分为建立查询表框架、根据"2 月份商品销售明细表"中的数据进行总量统计、填充和计算明细查询数据、设置超链接、保存工作簿等步骤。下面我们详细介绍每个步骤的操作方法。

（一）建立查询表框架

1. 新建工作表

新建名为"2 月份销售数据查询"的工作表，并将其移至工作簿的第一张工作表位置。

2. 建立查询表框架

(1) 合并 A1:P5 单元格区域并居中，输入文本"2 月份销售数据查询"，格式设置为微软雅黑、28 号，单元格填充颜色为矢车菊蓝、着色 5、浅色 80%。合并 A19:P23 单元格区域并居中，单元格填充颜色为矢车菊蓝、着色 5、浅色 80%。

(2) 将第 7 至 17 行的行高设置为 22.5，将 B、E、G、J、L、O 列的列宽设置为 4。

(3) 合并 B7:E7 单元格区域并居中，输入文本"总量统计"，格式设置为微软雅黑、16 号，单元格填充颜色为矢车菊蓝、着色 5、浅色 80%。

(4) 选中 B7:E7 单元格区域，双击"格式刷"按钮，然后将 B7:E7 单元格区域的格式

分别复制到 G7:J7 和 L7:O7 单元格区域，并在这些区域分别输入文本"明细查询"和"链接查询"。

(5) 合并 C9:C10、C12:C13、C15:C16 单元格区域并居中，然后分别插入素材中的图片。插入图片的方法为：选中 C9:C10 单元格区域合并后的单元格，单击"插入"选项卡中的"图片"按钮，在弹出的下拉面板中选中"嵌入到单元格"单选按钮，如图 3-96 所示。单击"本地图片"，找到图片素材中的图片 1，将其插入到单元格中。采用同样的方法，将图片 2 和图片 3 分别插入 C12:C13 和 C15:C16 单元格区域合并后的单元格中。

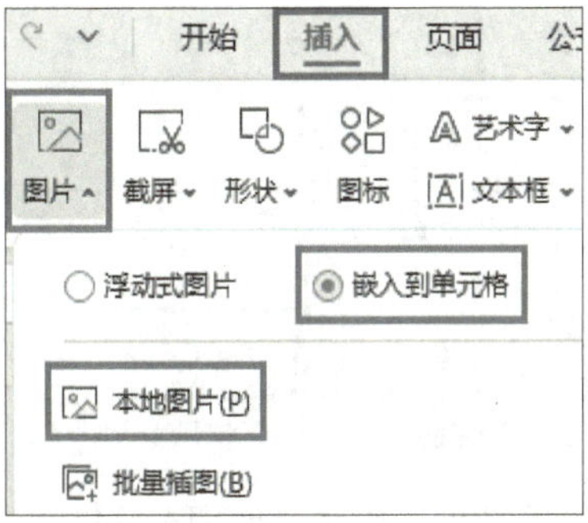

图 3-96　把图片嵌入到单元格

(6) 在 D9、D12、D15 单元格内分别输入文本"订单总数""销售总量""销售总额"，将 D9、D10、D12、D13、D15、D16 单元格的格式设置为微软雅黑、14 号、居中，并调整 C 列和 D 列的宽度至合适大小。

(7) 在 H9 单元格内输入文本"商品名称"，格式设置为微软雅黑、14 号、居中，字体颜色设置为白色、背景 1，填充颜色设置为钢蓝、着色 1、深色 25%。将 I9 单元格的格式设置为微软雅黑、14 号、居中，边框设置为细实线，并调整 H 列和 I 列的宽度至合适大小。

(8) 选中 H9:I9 单元格区域，双击"格式刷"按钮，然后将 H9:I9 单元格区域的格式分别复制到 H11:I11、H13:I13、H15:I15、H17:I17 单元格区域，并在这些区域分别输入文本"销售人员""订单数量""销售数量""销售金额"。

(9) 为 H9 单元格添加批注"请选择商品名称"，为 H11 单元格添加批注"请选择销售人员"。

(10) 插入并设置链接的形状，方法为：单击"插入"选项卡中的"形状"下拉按钮，在弹出的下拉面板中选择"圆角矩形"。在工作表中用鼠标画出圆角矩形，并设置圆角矩形的高为 1.20 厘米、宽为 4.10 厘米，对齐方式设置为水平居中、垂直居中，填充颜色设置为标准色橙色，无线条颜色。在圆角矩形中输入文本"销售明细表"，将格式设置为微软雅黑、14 号，字体颜色为自动。

(11) 复制并粘贴三个圆角矩形，将文本分别修改为"销售业绩分析""销售数据分析""销售数据动态图"。将它们的填充颜色分别设置为钢蓝、着色 1、浅色 40%，猩红、着色 6、浅色 60% 和浅绿、着色 4、浅色 60%。

(12) 大致调整四个圆角矩形的位置，然后同时选中这四个圆角矩形，设置对齐方式为水平居中、纵向分布。

（二）根据"2 月份商品销售明细表"中的数据进行总量统计

1. 利用 COUNTA 函数统计订单总数

选中 D10 单元格，选择"公式"→"其他函数"→"统计"→"COUNTA"（如图 3-97 所示）。在打开的"函数参数"对话框中，在"值 1"参数框中输入"'2 月份商品销售明细表 '!B3:B106"（如图 3-98 所示），然后单击"确定"按钮，即可在 D10 单元格中得出订单总数的结果。

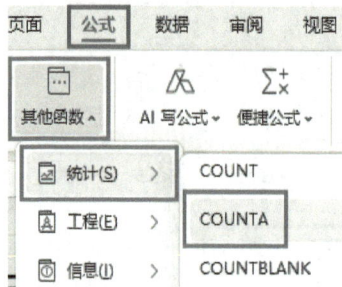

图 3-97　插入 COUNTA 函数

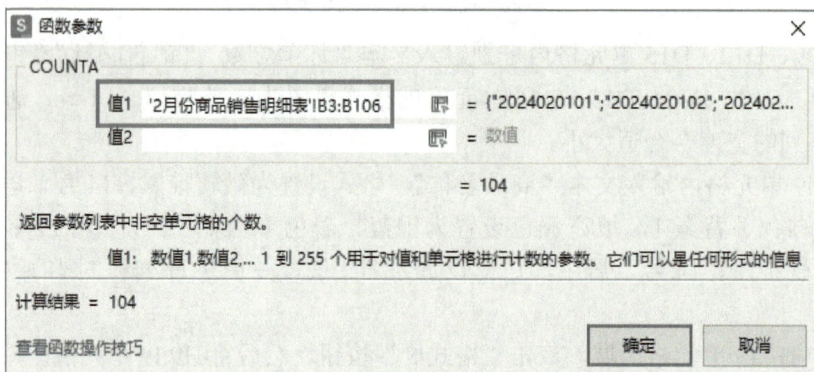

图 3-98　COUNTA 函数参数设置

2. 利用 SUM 函数计算销售总量

选中 D13 单元格，插入 SUM 函数，设置其参数为"'2 月份商品销售明细表 '!E3:E106"。

3. 利用 SUM 函数计算销售总额

选中 D16 单元格，插入 SUM 函数，设置其参数为"'2 月份商品销售明细表 '!F3:F106"。

（三）填充和计算明细查询数据

本部分要达到的效果是：选择商品名称和销售人员后，显示相应的订单数量、销售数量和销售金额。

1. 利用数据有效性填充商品名称和销售人员

（1）选中 I9 单元格，选择"数据"→"有效性"→"有效性"。在打开的"数据有效性"对话框内，在"允许"下拉列表中选择"序列"，在"来源"参数框中输入"= 基础信息 !$C$4:$C$9"，如图 3-99 所示。设置完成后，单击"确定"按钮。

填充和计算明细
查询数据

(2) 采用同样的方法设置 I11 单元格的数据有效性。此时，在"允许"下拉列表中选择"序列"，在"来源"参数框中输入"= 销售员工基本信息表 !$C$3:$C$12"，如图 3-100 所示。

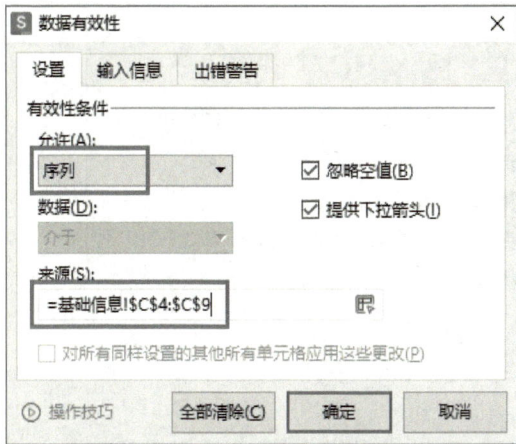

图 3-99　设置"商品名称"数据的有效性　　图 3-100　设置"销售人员"数据的有效性

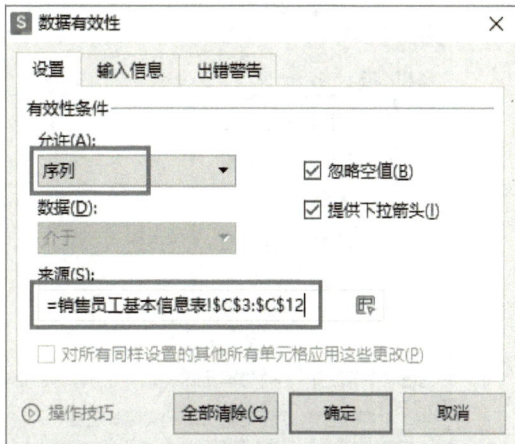

2. 根据"2 月份商品销售明细表"中的数据计算订单数量、销售数量和销售金额

(1) 为常用单元格区域定义名称。选中 C3:C106 单元格区域，在名称框内输入"商品名称"后按回车键，即定义了 C3:C106 单元格区域的名称为"商品名称"，如图 3-101 所示。采用同样的方法定义 E3:E106 单元格区域的名称为"销售数量"，定义 F3:F106 单元格区域的名称为"销售金额"，定义 I3:I106 单元格区域的名称为"销售人员"。

图 3-101　定义单元格区域的名称

(2) 利用 COUNTIFS 函数计算订单数量。选中 I13 单元格，选择"公式"→"其他函数"→"统计"→"COUNTIFS"，打开"函数参数"对话框，设置参数如图 3-102 所示。

图 3-102　利用 COUNTIFS 函数计算订单数量的参数设置

（3）利用 SUMIFS 函数计算销售数量。选中 I15 单元格，选择"公式"→"数学与三角"→"SUMIFS"，打开"函数参数"对话框，设置参数如图 3-103 所示。

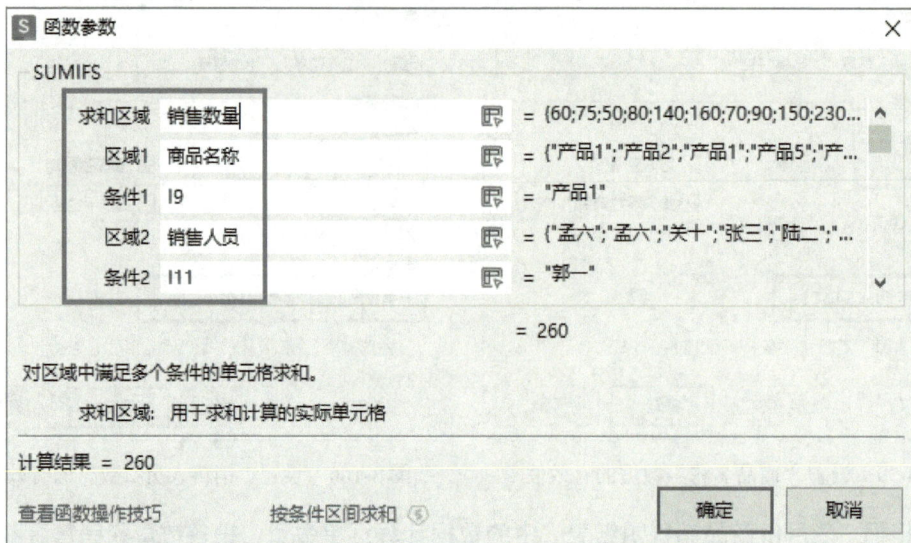

图 3-103　利用 SUMIFS 函数计算销售数量的参数设置

（4）利用 SUMIFS 函数计算销售金额。选中 I17 单元格，选择"公式"→"数学与三角"→"SUMIFS"，打开"函数参数"对话框，设置参数如图 3-104 所示。

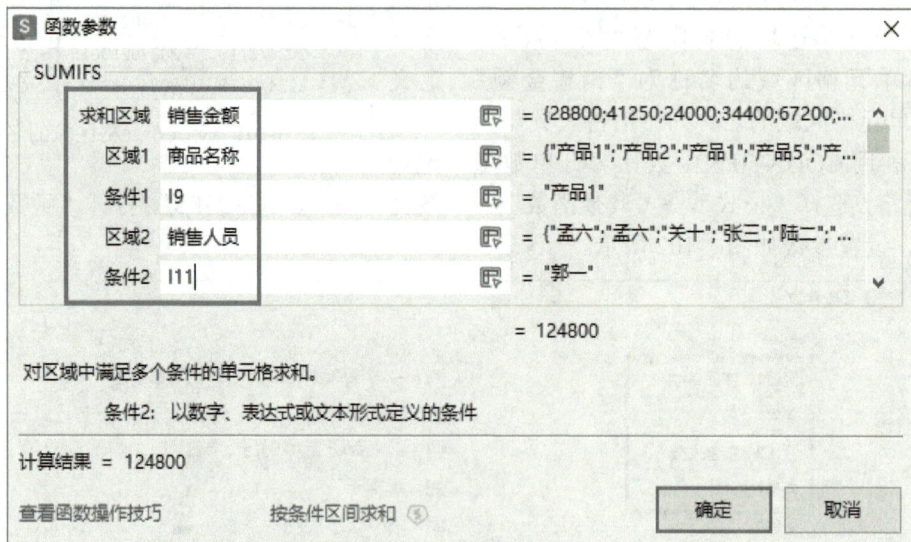

图 3-104　利用 SUMIFS 函数计算销售金额的参数设置

（四）设置超链接

（1）选中"销售明细表"圆角矩形，右击，在弹出的右键菜单中选择"超链接"，打开"超链接"对话框。在左侧选择"本文档中的位置"，在右侧"请选择文档中的位置"列表框中选择"2 月份商品销售明细表"，如图 3-105 所示。

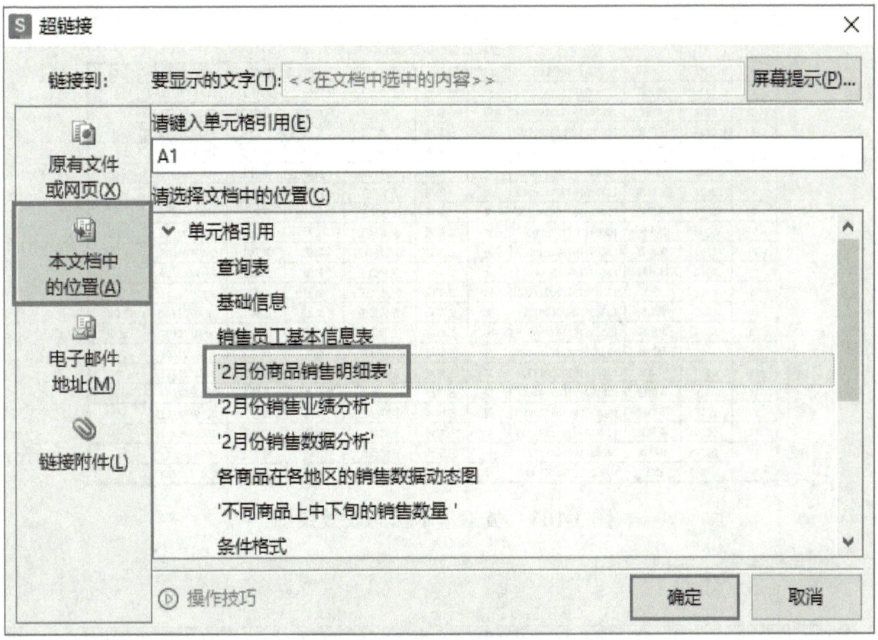

图 3-105　设置超链接

(2) 单击"确定"按钮，完成超链接的设置。当鼠标悬停在"销售明细表"圆角矩形上时，鼠标指针会变成手形状。单击该圆角矩形，即可跳转到"2 月份商品销售明细表"工作表。

(3) 采用同样的方法，分别为其他三个圆角矩形设置超链接，使它们分别链接到"2 月份销售业绩分析"工作表、"2 月份销售数据分析"工作表和"各商品在各地区的销售数据动态图"工作表。

（五）保存工作簿

单击"文件"→"保存"，或单击功能区中的"保存"按钮，以保存工作簿。

拓展任务 1　制作员工工资管理表

一、任务描述

公司员工工资由多个项目组成，每个项目都有相应的计算标准。财务处的小张根据公司规定的标准，计算出了每位员工的各项工资数据，并基于这些数据统计出了员工的应发工资。员工的实发工资 (即工资卡上的金额) 是应发工资减去社会保险、公积金和个人所得税等后的数额。小张按照标准，计算出了公司员工的实发工资。为了让领导了解公司员工的工资发放情况，小张利用 WPS 表格的筛选、分类汇总、数据透视表和图表等功能对数据进行了深入分析。任务完成后的效果图如图 3-106～图 3-115 所示。

序号	工号	姓名	身份证号码	性别	车间	员工性质	工种	技术等级	工作日期	工龄
1	0001	张小晓	130637197011050001	男	一车间	正式员工	组长	二级工	2001/08/15	23
2	0002	郑华	130603197212090003	男	一车间	正式员工	车间主任	三级工	2004/09/07	20
3	0003	王平安	130600197512180007	男	一车间	正式员工	其他	一级工	2001/12/06	23
4	0004	罗云朵	14020319860405000x	女	一车间	试用期员工	其他	普通工	2010/01/16	14
5	0005	李哲	130636197305230005	男	一车间	试用期员工	其他	普通工	2002/02/10	22
6	0006	王娜娜	130625199302230008	女	一车间	正式员工	其他	普通工	2014/03/10	10
7	0007	吴新新	130634197108230002	女	二车间	正式员工	车间主任	三级工	2003/04/08	21
8	0008	郭大大	130634197102020020	女	二车间	正式员工	组长	三级工	2003/05/08	21
9	0009	张小磊	13063219750404002x	男	二车间	试用期员工	其他	二级工	2003/06/07	21
10	0010	陈诗诗	130638199009100011	女	二车间	正式员工	其他	二级工	2014/07/09	10
11	0011	田冰	130622198506211101	男	二车间	正式员工	其他	一级工	2009/08/11	15
12	0012	李萌萌	130630198806061111	女	二车间	正式员工	其他	二级工	2010/09/04	14
13	0013	谢东风	130633197107055555	男	二车间	正式员工	其他	二级工	2004/12/07	20
14	0014	周美美	130621198307292222	女	三车间	试用期员工	其他	普通工	2007/01/09	17
15	0015	何龙龙	130624197008218888	女	三车间	正式员工	其他	三级工	2004/02/11	20
16	0016	黄丽丽	130622197502146666	女	三车间	正式员工	车间主任	三级工	2003/04/08	22
17	0017	张威严	130638199806099999	男	三车间	试用期员工	其他	普通工	2010/04/13	14
18	0018	谭笑笑	130625197511233333	女	三车间	正式员工	组长	二级工	2002/05/07	22
19	0019	齐琳琳	130681198106117777	女	三车间	正式员工	其他	普通工	2005/06/11	19
20	0020	张军	130602197807280006	男	三车间	试用期员工	其他	普通工	2003/07/03	21

图 3-106　员工基本信息表效果图

员工应发工资表

工号	姓名	身份证号码	性别	车间	员工性质	工种	技术等级	出生日期	退休年龄	退休时间	基本工资	职务工资	技能工资	基本合计	请假天数	扣款	加班天数	加班工资	应发合计
0001	张小晓	130637197011050001	男	一车间	正式员工	组长	二级工	1970-11-05	60	2030/11/5	3500	1600	1800	6900		0		0	6900
0002	郑华	130603197212090003	男	一车间	正式员工	车间主任	三级工	1972-12-09	60	2032/12/9	3500	2500	2200	8200	1	100		0	8100
0003	王平安	130600197512180007	男	一车间	正式员工	其他	一级工	1975-12-18	60	2035/12/18	3500	900	1500	5900		0		0	5900
0004	罗云朵	14020319860405000x	女	一车间	试用期员工	其他	普通工	1986-04-05	55	2041/4/5	2800	900	1000	4700		0	3	600	5300
0005	李哲	130636197305230005	男	一车间	试用期员工	其他	普通工	1973-05-23	60	2033/5/23	2800	900	1000	4700		0		0	4700
0006	王娜娜	130625199302230008	女	一车间	正式员工	其他	普通工	1993-02-23	55	2048/2/23	3500	900	1000	5400		0		0	5400
0007	吴新新	130634197108230002	女	二车间	正式员工	车间主任	三级工	1971-08-23	55	2026/8/23	3500	2500	2200	8200		0	2	400	8600
0008	郭大大	130634197102020020	女	二车间	正式员工	组长	三级工	1971-02-02	55	2026/2/2	3500	1600	2200	7300	1	100		0	7200
0009	张小磊	13063219750404002x	男	二车间	试用期员工	其他	二级工	1975-04-04	60	2035/4/4	2800	900	1000	4700		0	1	200	4900
0010	陈诗诗	130638199009100011	女	二车间	正式员工	其他	二级工	1990-09-10	55	2045/9/10	3500	900	1800	6200		0	2	400	6600
0011	田冰	130622198506211101	男	二车间	正式员工	其他	一级工	1985-06-21	60	2045/6/21	3500	900	1500	5900		0		0	5900
0012	李萌萌	130630198806061111	女	二车间	正式员工	其他	二级工	1988-06-06	55	2043/6/6	3500	900	1800	6200		0		0	6200
0013	谢东风	130633197107055555	男	二车间	正式员工	其他	二级工	1971-07-05	60	2031/7/5	3500	900	1800	6200	2	200	1	200	6200
0014	周美美	130621198307292222	女	三车间	试用期员工	其他	普通工	1983-07-29	55	2038/7/29	2800	900	1000	4700		0		0	4700
0015	何龙龙	130624197008218888	女	三车间	正式员工	其他	三级工	1970-08-21	55	2025/8/21	3500	900	2200	6600		0		0	6600
0016	黄丽丽	130622197502146666	女	三车间	正式员工	车间主任	三级工	1975-02-14	55	2030/2/14	3500	2500	2200	8200		0	2	400	8600
0017	张威严	130638199806099999	男	三车间	试用期员工	其他	普通工	1989-06-09	60	2049/6/9	2800	900	1000	4700	3	300	2	400	4800
0018	谭笑笑	130625197511233333	女	三车间	正式员工	组长	二级工	1975-11-23	55	2030/11/23	3500	1600	1800	6900		0		0	6900
0019	齐琳琳	130681198106117777	女	三车间	正式员工	其他	普通工	1981-06-11	55	2036/6/11	3500	900	1000	5400	1	100	1	200	5500
0020	张军	130602197807280006	男	三车间	试用期员工	其他	普通工	1978-07-28	60	2038/7/28	2800	900	1000	4700		0	2	400	5100

请假一天扣除	加班一天工资
100	200

员工人数	三级工人数	二级工人数	一级工人数	普通工人数
20	5	5	2	8

应发之和	124300
应发最大	8600
应发最小	4700
应发平均	6215

图 3-107　员工应发工资表效果图

员工实发工资表

工号	姓名	基本合计	应发合计	养老保险	医疗保险	失业保险	住房公积金	应扣合计	月工资	应纳税所得额	个人所得税	实发金额	签名
0001	张小晓	6900	6900	552	138	69	552	1311	5589	589	18	5571	
0002	郑华	8200	8100	656	164	82	648	1550	6550	1550	47	6504	
0003	王平安	5900	5900	472	118	59	472	1121	4779	0	0	4779	
0004	罗云朵	4700	5300	376	94	47	424	941	4359	0	0	4359	
0005	李哲	4700	4700	376	94	47	376	893	3807	0	0	3807	
0006	王娜娜	5400	5400	432	108	54	432	1026	4374	0	0	4374	
0007	吴新新	8200	8600	656	164	82	688	1590	7010	2010	60	6950	
0008	郭大大	7300	7200	584	146	73	576	1379	5821	821	25	5796	
0009	张小磊	4700	4900	376	94	47	392	909	3991	0	0	3991	
0010	陈诗诗	6200	6600	496	124	62	528	1210	5390	390	12	5378	
0011	田冰	5900	5900	472	118	59	472	1121	4779	0	0	4779	
0012	李萌萌	6200	6200	496	124	62	496	1178	5022	22	1	5021	
0013	谢东风	6200	6200	496	124	62	496	1178	5022	22	1	5021	
0014	周美美	4700	4900	376	94	47	392	909	3991	0	0	3991	
0015	何龙龙	6600	6600	528	132	66	528	1254	5346	346	10	5336	
0016	黄丽丽	8200	8600	656	164	82	688	1590	7010	2010	60	6950	
0017	张威严	4700	4800	376	94	47	384	901	3899	0	0	3899	
0018	谭笑笑	6900	6900	552	138	69	552	1311	5589	589	18	5571	
0019	齐琳琳	5400	5500	432	108	54	440	1034	4466	0	0	4466	
0020	张军	4700	5100	376	94	47	408	925	4175	0	0	4175	
合计		121700	124300	9736	2434	1217	9944	23331	100969	8349	250	100719	

图 3-108　员工实发工资表效果图

工号	姓名	性别	车间	员工性质	工种	技术等级	基本工资	职务工资	技能工资	基本合计	请假天数	扣款	加班天数	加班工资	应发合计
0001	张小娟	男	一车间	正式员工	组长	二级工	3500	1600	1800	6900		0		0	6900
0002	郑华	男	一车间	正式员工	车间主任	三级工	3500	2500	2200	8200	1	100		0	8100
0007	吴颖颖	女	二车间	正式员工	车间主任	三级工	3500	2500	2200	8200		0	2	400	8600
0008	郭大大	女	二车间	正式员工	组长	三级工	3500	1600	2200	7300	1	100		0	7200
0016	黄丽丽	女	三车间	正式员工	车间主任	三级工	3500	2500	2200	8200		0	2	400	8600
0018	谭芙芙	女	三车间	正式员工	组长	二级工	3500	1600	1800	6900		0		0	6900

图 3-109　自动筛选 1 效果图

工号	姓名	性别	车间	员工性质	工种	技术等级	基本工资	职务工资	技能工资	基本合计	请假天数	扣款	加班天数	加班工资	应发合计
0004	罗云朵	女	一车间	试用期员工	其他	普通工	2800	900	1000	4700		0	3	600	5300
0005	李哲	男	一车间	试用期员工	其他	普通工	2800	900	1000	4700		0		0	4700
0009	张小磊	男	二车间	试用期员工	其他	普通工	2800	900	1000	4700		0	1	200	4900
0014	周美美	女	三车间	试用期员工	其他	普通工	2800	900	1000	4700		0	1	200	4900
0017	张威严	男	三车间	试用期员工	其他	普通工	2800	900	1000	4700	3	300	2	400	4800
0020	张军	男	三车间	试用期员工	其他	普通工	2800	900	1000	4700		0	2	400	5100

图 3-110　自动筛选 2 效果图

工号	姓名	性别	车间	员工性质	工种	技术等级	基本工资	职务工资	技能工资	基本合计	请假天数	扣款	加班天数	加班工资	应发合计
0005	李哲	男	一车间	试用期员工	其他	普通工	2800	900	1000	4700		0		0	4700
0006	王娜娜	女	一车间	正式员工	其他	普通工	3500	900	1000	5400		0		0	5400
0007	吴新新	女	二车间	正式员工	车间主任	三级工	3500	2500	2200	8200		0	2	400	8600
0008	郭大大	女	二车间	正式员工	组长	三级工	3500	1600	2200	7300	1	100		0	7200
0009	张小磊	男	二车间	试用期员工	其他	普通工	2800	900	1000	4700		0	1	200	4900
0010	陈诗诗	女	二车间	正式员工	其他	普通工	3500	900	1800	6200		0	2	400	6600
0011	田冰	男	二车间	正式员工	其他	一级工	3500	900	1500	5900		0		0	5900
0012	李萌萌	女	二车间	正式员工	其他	二级工	3500	900	1800	6200		0		0	6200
0013	谢东风	男	二车间	正式员工	其他	二级工	3500	900	1800	6200	2	200	1	200	6200
0014	周美美	女	三车间	试用期员工	其他	普通工	2800	900	1000	4700		0	1	200	4900
0015	何龙龙	女	三车间	正式员工	其他	三级工	3500	900	2200	6600		0		0	6600
0016	黄丽丽	女	三车间	正式员工	车间主任	三级工	3500	2500	2200	8200		0	2	400	8600
0017	张威严	男	三车间	试用期员工	其他	普通工	2800	900	1000	4700	3	300	2	400	4800
0018	谭芙芙	女	三车间	正式员工	组长	二级工	3500	1600	1800	6900		0		0	6900
0019	齐拼拼	女	三车间	正式员工	其他	普通工	3500	900	1000	5400	1	100	1	200	5500
0020	张军	男	三车间	试用期员工	其他	普通工	2800	900	1000	4700		0	2	400	5100

筛选条件：

员工性质	应发合计	应发合计
正式员工	>=5000	<6000

筛选结果：

工号	姓名	性别	车间	员工性质	工种	技术等级	基本工资	职务工资	技能工资	基本合计	请假天数	扣款	加班天数	加班工资	应发合计
0003	王平安	男	一车间	正式员工	其他	一级工	3500	900	1500	5900		0		0	5900
0006	王娜娜	女	一车间	正式员工	其他	普通工	3500	900	1000	5400		0		0	5400
0011	田冰	男	二车间	正式员工	其他	一级工	3500	900	1500	5900		0		0	5900
0019	齐拼拼	女	三车间	正式员工	其他	普通工	3500	900	1000	5400	1	100	1	200	5500

图 3-111　高级筛选 1 效果图

工号	姓名	性别	车间	员工性质	工种	技术等级	基本工资	职务工资	技能工资	基本合计	请假天数	扣款	加班天数	加班工资	应发合计
0005	李哲	男	一车间	试用期员工	其他	普通工	2800	900	1000	4700		0		0	4700
0006	王娜娜	女	一车间	正式员工	其他	普通工	3500	900	1000	5400		0		0	5400
0007	吴新新	女	二车间	正式员工	车间主任	三级工	3500	2500	2200	8200		0	2	400	8600
0008	郭大大	女	二车间	正式员工	组长	三级工	3500	1600	2200	7300	1	100		0	7200
0009	张小磊	男	二车间	试用期员工	其他	普通工	2800	900	1000	4700		0	1	200	4900
0010	陈诗诗	女	二车间	正式员工	其他	普通工	3500	900	1800	6200		0	2	400	6600
0011	田冰	男	二车间	正式员工	其他	一级工	3500	900	1500	5900		0		0	5900
0012	李萌萌	女	二车间	正式员工	其他	二级工	3500	900	1800	6200		0		0	6200
0013	谢东风	男	二车间	正式员工	其他	二级工	3500	900	1800	6200	2	200	1	200	6200
0014	周美美	女	三车间	试用期员工	其他	普通工	2800	900	1000	4700		0	1	200	4900
0015	何龙龙	女	三车间	正式员工	其他	三级工	3500	900	2200	6600		0		0	6600
0016	黄丽丽	女	三车间	正式员工	车间主任	三级工	3500	2500	2200	8200		0	2	400	8600
0017	张威严	男	三车间	试用期员工	其他	普通工	2800	900	1000	4700	3	300	2	400	4800
0018	谭芙芙	女	三车间	正式员工	组长	二级工	3500	1600	1800	6900		0		0	6900
0019	齐拼拼	女	三车间	正式员工	其他	普通工	3500	900	1000	5400	1	100	1	200	5500
0020	张军	男	三车间	试用期员工	其他	普通工	2800	900	1000	4700		0	2	400	5100

筛选条件：

员工性质	应发合计
试用期员工	
正式员工	<6000

筛选结果：

工号	姓名	性别	车间	员工性质	工种	技术等级	基本工资	职务工资	技能工资	基本合计	请假天数	扣款	加班天数	加班工资	应发合计
0003	王平安	男	一车间	正式员工	其他	一级工	3500	900	1500	5900		0		0	5900
0004	罗云朵	女	一车间	试用期员工	其他	普通工	2800	900	1000	4700		0	3	600	5300
0005	李哲	男	一车间	试用期员工	其他	普通工	2800	900	1000	4700		0		0	4700
0006	王娜娜	女	一车间	正式员工	其他	普通工	3500	900	1000	5400		0		0	5400
0009	张小磊	男	二车间	试用期员工	其他	普通工	2800	900	1000	4700		0	1	200	4900
0011	田冰	男	二车间	正式员工	其他	一级工	3500	900	1500	5900		0		0	5900
0014	周美美	女	三车间	试用期员工	其他	普通工	2800	900	1000	4700		0	1	200	4900
0017	张威严	男	三车间	试用期员工	其他	普通工	2800	900	1000	4700	3	300	2	400	4800
0019	齐拼拼	女	三车间	正式员工	其他	普通工	3500	900	1000	5400	1	100	1	200	5500
0020	张军	男	三车间	试用期员工	其他	普通工	2800	900	1000	4700		0	2	400	5100

图 3-112　高级筛选 2 效果图

1234	A	B	C	D	E	F	G	H	L	M	N	O	P	Q	R	S	T
1						员工应发工资表											
2	工号	姓名	性别	车间	员工性质	工种	技术等级	基本工资	职务工资	技能工资	基本合计	请假天数	扣款	加班天数	加班工资	应发合计
4		1					三级工	计数								
6		1					二级工	计数								
8		1					一级工	计数								
12		3					普通工	计数								
13		6		一车间 计数												
16		2					三级工	计数								
20		3					二级工	计数								
22		1					一级工	计数								
24		1					普通工	计数								
25		7		二车间 计数												
28		2					三级工	计数								
30		1					二级工	计数								
35		4					普通工	计数								
36		7		三车间 计数												
37		20		总 计数												

图 3-113　分类汇总效果图

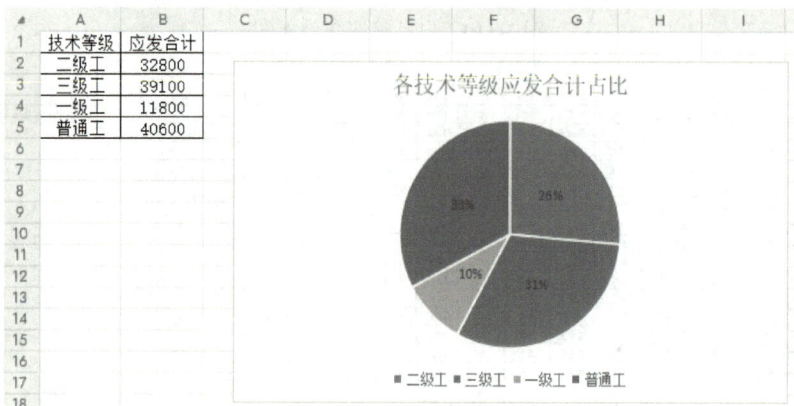

	A	B
1	技术等级	应发合计
2	二级工	32800
3	三级工	39100
4	一级工	11800
5	普通工	40600

各技术等级应发合计占比

■二级工 ■三级工 ■一级工 ■普通工

图 3-114　图表效果图

	A	B	C	D	E	F
3	计数项:姓名	技术等级 ▼				
4	车间 ▼	三级工	二级工	一级工	普通工	总计
5	一车间	1	1	1	3	6
6	二车间	2	3	1	1	7
7	三车间	2			4	7
8	总计	5	5	2	8	20

图 3-115　数据透视表效果图

二、任务分析

首先，建立员工基本信息表，该表包含员工工号、姓名、身份证号码、性别等基本信息；然后，利用 WPS 表格的公式与函数制作员工应发工资表和员工实发工资表；最后，通过数据排序、分类汇总、图表绘制、数据筛选、数据透视表等功能对工资数据进行分析。

三、任务步骤

本任务可分为录入数据以创建员工基本信息表、利用公式与函数计算应发工资、利用公式与函数计算实发工资和分析工资数据等步骤。下面我们详细介绍每个步骤的操作方法。

（一）录入数据以创建员工基本信息表

1. 新建工作簿

启动 WPS 应用程序，新建一个工作簿并将其另存为"员工工资管理"。

2. 重命名工作表

将"Sheet1"工作表重命名为"员工基本信息表"。

3. 使用常规方法录入数据

选中"员工基本信息表"，按以下步骤录入基本信息：

(1) 在 A1 单元格中录入标题"员工基本信息表"。

(2) 依次在 A2 至 J2 单元格中输入各字段名称。

(3) 在"姓名"列中依次录入员工姓名。

(4) 在"身份证号码"列中依次录入员工身份证号码。

(5) 在"工作日期"列中录入日期，日期采用"yyyy/mm/dd"格式。

4. 快速录入数据

(1) 自动填充"序号"列，有如下两种方法：

① 在 A3 单元格中输入数字"1"，然后按住 Ctrl 键拖动填充柄进行填充。

② 在 A3 单元格中输入数字"1"，选择"开始"→"填充"→"序列"，打开"序列"对话框进行填充。

(2) 利用填充柄自动填充"工号"列的数据：选中 B3 单元格，输入"'0001"（其中引号为英文单引号），然后拖动填充柄完成 B4:B22 单元格的自动填充。

(3) 利用填充柄自动填充"车间"列的数据。

(4) 利用"Ctrl + Enter"组合键快速录入"性别"列的数据。

(5) 利用数据有效性功能录入"员工性质"列、"工种"列和"技术等级"列的数据。

5. 利用公式与函数计算工龄

利用公式"=Year(Today())-Year(J3)"计算工龄，并将工龄的数字格式设置为数值型、第四种负数格式、保留 0 位小数。

6. 格式化表格

(1) 合并 A1:K1 单元格并将其内容居中。将第 1 行的行高设置为 30，字体设置为黑体，字号设置为 18 磅。

(2) 将第 2 行至第 22 行的行高设置为 18，字体设置为宋体，字号设置为 10 磅。单元格的对齐方式设置为水平居中、垂直居中。

(3) 为 A2:K22 单元格添加边框，内部框线设置为细实线，外部框线设置为双实线。

(4) 为 A2:K2 单元格区域添加底纹，底纹颜色设置为矢车菊蓝、着色 5、浅色 60%。

7. 使用条件格式突出显示数据

将工龄大于 20 年的数据所在单元格用浅红色填充以突出显示。

8. 页面设置与打印预览

设置 A1:K22 单元格区域为打印区域，纸张方向设置为横向，上、下页边距均设置为

2 厘米，左、右页边距设置为 1.5 厘米，并确保打印内容在纸张上水平居中。

（二）利用公式与函数计算应发工资

1. 创建并重命名工作表

创建工作表"Sheet2"，并将其重命名为"员工应发工资表"。

2. 输入工作表的基本数据并格式化

(1) 输入工作表的标题和字段名，如图 3-116、图 3-117 所示。

	A	B	C	D	E	F	G	H	I	J	K
1	员工应发工资表										
2	工号	姓名	身份证号码	性别	车间	员工性质	工种	技术等级	出生日期	退休年龄	退休时间
3											

图 3-116　工作表的基本数据（一）

K	L	M	N	O	P	Q	R	S	T
退休时间	基本工资	职务工资	技能工资	基本合计	请假天数	扣款	加班天数	加班工资	应发合计

图 3-117　工作表的基本数据（二）

(2) 在 V2 和 W3 单元格中分别输入"请假一天扣除"和"加班一天工资"，如图 3-118 所示。

V	W
请假一天扣除	加班一天工资
100	200

图 3-118　工作表的基本数据（三）

(3) 在 H25:L26 单元格中输入如图 3-119 所示的统计数据。

	G	H	I	J	K	L	M
23							
24							
25		员工人数	三级工人数	二级工人数	一级工人数	普通工人数	
26							
27							

图 3-119　工作表的基本数据（四）

(4) 在 S24:T27 单元格中输入如图 3-120 所示的统计数据。

	R	S	T	U
23				
24		应发之和		
25		应发最大值		
26		应发最小值		
27		应发平均值		
28				

图 3-120　工作表的基本数据（五）

(5) 参照图 3-107 输入"请假天数"列和"加班天数"列的数据。

（6）合并 A1:T1 单元格并居中，将第 1 行的行高设置为 30，字体设置为黑体，字体设置为 18 磅。

（7）第 2 行至第 27 行的行高设置为 18，字体设置为宋体，字号设置为 10 磅，单元格对齐方式设置为水平居中、垂直居中。

（8）为 A2:T22、V2:W3、H25:L26、S24:T27 单元格添加边框，内部框线和外部框线都设置为细实线。

（9）为 A2:T2、V2:W2、H25:L25、S24:S27 单元格区域添加底纹，底纹颜色设置为矢车菊蓝、着色 5、浅色 60%。

3. 引用"员工基本信息表"中的数据

引用"员工基本信息表"中的工号、姓名、身份证号码、性别、车间、员工性质、工种、技术等级等字段数据。

（1）选中"员工应发工资表"中的 A3 单元格，输入"="，然后单击"员工基本信息表"标签以切换至该工作表。选中 B3 单元格，按回车键。此时返回"员工应发工资表"工作表，A3 单元格将显示"0001"，说明完成了一个单元格数据的引用。

（2）选中 A3 单元格，向右拖动填充柄至 H3 单元格，以完成 B3 至 H3 单元格数据的引用。

（3）选中 A3:H3 单元格区域，向下拖动填充柄至 H22 单元格，以完成 A3:H22 单元格区域数据的引用。

4. 利用公式与函数计算"员工应发工资表"工作表中的数据

利用公式与函数对"员工工资管理 .xlsx"工作簿中"员工应发工资表"工作表中的数据进行计算。

（1）利用 MID 函数从身份证号码中提取出生日期，出生日期的格式为"yyyy-mm-dd"。

（2）利用 IF 函数计算退休年龄：男员工设为 60，女员工设为 55。

（3）利用 DATE 函数，结合出生日期和退休年龄计算员工的退休时间。

（4）利用 IF 函数计算基本工资：正式员工设为 3500，试用期员工为正式员工基本工资的 80%。

（5）利用 IF 函数计算职务工资：车间主任设为 2500，组长设为 1600，其他设为 900。

（6）利用 IF 函数计算技能工资：三级工设为 2200，二级工设为 1800，一级工设为 1500，普通工设为 1000。

（7）利用以下公式计算基本合计：

基本合计 = 基本工资 + 职务工资 + 技能工资

（8）利用单元格的绝对引用，结合以下公式计算扣款和加班工资：

扣款 = 请假一天扣除 × 请假天数

加班工资 = 加班一天工资 × 加班天数

（9）利用以下公式计算应发合计：

应发合计 = 基本合计 − 扣款 + 加班工资

（10）利用 SUM、MAX、MIN 和 AVERAGE 函数分别计算应发之和、应发最大值、应发最小值和应发平均值。

（11）利用 COUNT 函数计算员工总人数。

（12）利用 COUNTIF 函数分别计算三级工、二级工、一级工和普通工的人数。

（三）利用公式与函数计算实发工资

1. 创建工作表副本

打开"实发工资（素材）"工作簿，建立"员工实发工资表"的副本，并将该副本放置在"员工工资管理"工作簿中的"员工应发工资表"之后。

2. 引用"员工应发工资表"中的数据

引用"员工应发工资表"中的工号、姓名、基本合计、应发合计等数据。

3. 利用公式计算养老保险、医疗保险、失业保险、住房公积金、应扣合计和月工资

(1) 养老保险缴费比例为基本合计的 8%。

(2) 医疗保险缴费比例为基本合计的 2%。

(3) 失业保险缴费比例为基本合计的 1%。

(4) 住房公积金缴费比例为应发合计的 8%。

(5) 应扣合计的计算公式为：应扣合计 ＝ 养老保险 ＋ 医疗保险 ＋ 失业保险 ＋ 住房公积金。

(6) 月工资的计算公式为：月工资 ＝ 应发合计 － 应扣合计。

4. 利用函数计算应纳税所得额和个人所得税

从 2018 年 10 月 1 日起，个人所得税起征点调整为 5000 元。个人所得税 ＝（应纳税工资额 － 5000）× 税率 － 速算扣除数，其中税率参照"员工实发工资表"工作表中的 A31:E42 单元格区域。例如，某人某月的工资减去社会保险个人缴纳金额和住房公积金个人缴纳金额后为 7000 元，则个人所得税为（7000 － 5000）× 3% － 0 ＝ 60 元。

(1) 利用 IF 函数计算应纳税所得额。若月工资大于 5000 元，则应纳税所得额为月工资 － 5000；否则，为 0。

(2) 利用 VLOOKUP 函数计算个人所得税。选中 L3 单元格，插入 VLOOKUP 函数。在打开的"函数参数"对话框中，设置第一个参数为"K3"，第二个参数为"$B$36:$E$42"，第三个参数为"3"，第四个参数为"TRUE"。接着，在公式后面接着输入"*K3-"。然后，再插入一个 VLOOKUP 函数，并设置四个参数分别为"K3""$B$36:$E$42""4"和"TRUE"。完整的公式为

=VLOOKUP(K3,$B$36:$E$42,3,TRUE)*K3-VLOOKUP(K3,$B$36:$E$42,4,TRUE)

设置完成后，单击"确定"按钮，即可得到计算结果。拖动填充柄以完成"个人所得税"列的计算。

5. 利用公式计算实发金额

计算实发金额的公式为

实发金额 ＝ 月工资 － 个人所得税

6. 计算各项合计

利用自动求和功能计算各项合计。

（四）分析工资数据

1. 创建用于进行工资分析的工作表

创建工作表，将其重命名为"工资分析原表"，并将"员工应发工资表"中的所有数据复制到"工资分析原表"中。

2. 调整"工资分析原表"工作表的结构

(1) 删除 H25:L26、S24:T27 单元格区域。

(2) 隐藏 C、I、J、K 列。

3. 分类汇总

分类汇总各车间各技术等级的人数，具体步骤如下：

(1) 创建工作表，将其重命名为"分类汇总"，并将"工资分析原表"中的数据复制到"分类汇总"工作表中。

(2) 先按"一车间、二车间、三车间"的顺序对"车间"字段进行排序，再按"三级工、二级工、一级工、普通工"的顺序对"技术等级"字段进行排序。

(3) 以"车间"和"技术等级"为分类字段，对"姓名"进行计数统计，以得出各车间各技术等级的人数。

4. 创建"各技术等级应发合计占比"图表

(1) 创建工作表，将其重命名为"图表"。

(2) 根据"工资分析原表"准备制作图表所需的数据：利用 SUMIF 函数计算各技术等级"应发合计"的总和。

(3) 选中准备好的数据，插入二维饼图。将数据标签设置为"居中，显示百分比"，图表标题设置为"各技术等级应发合计占比"。

5. 筛选

(1) 创建 4 个"工资分析原表"的副本，分别将其重命名为"筛选 1""筛选 2""筛选 3"和"筛选 4"。

(2) 在"筛选 1"工作表中，利用自动筛选功能，筛选出"应发合计"最高的 5 位员工的记录。

(3) 在"筛选 2"工作表中，利用自动筛选功能，筛选出"试用期员工"的工资记录。

(4) 在"筛选 3"工作表中，利用高级筛选功能，筛选出正式员工中"应发合计"大于或等于 5000 且小于 6000 的记录，条件区域从 V8 单元格开始，结果放置在从 A26 单元格开始的区域。

(5) 在"筛选 4"工作表中，利用高级筛选功能，筛选出"试用期员工"或"应发合计"小于 5000 的正式员工的记录，条件区域从 V8 单元格开始，结果放置在从 A26 单元格开始的区域。

6. 利用数据透视表统计各车间各技术等级的人数

利用"工资分析原表"中的数据创建一个数据透视表，将行标签设置为"车间"，列标签设置为"技术等级"，"计数项"字段设置为"姓名"。然后将这个数据透视表作为新工作表插入，并将该新工作表重命名为"数据透视表"。最后，将"数据透视表"工作表移动到工作簿的最后位置。

7. 保存工作簿

选择"文件"→"保存"，或单击功能区中的"保存"按钮，以当前文件名保存工作簿。

拓展任务 2　制作"员工绩效汇总"工作表

一、任务描述

人事部的小张计划在年终总结前制作一个名为"员工绩效汇总"的工作表，用于收集并整理员工的绩效评价数据。接着，他将根据这些数据制作统计表（如图 3-121 所示）和统计图（如图 3-122 所示）。待所有工作完成后，这些文档将被打印并存档。

	A	B	C	D	E	F	G	H	I	J
1	工号	姓名	性别	学历	部门	入职日期	工龄	绩效	评价	状态
3	A0014	陈MO	女	硕士	质量部	2010-02-05	14	B	（评价2）	
9	A0055	张XW	女	本科	研发中心	2018-06-16	6	C	（评价8）	
16	A0085	张ED	女	其他	人力资源部	2017-03-16	7	C	（评价15）	
24	A0120	张QL	男	博士后	质量部	2013-06-11	11	C	（评价23）	
51	A0264	张JS	女	专科	生产部	2016-12-14	7	B	（评价50）	
52	A0266	张IX	女	其他	研发中心	2016-09-11	8	B	（评价51）	
56	A0287	张FB	男	其他	销售中心	2013-11-18	11	A	（评价55）	
60	A0306	张JK	女	本科	生产部	2009-05-15	15	A	（评价59）	
62	A0321	张DM	女	本科	研发中心	2011-04-02	13	A	（评价61）	
64	A0326	陈WH	女	硕士	质量部	2015-04-21	9	A	（评价63）	
70	A0352	陈VG	男	博士	质量部	2011-07-07	13	B	（评价69）	
71	A0361	陈UW	女	其他	研发中心	2010-10-10	14	B	（评价70）	
81	A0410	张FU	女	博士后	生产部	2013-05-09	11	S	（评价80）	
84	A0426	张WL	女	专科	客户服务部	2015-07-30	9	S	（评价83）	
87	A0446	陈HC	男	其他	人力资源部	2010-10-13	14	B	（评价86）	
93	A0481	张BR	女	本科	生产部	2019-11-19	5	B	（评价92）	

图 3-121　效果图（一）

	A	B	C	D	E	F	G	H	I
1		博士后	博士	硕士	本科	专科	其他	（合计）	
2	研发中心	4	4	0	5	15	13	41	
3	生产部	4	3	6	8	14	9	44	
4	质量部	5	3	9	9	10	13	49	

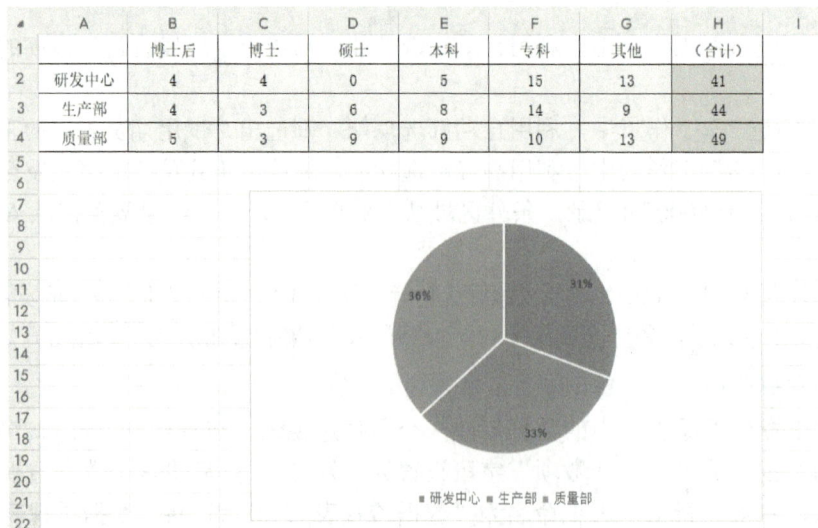

图 3-122　效果图（二）

二、任务分析

首先，对"员工绩效汇总"工作表进行编辑，包括设置列宽、调整日期格式等；然后，利用公式和函数进行计算；接着，进行打印设置；最后，通过图表绘制、数据筛选等功能对绩效数据进行深入分析。

三、任务步骤

本任务分为编辑表格、设置单元格格式、利用公式与函数计算、打印设置、制作图表、筛选数据等步骤。打开第 3 单元拓展任务 2 的素材文档"ET.xlsx"，后续所有操作均将基于此文档进行。

(1) 在"员工绩效汇总"工作表中，按要求调整各列的宽度：工号 (4)、姓名 (5)、性别 (3)、学历 (4)、部门 (8)、入职日期 (6)、工龄 (4)、绩效 (4)、评价 (16)、状态 (4)。注：这里的数字表示列宽，如"姓名 (5)"表示"姓名"列的宽度设置为 5 个汉字宽度，"部门 (8)"表示"部门"列的宽度设置为 8 个汉字宽度。

(2) 在"员工绩效汇总"工作表中，将"入职日期"列 (F2:F201) 中的日期统一调整为"2020-10-01"的格式。注意：年、月、日之间使用短横线"-"分隔，且月和日均显示为两位数字。

(3) 在"员工绩效汇总"工作表中，利用条件格式功能，将"姓名"列 (B2:B201) 中包含重复值的单元格突出显示为"浅红填充色深红色文本"。

(4) 在"员工绩效汇总"工作表的"状态"列 (J2:J201) 中插入下拉按钮，下拉列表中包含"确认"和"待确认"两个选项。输入无效数据时显示出错警告，错误信息为"输入内容不规范，请通过下拉列表选择"。

(5) 在"员工绩效汇总"工作表的 G1 单元格中添加批注，内容为"工龄计算规则：满一年才加 1。例如，2018-11-22 入职，到 2020-10-01 时，工龄为 1 年。"

(6) 在"员工绩效汇总"工作表的"工龄"列空白单元格 (G2:G201) 中，使用 DATEDIF 函数计算截至当前日期的"工龄"。注意，工龄计算规则为每满一年加 1，"当前日期"指每次打开本工作簿时自动获取的日期。

(7) 打开"考生"文件夹下的素材文档"绩效后台数据 .txt"(.txt 为文件扩展名)，完成下列任务：

① 将"绩效后台数据 .txt"中的全部内容复制并粘贴到"Sheet3"工作表的 A1 单元格中，然后将"工号""姓名""级别""本期绩效""本期绩效评价"的内容依次拆分到 A～E 列中。注意：拆分列时，需将"级别"列 (C 列) 的数据类型设置为"文本"。

② 使用查找引用类函数，在"员工绩效汇总"工作表的"绩效"列 (H2:H201) 和"评价"列 (I2:I201) 中，按"工号"引用"Sheet3"工作表中对应记录的"本期绩效"数据和"本期绩效评价"数据。

(8) 为方便在"员工绩效汇总"工作表中查看数据，设置标题行 (第 1 行) 为冻结窗格，使其在滚动时始终可见。

(9) 为节约打印纸张，对"员工绩效汇总"工作表进行打印缩放设置，确保在纸张打印方向为纵向的前提下，将所有列打印在一页上。

(10) 在"统计"工作表的 B2 单元格中输入公式，以统计"员工绩效汇总"工作表中研发中心博士后的人数。然后，将 B2 单元格中的公式复制并粘贴到 B2:G4 单元格区域（注意单元格的引用方式），以统计出研发中心、生产部、质量部这三个主要部门中不同学历的人数。

(11) 在"统计"工作表中，根据"部门"列的"合计"数据制作图表，具体要求如下：

① 为三个部门的总人数制作一个对比饼图，并将该饼图插入"统计"工作表中。

② 饼图中需显示三个部门的图例。

③ 每个部门对应的扇形区域需以百分比形式显示数据标签。

(12) 对"员工绩效汇总"工作表的数据列表区域应用自动筛选功能，并同时筛选出"姓名"列中姓"陈"和姓"张"的姓名。最后，保存文档。

课程思政

在当今数字化时代，WPS 表格作为一款广泛应用的办公软件，在数据处理和信息分析等领域发挥着重要作用。WPS 表格课程内容旨在培养学生熟练运用该工具解决实际问题的能力，以适应未来职场和社会发展的需求。在学习过程中，我们要注意以下几点。

1. 做到严谨细致

数据的录入，看似简单，实则考验着我们的耐心与细致。每一个数字都必须准确无误地输入，因为即便是小数点错位这样的小错误，都可能导致数据分析结果产生巨大差异。这就如同在科学研究中，每一个实验数据都至关重要，必须以严谨的态度对待。

以财务报表制作为例，在 WPS 表格中，用户需要对各类收支数据进行整理与统计。一个小小的账目错误，可能会使整个企业的财务状况失真，进而影响企业的决策，甚至关乎企业的生死存亡。无论在哪个领域，严谨都是成功的关键品质。无论从事哪个行业，我们都必须以一丝不苟的态度对待工作中的每一个细节，才能确保最终成果的可靠性与真实性，从而逐步培养尊重事实、遵循规律的科学精神。

2. 守护信息安全

在信息爆炸的时代，数据已成为最为宝贵的资源之一。WPS 表格作为数据存储与处理的工具，是信息安全的重要一环。在处理个人或他人敏感信息（如客户资料、医疗数据等）时，必须采取严格的安全措施，例如设置复杂且独特的密码、定期备份数据、谨慎使用共享功能等。同时，我们要明白，随意泄露、篡改或滥用数据，不仅违背道德伦理，更可能触犯法律。

在这个数字化的社会环境中，每个人都承担着保护信息安全的责任。我们要自觉遵守信息道德规范，合法合规地使用数据资源，成为信息时代的守法公民和数据安全的守护者。

3. 培养创新思维

WPS 表格拥有丰富多样的功能和工具，从简单的求和公式到复杂的数据分析模型，从基础的图表制作到高级的数据透视表应用。我们要善于利用 WPS 表格挖掘数据的价值。例如，在分析销售数据时，我们可以运用数据透视表从多个维度对数据进行动态分析，挖掘出隐藏在数据背后的销售趋势与规律。同时，结合条件格式和图表的创新应用，将数据以更直观、生动的方式呈现，为企业制定销售策略提供更具洞察力的依据。因此，我们要激发自己的创新思维，不满足于常规的操作方法，勇于尝试新的思路和技巧，寻求更高效、更具创意的数据处理方案。

在快速发展的科技时代，无论是科技创新领域，还是传统行业的转型升级，都需要具备创新思维和创新能力的人才。我们要以开放的心态迎接新事物，不断探索未知领域，为推动社会进步和行业发展贡献智慧与力量。

第 4 单元
WPS 演示文稿的高级制作

情景导入

小王来到了一个国际文化交流活动的现场，这里聚集了来自世界各地的朋友，他们对中国文化充满了好奇和兴趣。作为一名热爱并致力于传播中国文化的使者，小王决定制作一份 WPS 演示文稿，向来自世界各地的朋友们展示中国文化的博大精深与独特魅力。在有限的时间内，小王需要从众多文化元素中挑选出最具代表性和吸引力的内容，并思考如何以直观、生动的方式呈现这些内容。这对小王来说既是一个挑战，也是一个机遇。通过这一过程，小王将更加深入地了解中国文化，提升自己的专业素养。

教学目标

▲ 知识目标

(1) 掌握不同格式办公文档之间的快速转换技巧和 WPS 演示的批量化操作技巧。

(2) 学会创建复杂的文字、图形、图表，并会进行美化和定制，以更清晰地展示数据和信息。

(3) 掌握运用各种动画效果 (如进入、退出、强调和路径动画) 的方法。

(4) 掌握在演示文稿中插入音频、视频、图片等多媒体元素并进行有效控制和编辑的技巧。

(5) 了解并运用各种幻灯片切换效果，使演示更加流畅自然。

(6) 掌握演讲技巧、演示流程控制及与观众互动的方法。

(7) 了解优化演示文稿大小、性能和兼容性的方法，确保其在不同设备上流畅播放。

▲ 技能目标

(1) 能够快速进行不同格式办公文档的转换，并在 WPS 演示中实现批量化操作。

(2) 能够创建、美化和定制复杂的文字、图形、图表。

(3) 能够灵活运用各种动画效果提升演示的动态吸引力和效果。

(4) 能够在演示文稿中插入并有效编辑多媒体元素。

(5) 能够运用各种幻灯片切换效果。

(6) 能够有效控制演示流程并与观众进行互动。

(7) 能够优化演示文稿的大小、性能和兼容性。

▲ 素质目标

(1) 培养学生的创新思维和审美能力，使演示文稿展现独特风格和魅力。

(2) 提高学生的信息整合和表达能力，使演示文稿的内容条理清晰、易于理解。

(3) 增强学生的沟通能力和团队协作精神，使学生能够与他人合作完成演示文稿的制作和演示。

(4) 培养学生的细节意识和严谨的态度，确保演示文稿的质量和效果。

(5) 提升学生的自我学习和持续进步的能力，使学生能够不断掌握新技能和新知识，以适应不断变化的工作环境需求。

▲ 思政目标

(1) 培养爱国主义精神。通过介绍中国的历史文化、科技成就等，激发学生的民族自豪感和爱国情感，增强学生对国家的认同感和归属感。

(2) 弘扬社会主义核心价值观。在课程中融入社会主义核心价值观教育，引导学生树立正确的世界观、人生观和价值观，增强学生的社会责任感和使命感。

(3) 培养创新精神。鼓励学生在制作演示文稿的过程中发挥创意，培养学生的创新思维和实践能力，提升学生的综合素质和竞争力。

(4) 增强文化自信。通过展示中国优秀的传统文化和现代文化成果，让学生了解和领略中国文化的独特魅力和价值，增强他们的文化自信和民族自豪感。

(5) 培养团队合作精神。在课程中安排小组活动，让学生学会与他人合作共同完成演示文稿的制作，培养他们的团队合作精神和沟通能力。

(6) 提高信息素养。教导学生如何正确获取、分析和传播信息，提升学生的信息素养和媒介素养，培养他们的批判性思维和独立思考能力。

(7) 加强职业道德教育。在课程中融入职业道德教育内容，引导学生树立正确的职业道德观念，培养学生的职业操守和责任感。

(8) 促进社会和谐发展。通过演示文稿的内容和主题，引导学生关注社会热点和问题，增强学生的社会责任感和使命感，引导他们为促进社会和谐发展做出贡献。

任务 4.1　演示文稿的高效操作技巧

一、任务描述

小王在实际工作中发现，WPS 文字文档与 WPS 演示文稿各有优势。WPS 文字文档能承载大量信息，便于详细传递信息；WPS 演示文稿能高效突出重点，便于观众快速接收信息。现在，小王手中有一份名为"中国文化"的 WPS 演示文稿，他决定先快速提取其中的文字内容，经过修改后，再将修改后的文字内容转换为如图 4-1 所示的 WPS 演示文稿。

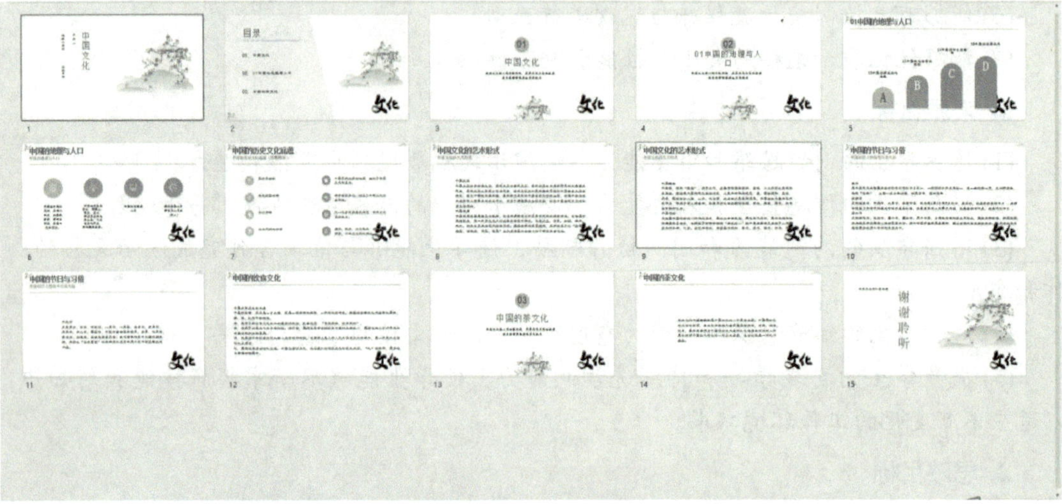

图 4-1　将 WPS 文字文档转换成 WPS 演示文稿的效果图

二、任务分析

想要快速制作 WPS 演示文稿，只需遵循以下四步。

(1) 在 WPS 文字中调整文字的层级关系，方法为：单击"视图"选项卡中的"大纲"按钮，切换到大纲视图模式。然后，将页面的小标题设置为一级标题，内容正文设置为二级标题，以此类推。调整好所有层级后，单击"保存"按钮。

(2) 在 WPS 文字中，选择"文件"菜单中的"输出为 PPT"命令，即可轻松生成一个具备基本框架的 WPS 演示文稿。

(3) 在 WPS 演示中，单击"设计"选项卡中的"更多设计"按钮，在弹出的"全文美化"对话框中选择一个合适的主题。然后，根据各页面内容的特点，选择相应的版式进行应用。

(4) 对 WPS 演示文稿的内容进行快速排版。选择需要排版的文字内容，单击"文本工具"选项卡中的"转智能图形"按钮，即可完成专业排版。此外，还可以通过单击"设计"选项卡中的"全文美化""单页美化""配色方案"和"母版"等按钮，对 WPS 演示文稿进行进一步美化。

三、相关知识点

1. 将 WPS 文字文档转换成演示文稿

当将 WPS 文字文档中的内容快速迁移到演示文稿中时，无须手动复制、粘贴，只需在 WPS 文字文档的大纲视图中为各内容设置好大纲级别，之后即可通过相应命令将 WPS 文字文档直接输出为演示文稿。

2. 将演示文稿文件转换成 WPS 文字文档

制作好演示文稿后，若想将其中的文字内容全部提取到 WPS 文字文档中，无须逐页手动复制、粘贴，只需在制作演示文稿时采用幻灯片母版中的内置版式，之后即可利用相关功能轻松完成文本提取。

3. 美化整套演示文稿

制作演示文稿的第一大难题是美化，一份精美的模板能提升演示文稿的档次。利用 WPS 演示文稿的全文美化功能 (包括全文换肤、统一版式和统一字体)(如图 4-2 所示)，可以智能匹配精美模板，快速美化整套演示文稿。"全文美化"对话框如图 4-3 所示。

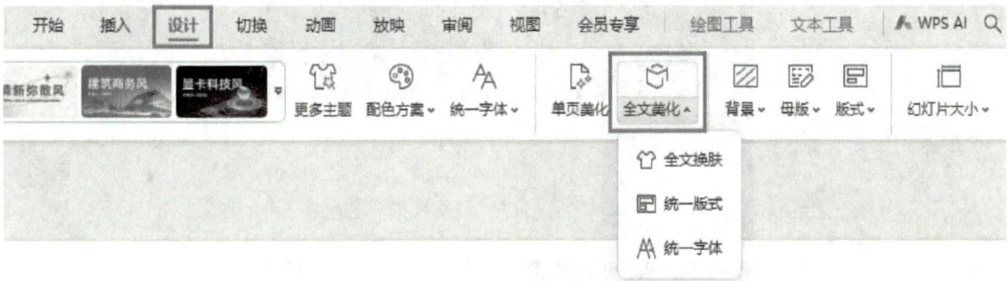

图 4-2　全文美化功能

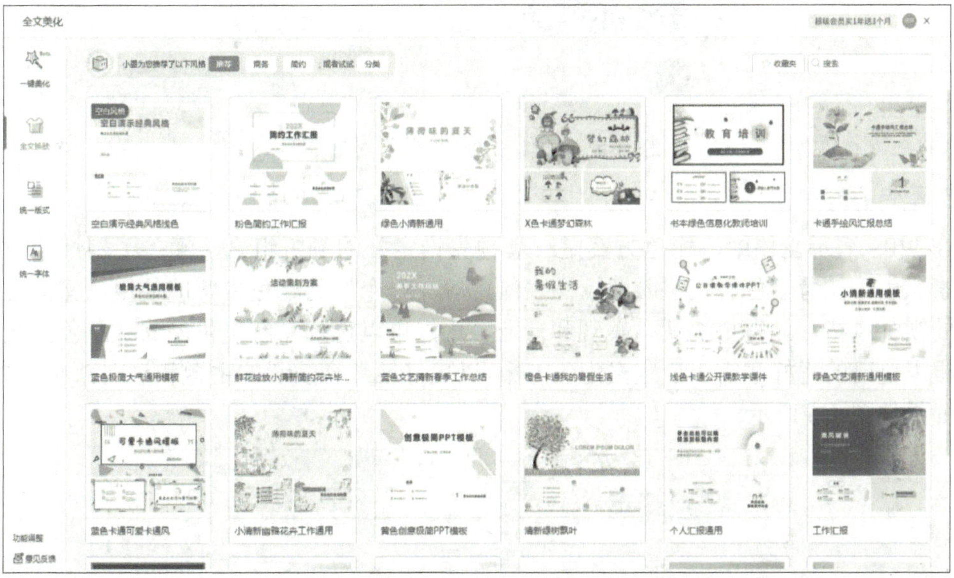

图 4-3　"全文美化"对话框

4. 美化主题页

一份优秀的演示文稿，不仅要求文本内容言简意赅、通俗易懂，还需要搭配精美的配图和表格，以提升演示文稿的整体美观性和易读性。WPS 演示推出了单页美化功能 (如图 4-4 所示)，该功能利用 AI 智能技术，智能识别幻灯片页面类型和内容，并推荐相匹配的模板，高效完成 WPS 演示文稿各页面的美化工作。用户只需专注于内容的创作，无须再为选择模板、调整格式、美化页面等烦琐操作费心。"美化单页幻灯片"对话框如图 4-5 所示。

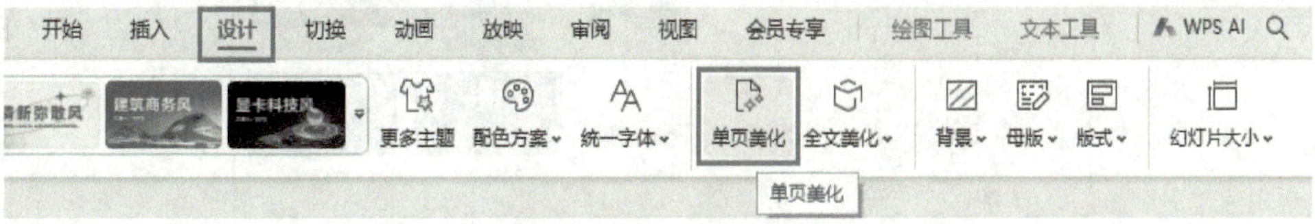

图 4-4　单页美化功能

图 4-5 "美化单页幻灯片"对话框

5. 配色方案

在 WPS 演示文稿中，配色方案是一套预先设定好的颜色组合，涵盖了幻灯片中的所有元素颜色，如背景色、文字颜色、图表颜色等。一个好的配色方案能使演示文稿展现出统一的视觉风格，显得更协调、美观和专业。用户可以选择系统提供的默认配色方案，也可以根据自己的喜好和需求自定义配色方案，以更好地契合演示的主题和氛围。"配色方案"下拉面板如图 4-6 所示。

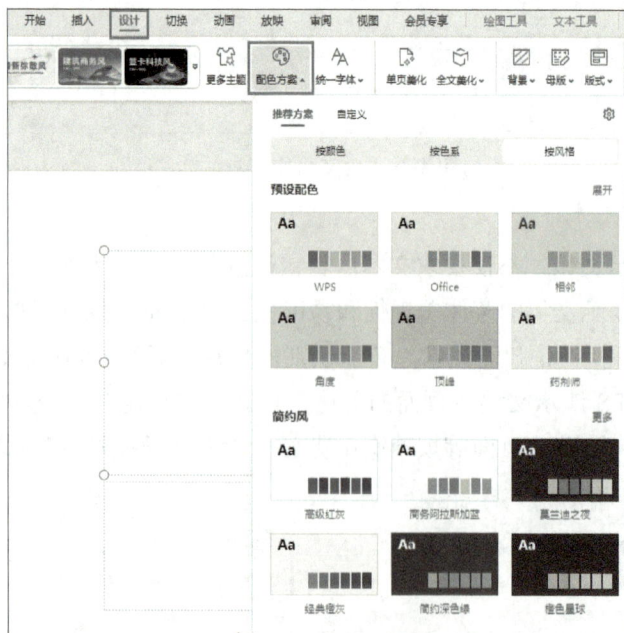

图 4-6 "配色方案"下拉面板

配色协调的技巧如下：

(1) 在同一幻灯片中，对于同等重要的内容，采用明度和纯度一致的配色。

(2) 对于不同类别的内容，使用对比色来突出显示。

(3) 在设计应用环境时，应考虑色彩心理学原理。

(4) 同一幻灯片中的大块配色数量最好不要超过 3 个。

四、任务步骤

本任务可分为将演示文稿转换成 WPS 文字文档、将 WPS 文字文档转换成演示文稿、美化整套演示文稿、自动美化主题页、快速更改演示文稿的主题颜色、统一演示文稿中的字体、为演示文稿批量添加和删除图片等步骤。下面我们详细介绍每个步骤的操作方法。

（一）将演示文稿转换成 WPS 文字文档

如果在制作演示文稿时严格采用了幻灯片母版中的内置版式，那么可以轻松提取文本。

将演示文稿转换成
WPS 文字文档

(1) 打开演示文稿"中国文化 .dps"(路径为：第 4 单元 \ 任务 4.1 \ 素材 \ 中国文化 .dps)。在"文件"菜单中选择"另存为"命令，然后在子菜单中选择"转为 WPS 文字文档"命令，如图 4-7 所示。

(2) 在弹出的"转为 WPS 文字文档"对话框 (如图 4-8 所示) 中，单击"确定"按钮。

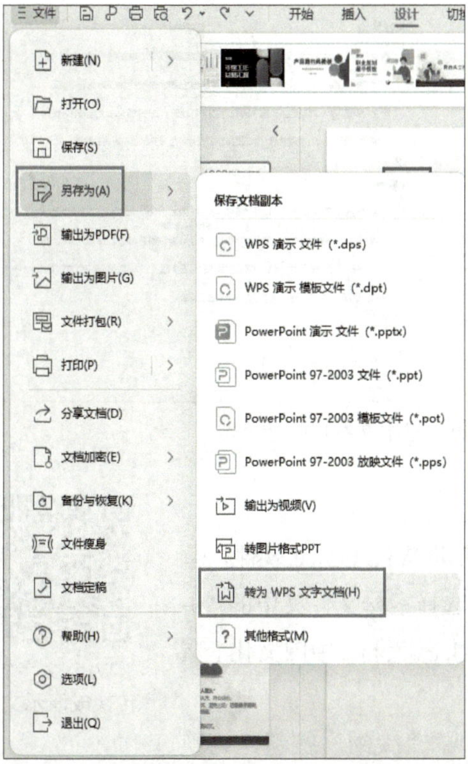

图 4-7　"文件"菜单中的"转为 WPS 文字文档"命令

图 4-8　"转为 WPS 文字文档"对话框

(3) 在弹出的"保存"对话框中，选择文件保存的位置，并在"保存类型"下拉列表中选择"WPS 文字文件 (*.wps)"，然后单击"保存"按钮即可完成保存。转换过程中的"转为WPS 文字文档"界面如图 4-9 所示。将演示文稿转换成 WPS 文字文档后的效果如图 4-10 所示。

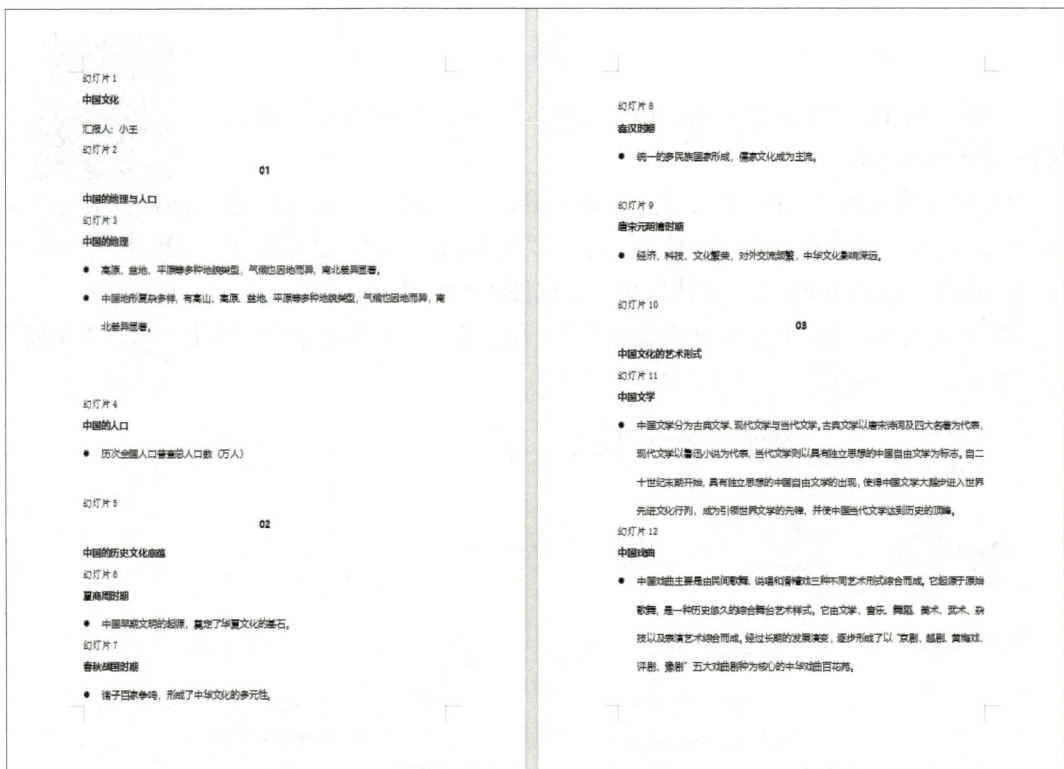

图 4-9 "转为 WPS 文字文档"界面

图 4-10 将演示文稿转换成 WPS 文字文档后的效果图

（二）将 WPS 文字文档转换成演示文稿

(1) 打开"中国文化（文字）.WPS"文档。启动 WPS Office 软件，单击"打开"按钮，在弹出的"打开文件"对话框中选择素材文件夹中的"中国文化（文字）.wps"（路径为：第 4 单元＼任务 4.1＼素材＼中国文化（文字）.wps）。

将 WPS 文字文档
转换成演示文稿

(2) 设置大纲级别。单击"视图"选项卡中的"大纲"按钮，切换到大纲视图模式，将文本的标题和正文设置成与演示文稿相对应的大纲级别。在本例中，标题设置为 1 级，正文设置为 2 级，以此类推，如图 4-11 所示。

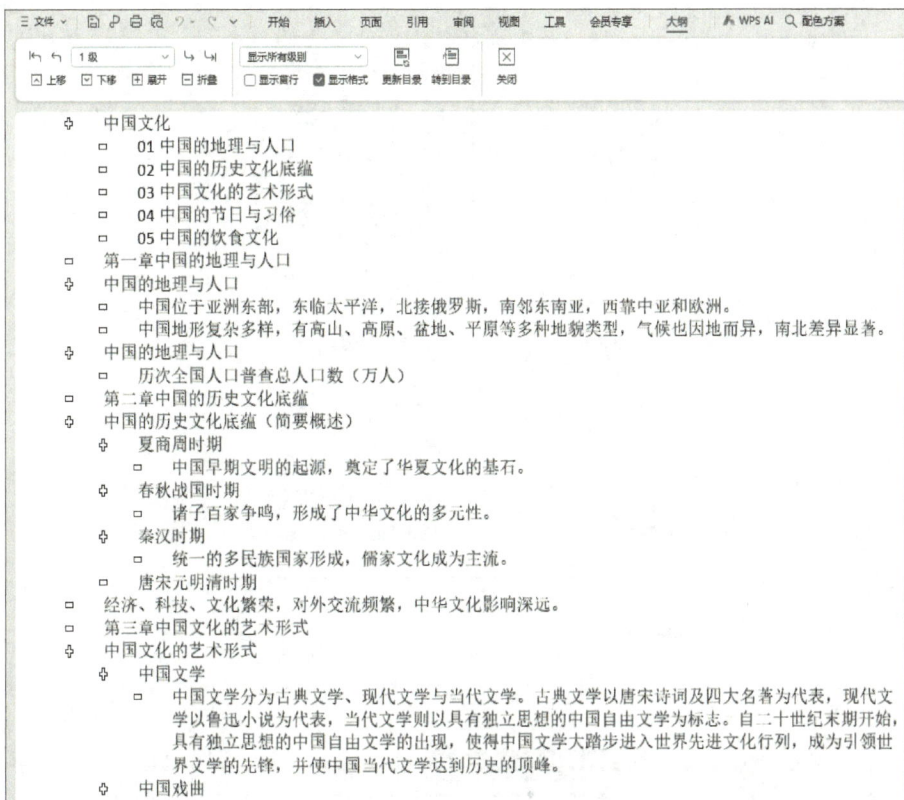

图 4-11　设置大纲级别

(3) 输出为 WPS 演示文稿。在"文件"菜单中选择"输出为 PPT"命令 (如图 4-12 所示)，选择合适的模板后导出并保存 WPS 演示文稿。"Word 转 PPT"对话框如图 4-13 所示。选择模板并导出 PPT 的具体操作如图 4-14 所示。WPS 文字文档转换成 WPS 演示文稿后的效果图如图 4-15 所示。

图 4-12　"文件"菜单中的"输出为 PPT"命令

图 4-13　"Word 转 PPT"对话框

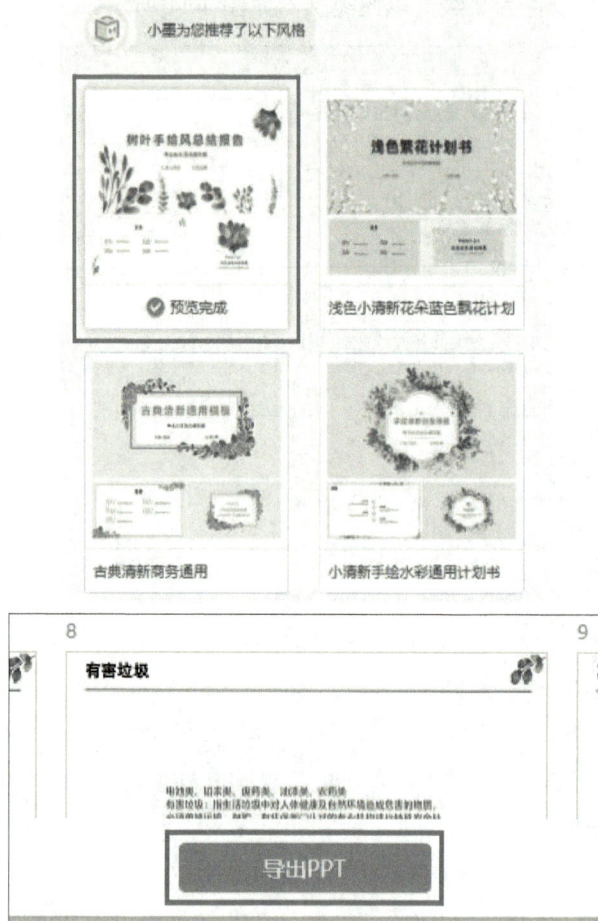

图 4-14　选择模板并导出 PPT 的操作

图 4-15　WPS 文字文档转换成 WPS 演示文稿后的效果图

(4) 单击"设计"选项卡中的"更多设计"按钮 (如图 4-16(a) 所示)，然后在弹出的"全文美化"对话框 (如图 4-16(b) 所示) 中选择"免费"模板。选择适合的模板后，将其应用于全文进行美化，并保存文档。

(a)"设计"选项卡中的"更多设计"按钮

(b)"全文美化"对话框

图 4-16 "更多设计"按钮和"全文美化"对话框

（三）美化整套演示文稿

(1) 单击"设计"选项卡中的"全文美化"按钮，如图 4-17 所示。

图 4-17 "设计"选项卡中的"全文美化"按钮

(2) 在弹出的"全文美化"对话框左侧主导航栏中选择"全文换肤"选项，即可查看 WPS 演示为演示文稿提供的各种美化方案。单击"分类"按钮，可选择不同的风格、场景、

快速美化整套
演示文稿

专区、颜色。在这里，选择"中国风"和"免费专区"，如图 4-18 所示。

　　(3) 单击所需的模板进行预览（如图 4-19 所示），然后单击"应用美化"按钮，即可完成整套演示文稿的快速美化。美化整套演示文稿后的效果如图 4-20 所示。

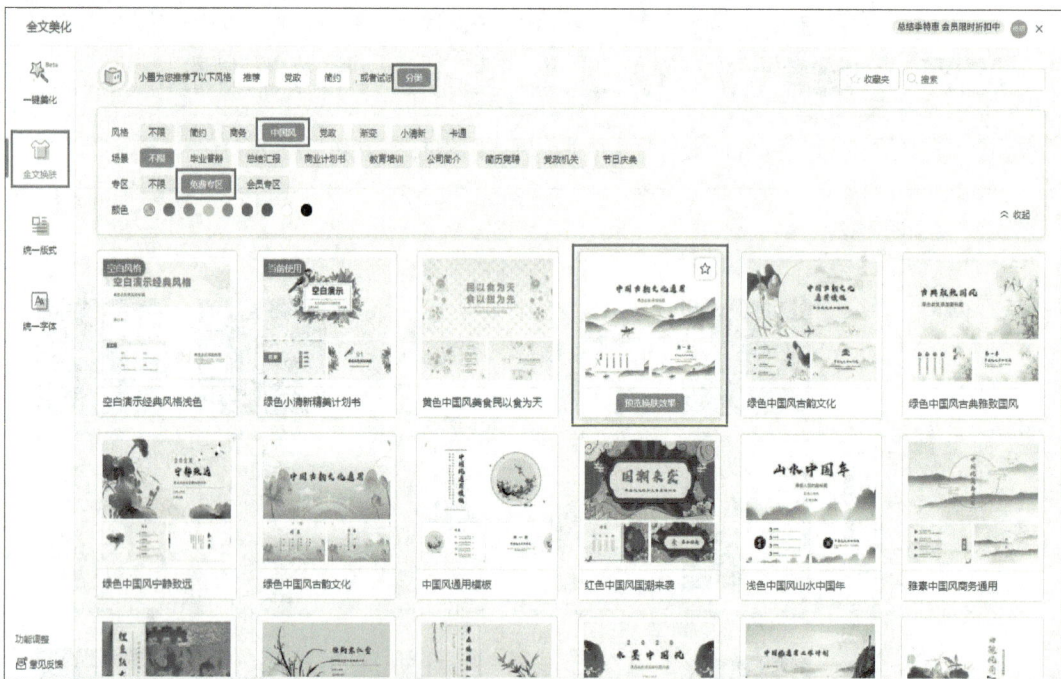

图 4-18　选择"中国风"和"免费专区"

图 4-19　预览美化效果

图 4-20　美化整套演示文稿后的效果图

（四）自动美化主题页

选中需要更改的封面页，单击"设计"选项卡中的"单页美化"按钮，打开"美化单页幻灯片"对话框（如图 4-21 所示），然后选择合适的免费封面页。采用同样的方法，可以对其他幻灯片进行单页美化。对于多余的幻灯片，可以删除。

自动美化主题页

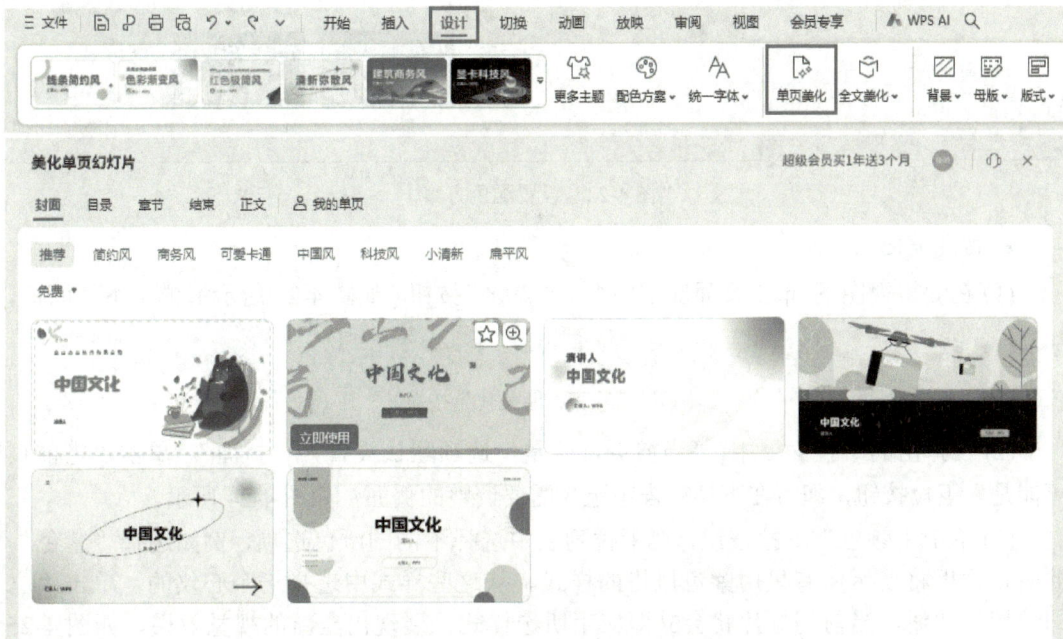

图 4-21　"美化单页幻灯片"对话框

（五）快速更改演示文稿的主题颜色

快速更改演示文稿的主题颜色有两种方法：配色方案法和智能美化法。

1. 配色方案法

单击"设计"选项卡中的"配色方案"按钮，在弹出的下拉面板中选择一种颜色样式，即可快速将演示文稿的主题颜色更换为所需颜色，如图 4-22 所示。

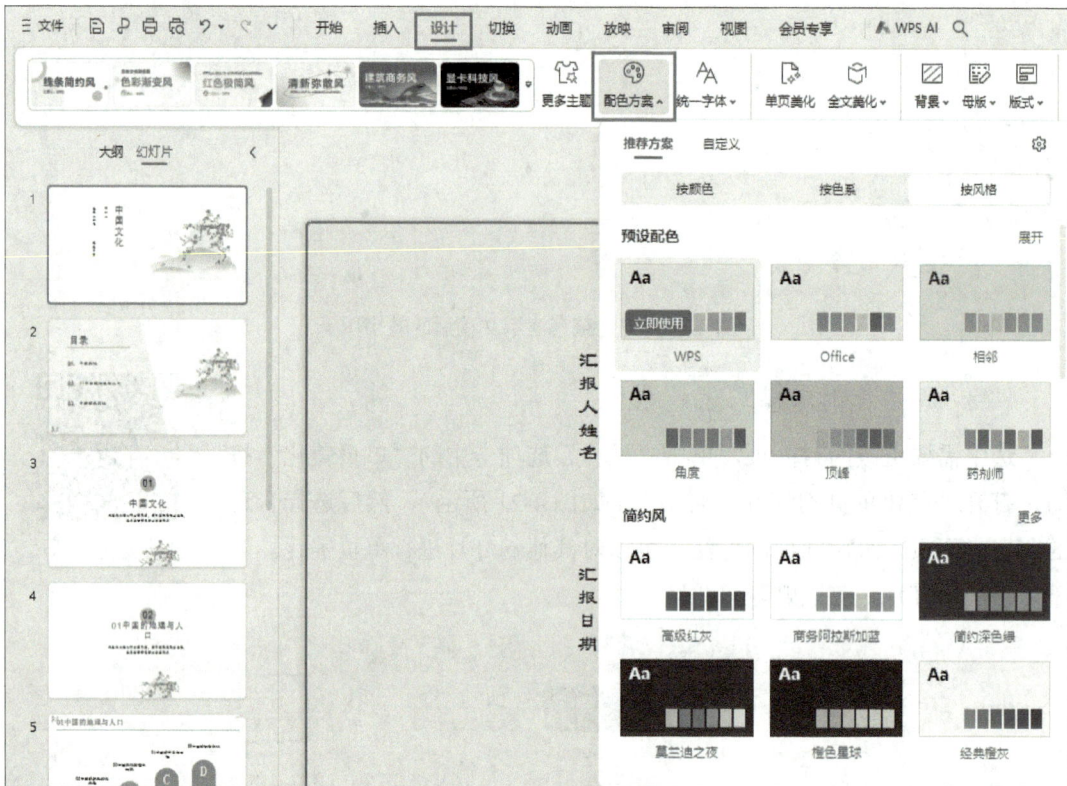

快速更改演示文稿的主题颜色

图 4-22　设置配色方案

2. 智能美化法

(1) 在编辑视图下，单击页面底部的"智能美化"按钮（如图 4-23 所示），弹出下拉面板。

图 4-23　"智能美化"按钮

(2) 在弹出的下拉面板中，"当前页可能是"选项默认设置为"封面"。单击"当前页可能是"下拉按钮，即可在下拉列表中选择需要调整的页面，如图 4-24 所示。

(3) 单击"颜色"下拉按钮，在下拉列表中选择不同的颜色选项，例如选择"紫色"。此时，面板将展示所有采用紫色风格的样式。从这些样式中选择一个心仪的，单击"立即使用"按钮，当前幻灯片就会立即应用所选样式，展现出全新的视觉效果，如图 4-25 所示。

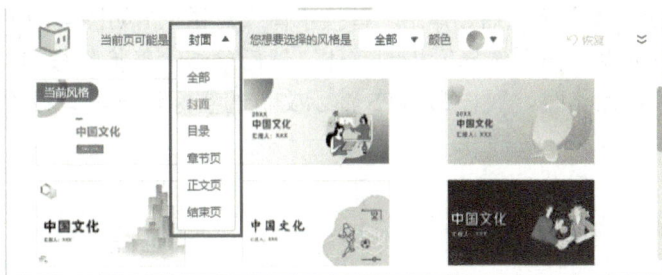

图 4-24　选择要美化的页面

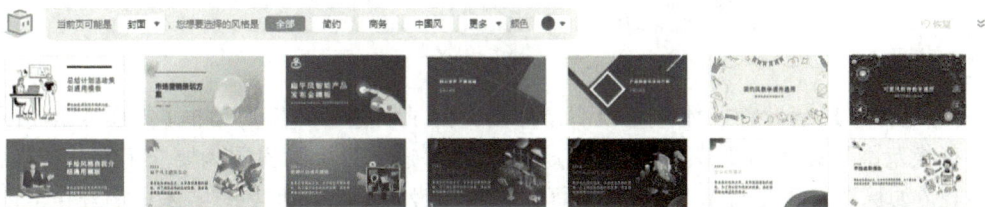

图 4-25　选择紫色风格的样式

（六）统一演示文稿中的字体

在实际工作中，我们经常需要修改他人制作的演示文稿，其中统一字体是一项较为烦琐的任务，例如将文稿中的"宋体""等线"等字体统一更换为"微软雅黑"。

（1）单击"设计"选项卡中的"统一字体"按钮，在弹出的下拉面板中可以选择"替换字体"或"批量设置字体"选项，如图 4-26 所示。

快速统一演示
文稿中的字体

图 4-26　"统一字体"下拉面板

(2) 选择"替换字体"选项后，弹出"替换字体"对话框（如图 4-27 所示）。在"替换"和"替换为"下拉列表中分别选择所需的字体，然后单击"替换"按钮，即可完成特定字体的替换。注意：在操作时，要根据 WPS 演示文稿的实际情况进行设置，图 4-27 中的设置仅供参考。

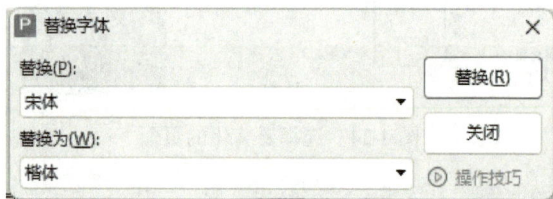

图 4-27　"替换字体"对话框

(3) 选择"批量设置字体"选项后，弹出"批量设置字体"对话框（如图 4-28 所示），将"替换范围"设置为要替换字体的幻灯片，将"选择目标"设置为要应用字体替换的具体对象（如标题、正文等），在"设置样式"栏中设置中文和西文的字体、字号和字色等。然后，单击"确定"按钮，即可完成整个演示文稿的字体替换。注意：在操作时，要根据 WPS 演示文稿的实际情况进行设置，图 4-28 中的设置仅供参考。

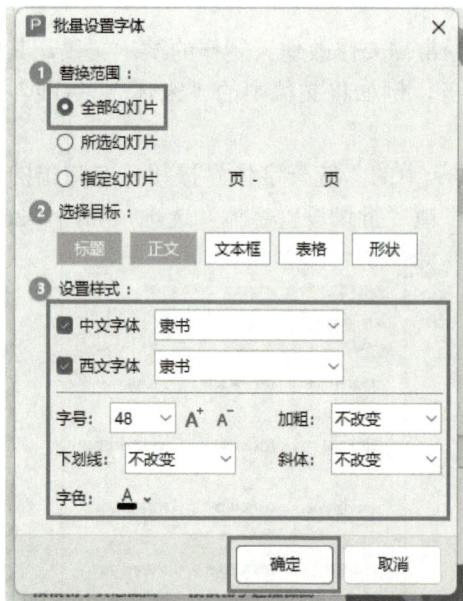

图 4-28　"批量设置字体"对话框

为演示文稿批量
添加和删除图片

（七）为演示文稿批量添加和删除图片

要为已制作好的演示文稿的每一页批量添加和删除图片，可以执行以下操作。

(1) 单击"视图"选项卡中的"幻灯片母版"按钮，进入幻灯片母版视图模式。

(2) 在左侧的幻灯片缩略图中选择主母版。

(3) 单击"插入"选项卡中的"图片"下拉按钮，在下拉列表中选择"本地图片"选项。

(4) 在"插入图片"对话框（如图 4-29 所示）中选择要插入的图片，然后单击"打开"按钮。插入"文化"图片后的效果如图 4-30 所示。

图 4-29　"插入图片"对话框

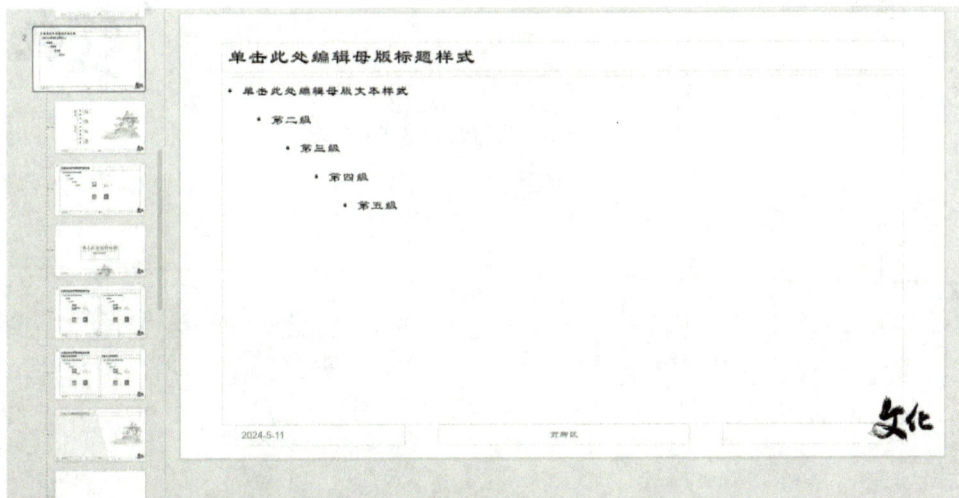

图 4-30　插入"文化"图片后的效果图

(5) 根据母版的布局调整"文化"图片的大小和位置。

(6) 抠除背景色。选中标题幻灯片母版中的"文化"图片,单击"图片工具"选项卡中的"抠除背景"下拉按钮,在下拉列表中选择"设置透明色"选项(如图 4-31 所示),然后用鼠标在图片背景色位置上单击,即可抠除背景色。

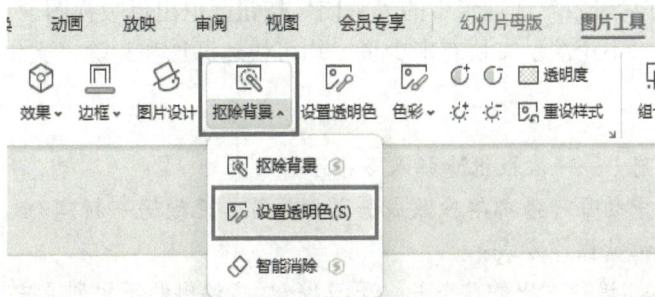

图 4-31　设置透明色

(7) 删除标题幻灯片母版中的"文化"图片。选中标题幻灯片母版，右击，在弹出的右键菜单中选择"设置背景格式"选项 (如图 4-32 所示)。在弹出的"对象属性"任务窗格中，勾选"隐藏背景图形"复选框 (如图 4-33 所示)，即可删除标题幻灯片母版中的"文化"图片。

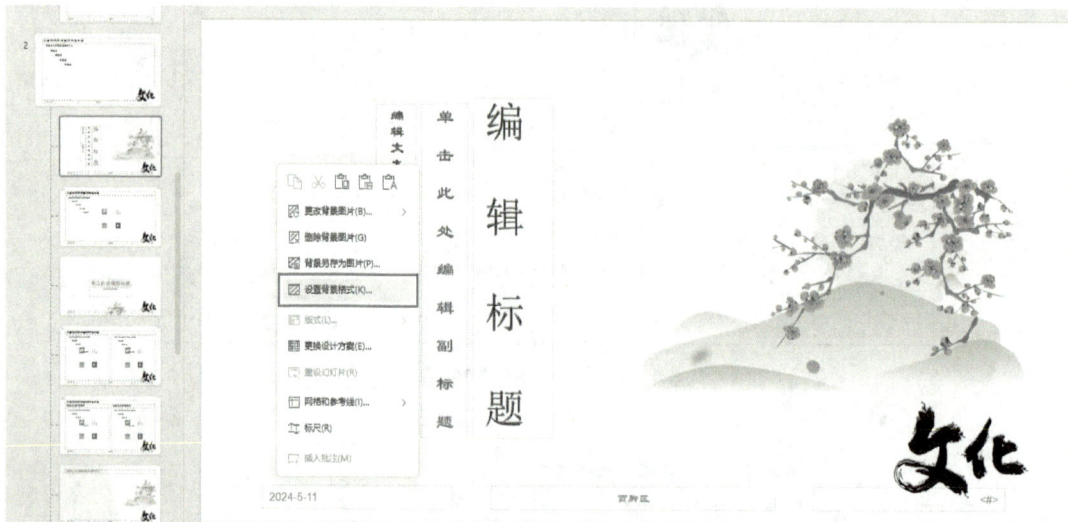

图 4-32　选择"设置背景格式"选项

图 4-33　勾选"隐藏背景图形"复选框

(8) 单击"幻灯片母版"选项卡中的"关闭"按钮，退出母版视图。

通过以上操作，不论演示文稿有多少页，均可快速添加和删除"文化"图片。

知识补充

• 制作电子相册——一次性批量插入多张图片

要将大量照片中的每一张都单独做成一页幻灯片，无须逐一新建幻灯片并复制、粘贴照片，可采用以下批量操作方式：

(1) 单击"插入"选项卡中的"图片"下拉按钮，从弹出的下拉列表中选择"分页插图"选项，如图 4-34 所示。

(2) 在弹出的 "分页插入图片" 对话框中，按住 Ctrl 键，单击选择要插入的图片，然后单击 "打开" 按钮，即可将图片批量添加到每一张幻灯片上。

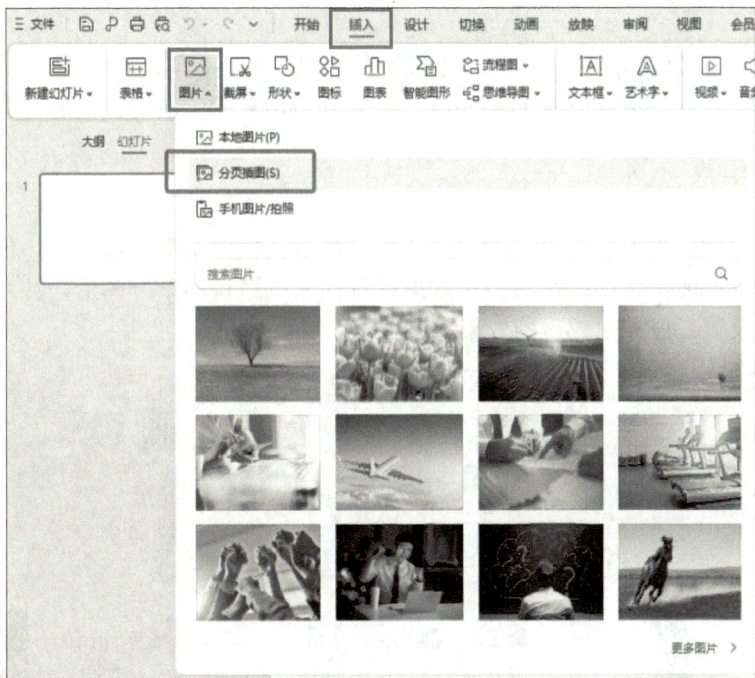

图 4-34　选择 "分页插图" 选项

· 快速提取演示文稿中的所有图片

快速提取演示文稿中所有图片的方法是：

(1) 打开 WPS 演示文稿，并单击任意图片。

(2) 单击 "图片工具" 选项卡中的 "图片转换" 下拉按钮，在下拉列表选择 "批量处理" 选项，然后在子菜单中选择 "导出图片" 选项，如图 4-35 所示。

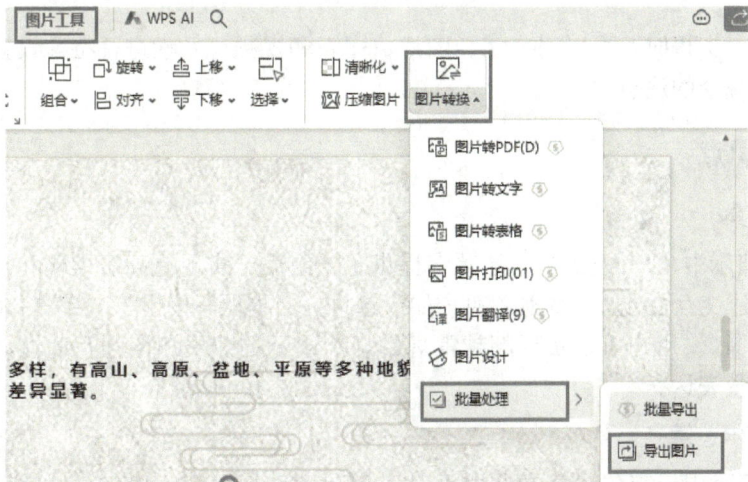

图 4-35　选择 "导出图片" 选项

(3) 在弹出的 "批量导出 / 删除图片" 对话框中，选择需要导出的图片，单击 "导出图片"

按钮。

(4) 在弹出的"导出完成"对话框中，单击"打开文件夹"按钮，即可查看所有导出的图片。

任务 4.2　设计图文并茂的演示文稿

一、任务描述

经过初步设计，小王已完成了"中国文化"演示文稿的雏形。接下来，他需要优化排版以提升文字清晰度，设计特殊的图形效果以替换系统默认的单一图形，并对音频和视频进行更精细的设置。任务完成后的效果如图 4-36 所示。

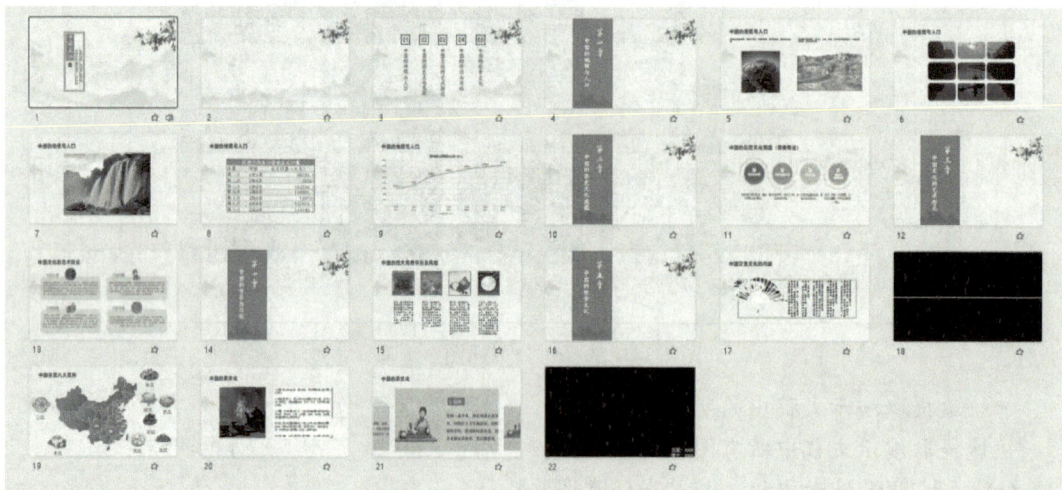

图 4-36　演示文稿效果图

二、任务分析

在制作演示文稿时，可以对文字、图片、图表和视频等元素进行特殊设置，以达到美化效果并吸引观众的注意力。

三、相关知识点

1. 开发工具

在 WPS 演示中，"开发工具"选项卡提供了一组用于实现更高级操作和自定义功能的工具，包括创建交互性元素、添加控件（如复选框、文本框、按钮等）、编写 VBA 代码等。借助"开发工具"，用户可以实现超越常规幻灯片展示的效果和增强互动性，以满足特定需求和实现创意表达。

2. 图形布尔运算

在 WPS 演示中，布尔运算主要用于对多个图形进行组合、相交、相减等操作，以创造出各种新的图形形状。

常见的布尔运算包括结合、组合、相交、剪除等。

(1) 结合：将多个图形合并成一个整体图形。

(2) 组合：与结合类似，但保留图形原来的轮廓。

(3) 相交：只保留多个图形重叠的部分。

(4) 剪除：用一个图形减去与另一个图形重叠的部分，得到剩余的部分。

通过这些布尔运算，用户可以更灵活地设计和制作具有独特形状的图形元素，从而丰富演示文稿的视觉效果。

3. 超链接

超链接是从一张幻灯片到同一演示文稿中的另一张幻灯片的链接，或是从一张幻灯片到不同演示文稿中的另一张幻灯片、电子邮件地址、网页或文件的链接。用户可以为文本或一个对象 (如图片、图形、形状) 创建超链接。

四、任务步骤

本任务可分为文字添加文本框控件、制作镂空文字效果、制作图片的拆分效果、实现 WPS 演示文稿中的图表与 WPS 表格中数据的同步更新、插入音频和视频等步骤。下面我们详细介绍每个步骤的操作方法。

为文字添加
文本框控件

（一）为文字添加文本框控件

文字是 WPS 演示文稿的重要组成部分。WPS 演示文稿主要用于放映和演示，因此，其中的文字不宜过多，且需放置美观、便于浏览。当文字量较大时，可按以下步骤将其排入演示文稿中。

(1) 打开素材文件"中国文化素材 .pptx" (路径为：第 4 单元 \ 任务 4.2 \ 素材 \ 中国文化素材 .pptx)，进入第 20 张幻灯片，单击"工具"选项卡中的"开发工具"按钮 (如图 4-37 所示)(通常需要先启用"开发工具"选项卡)，然后单击"开发工具"选项卡中的"文本框"按钮 (如图 4-38 所示)。

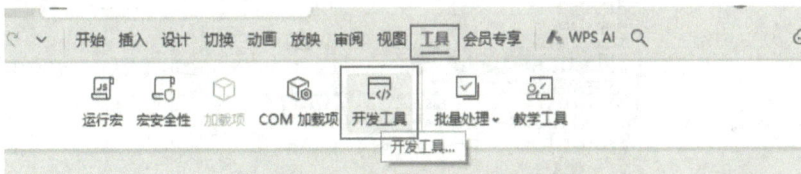

图 4-37　"工具"选项卡中的"开发工具"按钮

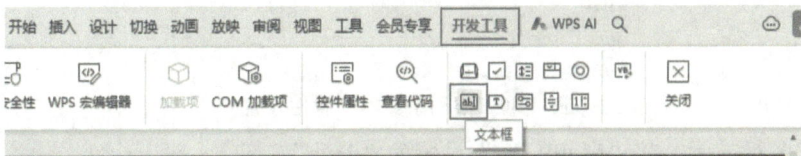

图 4-38　"文本框"按钮

(2) 使用鼠标左键在幻灯片中绘制文本框，并调整其大小和位置，如图 4-39 所示。

(3) 选中刚绘制的文本框，单击"开发工具"选项卡中的"控件属性"按钮 (或右击文本框，在右键菜单中选择"属性"命令)，打开"属性"任务窗格，参数设置如图 4-40 所示。

图 4-39　插入文本框

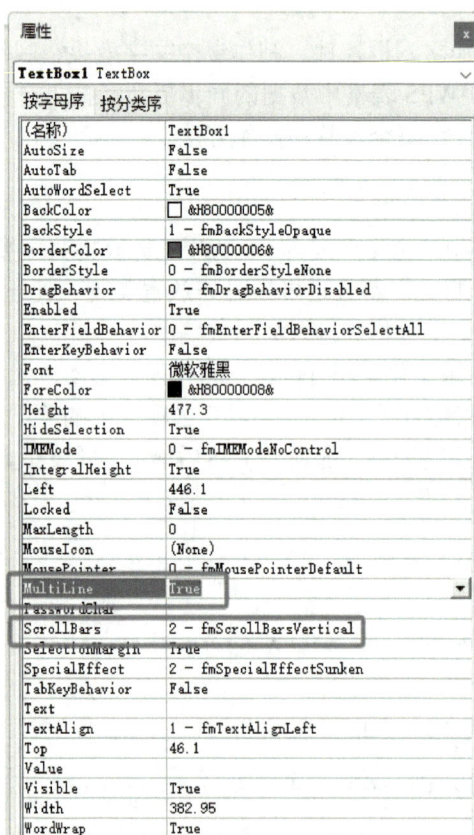

图 4-40　滚动条文本框属性设置

① 设置多行显示。将"MultiLine"设置为"True"。

② 设置滚动条。ScrollBars 选项的意义是：0-fmScollBarsNone 代表无滚动条，1-fmScoll BarsHorizontal 代表显示水平滚动条，2-fmScollBarsVertical 代表显示垂直滚动条，3-fmScoll BarsBoth 表示同时显示垂直和水平两个方向的滚动条。在本例中，将"ScrollBars"设置为"2-fmScollBarsVertical"。

(4) 属性设置完成后，右击文本框，选择"文本框 对象"子菜单中的"编辑"选项（如

图 4-41(a) 所示)，文本框进入编辑状态后，输入文本或复制"第 4 单元 \ 任务 4.2 \ 素材 \ 中国的茶文化 .doc"文件中的内容并粘贴到其中，如图 4-41(b) 所示。

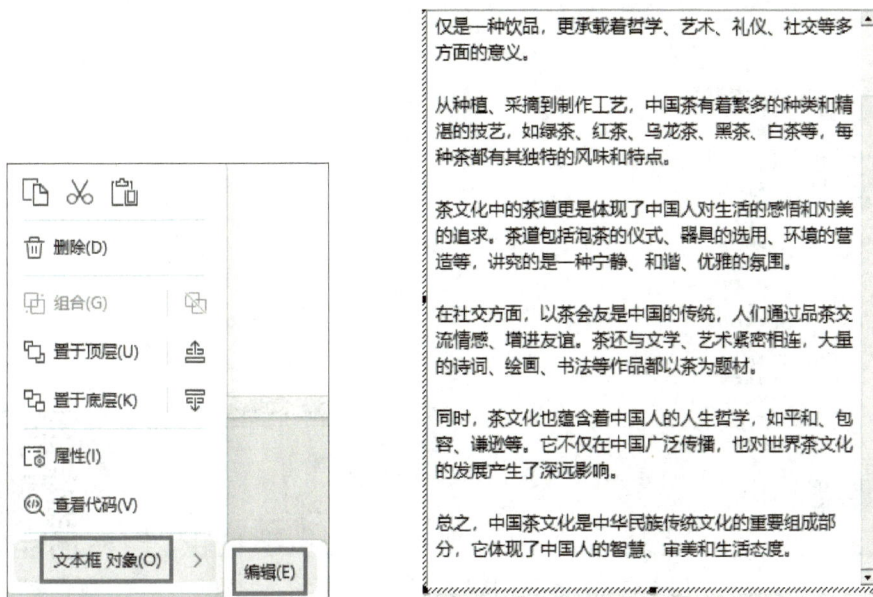

(a) 选择"文本框 对象"子菜单中的"编辑"选项　　　　　(b) 复制并粘贴文字

图 4-41　输入文字

　　(5) 根据需要进一步设置文本框的样式，如填充颜色、边框样式等。放映幻灯片时，可看到垂直滚动条，如图 4-42 所示。

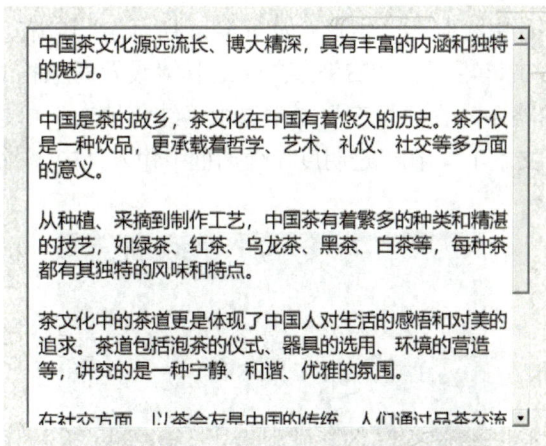

图 4-42　放映幻灯片时可看到垂直滚动条

知识补充

• 设置"工具"选项卡

　　若功能区中未显示"工具"选项卡，则可通过以下步骤进行设置：选择"文件"→"选项"→"自定义功能区"，打开"选项"对话框。在右侧"自定义功能区"栏中勾选"工具"复选框，然后单击"确定"按钮，如图 4-43 所示。

图 4-43　设置"工具"选项卡

制作镂空文字效果

（二）制作镂空文字效果

把一张漂亮的图片插入演示文稿中后，搭配镂空文字效果会显得既高级又有个性。制作镂空文字效果时，页面包含三个主要元素：最底层是图片，中间层是形状，最顶层是文字。制作镂空文字效果的步骤如下。

(1) 在第 20 张幻灯片中绘制一个矩形（如图 4-44 所示），其高度和宽度与图片的一致，并与图片重合。然后右击该矩形，在右键菜单中选择"设置对象格式"选项。在右侧弹出的"对象属性"任务窗格中，在"填充"栏中选中"纯色填充"单选按钮，在"颜色"下拉列表中选择"黑色，文本 1"，在"透明度"微调框中输入"50"，如图 4-45 所示。

图 4-44　绘制矩形

(2) 在文本框中输入"茶"字，选择"华文行楷"或其他较粗的字体，并调整文字的大小至合适，如图 4-46 所示。

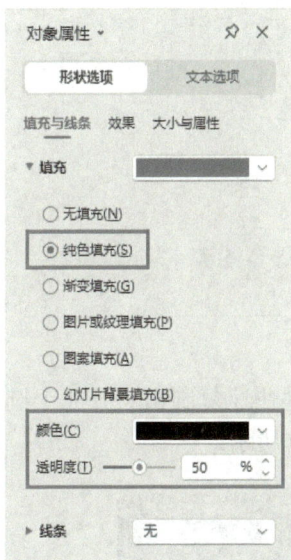

图 4-45　设置矩形框的颜色和透明度　　　　图 4-46　在文本框中输入"茶"字

(3) 按住 Ctrl 键，依次单击选中矩形和"茶"字。单击"绘图工具"选项卡中的"合并形状"下拉按钮，在弹出的下拉列表中选择"剪除"选项 (如图 4-47 所示)。完成后，即可得到镂空文字效果 (如图 4-48 所示)。

图 4-47　选择"剪除"选项　　　　　图 4-48　镂空文字效果图

此外，还可以将底层的图片替换为视频，制作出动态的镂空文字效果。

（三）制作图片的拆分效果

有时在演示文稿中直接插入图片进行排版会显得单调，可采用以下步骤制作图片的拆分效果。

(1) 打开第 6 张幻灯片，单击"插入"选项卡中的"形状"下拉按钮，在弹出的下拉面板中单击"圆角矩形"(如图 4-49 所示)，然后在当前幻灯片中绘制一个圆角矩形。

制作图片的拆分效果

图 4-49　绘制圆角矩形

（2）选中刚绘制的圆角矩形，按"Ctrl＋D"组合键快速复制出另外 8 个圆角矩形，将它们按 3×3 的方式对齐排列后置于图片上，如图 4-50 所示。

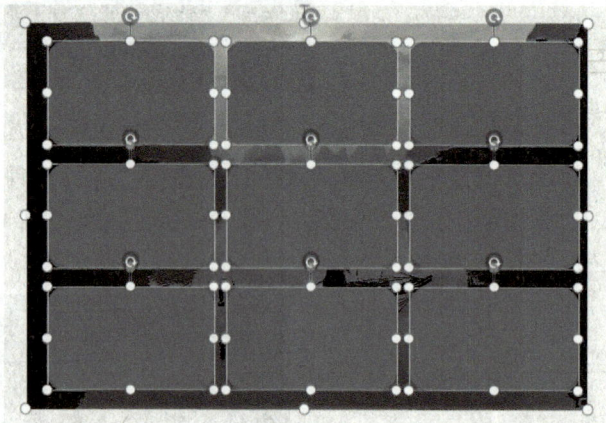

图 4-50　9 个圆角矩形的排列

（3）按住 Ctrl 键，先选中底部的图片，再选中所有圆角矩形。单击"绘图工具"选项卡中的"合并形状"下拉按钮，在弹出的下拉列表中选择"拆分"选项，如图 4-51 所示。此时，图片已按照圆角矩形的位置完成拆分，按 Delete 键删除不需要的部分。拆分完成后的效果图如图 4-52 所示。

图 4-51　选择"拆分"选项

图 4-52　拆分完成后的效果图

除了矩形，还可以插入三角形、四边形、圆形等形状，再搭配上文字，即可制作出具有设计感的 WPS 演示文稿，如图 4-53 和图 4-54 所示。

图 4-53　样图（一）

图 4-54　样图（二）

利用上述方法，请读者自行完成第 7 张幻灯片（内容如图 4-55 所示）的设计。

图 4-55　第 7 张幻灯片

实现 WPS 演示文稿中的图表与 WPS 表格中数据的同步更新

（四）实现 WPS 演示文稿中的图表与 WPS 表格中数据的同步更新

在工作中，我们经常需要展示各种数据图表。当 WPS 表格中的数据发生变化时，手动更新 WPS 演示文稿中的对应图表会非常耗时。可以采用以下步骤实现 WPS 演示文稿中的图表与 WPS 表格中数据的同步更新。

(1) 打开 WPS 表格文档"人口普查数据 .xlsx"（路径为：第 4 单元 \ 任务 4.2 \ 素材 \ 人口普查数据 .xlsx），选中表格中的相应数据，按"Ctrl + C"组合键复制，如图 4-56 所示。

(2) 切换到 WPS 演示文稿，打开第 8 张幻灯片。单击"开始"选项卡中的"粘贴"下拉按钮，然后在下拉列表中选择"选择性粘贴"选项，如图 4-57 所示。

图 4-56　复制表格中的相应数据

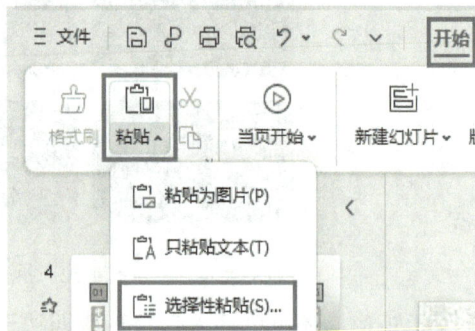

图 4-57　选择"选择性粘贴"选项

(3) 在弹出的"选择性粘贴"对话框中选中"粘贴"单选按钮，然后在右侧"作为"列表框中选择"WPS 表格 对象"选项，最后单击"确定"按钮，如图 4-58 所示。

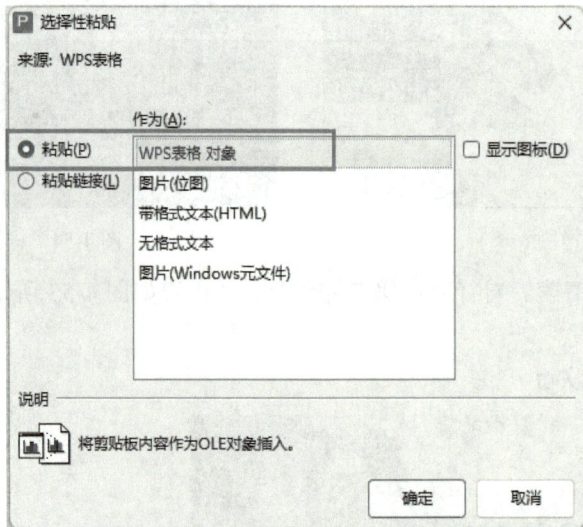

图 4-58　在"选择性粘贴"对话框右侧选择"WPS 表格 对象"选项

按照上述方式粘贴需要链接的 WPS 表格中的数据后，当更改 WPS 表格中的数据时，WPS 演示文稿中的图表即可自动同步更新。

（五）插入音频和视频

1. 插入音频

在封面页，单击"插入"选项卡中的"音频"下拉按钮，在搜索框中输入"远方的琴声"并按 Enter 键，选择"远方的琴声古筝配乐"，然后单击"立即使用"按钮，如图 4-59 所示，即可成功插入音频。

插入音频和视频

图 4-59　插入音频

插入音频后，不仅可以播放音频，还可以设置播放效果、添加淡入和淡出效果、裁剪音频和删除音频等。

1) 播放音频

播放音频的方法有以下两种：

(1) 单击选中"小喇叭"图标，单击其下方的"播放"按钮 (如图 4-60 所示)，即可播放音频。

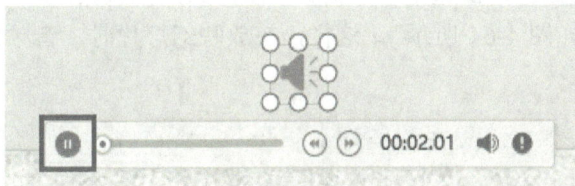

图 4-60　"小喇叭"图标下方的"播放"按钮

(2) 单击选中"小喇叭"图标，单击"音频工具"选项卡中的"播放"按钮 (如图 4-61 所示)，即可播放音频。

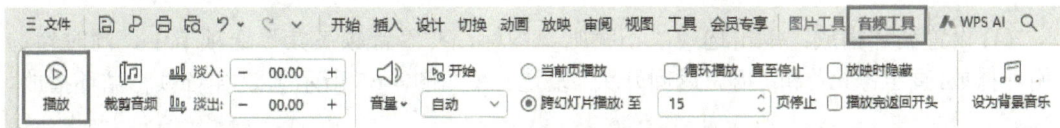

图 4-61　"音频工具"选项卡中的"播放"按钮

2) 设置播放效果

在演讲时，我们可以设置音频的播放效果，包括在显示幻灯片时自动播放、单击鼠标时开始播放、播放演示文稿中的所有幻灯片时持续播放，或者设置为循环播放音频直至结束。

(1) 设置播放音量。单击选中"小喇叭"图标，单击"音频工具"选项卡中的"音量"下拉按钮，在下拉列表中选择"高"选项（如图 4-62 所示），音频即按此音量播放。

图 4-62　设置音频的播放音量

(2) 设置自动播放。单击选中"小喇叭"图标，然后单击"音频工具"选项卡中"开始"下方的下拉按钮，在弹出的下拉列表中选择"自动"选项（如图 4-63)，音频即被设置为在显示幻灯片时自动播放。

图 4-63　设置自动播放

(3) 设置放映时隐藏。单击选中"小喇叭"图标，在"音频工具"选项卡中，勾选"放映时隐藏"复选框（如图 4-64 所示），这样，在放映幻灯片时，音频图标将被隐藏，音频将根据设置进行播放。

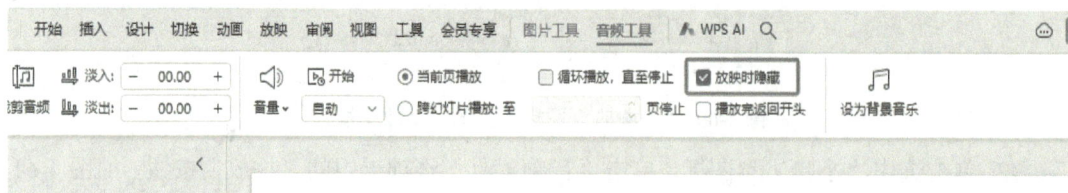

图 4-64　设置放映时隐藏

(4) 设置循环播放。单击选中"小喇叭"图标，在"音频工具"选项卡中，同时勾选"循环播放，直至停止"和"播完返回开头"复选框（如图 4-65 所示)，这样音频将循环播放。

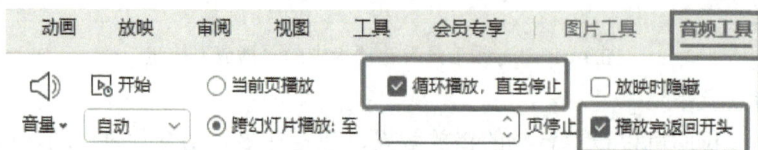

图 4-65　设置循环播放

3) 添加淡入和淡出效果

在演示文稿中插入音频后，除了可以设置播放选项，还可以在"音频工具"选项卡中为音频添加淡入和淡出效果。此处，将"淡入"设置为"00.50"，"淡出"设置为"01.00"，表示在音频开始的 0.5 秒内使用淡入效果，在音频结束的 1 秒内使用淡出效果，如图 4-66 所示。

图 4-66　添加淡入和淡出效果

4) 裁剪音频

插入音频后，可以在音频的开头和末尾对其进行裁剪，以缩短音频时长，使其与幻灯片的播放相适应。

(1) 单击选中"小喇叭"图标，然后单击"音频工具"选项卡中的"裁剪音频"按钮（如图 4-67 所示），打开"裁剪音频"对话框。

图 4-67　"裁剪音频"按钮

(2) 更改音频的开始位置。在"裁剪音频"对话框（如图 4-68 所示）中，将鼠标移至音频的开始位置（最左侧的绿色标记），当鼠标指针变为双向箭头时，将其拖动至所需的音频开始位置，即可更改音频的开始位置。

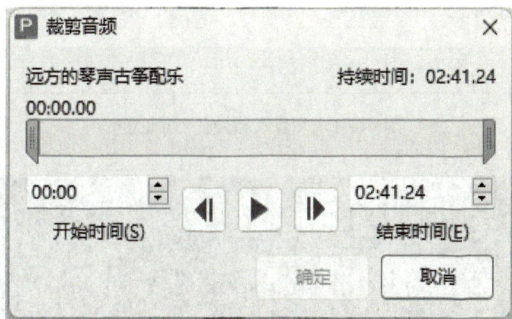

图 4-68　"裁剪音频"对话框

(3) 更改音频的结束位置。在"裁剪音频"对话框（如图 4-68 所示）中，将鼠标移至音频的结束位置（最右侧的红色标记），当鼠标指针变为双向箭头时，将其拖动至所需的音频结束位置，即可更改音频的结束位置。

(4) 试听裁剪后的音频效果。在"裁剪音频"对话框（如图 4-68 所示）中，单击"播放"按钮试听音频效果，满意后单击"确定"按钮以完成音频的裁剪。

5) 删除音频

若发现插入的音频不符合需求，则可将其删除。单击选中"小喇叭"图标，按 Delete 键即可删除该音频。

2. 插入视频

1）插入视频

在幻灯片中插入视频的具体操作如下：

（1）选中第 18 张幻灯片，然后单击"插入"选项卡中的"视频"按钮，在下拉列表中选择"嵌入视频"选项，如图 4-69 所示。

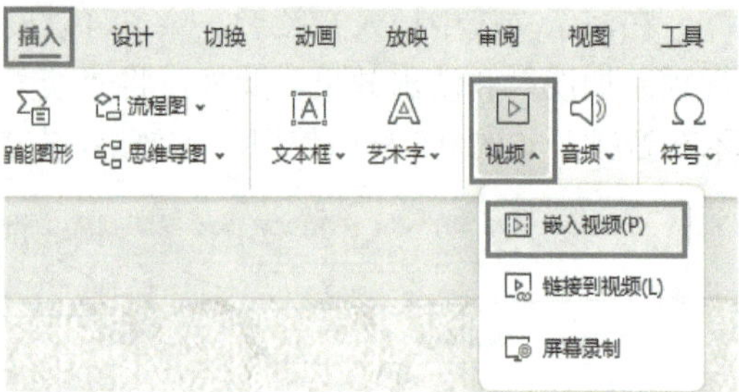

（2）在打开的"插入视频"对话框中选中需要插入的视频文件（路径为：第 4 单元任务 4.2 \ 素材 \ 八大菜系介绍 .webm），然后单击"打开"按钮，如图 4-70 所示，即可在幻灯片中插入一个视频，并可调整其大小和位置。插入视频后的效果如图 4-71 所示。

图 4-69　选择"嵌入视频"选项

图 4-70　"插入视频"对话框

图 4-71　插入视频后的效果图

插入视频后，可以播放视频，并设置相应的播放效果。

2) 播放视频

播放视频的方法有以下两种：

① 选中已插入的视频，单击"视频工具"选项卡中的"播放"按钮（如图 4-72 所示），即可播放视频。

② 选中已插入的视频，单击视频下方的"播放"按钮，即可播放视频。

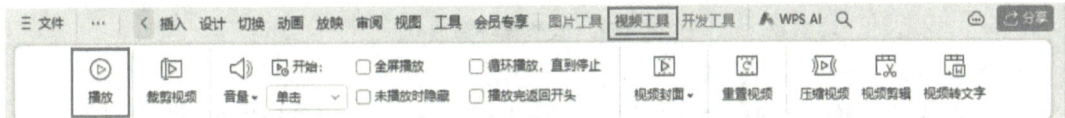

图 4-72　"视频工具"选项卡中的"播放"按钮

3) 设置播放效果

(1) 调节播放音量。选中视频，单击"视频工具"选项卡中的"音量"下拉按钮，在弹出的下拉列表中选择"中"选项（如图 4-73 所示），视频即按此音量播放。

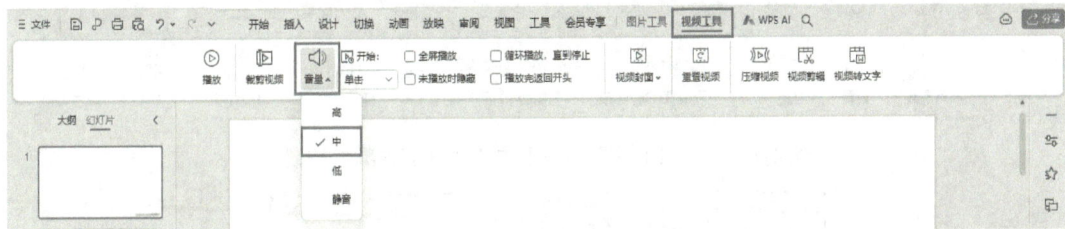

图 4-73　设置视频的播放音量

(2) 设置播放开始方式。选中视频，单击"视频工具"选项卡中"开始"下方的下拉按钮，然后在弹出的下拉列表中选择"单击"选项（如图 4-74 所示），即可通过单击鼠标来控制音频的开始播放。

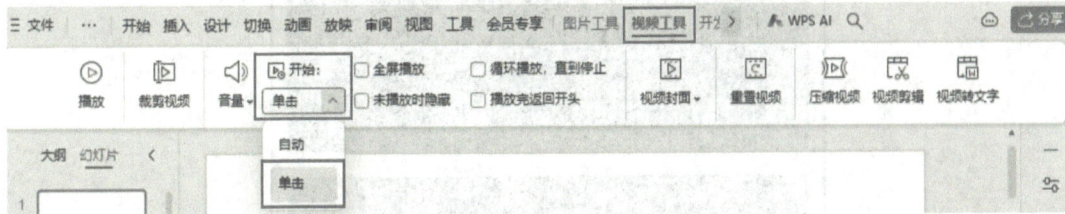

图 4-74　设置视频的开始播放方式

(3) 设置全屏播放。选中视频，在"视频工具"选项卡中，勾选"全屏播放"复选框（如图 4-75 所示），即可全屏播放幻灯片中的视频。

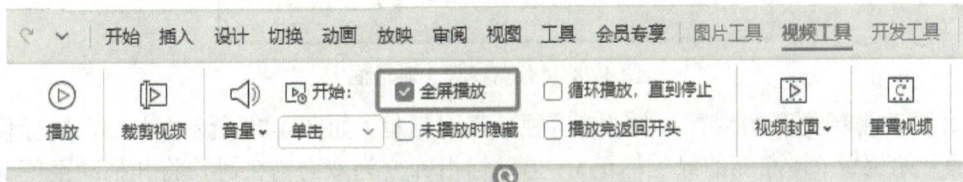

图 4-75　设置全屏播放

(4) 设置循环播放。选中视频，在"视频工具"选项卡中，同时勾选"循环播放，直到停止"和"播完返回开头"复选框（如图 4-76 所示），即可使该视频循环播放。

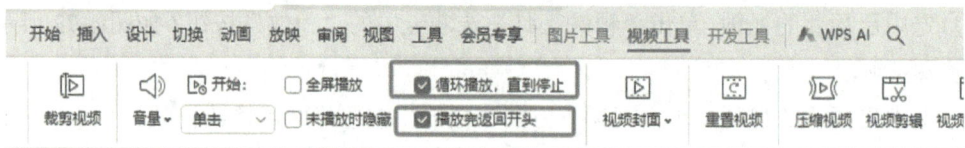

图 4-76　设置循环播放

4) 裁剪视频

插入视频后，可以在视频的开头和末尾处对其进行裁剪，以缩短视频时长，使其与幻灯片的播放相适应。

(1) 选中插入的视频，单击"视频工具"选项卡中的"裁剪视频"按钮（如图 4-77 所示）。在弹出的"裁剪视频"对话框（如图 4-78 所示）中，可以看到视频的持续时间、开始时间及结束时间。

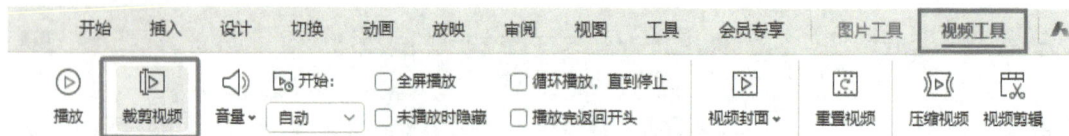

图 4-77　"视频工具"选项卡中的"裁剪视频"按钮

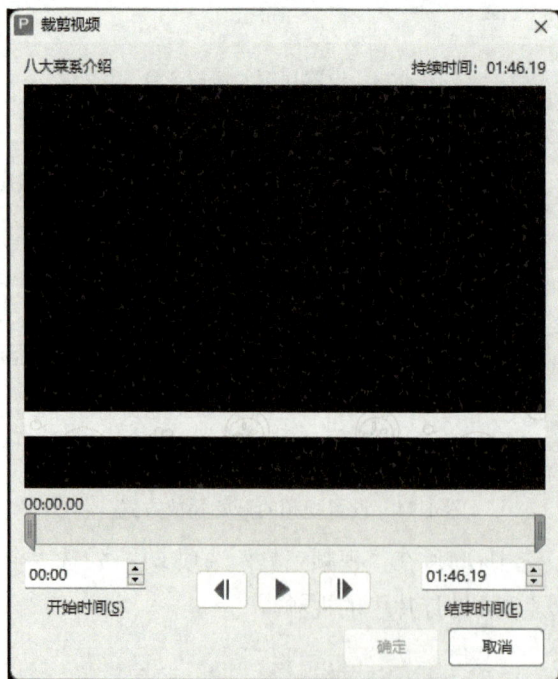

图 4-78　"裁剪视频"对话框

(2) 更改视频的开始位置。在"裁剪视频"对话框（如图 4-78 所示）中，将鼠标移至视频的开始位置（最左侧的绿色标记），当鼠标指针变为双向箭头时，将其拖动至所需的视频开始位置，即可更改视频的开始位置。

(3) 更改视频的结束位置。在"裁剪视频"对话框 (如图 4-78 所示) 中，将鼠标移至视频的结束位置 (最右侧的红色标记)，当鼠标指针变为双向箭头时，将其拖动至所需的视频结束位置，即可更改视频的结束位置。

(4) 设置视频封面。选中视频后，单击"视频工具"选项卡中的"视频封面"下拉按钮 (如图 4-79 所示)，在下拉面板中选择"来自文件"选项。在弹出的"选择图片"对话框中选中"八大菜系介绍 .jpg"，然后单击"打开"按钮，如图 4-80 所示。设置视频封面后的效果如图 4-81 所示。

图 4-79　"视频工具"选项卡中的"视频封面"下拉按钮

图 4-80　选择"八大菜系介绍 .jpg"作为封面图

图 4-81　设置视频封面后的效果图

任务 4.3　为演示文稿添加动画效果

一、任务描述

当前，小王制作的"中国文化"演示文稿已经完成，但他觉得系统默认的图形较为单调。为了增强演示文稿的观赏性，小王决定为演示文稿添加适当的动画效果。为此，他计划为演示文稿加入动态图片，并实现与用户的交互。

二、任务分析

在制作演示文稿时，可以为文字、图片等元素添加动画效果，并进行特殊设置，以美化演示文稿并吸引观众的注意力。本任务将介绍智能动画、路径动画、触发器、平滑切换和轮播动画的使用方法。

三、相关知识点

1. 智能动画

WPS 演示中的智能动画功能能够自动识别幻灯片中的元素，并为其添加合适的动画效果。该功能会根据元素的内容和布局智能推荐适合的动画，帮助用户更轻松地制作出具有吸引力和表现力的演示文稿。

2. 路径动画

WPS 演示中的路径动画功能可使对象沿着自定义路径移动，实现更加生动、个性化的动画效果。

3. 平滑切换

WPS 演示中的平滑切换功能使得幻灯片之间的切换更加自然流畅，提供舒适的视觉体验。

4. 触发器

WPS 演示中的触发器可以是图片、图形、段落和文本框。单击触发器时，会触发播放声音、电影或显示动画等操作。例如，在幻灯片中设置触发器后，单击触发器即可播放音乐或显示动画效果。

5. 轮播动画

WPS 演示中的轮播动画功能用于在演示文稿中连续展示多张图片或内容。该功能能帮助观众更好地理解和记忆信息，尤其是当展示一系列相关图片或数据时。

四、任务步骤

本任务可分为利用路径动画制作动态封面、为目录页设置平滑切换效果、为演示文稿添加动画效果、利用飞出动画制作开幕效果、制作轮播动画、设置触发器等步骤。下面我们详细介绍每个步骤的操作方法。

（一）利用路径动画制作动态封面

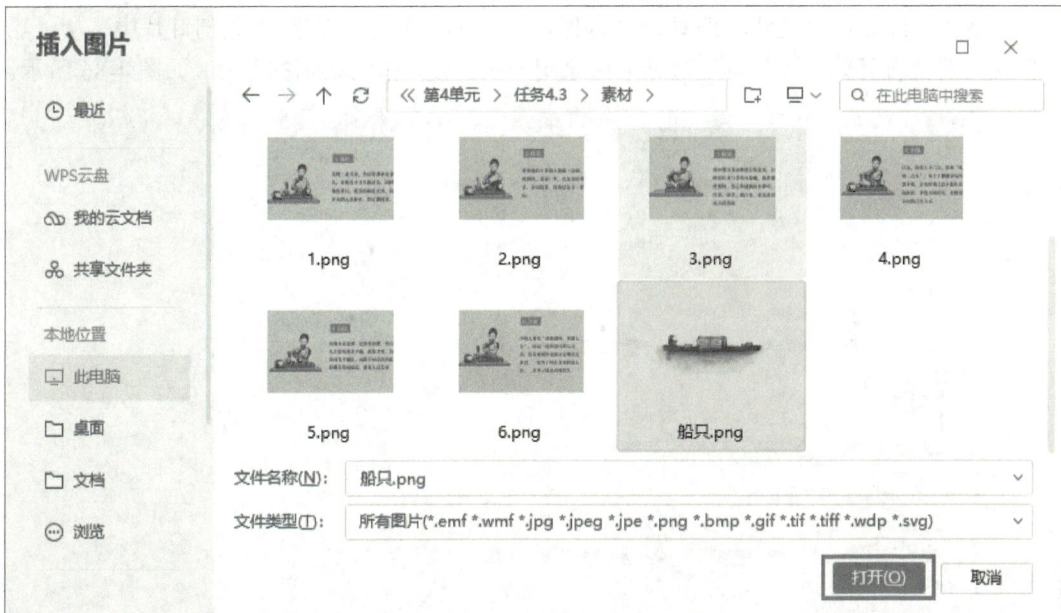

(1) 插入图片。打开"中国文化素材 .dps"，并选中第 1 张幻灯片，然后单击"插入"选项卡中的"图片"下拉按钮，在下拉面板中选择"本地图片"选项。接着，在弹出的"插入图片"对话框中选中"船只 .png"图片，如图 4-82 所示。最后，单击"打开"按钮，在"压缩提示"提示框中选择"不压缩"，如图 4-83 所示。

利用路径动画
制作动态封面

图 4-82　插入"船只 .png"图片

图 4-83　在"压缩提示"提示框中选择"不压缩"

(2) 将图片移动到幻灯片的右侧。选中"船只"图片，通过拖拽图片边缘的控制点按比例缩小图片，然后将其移动到幻灯片的右侧，如图 4-84 所示。

图 4-84　将"船只"图片移动到幻灯片的右侧

(3) 为图片添加路径动画效果。选中"船只"图片，单击"动画"选项卡中的"动画效果列表"下拉按钮，弹出下拉面板。在下拉面板中"绘制自定义路径"下选择合适的路径动画效果，此处以"直线"路径动画为例，如图 4-85 所示。在第 1 张幻灯片中，从"船只"图片的位置开始，从右向左通过拖拽绘制一条直线，作为动画的路径，如图 4-86 所示。

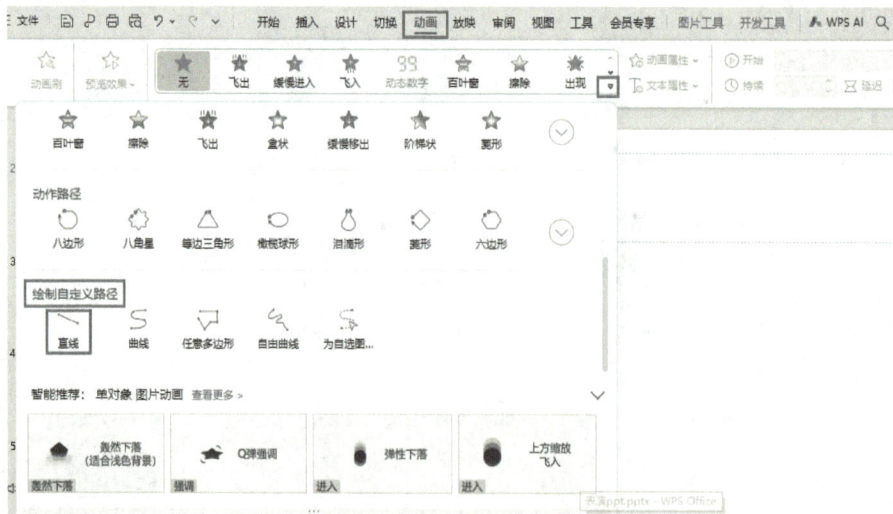

图 4-85　"直线"路径动画设置

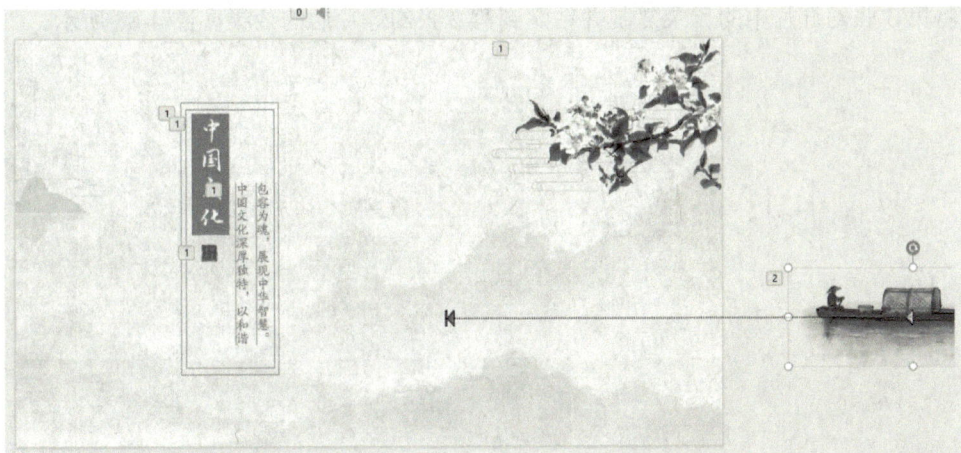

图 4-86　为图片添加动画路径

(4) 设置路径动画参数。选中"船只"图片，单击"动画"选项卡中的"动画窗格"按钮。在弹出的"动画窗格"任务窗格中，在"开始"下拉列表中选择"与上一动画同时"，在"路径"下拉列表中选择"解除锁定"，在"速度"下拉列表中选择"极度慢 (20 秒)"，如图 4-87所示。

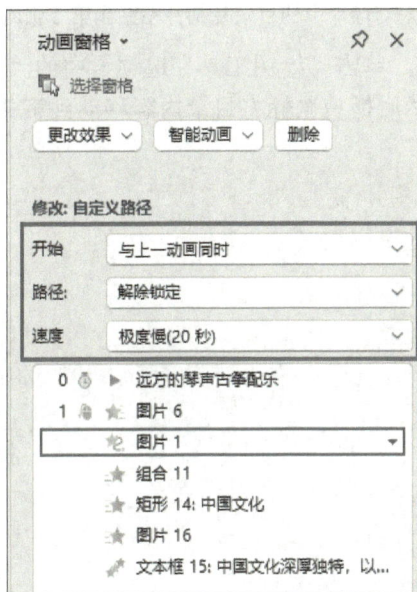

图 4-87　设置路径动画参数

(5) 预览动画效果。单击"动画"选项卡中的"预览效果"下拉按钮，在下拉列表中选择"预览效果"按钮，即可看到船只从右侧缓缓漂移至左侧的动画效果。

（二）为目录页设置平滑切换效果

(1) 复制并移动幻灯片中的目录。首先，打开第 3 张幻灯片，按住 Shift 键依次选中该幻灯片中的目录，右击，在右键菜单中选择"复制"选项。然后，打开第 2 张幻灯片，右击，在右键菜单中选择"粘贴"选

为目录页设置
平滑切换效果

项。将第 3 张幻灯片中的目录复制并粘贴到第 2 张幻灯片后的效果如图 4-88 所示。

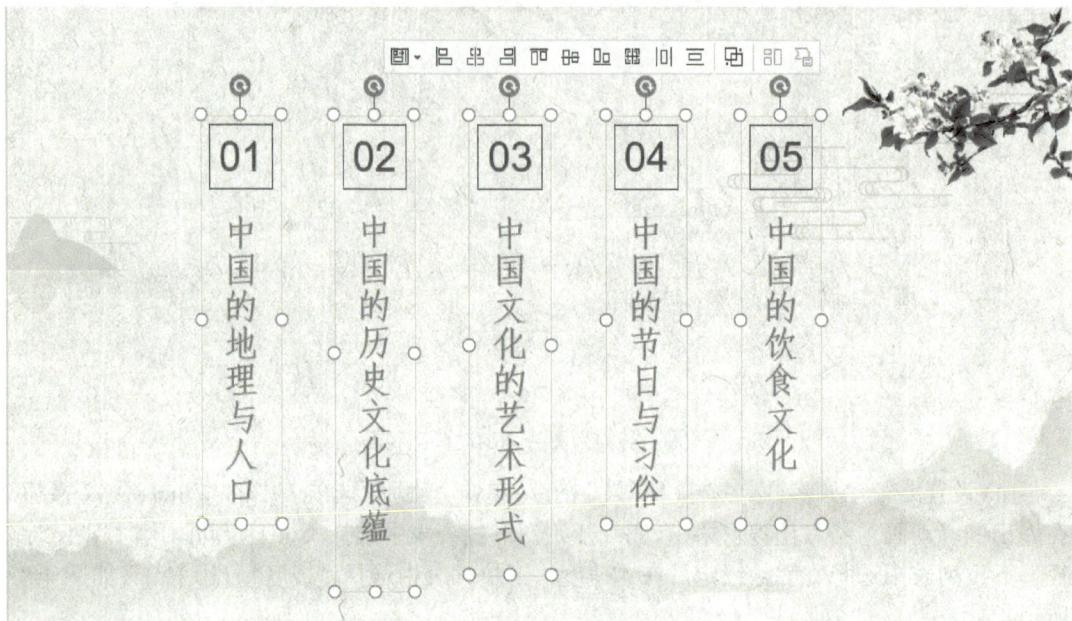

图 4-88　将第 3 张幻灯片中的目录复制并粘贴到第 2 张幻灯片中后的效果

　　在目录被选中的情况下，单击"绘图工具"选项卡中的"对齐"下拉按钮，在下拉列表中选择"左对齐"选项，然后拖拽鼠标将目录内容移动到第 2 张幻灯片的左侧，如图 4-89 所示。

图 4-89　将目录内容移动到第 2 张幻灯片的左侧

　　(2) 选中第 2 张幻灯片，在"切换"选项卡的"切换效果列表"中选择"平滑"选项，此时，演示文稿的目录页呈现出平滑的切换效果，然后单击"切换"选项卡中的"应用到全部"按钮，将全部幻灯片设置为"平滑"切换方式，如图 4-90 所示。

图 4-90　设置图片平滑切换

（三）为演示文稿添加动画效果

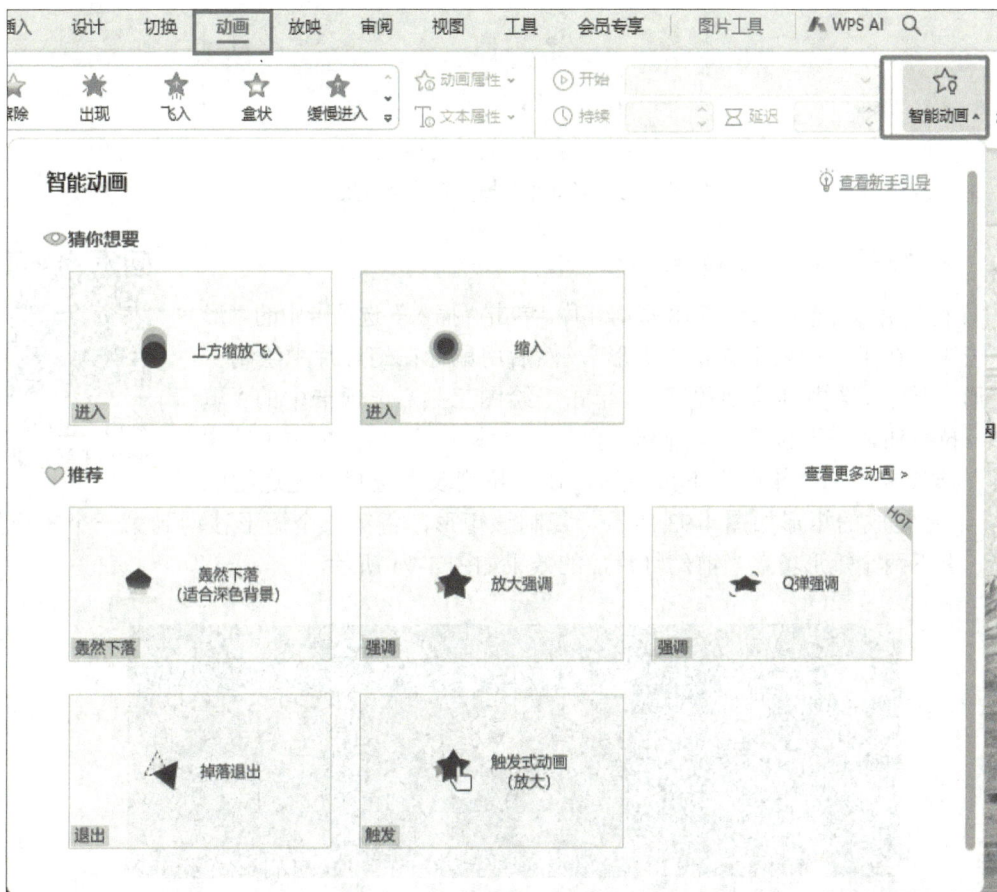

为了使演示文稿更丰富有活力，可以为演示文稿中的图片或文字添加动画效果，具体操作步骤如下。

(1) 打开第 5 张幻灯片，选中要添加动画效果的文本框或图片，单击"动画"选项卡中的"智能动画"下拉按钮，打开"智能动画"下拉面板，如图 4-91 所示。

为演示文稿添加
动画效果

图 4-91　"智能动画"下拉面板

(2) 在"智能动画"下拉面板中，有许多推荐的动画效果可供选择。单击"查看更多动画"，可以浏览并选择更多动画效果，如图 4-92 所示。

(3) 选择并应用相应的动画效果后，演示文稿中的文字或图片即可呈现出所选的动画效果。

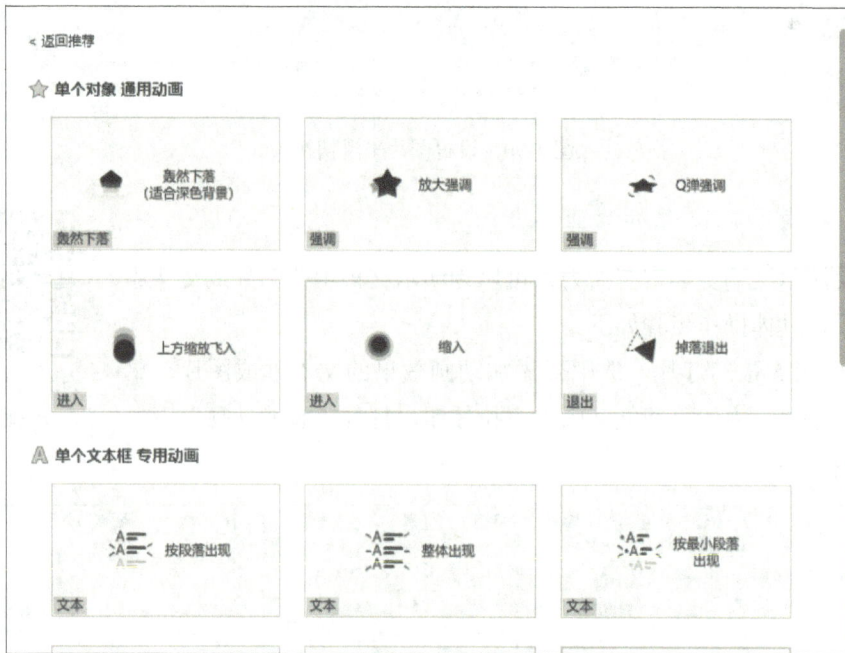

图 4-92　浏览并选择更多动画效果

（四）利用飞出动画制作开幕效果

(1) 制作矩形幕布。选择第 18 张幻灯片，单击"插入"选项卡中的"形状"按钮，在下拉列表中选择"矩形"，然后用鼠标在幻灯片中绘制一个矩形。接着，选中刚绘制的矩形，单击"绘图工具"选项卡中的"填充"下拉按钮，在下拉列表中选择"黑色，文本 1"选项；单击"绘图工具"选项卡中的"轮廓"下拉按钮，在下拉列表中选择"无边框颜色"。绘制完成的矩形如图 4-93 所示。复制该矩形，将第二个矩形移动到第一个矩形的下方。上下两个矩形覆盖当前幻灯片后的效果如图 4-94 所示。

利用飞出动画
制作开幕效果

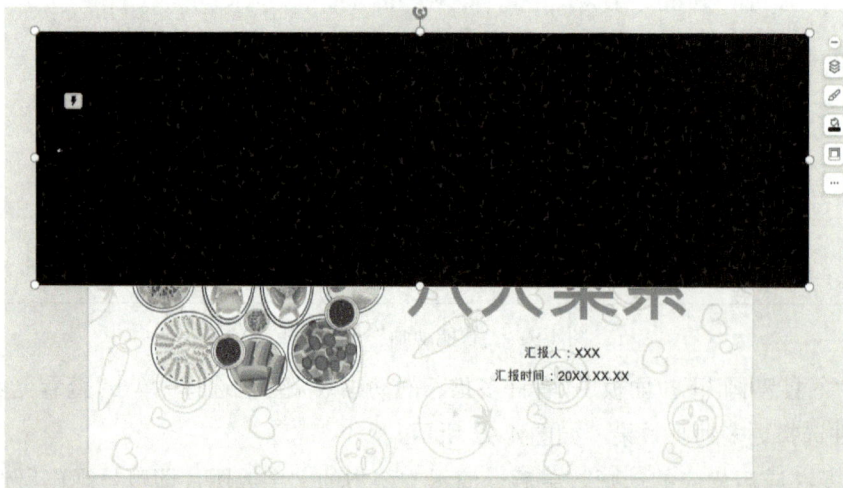

图 4-93　绘制完成的矩形

图 4-94　上下两个矩形覆盖当前幻灯片后的效果图

(2) 设置飞出动画效果。按住 Ctrl 键同时选中两个矩形，单击"动画"选项卡中的"动画效果列表"下拉按钮，在弹出的下拉面板中选择"退出"下的"飞出"动画 (如图 4-95 所示)，为两个矩形添加飞出动画效果。

(3) 设置飞出动画参数。选中上方的黑色矩形，单击"动画"选项卡中的"动画窗格"按钮，在弹出的"动画窗格"任务窗格中，在"开始"下拉列表中选择"与上一动画同时"选项，在"路径"下拉列表中选择"到顶部"选项，在"速度"下拉列表中选择"非常慢 (5 秒)"选项，如图 4-96 所示。

图 4-95　设置飞出动画

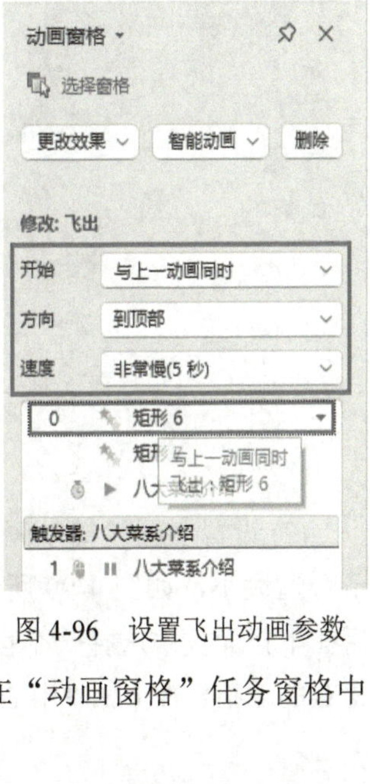

图 4-96　设置飞出动画参数

(4) 设置下方黑色矩形的飞出方向。选中下方的黑色矩形，在"动画窗格"任务窗格中将其方向设置为"到底部"，此时它会向下飞，如图 4-97 所示。

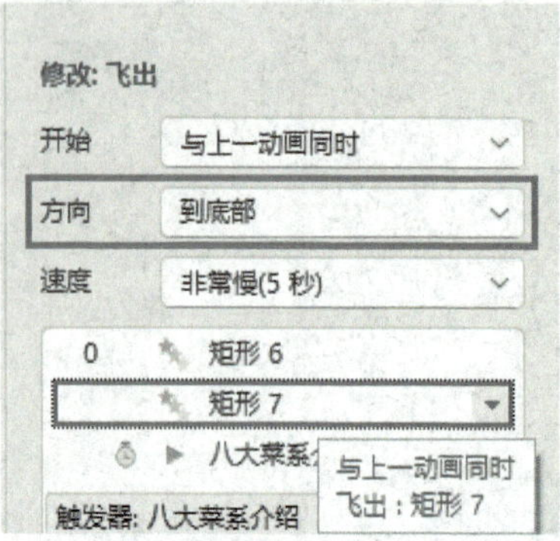

图 4-97　设置下方黑色矩形的飞出方向

（五）制作轮播动画

(1) 插入制作轮播动画所需的图片。打开第 21 张幻灯片，单击"插入"选项卡中的"图片"下拉按钮，在下拉面板中选择"本地图片"选项。然后在弹出的"插入图片"对话框中找到素材文件夹，按住 Ctrl 键依次选择"1.png"到"6.png"这六张图片，最后单击"打开"按钮，如图 4-98 所示。

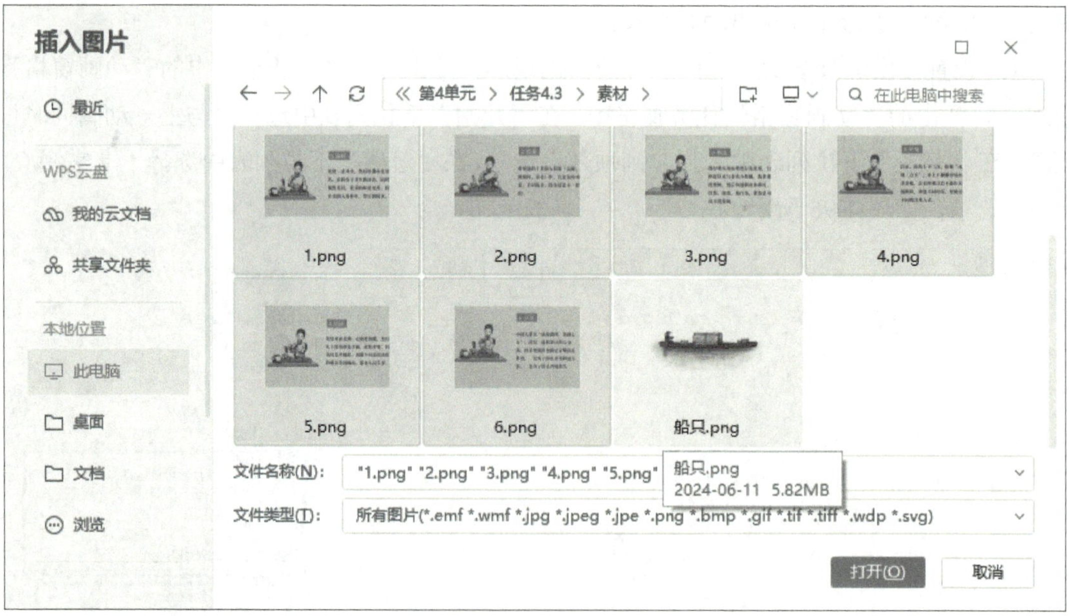

制作轮播动画

图 4-98　插入制作轮播动画所需的图片

(2) 设置多图轮播动画效果。选中所有图片，通过拖拽图片边缘的控制点把图片调整至合适大小，如图 4-99 所示。单击"图片工具"选项卡中的"多图轮播"下拉按钮，然后在下拉面板中选择一个自己喜欢的轮播方式（如"水平"），接着在面板中选择一个自己喜欢的轮播模板（如"中心展示对齐轮播"），最后单击"套用轮播"按钮，如图 4-100 所示。

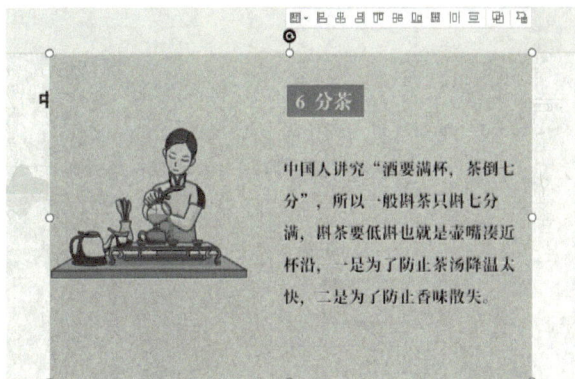

图 4-99　图片调整大小

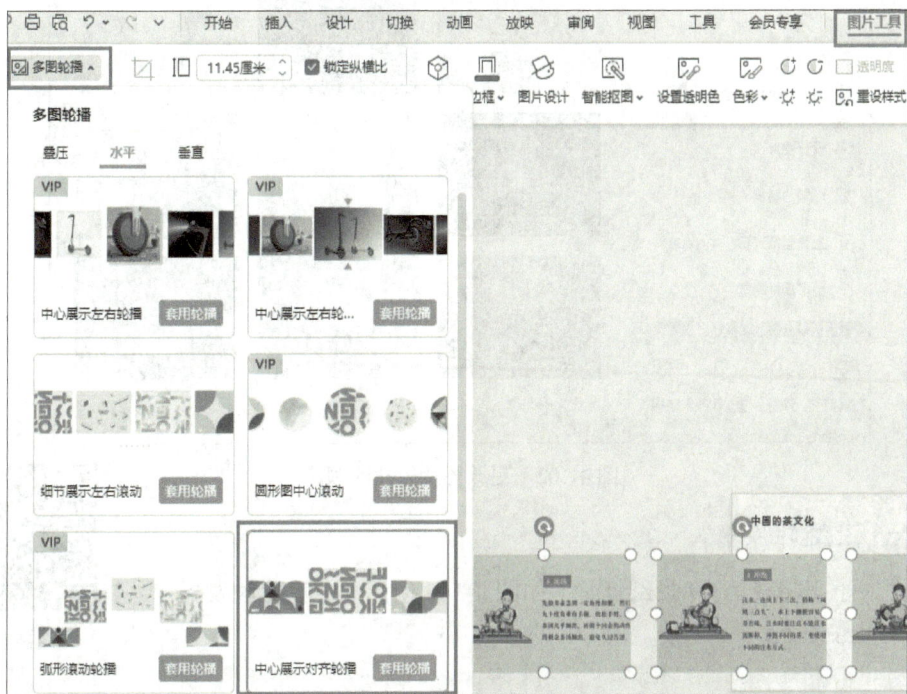

图 4-100　设置多图轮播效果

(3) 更改图片轮播的顺序。设置好多图轮播后，单击"放映"选项卡中的"当页开始"按钮，可查看图片播放的顺序，如图 4-101 所示。如果图片的播放顺序需要调整，那么右击图片，在右键菜单中选择"更改图片"选项 (如图 4-102 所示)，在打开的对话框中选择一张新的图片并单击"打开"按钮，以替换原有的图片，从而调整图片轮播的顺序。

图 4-101　通过放映方式查看图片的播放顺序

图 4-102　更改图片轮播的顺序

（六）设置触发器

下面，小王将在第 19 张幻灯片（如图 4-103 所示）中设置触发器，具体操作步骤如下。

设置触发器

图 4-103　第 19 张幻灯片

(1) 设置图形的名称。选中地图中山东区域对应的图片，然后单击"绘图工具"选项卡中的"选择"下拉按钮，在下拉列表中选择"选择窗格"选项。在右侧弹出的"选择窗格"任务窗格中，双击对应的名称并将其更改为"山东"，如图 4-104 所示。

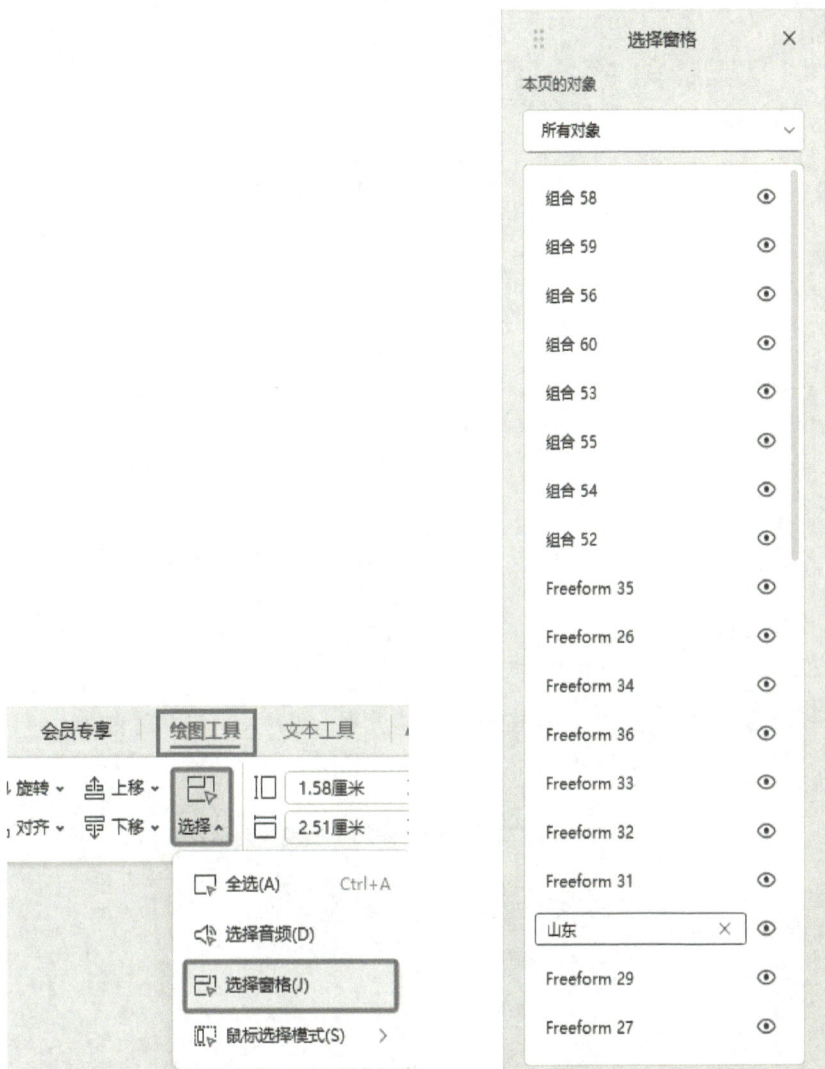

(a) 选择"选择窗格"选项　　　　　　　(b) "选择窗格"任务窗格

图 4-104　为"山东地区"图形重新命名

(2) 设置动画效果。选中幻灯片中的"鲁菜"图片，单击"动画"选项卡中的"动画效果列表"下拉按钮，在弹出的下拉面板中选择"进入"下的"出现"动画，为其添加"出现"动画效果 (如图 4-105 所示)。然后单击"动画"选项卡中的"动画窗格"按钮，在右侧弹出的"动画窗格"任务窗格中可以看到对应的动画效果 (如图 4-106 所示)。

(3) 为"鲁菜"图片设置触发器。首先，在"动画窗格"任务窗格中选中"鲁菜"图片对应的"出现"动画选项，单击其右侧的下拉按钮，在下拉列表中选择"计时"选项 (如图 4-107(a) 所示)；然后，选中"单击下列对象时启动效果"单选按钮，并在其右侧的下拉列表中选择"山东"作为触发对象（如图 4-107(b) 所示）；最后，单击"确定"按钮。

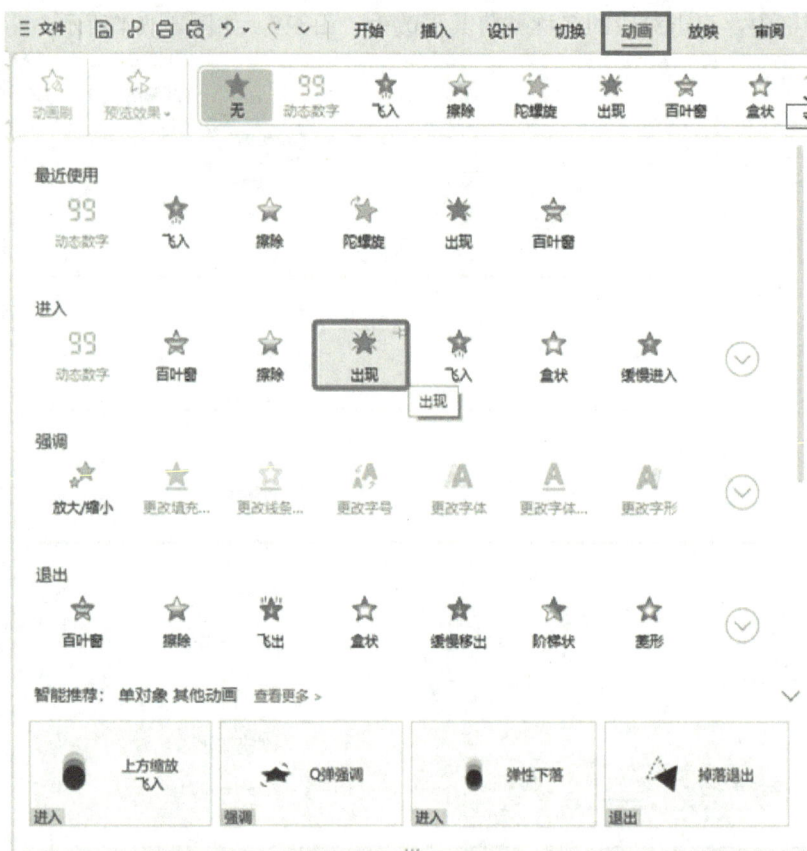

图 4-105　为"鲁菜"图片添加"出现"动画效果

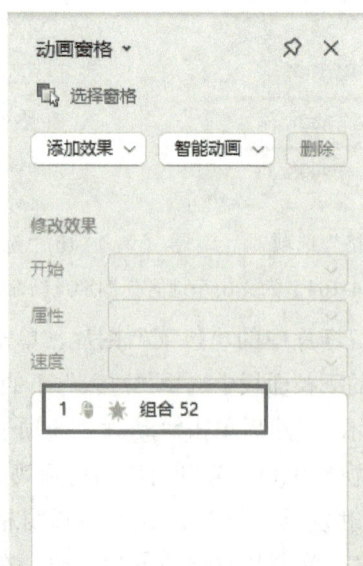

图 4-106　查看"鲁菜"图片的动画效果

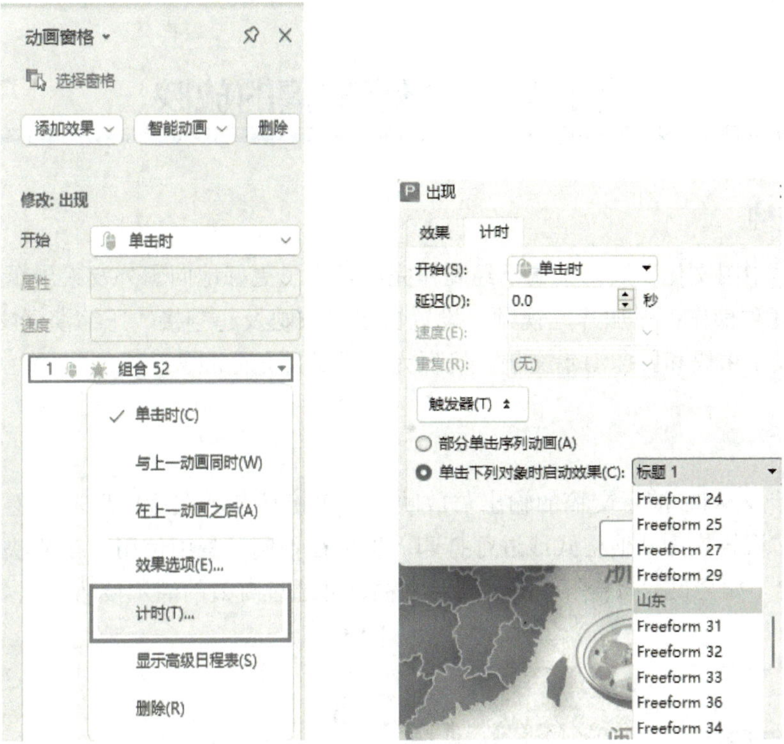

(a) 选择"计时"选项　　　　　　　　(b) 选择"山东"作为触发器

图 4-107　为"鲁菜"图片设置触发器

(4) 重复上述步骤。对地图中安徽、江苏、浙江、湖南、福建、广东、四川等区域对应的图片进行设置，并在"选择窗格"任务窗格中更改其名称。同时，为除鲁菜外的其他菜系图片添加"出现"动画效果，并为每个动画效果设置相应的触发器。为所有菜系图片设置触发器后的效果图如图 4-108 所示。

图 4-108 为所有菜系图片设置触发器后的效果图

任务 4.4　演示文稿的放映

一、任务描述

小王的"中国文化"演示文稿已经制作完成。为了更好地向国外友人展示，他最后需要完成以下几项操作：添加片尾视频、设置自定义放映及超链接、压缩演示文稿的大小、为演示文稿设置密码和打印演示文稿，确保为演讲做好充分准备。

二、任务分析

本任务涉及 WPS 演示文稿的输出与放映两个关键环节。在输出环节，主要是将编辑完成的演示文稿转换为其他格式或进行打印，以便在不同场景中使用。在放映环节，侧重于在特定场合（如会议、报告等）展示演示文稿，并通过有效的演示技巧与观众进行互动。

三、相关知识点

1. 设置放映方式

演示文稿通过投影仪或大屏幕以清晰、流畅的方式逐一展现给观众。随着页面的切换，精美的图像、图表和文本内容以动态形式呈现，有效吸引了观众的注意力。演示文稿可以从头开始放映，也可以从当前页开始放映。放映方式分为手动放映和自动放映两种。

2. 打印演示文稿

用户在正式放映前，可以通过排练计时功能模拟演讲过程，并记录播放每张幻灯片所需的时间。这有助于在正式演示时准确控制时间，确保内容的流畅性和完整性。

3. 演示文稿输出

WPS 演示的输出功能主要是将编辑好的演示文稿转换为其他格式或进行文件打包。具体来说，输出操作包括输出为 PDF、输出为图片、输出为视频和打印等。

四、任务步骤

本任务可分为添加片尾视频、设置自定义放映及超链接、压缩演示文稿的大小、为演示文稿设置密码和打印演示文稿等步骤。下面我们详细介绍每个步骤的操作方法。

（一）添加片尾视频

(1) 导出视频文件。首先，单击需要制作视频的幻灯片（如幻灯片 1～幻灯片 21)，方法为：单击选中幻灯片 1，按住 Shift 键，再单击幻灯片 21。然后选择"文件"→"另存为"→"输出为视频"，即可将视频导出并保存到电脑上，如图 4-109 所示。

添加片尾视频

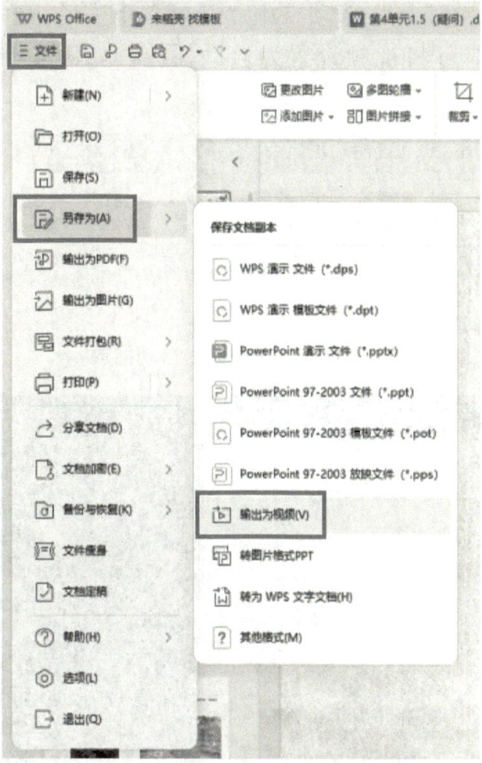

图 4-109　将幻灯片输出为视频

(2) 插入视频文件。选择第 22 张幻灯片，右击，在右键菜单中选择"设置背景格式"选项。然后，在右侧弹出的"对象属性"任务窗格中，在"填充"栏中选中"纯色填充"单选按钮，在"颜色"下拉列表中选择"黑色，文本 1"选项。接着，选择"插入"→"视频"→"嵌入视频"，在打开的"插入视频"对话框中选择步骤 (1) 中导出的视频文件，单击"打开"按钮。

调整好视频的大小与位置后，选择"图片工具"→"效果"→"倒影"→"紧密倒影，8 pt 偏移量"，为其添加倒影效果，如图 4-110 所示。

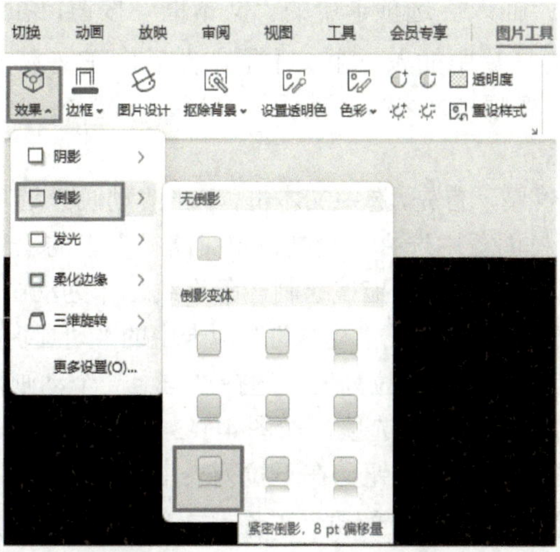

图 4-110　为视频添加倒影效果

　　选中视频，单击"视频工具"选项卡中"开始"下方的下拉按钮，然后在下拉列表中选择"自动"选项，即可将视频设置为自动播放，如图 4-111 所示。插入视频后的效果如图 4-112 所示。

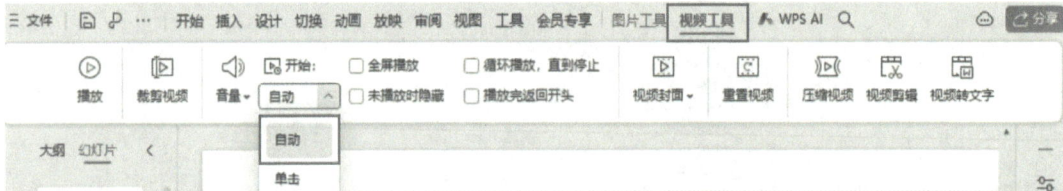

图 4-111　设置视频为自动播放

图 4-112　插入视频后的效果图

　　(3) 制作字幕。单击"插入"选项卡中的"文本框"按钮，在下拉面板中选择"横向文本框"样式，在当前幻灯片中插入一个文本框。然后，在文本框中输入文字："文案：×××，美工：×××，视频：×××，动画：×××，配音：×××，审核：×××"，并将字体颜色设置为白色。

　　(4) 为字幕添加动画效果。首先，选中文本框，单击"动画"选项卡中"动画效果列表"下拉按钮，并在弹出的下拉面板中选择"绘制自定义路径"下的"直线"路径动画。然后，在文本框字幕的位置，从下向上通过拖拽绘制一条直线，作为动画的路径，并将路径的红色端点移动到幻灯片上方。接着，单击"动画"选项卡中的"动画窗格"按钮，在弹出的"动画窗格"任务窗格中，在"开始"下拉列表中选择"与上一个动画同时"选项，在"速度"下拉列表中选择"极度慢 (20 秒)"选项，如图 4-113 所示。最后，在"动画窗格"任务窗格中，右击文本框 4 右侧的下拉按钮，在下拉列表中选择"效果"选项，在弹出的"自定义路径"对话框中勾选"平稳开始"和"平稳结束"复选框，如图 4-114 所示。为字幕添加动画效果后的效果如图 4-115 所示。

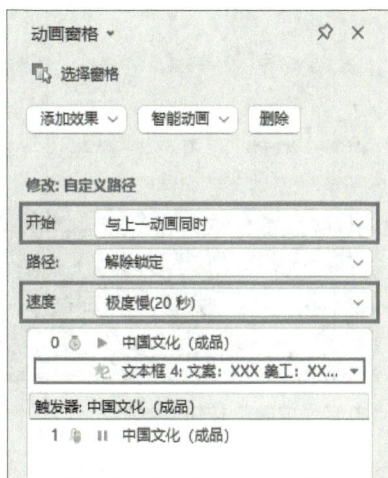

图 4-113　设置路径动画参数

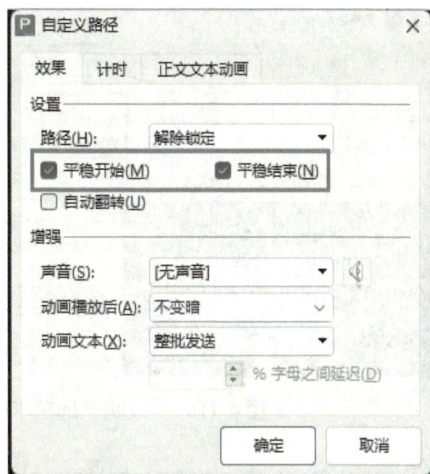

图 4-114　设置平稳开始和平稳结束

图 4-115　为字幕添加动画效果后的效果图

设置自定义放映
及超链接

（二）设置自定义放映及超链接

制作演示文稿的最终目的是放映幻灯片，以便观众认识和了解其内容。下面，我们讲解放映演示文稿的相关操作。

(1) 设置自定义放映。自定义放映方案如下：自定义放映 "01 中国的地理与人口" 包含第 4 张幻灯片～第 9 张幻灯片，"02 中国历史文化底蕴" 包含第 10 张幻灯片和第 11 张幻灯片，"03 中国文化的艺术形式" 包含第 12 张幻灯片和第 13 张幻灯片，"04 中国的节日与习俗" 包含第 14 张幻灯片和第 15 张幻灯片，"05 中国的饮食文化" 包含第 16 张幻灯片～第 21 张幻灯片。具体操作步骤如下：首先，单击 "放映" 选项卡中的 "自定义放映" 按钮 (如图 4-116 所示)，在打开的 "自定义放映" 对话框 (如图 4-117(a) 所示) 中单击 "新建" 按钮，打开 "定义自定义放映" 对话框；然后，在 "幻灯片放映名称" 文本框中输入 "01 中国的地理与人口"，在 "在演示文稿中的幻灯片" 列表框中选择第 4 张～第 9 张幻灯片，单击 "添加" 按钮 (如图 4-117(b) 所示)；最后，单击 "确定" 按钮，返回 "自定义放映" 对话框。参照上述步骤完成另外四个自定义放映方案的新建。自定义放映设置完成后的 "自定义放映" 对话框如图 4-118 所示。

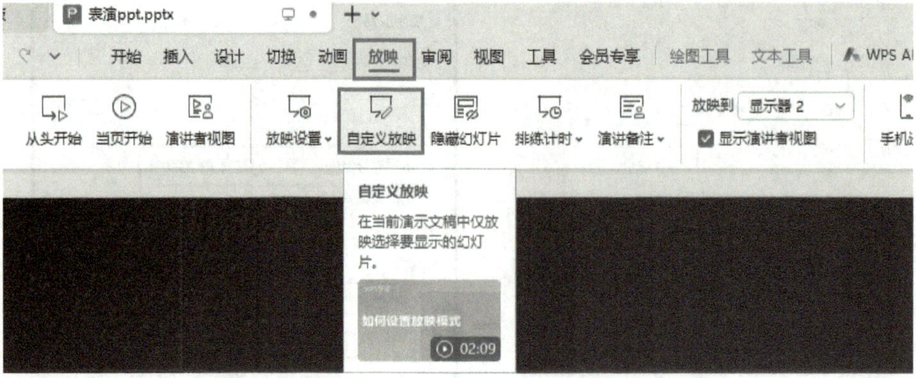

图 4-116 "放映"选项卡中的"自定义放映"按钮

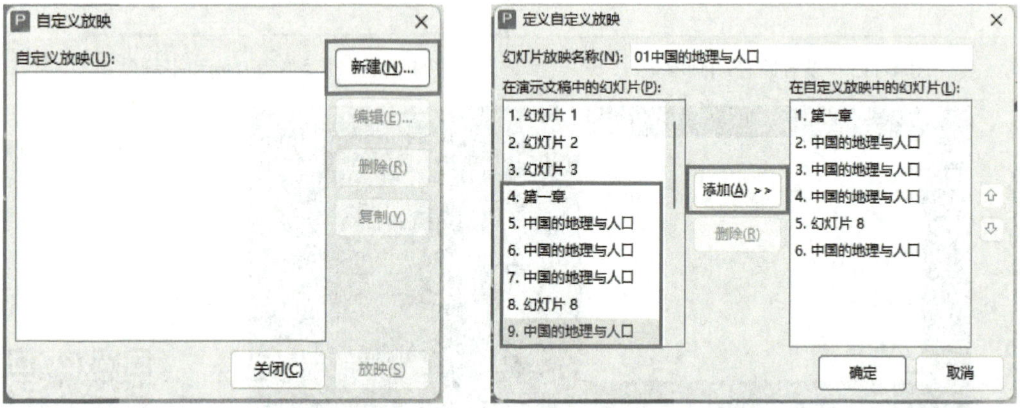

(a)"自定义放映"对话框   (b)"定义自定义放映"对话框

图 4-117 新建自定义放映"01 中国的地理与人口"

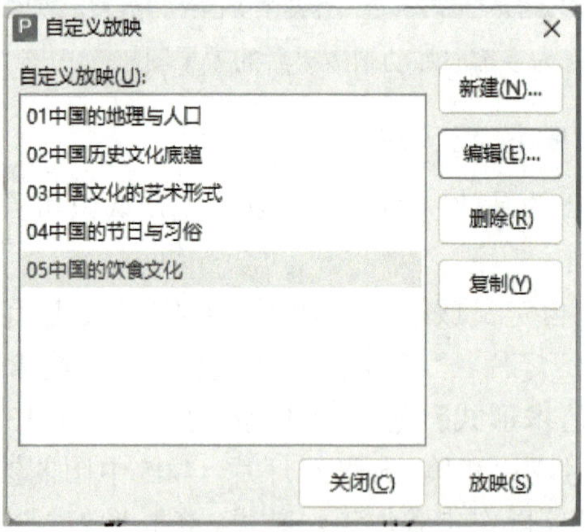

图 4-118 自定义放映设置完成后的"自定义放映"对话框

（2）将第 3 张幻灯片设置为目录页，并按照表 4-1 插入超链接。具体操作步骤为：打开第 3 张幻灯片，选中文字"01 中国的地理与人口"（如图 4-119 所示），单击"插入"选项卡中的"超链接"按钮，在弹出的"插入超链接"对话框左侧选择"本文档中的位置"，在"请选择文档中的位置"列表框的"自定义放映"下拉列表中选择"01 中国的地理与人口"，并勾选"显示并返回"复选框，如图 4-120 所示。

表 4-1　目录内容与对应超链接的位置

目录内容	对应超链接的位置
中国的地理与人口	(1) 本文档中的位置：自定义放映"01 中国的地理与人口"； (2) 勾选"显示并返回"，播放完返回目录页
中国历史文化底蕴	(1) 本文档中的位置：自定义放映"02 中国历史文化底蕴"； (2) 勾选"显示并返回"，播放完返回目录页
中国文化的艺术形式	(1) 本文档中的位置：自定义放映"03 中国文化的艺术形式"； (2) 勾选"显示并返回"，播放完返回目录页
中国的节日与习俗	(1) 本文档中的位置：自定义放映"04 中国的节日与习俗"； (2) 勾选"显示并返回"，播放完返回目录页
中国的饮食文化	(1) 本文档中的位置：自定义放映"05 中国的饮食文化"； (2) 勾选"显示并返回"，播放完返回目录页

图 4-119　选中文字"01 中国的地理与人口"

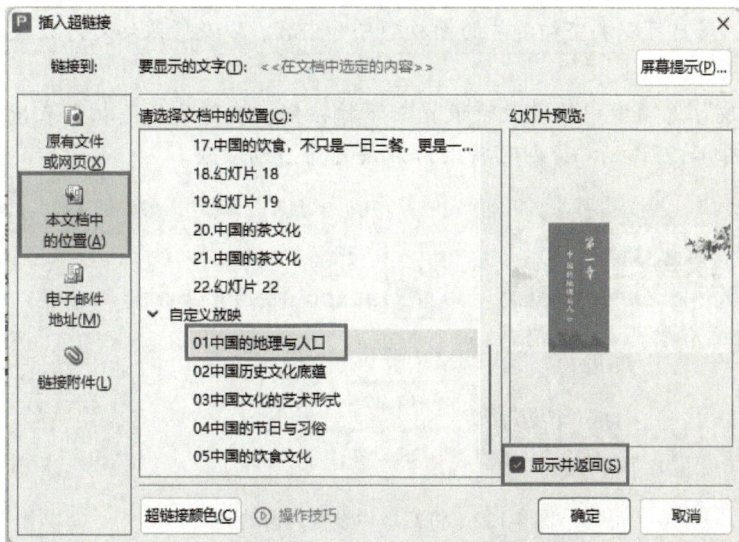

图 4-120　"插入超链接"对话框

(3) 设置超链接的颜色：首先，单击自定义放映中的"01 中国的地理与人口"，在打开的"编辑超链接"对话框中单击"超链接颜色"按钮，打开"超链接颜色"对话框；然后，在"超链接颜色"下拉列表中选择"黑色，文本 1"选项，在"已访问超链接颜色"下拉列表中选择"巧克力黄，着色 2，浅色 80%"选项，选中"链接无下划线"单选按钮，并单击"应用到当前"按钮，如图 4-121 所示，返回到"编辑超链接"对话框；最后，单击"确定"。

完成上述操作步骤后，即成功插入了四个超链接。

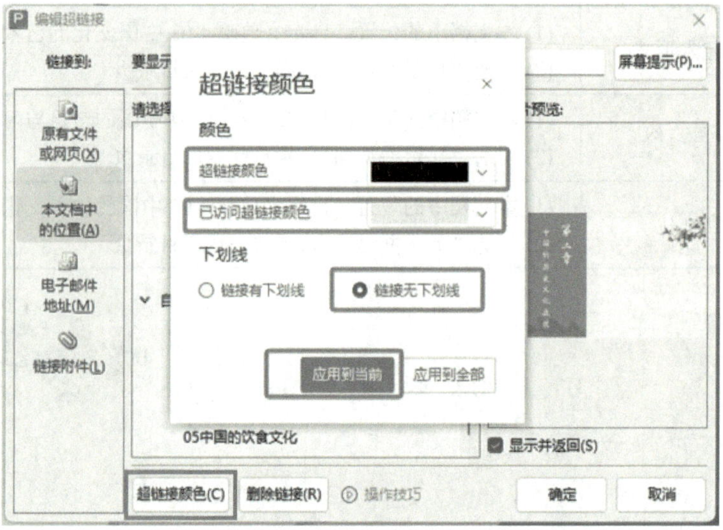

图 4-121　设置超链接的颜色

知识补充

• 编辑自定义放映项目

单击"放映"选项卡中的"自定义放映"按钮，在打开的"自定义放映"对话框中，选择想要编辑的自定义放映项目，然后单击"编辑"按钮。此时会打开"定义自定义放映"对话框，在该对话框中，用户可以调整幻灯片的播放顺序和内容，以及修改幻灯片放映的名称。

• 放映设置

单击"放映"选项卡中的"放映设置"下拉按钮，在弹出的下拉列表中选择"自动放映"选项（如图 4-122 所示），即可将幻灯片设置为自动放映。

图 4-122　将幻灯片设置为自动放映

设置放映的步骤如下：

(1) 单击"放映"选项卡中的"放映设置"按钮,打开"设置放映方式"对话框 (如图 4-123 所示),在"放映选项"栏中勾选"循环放映,按 ESC 键终止"复选框。

(2) 在"放映幻灯片"栏中选中"自定义放映"单选按钮。

(3) 在"换片方式"栏中选中"手动"单选按钮。

(4) 单击"确定"按钮。

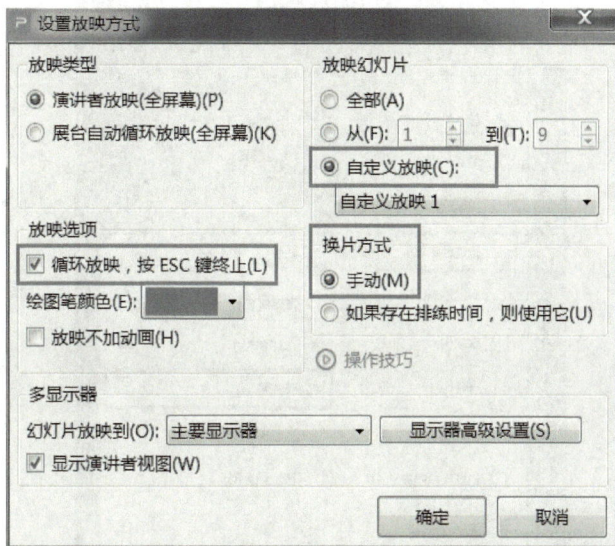

图 4-123　"设置放映方式"对话框

・幻灯片放映的方法

单击"放映"选项卡中的"从头开始"按钮,即可从头开始放映幻灯片,其快捷键为 F5,如图 4-124(a) 所示;单击"放映"选项卡中的"当页开始"按钮,即可从当前幻灯片开始放映,其快捷键为 Shift + F5,如图 4-124(b) 所示。

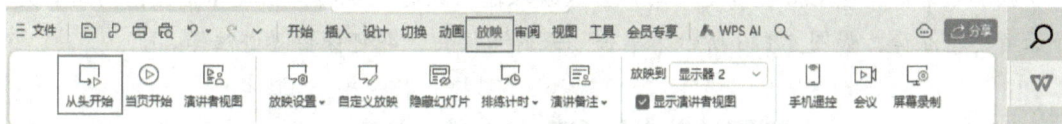

(a) 设置从头开始放映幻灯片

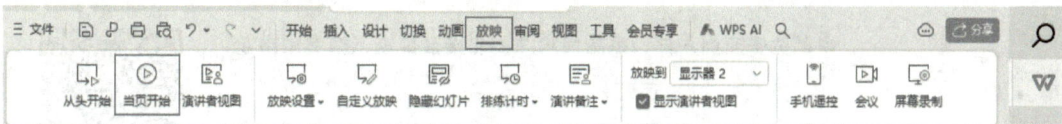

(b) 设置从当前幻灯片开始放映

图 4-124　幻灯片放映的方法

・幻灯片的放映类型

幻灯片的放映类型包括两种:一种是演讲者放映 (全屏幕),便于演讲者进行演讲,演讲者对幻灯片拥有完全控制权,可以手动切换幻灯片并控制动画播放;另一种是在展台浏览 (全屏幕),这种类型会以全屏模式循环放映幻灯片,观众无法通过单击鼠标来手动控制幻灯片的演示,通常用于展览会场或会议中无人管理的幻灯片播放场合。

• 加注释

在放映演示文稿时，右击，在弹出的右键菜单中选择"墨迹画笔"选项，并在子菜单中选择"荧光笔"，如图 4-125 所示。然后，用户可在幻灯片上需要突出或重点显示的文本处拖动鼠标，以添加荧光笔注释。

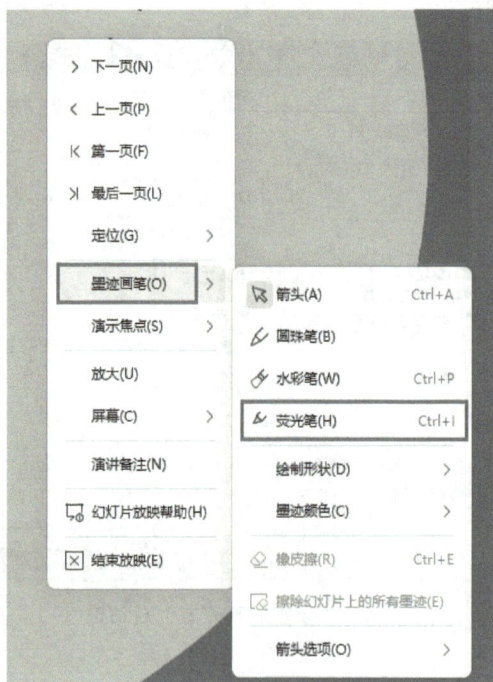

图 4-125　添加荧光笔注释

• 保留墨迹注释

放映结束后，按 Esc 键可退出幻灯片放映状态，此时系统将弹出提示框，询问用户是否保留墨迹注释，如图 4-126 所示。单击"保留"按钮，即可保留墨迹注释。

图 4-126　"是否保留墨迹注释"提示框

手动控制 WPS 演示文稿翻页

• 手动控制 WPS 演示文稿翻页

若演讲时未携带翻页笔，则可手动控制 WPS 演示文稿翻页，具体操作步骤如下：

(1) 打开 WPS 演示文稿，单击"放映"选项卡中的"手机遥控"按钮（如图 4-127 所示）。随后，在出现的"手机遥控"界面会显示用于遥控的二维码，如图 4-128 所示。

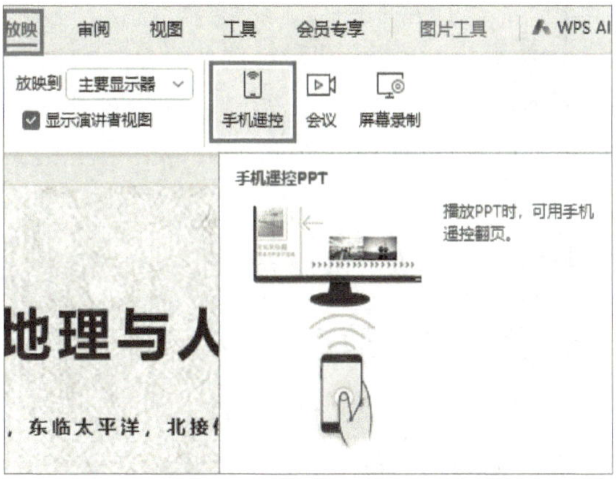

图 4-127　"放映"选项卡中的"手机遥控"按钮

图 4-128　用于遥控的二维码

　　(2) 打开手机端的 WPS Office 应用,单击搜索栏右侧的"扫一扫"图标,扫描"手机遥控"界面的二维码。

　　(3) 单击"播放"按钮, 即可利用手机实现翻页功能, 如图 4-129 所示。

图 4-129　利用手机实现翻页功能

关闭所有动画

• 关闭所有动画

　　在使用 WPS Office 软件对演示文稿进行编辑时, 通常会为文本框、图片、形状等元素添加动画效果, 使其更加生动。若需在放映时关闭所有动画, 则可按如下步骤进行设置:单击"放映"选项卡中的"放映设置"按钮,在弹出的"设置放映方式"对话框中勾选"放映不加动画"复选框,然后单击"确定"按钮即可,如图 4-130 所示。

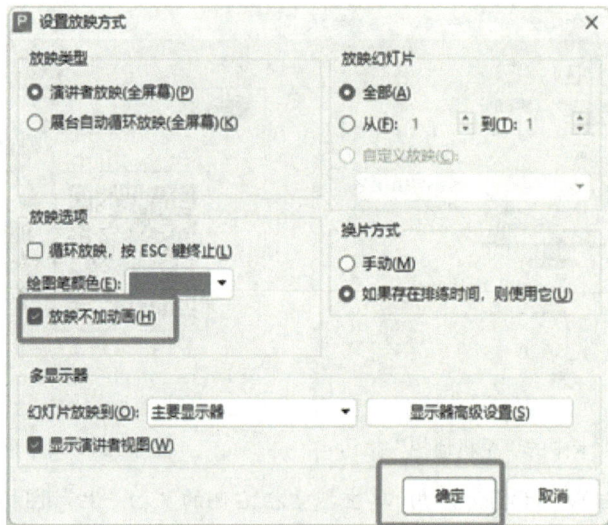

图 4-130　关闭所有动画

（三）压缩演示文稿的大小

当 WPS 演示文稿中的图片数量多且每张图片较大时，文档体积会变得庞大，不便于保存或传输。此时，可以对图片进行压缩处理以缩小文档大小。

(1) 选中演示文稿中的图片，单击"图片工具"选项卡中的"压缩图片"按钮。

压缩演示文稿的大小

(2) 在弹出的"图片压缩"对话框中，选中"文档内全部图片"单选按钮（如图 4-131 所示）并单击"确定"按钮。然后，在"自定义压缩"栏中调整"清晰度"和"体积小于"的设置，最后单击"完成压缩"按钮，如图 4-132 所示。

图 4-131　在提示对话框中选择压缩对象

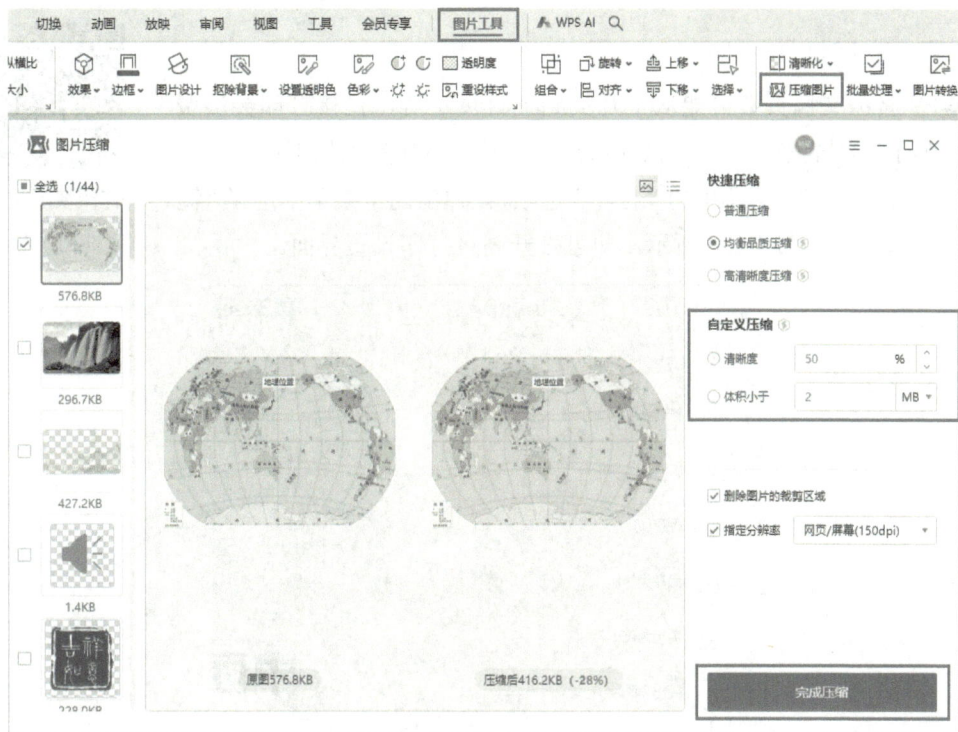

图 4-132　图片压缩设置

（四）为演示文稿设置密码

如果不想让别人编辑或修改重要的演示文稿，那么可以加密保存该文档，具体操作步骤如下：

为演示文稿设置密码

(1) 打开 WPS 演示文稿,选择"文件"菜单中的"文档加密"选项，在弹出的子菜单中选择"密码加密"选项。

(2) 在弹出的"密码加密"对话框中 (如图 4-133 所示），用户可以设置"打开权限"和"编辑权限"的密码，然后单击"应用"按钮，保存演示文稿，即可完成文档的加密。

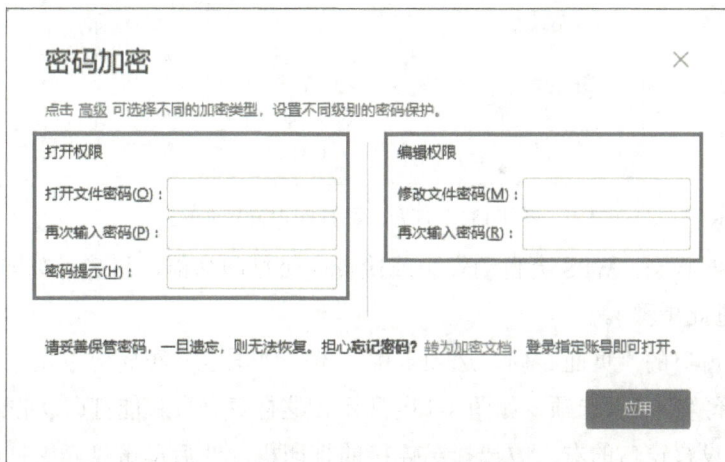

图 4-133　"密码加密"对话框

（五）打印演示文稿

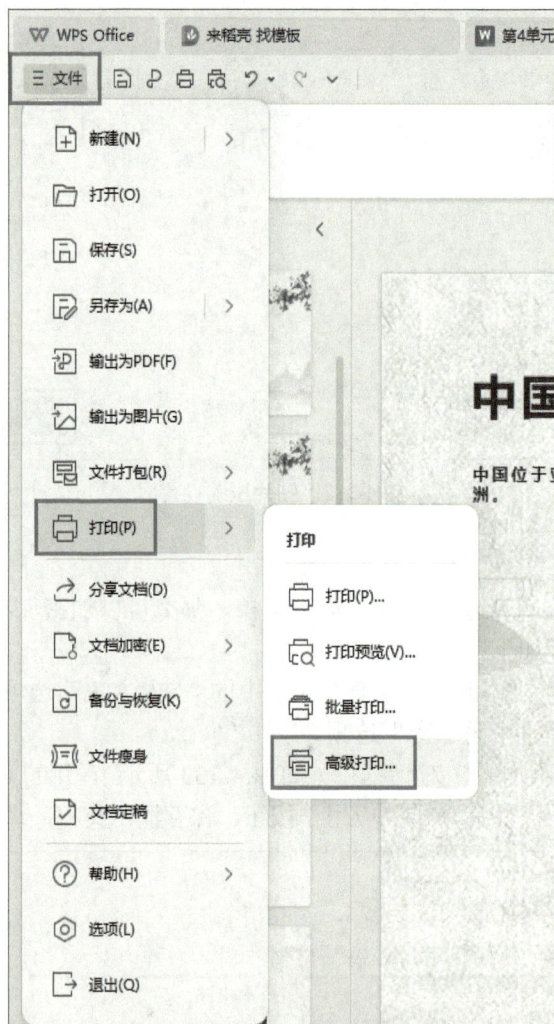

WPS 演示文稿页数可能从十几页到上百页不等，直接打印会浪费纸张。为了节约纸张，可以尝试缩放打印，具体操作步骤如下：

打印演示文稿

(1) 选择"文件"菜单中的"打印"选项，在弹出的子菜单中选择"高级打印"选项，如图 4-134 所示，即可打开高级打印设置界面。

图 4-134　打开高级打印设置界面

(2) 保持联网状态，WPS 会自动安装或检查高级打印功能，稍等片刻即可完成（若已安装，则可跳过此步骤）。

(3) 在弹出窗口的"页面布局"选项卡中，单击"自定义布局"下拉按钮，在弹出的下拉列表中选择"3×3"选项，如图 4-135 所示，这样每一页就能打印 9 张幻灯片。

(4) 在打印设置窗口的右上方选择已连接的打印机，然后单击"开始打印"按钮即可进行打印。

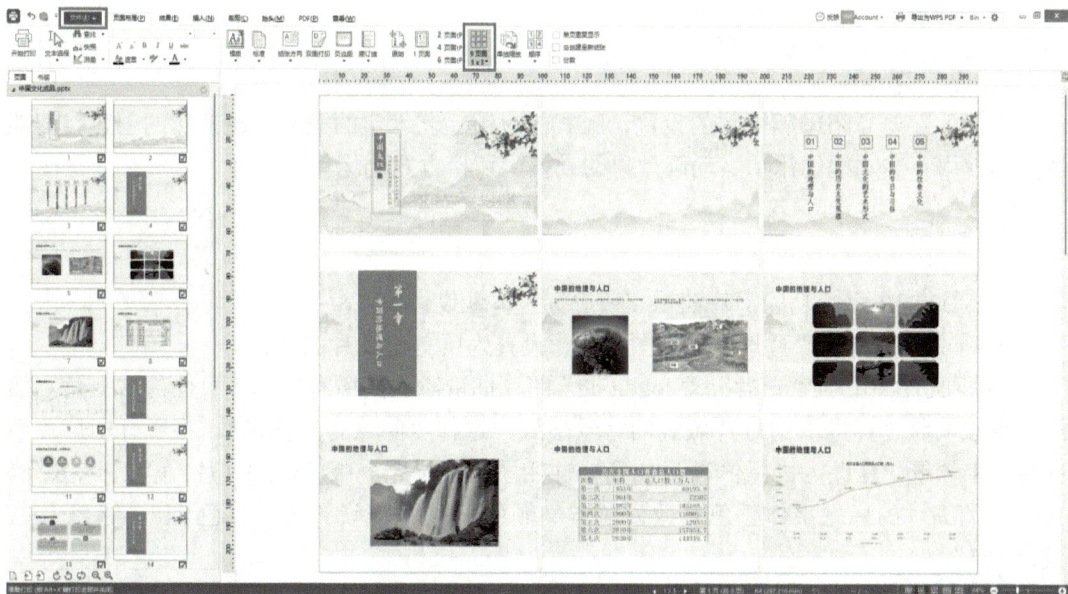

图 4-135　"页面布局"选项卡

拓展任务　制作"光盘行动，拒绝浪费"演示文稿

一、任务描述

打开素材文件"光盘行动，拒绝浪费 .pptx"（.pptx 为文件扩展名）。为倡导文明用餐，制止餐饮浪费行为，树立文明、科学、理性、健康的饮食消费观念，我校宣传部决定举办一次全校师生宣讲会，以加强宣传引导。汪小苗将负责制作此次宣讲会的演示文稿，请协助她完成此任务。任务完成后的效果如图 4-136 所示。

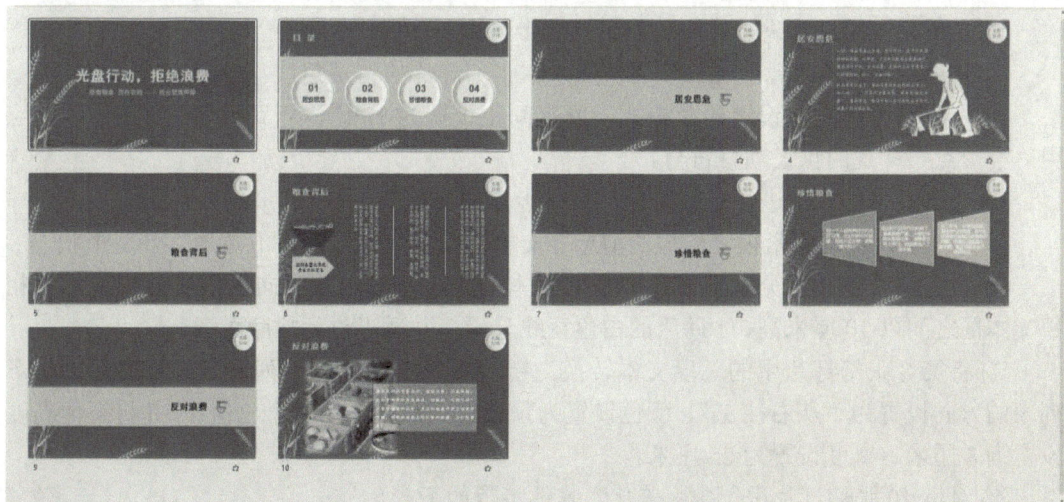

图 4-136　任务完成后的效果图

二、任务分析

本任务主要介绍母版视图的设置、版式的应用、艺术字的插入、超链接的创建、智能图形的使用、文本框的添加、动画效果的设置、切换方式的运用。

三、任务步骤

（1）通过编辑母版功能，对演示文稿进行整体性设计：

① 将文件夹中的"背景 .png"图片统一设置为所有幻灯片的背景。

② 将文件夹中的"光盘行动 logo.png"图片批量添加到所有幻灯片页面的右上角。然后，单独调整"标题"幻灯片版式的背景格式，选择"隐藏背景图形"。将所有幻灯片中的标题字体统一修改为"黑体"，并将所有应用了"仅标题"版式的幻灯片（第 2、4、6、8、10 张幻灯片）的标题字体颜色修改为自定义颜色，RGB 值设置为"红色 248、绿色 192、蓝色 165"。

（2）将"过渡页"幻灯片（第 3、5、7、9 张幻灯片）的版式更改为"节标题"版式。

（3）对"标题"幻灯片（第 1 张幻灯片）进行排版美化，具体步骤如下：

① 美化幻灯片标题文本，为主标题应用艺术字的预设样式"渐变填充 - 金色，轮廓 - 着色 4"，为副标题应用艺术字的预设样式"填充 - 白色，轮廓 - 着色 5，阴影"。

② 为幻灯片标题设置动画效果：主标题以"劈裂"方式进入，方向为"中央向左右展开"；副标题以"切入"方式进入，方向为"自底部"。动画开始方式设置为鼠标单击时主、副标题同时进入。

（4）为演示文稿设置目录导航的交互动作，具体步骤如下：

① 为"目录"幻灯片（第 2 张幻灯片）中的 4 张图片分别设置超链接，使其在幻灯片放映状态下，通过单击即可跳转到对应的"节标题"幻灯片（第 3、5、7、9 张幻灯片）。

② 通过编辑母版，为所有幻灯片统一设置返回目录的超链接。在幻灯片放映状态下，通过单击各页幻灯片右上角的图片，即可跳转回到"目录"幻灯片。

（5）对第 4 张幻灯片进行排版美化，具体步骤如下：

① 将文件夹中的"锄地 .png"图片插入本张幻灯片的右下角。

② 为两段内容文本设置段落格式，段落间距设置为 10 磅，行距设置为 1.5 倍，并应用"小圆点"样式的预设项目符号。

（6）对第 6 张幻灯片进行排版美化，具体步骤如下：

① 将"近期各国收紧粮食出口的消息"文本框设置为预设的"五边形"箭头形状。

② 将 3 段内容文本分别置于 3 个竖向文本框中，并沿水平方向上依次并排展示。相邻文本框之间以 10 厘米高、1 磅粗的白色直线分隔，并适当进行排版对齐。

（7）将第 8 张幻灯片中的三段文本转换为智能图形中的"梯形列表"进行展示。梯形列表的方向设置为"从右往左"，颜色设置为预设的"彩色 - 第 4 个色值"，并将整体高度设置为 8 厘米、宽度设置为 25 厘米。

（8）对第 10 张幻灯片进行排版美化，具体步骤如下：

① 将文本框的"文字边距"设置为"宽边距"（上、下、左、右边距各 0.38 厘米），

并将文本框的背景填充颜色设置为 40% 透明度。

② 为图片应用"柔化边缘 25 磅"效果，并将图片置于文本框下方，以避免遮挡文本。

(9) 为第 4、6、8、10 张幻灯片设置"平滑"切换方式，实现"居安思危"等标题文本从上一页平滑过渡到本页的效果，切换速度设置为 3 秒。其他幻灯片均设置为"随机"切换方式，切换速度设置为 1.5 秒。

🔍 课程思政

WPS Office 是一款由我国自主研发的办公软件，它不仅在技术层面展现了我国科技发展的实力，更在理念层面体现了我国自主创新的精神，有力保障了国家信息安全。

1. 自主创新：WPS Office 改变市场格局，推动科技发展

WPS Office 的成功研发和推广，展现了我国科技自主创新的决心和能力。过去，我国办公软件市场主要被国外品牌所占据，但随着 WPS Office 的不断发展和完善，它逐渐改变了这一局面，成为国内办公软件市场的中坚力量。这不仅提升了我国在办公软件领域的国际地位，也激励了更多企业和个人投身于科技创新，推动我国科技事业持续蓬勃发展。

2. 信息安全保障：WPS Office 筑牢安全防线

WPS Office 的广泛应用，对保障我国信息安全具有重大意义。信息安全是国家安全的关键组成部分，办公软件作为信息处理的核心工具，其安全性对信息安全至关重要。WPS Office 作为一款国产办公软件，在研发过程中充分考虑了我国的信息安全需求，采用了多重加密和安全防护措施，有效保障了用户数据的安全和隐私。这对维护我国的信息安全和国家利益具有重大意义。

WPS Office 注重用户体验和本土化需求，持续推出符合我国用户习惯的功能和服务。例如，WPS Office 支持中文输入和排版，提供多样的中文模板和字体选择，让用户在处理中文文档时更加便捷高效。这种以用户体验和本土化为核心的设计理念，体现了我国科技创新的人文关怀和社会责任感。

综上所述，WPS Office 作为一款国产办公软件，其成功研发和推广对推动我国科技自主创新、保障信息安全以及提升用户体验和满足本土化需求等方面均具有重要意义。

第二部分

新一代信息技术

第5单元
新一代信息技术

情景导入

　　在当今这个飞速发展的时代，新一代信息技术的浪潮正以前所未有的力量深刻影响着我们的生活和社会。从改变沟通方式的智能通信技术，到提升数据处理效率的云计算和大数据技术；从使万物智能互联的物联网技术，到推动各行各业智能化转型的人工智能技术。这些技术不仅在日常生活中随处可见，如智能手机、智能家电等，而且在商业、医疗、教育、交通等众多领域发挥着至关重要的作用，重塑着世界的运行模式。新一代信息技术被视为继蒸汽机技术革命（第一次工业革命）、电子技术革命（第二次工业革命）、计算机及信息技术革命（第三次工业革命）之后的第四次工业革命。接下来，我们将一起学习新一代信息技术的核心代表：信息安全、大数据、人工智能、云计算、物联网、虚拟现实和项目管理。

教学目标

▲ 知识目标

　　(1) 了解信息安全的基本概念、面临的威胁、常用技术、相关法律法规和职业道德规范。

　　(2) 了解大数据的基本概念、应用场景、发展趋势、安全问题、处理流程和关键技术。

　　(3) 了解人工智能的定义、发展历程、典型应用、常用的开发平台和框架等，以及生成式人工智能的概念。

　　(4) 了解云计算的概念、结构体系、基本特征、部署模式和常见服务平台。

　　(5) 了解物联网的概念、特征、体系结构、关键技术、典型应用和发展趋势。

　　(6) 了解虚拟现实的概念、特征、发展历程、应用场景、开发流程和相关工具，以及主流的引擎开发工具，并了解虚拟现实与增强现实和混合现实的关联。

　　(7) 了解项目管理的概念、内容、阶段等。

▲ 技能目标

　　(1) 能够熟练进行信息安全防护，包括设置防火墙和运用 360 杀毒软件、安全卫士。

　　(2) 能够熟练使用大数据工具进行数据采集、清洗、存储、处理、分析挖掘与可视化操作。

　　(3) 能够利用合适的大模型产品生成文本、图片、音频、视频。

（4）能够熟练运用常见的云计算平台提供的服务。

（5）能够熟练运用物联网技术在各领域提供的服务。

（6）能够在具体场景中熟练使用虚拟现实产品。

（7）能够在项目管理中制定并执行项目计划，组织协调团队，监控并管理风险，并完成收尾工作。

▲ 素质目标

（1）培养学生的创新思维，激发学生在多技术融合场景下提出新颖解决方案和探索未知应用的勇气和能力。

（2）强化学生的团队协作能力，通过多模块综合项目实践，使学生学会在团队中高效沟通、明确分工、协同合作。

（3）提升学生的自主学习意识与能力，使他们能适应新一代信息技术快速迭代的特点，主动持续更新个人知识和技能。

（4）培养学生良好的职业素养，包括遵守行业规范、恪守职业道德，以培养适应新时代信息技术产业需求的高素质应用型人才。

▲ 思政目标

（1）增强学生的国家认同感与自豪感。通过融入爱国主义教育，展示我国在新一代信息技术各领域的卓越成就，激发学生的民族自豪感与爱国热情，并增强他们对国家科技战略的认同感和责任感。

（2）渗透社会责任教育。在信息安全教育中强调网络公民责任，同时在大数据与人工智能课程中探讨技术对社会公平等方面的影响，引导学生关注弱势群体的权益，促进社会和谐，并帮助他们树立正确价值观和社会责任感。

（3）弘扬职业道德教育。在各技术应用中强调诚信、公正、保密等职业操守，重视技术伦理与可持续发展，引导学生在职业道路上坚守道德底线，追求社会效益与技术进步的统一，为培养德才兼备的信息技术人才提供思想引领和价值导向。

任务 5.1　认识信息安全

一、任务描述

随着信息技术在各行各业的广泛应用，针对敏感信息的窃取、破坏以及信息系统的攻击日益严峻。相应地，信息和信息系统的保护手段也在不断完善。在本任务中，我们将重点介绍信息安全的相关概念以及防火墙、杀毒软件等常用软件的使用方法。

二、任务分析

本任务详细阐述信息安全的基本概念、面临的威胁、常用的信息安全技术、相关法律法规和职业道德等知识点，并介绍信息安全的防护策略、防火墙的配置方法以及 360 杀毒软件和安全卫士的使用方法。

三、相关知识点

1. 信息安全的基本概念

信息安全是指通过采取技术和管理等多方面的措施，保护信息系统 (包括计算机硬件、软件、数据等) 中的信息资源免受各种威胁，确保信息的保密性、完整性、可用性、可控性和不可否认性等属性。

(1) 保密性：确保信息不被未授权的主体访问和获取，如通过加密技术防止机密文件泄露。

(2) 完整性：保证信息在存储、传输和使用过程中保持未被篡改、破坏或丢失的状态，如利用数字签名确保合同文件的完整性。

(3) 可用性：确保授权用户在需要时能正常访问和使用信息，如保障电商平台在高峰期稳定运行。

(4) 可控性：确保信息和信息系统的使用可被合法授权者掌控，如企业管理者能控制员工对内部敏感信息的访问和操作。

(5) 不可否认性：在信息交互过程中，确保参与者无法否认其行为，如使用数字证书确保电子交易双方不能否认交易行为。

2. 信息安全面临的威胁

信息安全面临的威胁主要包括恶意攻击、信息泄露、系统和软件漏洞、物理安全威胁、社会工程学攻击。

1) 恶意攻击

(1) 黑客攻击。黑客利用系统漏洞、网络协议缺陷等，入侵计算机系统窃取数据、篡改信息或破坏系统。例如，黑客通过暴力破解密码来尝试登录目标系统。

(2) 病毒和恶意软件。计算机病毒、蠕虫、木马等恶意软件能自我复制、传播，并在用户不知情时执行恶意操作。例如，木马程序潜伏在计算机中，窃取用户账号密码等信息并发送给攻击者。

2) 信息泄露

(1) 内部人员泄露。企业或组织内部员工因疏忽或恶意，将敏感信息泄露给外部人员。例如，员工违规将含有客户信息的文件发送给无关人员。

(2) 网络数据传输泄露。在网络传输中，若无适当加密措施，则数据可能被截获。例如，在未加密的 Wi-Fi 网络环境下，传输的登录信息可能被窃取。

3) 系统和软件漏洞

(1) 操作系统漏洞。若操作系统存在未修复的安全漏洞，则可能被攻击者利用。例如，某些 Windows 操作系统漏洞曾被用于传播恶意软件。

(2) 应用程序漏洞。应用程序在开发时可能存在安全缺陷，如结构化查询语言 (Structured Query Language，SQL) 注入漏洞可使攻击者获取数据库数据。

4) 物理安全威胁

(1) 设备丢失或被盗。存储重要信息的笔记本电脑、移动硬盘等设备若丢失或被盗，可能导致数据泄露。例如，装有企业机密资料的笔记本电脑在出差途中丢失，可能导致数据泄露。

(2) 自然灾害和意外事故。火灾、洪水、地震等自然灾害以及电力故障、网络设备损坏等意外事故可能破坏信息系统，导致数据丢失或损坏。

5) 社会工程学攻击

(1) 诈骗。攻击者伪装成合法身份，以骗取用户信任。例如，攻击者可能冒充银行客服，通过电话骗取用户的银行卡信息。

(2) 钓鱼攻击。攻击者发送看似合法的电子邮件或创建虚假网站，诱骗用户输入敏感信息，如用户名、密码、信用卡信息等。

3. 常用的信息安全技术

目前，信息安全问题备受社会关注。无论是企业、组织还是个人，都可能遭受病毒等攻击。了解并掌握常用的信息安全技术，能在一定程度上保护我们的信息安全。下面我们介绍几种常用的信息安全技术。

1) 加密技术

(1) 对称加密：使用相同的密钥进行加密和解密，速度快、效率高，适用于大量数据的加密。例如，高级加密标准 (Advanced Encryption Standard，AES) 被广泛应用于各种信息系统中，用于数据的加密存储和传输，确保数据的机密性。

(2) 非对称加密：使用一对密钥，即公钥和私钥，公钥用于加密，私钥用于解密。非对称加密的安全性更高，但加密和解密速度相对较慢。常见的非对称加密算法有 RSA 算法和椭圆曲线密码 (Elliptic Curve Cryptography，ECC) 算法。其中，RSA 算法可用于数字签名、密钥交换等场景，确保信息的真实性和完整性；椭圆曲线密码 (ECC) 算法在资源受限的设备 (如移动设备) 上应用广泛。

2) 认证技术

(1) 静态密码认证：最基本的认证方式，用户需输入预先设定的密码进行身份验证。但这种方式的安全性较低，易受密码猜测、字典攻击等安全威胁。

(2) 多因素认证：结合密码、指纹、面部识别、令牌等多种认证因素，大幅提高了身份认证的安全性。例如，在登录网上银行时，除了输入密码，用户还可能需要输入手机验证码或进行指纹验证。

(3) 生物识别认证：利用人体的生物特征进行身份认证，具有唯一性和难以复制的特性。常见的生物识别技术有指纹识别、虹膜识别、人脸识别等，这些技术广泛应用于手机解锁、门禁系统、金融支付等领域。

(4) 数字签名：发送方使用私钥对数据进行签名，接收方使用发送方的公钥验证签名的真实性和数据的完整性。数字签名可防止数据被篡改、伪造和抵赖，在电子合同、电子文档签名等场景中得到广泛应用。

3) 访问控制技术

(1) 基于角色的访问控制 (Role-Based Access Control，RBAC)：系统根据用户在组织中的角色为其分配访问权限。例如，公司的财务人员可以访问财务系统和相关数据，而普通员工则无此权限。

(2) 基于属性的访问控制 (Attribute-Based Access Control，ABAC)：系统根据用户的属

性、资源的属性以及环境属性等多方面因素来动态确定访问权限。该技术更加灵活，能够适应复杂的访问控制需求。

(3) 强制访问控制 (Mandatory Access Control，MAC)：系统管理员根据安全策略强制为用户和资源分配访问权限，用户无法自行更改这些权限。该技术通常用于安全性要求极高的领域，如军事、政府等领域。

4) 防火墙技术

(1) 包过滤防火墙：根据数据包的源地址、目的地址、端口号等信息来判断是否允许数据包通过。这种防火墙技术简单且效率高，但无法对应用层数据进行深入分析。

(2) 代理服务器防火墙：作为客户端和服务器之间的中间代理，代理客户端与服务器之间的通信。它可以对应用层数据进行过滤和控制，提供较高的安全性，但会增加网络延迟。

(3) 下一代防火墙：集成了传统防火墙、入侵检测与防御、虚拟专用网络 (Virtual Private Network，VPN) 等功能，能够对网络流量进行全面、深入的分析和控制，提供更高的安全性。

5) 入侵检测与防御技术

(1) 入侵检测系统 (Intrusion Detection System，IDS)：对网络和系统中的活动进行实时监测，以分析是否存在异常行为和潜在的入侵行为。当检测到异常时，IDS 会发出警报，但无法主动阻止攻击。

(2) 入侵防御系统 (Intrusion Prevention System，IPS)：不仅能够检测入侵行为，还能在检测到攻击时自动采取防御措施，如阻止数据包、隔离受感染系统等，与 IDS 相比，IPS 具有更强的主动防御能力。

6) 数据备份技术与数据恢复技术

(1) 数据备份技术：定期将重要数据复制到其他存储介质 (如磁盘、磁带、云存储等)，以防止数据丢失。备份方式包括全量备份、增量备份和差异备份。

(2) 数据恢复技术：当数据丢失或损坏时，该技术利用备份数据进行恢复。数据恢复技术可确保备份数据的完整性、可用性，以及恢复过程的快速、准确。

7) 安全审计技术

安全审计是指对系统和网络中的活动 (包括用户操作行为、系统运行状态、网络流量等) 进行记录和分析。安全审计有助于管理员发现安全漏洞、追踪安全事件、评估安全策略的有效性，并为改进安全措施提供依据。

8) 漏洞扫描技术

漏洞扫描是指定期对系统、网络和应用程序进行扫描，以检测是否存在安全漏洞和弱点。漏洞扫描器依据漏洞数据库进行比对，发现已知漏洞，并提供修复建议。管理员可根据扫描结果及时修复漏洞，从而提升系统的安全性。

4. 相关法律法规与职业道德规范

1) 计算机使用安全原则

在系统安全方面，用户应遵循以下两个安全原则。

(1) 保持系统更新：及时安装操作系统和应用程序的补丁及更新。操作系统开发者会不断修复发现的漏洞，例如 Windows 系统的更新可能包含对新发现安全漏洞的修复。若不及时更新，则计算机易受这些漏洞攻击。

(2) 合理配置系统参数：根据使用场景和安全需求调整系统设置。例如，设置合适的用户权限，避免所有用户均拥有管理员权限，以防普通用户误操作或恶意用户随意更改系统关键设置。同时，关闭不必要的服务和端口，减少潜在攻击入口。例如，一些很少使用的网络服务端口，若长期开放，则可能被黑客利用。

在网络安全方面，用户应遵循以下两个安全原则。

(1) 谨慎连接网络：不随意连接不明来源的 Wi-Fi 网络。公共无线网络可能存在安全风险，黑客可能利用公共 Wi-Fi 网络设置陷阱，窃取用户数据。在进行敏感操作 (如网上银行交易、登录重要账号) 时，应确保使用安全的网络环境。

(2) 使用网络防护软件：安装可靠的防火墙和杀毒软件，并定期更新病毒库和规则。防火墙能阻止未经授权的网络连接，杀毒软件能检测和清除计算机中的病毒、木马等恶意软件。例如，当计算机访问可疑网站时，防火墙可能会阻止该网站的恶意脚本执行，杀毒软件可以识别并处理下载文件中的病毒。

在用户管理方面，用户应遵循以下两个安全原则。

(1) 强用户认证：采用复杂且强度足够的密码。密码应包含大小写字母、数字和特殊字符，长度需足够，且避免使用易被猜到的信息 (如生日、电话号码等) 作为密码。若有条件，则应启用多因素认证，如结合指纹识别、动态验证码和密码，以提高登录安全性。

(2) 权限管理：根据用户角色和工作职责，合理分配系统和文件的访问权限。例如，普通员工仅需对工作相关文件拥有读取和修改权限，不应赋予其对重要系统配置文件或财务数据文件的完全访问权限。

在数据安全方面，用户应遵循以下两个安全原则：

(1) 数据备份计划：定期对重要数据进行备份，可使用外部硬盘、磁带等物理存储介质，或利用云存储服务。这样，在计算机遭遇硬件故障、病毒攻击或数据丢失等意外情况时，能够恢复数据。例如，企业的财务数据、设计文档等关键数据，均需按照一定周期进行备份。

(2) 数据加密措施：对敏感数据在存储和传输过程中实施加密。在存储时，可采用磁盘加密软件对整个硬盘或特定分区进行加密；在传输过程中，可使用 SSL/TLS 协议对网上购物订单信息等网络传输内容进行加密，以防数据在传输过程中被窃取或篡改。

在物理安全方面，用户应遵循以下两个安全原则：

(1) 保护计算机设备：将计算机放置在安全且适宜的环境中，避免温度过高、过低或湿度过大等环境影响设备的性能和使用寿命。同时，要防止设备被盗或遭受物理破坏。服务器等重要设备应安装在专门的机房内，并配备监控和防盗设施。

(2) 妥善保管存储介质：硬盘、U 盘等存储介质可能包含大量敏感信息，需妥善保管，防止丢失或被未经授权的人员获取。当存储介质废弃时，应进行数据擦除或实施物理销毁处理。

2) 我国的信息安全法律法规

我国的信息安全法律法规主要包括以下几类。

(1) 综合法律。

①《中华人民共和国网络安全法》：自 2017 年 6 月 1 日起施行，是我国网络安全领域的基础性法律。该法律规定了网络运营者、网络使用者及网络监管者的责任和义务，包括

网络安全等级保护、关键信息基础设施保护、个人信息保护以及网络安全事件应急处置等。同时，该法律还明确了网络空间主权原则，为我国的网络安全提供了坚实的法律保障。

②《中华人民共和国数据安全法》：自 2021 年 9 月 1 日起实施。该法律明确了数据处理的范围、数据安全的定义和要求，规定了数据安全保护的责任主体和监管机制，对数据的收集、存储、使用、加工、传输、提供、公开等各个环节均提出了安全要求。

③《中华人民共和国个人信息保护法》：自 2021 年 11 月 1 日起实施。该法律详细规定了个人信息的收集、使用、处理、保护等要求，明确了个人信息处理者的责任和义务，以及个人信息权益的保护和救济机制。

(2) 相关条例与办法。

①《关键信息基础设施安全保护条例》：详细规定了关键信息基础设施的范围、保护措施和运营者的责任，旨在加强关键信息基础设施的安全保护，维护国家网络安全和国家安全。

②《网络安全审查办法》：明确了网络安全审查的范围、程序及标准，以确保关键信息基础设施供应链的安全，防止因使用存在安全风险的产品和服务而对国家网络安全构成威胁。

③《信息安全等级保护管理办法》：规定了信息系统安全等级保护的定级、备案、建设、测评和监督等管理要求，以促进各单位加强信息系统的安全保护工作。

(3) 其他相关法律法规。

①《中华人民共和国计算机信息系统安全保护条例》：1994 年由公安部颁布，是我国首部关于计算机安全的法规，为计算机信息系统的安全保护提供了基本法律依据，并规定了安全保护制度和相关管理措施。

②《计算机信息网络国际联网安全保护管理办法》：规范了计算机信息网络国际联网的安全保护管理，对联网单位和个人的安全责任、监督等方面作出了规定，以保障计算机信息网络的安全运行。

③《互联网信息服务管理办法》：规范了互联网信息服务的许可、经营和监督管理，以维护互联网信息服务市场秩序，保护用户合法权益。

④《中华人民共和国保守国家秘密法》：涉及信息安全中国家秘密的保护，规定了国家秘密的范围、保密制度和监督管理等内容，对防止国家秘密泄露具有重要意义。

⑤《中华人民共和国电子签名法》：保障电子签名的合法性和有效性，促进电子交易安全进行，在信息安全电子认证方面发挥重要作用。

⑥《电信和互联网用户个人信息保护规定》：由工信部制定的部门规章，对电信和互联网行业用户个人信息的收集、使用、保存和保护等方面提出了具体要求，以保护用户个人信息安全。

3) 信息安全职业道德

信息安全职业道德是信息安全领域的从业者在职业活动中应当遵循的行业规范总和，用以调整信息安全相关人员与社会、组织和个人之间的关系。

(1) 保护信息机密性。信息安全从业者有责任对所接触到的敏感信息严格保密，这些信息包括商业机密、个人隐私和国家机密。例如，企业信息安全人员不得将公司未公开的新产品研发计划透露给竞争对手，也不得将用户的登录密码、银行卡信息等隐私数据泄露给第三方。在处理国家秘密信息时，信息安全从业者必须严格遵守保密制度，以防止信息外泄，危害国家安全。

(2) 维护信息完整性。信息安全从业者需确保信息不被未经授权的人篡改或损坏。在金融领域，应确保交易数据的完整性，防止黑客篡改转账金额、账户余额等信息。对于企业数据库，信息安全从业者应采取数据校验、备份恢复等措施，保证数据在存储和传输过程中的准确性和完整性，避免因数据错误导致业务混乱。

(3) 保障信息可用性。信息安全从业者应确保信息和信息系统在合法用户需要时能够正常使用。例如，电商平台在促销活动期间，信息安全团队应防范 DDoS 攻击，确保服务器稳定运行，保障用户能够顺利下单购物。对于医院的医疗信息系统，信息安全从业者应确保医护人员能随时获取患者病历等关键信息，避免因安全问题导致系统瘫痪而影响医疗服务。

(4) 诚实守信。在信息安全工作中，信息安全从业者要保持诚实，如实报告安全状况。安全审计人员在检查企业网络安全时，必须如实记录和报告所发现的漏洞和问题，不得为了个人利益或避免麻烦而隐瞒。在与客户沟通安全解决方案时，也应真实告知相关风险和预期效果，不得夸大其词。

(5) 不损害他人利益。信息安全从业者不得利用专业知识和技能从事损害个人、组织或国家利益的活动。例如，不得编写恶意程序攻击其他网络系统，也不得协助网络诈骗分子窃取用户信息。即使面临经济诱惑或其他压力，信息安全从业者也要坚守职业道德底线。

(6) 遵守法律法规。信息安全从业者必须严格遵守国家和国际的法律法规，包括《中华人民共和国网络安全法》《中华人民共和国数据安全法》等。在跨境数据处理时，信息安全从业者应遵守相关数据跨境传输规定；在收集和使用个人信息时，应符合隐私保护法规要求，不得进行非法的数据收集、存储或传播活动。

(7) 持续学习与专业发展。信息安全领域技术更新迅速，信息安全从业者需持续学习新的安全技术、攻防手段和法律法规，以适应不断变化的安全环境。信息安全从业者还应积极参加培训、学术研讨等活动，提高专业能力，更好地履行保护信息安全的职责。

四、任务步骤

本任务分为业务信息安全防护、防火墙设置和常用杀毒软件使用三方面。

（一）业务信息安全防护

1. 保护个人信息

1) 养成良好的网络安全意识

(1) 提高警惕。在网络环境中，用户要时刻保持警觉，不轻易相信陌生人或不明来源的信息。例如，对于那些声称中大奖、需要紧急转账的邮件、短信或消息，用户不要轻信，因为这可能是诈骗分子获取个人信息的手段。对于看似是官方但网址可疑的链接，用户切勿随意单击，因为很多钓鱼网站会伪装成正规网站骗取用户的登录账号和密码等信息。

(2) 了解信息价值。用户应深刻认识到个人信息的重要性，无论是基本的身份信息、联系方式，还是金融账户信息、医疗记录等敏感信息，都关乎个人隐私、财产安全及人身安全。用户应明白这些信息一旦泄露可能带来的严重后果，如身份被盗用、遭受诈骗、个人声誉受损等。

2) 安全使用浏览器

人们通常会使用浏览器进行上网搜索，这使得浏览器成为被恶意攻击的目标，窃取缓存信息、篡改首页、植入木马等事件屡见不鲜。为了让浏览器得以安全使用，可以采用以下方式：

(1) 选择安全浏览器。用户应优先使用知名且安全性能高的浏览器，这些浏览器通常具备强大的安全防护机制。例如，它们能够自动识别和阻止一些恶意网站，对下载的文件进行安全扫描，防止恶意软件通过浏览器侵入设备。

(2) 注意浏览习惯。用户应避免在浏览器中自动保存登录密码，尤其是在公共或共享设备上。每次登录重要账号 (如银行、电子邮箱等) 时，用户应手动输入密码。同时，用户应定期清理浏览器缓存、历史记录和 Cookie，因为缓存和 Cookie 可能存储用户的浏览习惯、登录信息等。若这些信息被不法分子获取，则他们可能会分析用户行为，实施精准诈骗或窃取更多信息。历史记录中也可能包含用户访问过的敏感网站信息。

(3) 查看网址安全性。用户在访问网站时，应仔细核对网址是否正确。正规网站的网址通常是用户所熟悉的，且带有安全标识，如网址以 "https://" 开头，这表示该网站使用了加密协议来保护数据传输。而一些虚假网站可能仅以 "http://" 开头，或者网址拼写有细微差别，容易使人混淆。

在互联网风险日益复杂的当下，为了全方位保障网址浏览的安全性，用户需从多维度筑牢防线。设置可信的启动页、定期清理浏览器缓存、开启网络防护功能，是不可或缺的关键措施。

① 设置可信的启动页。很多浏览器都提供网址导航功能，并允许用户自定义主页。为了保障安全，最好的做法是将浏览器启动页面设置为 "打开新标签页"。以 Microsoft Edge 浏览器为例，用户可以打开浏览器，选择右上角 "设置与其他" 菜单中的 "设置" 选项，在打开页面右侧的 "设置" 列表中选择 "启动、主页和新建选项卡页" 选项 (如图 5-1 所示)，然后在右侧 "Microsoft Edge 启动时" 栏中选中 "打开新标签页" (如图 5-2 所示)。

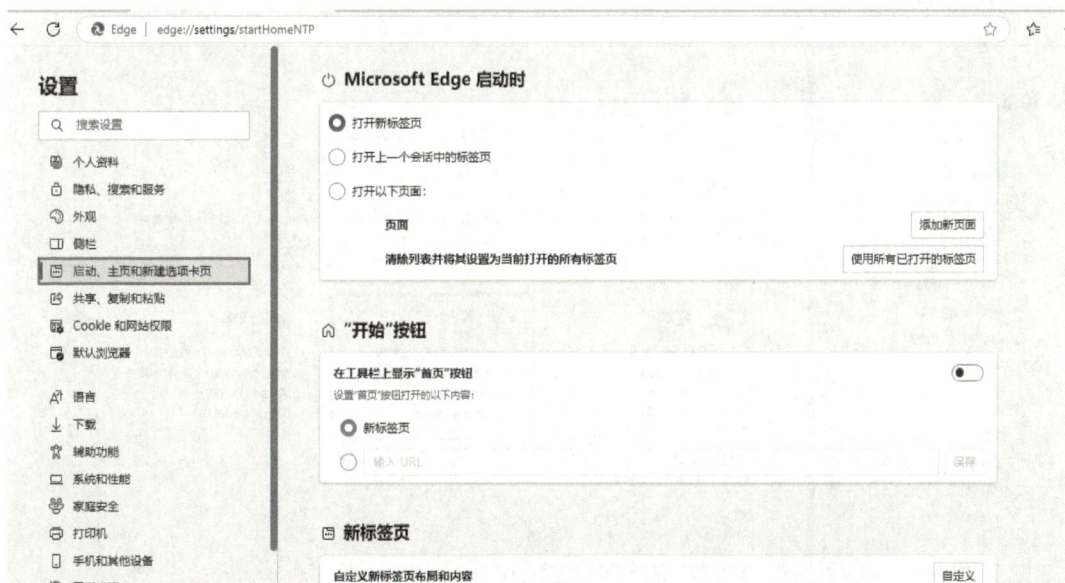

图 5-1　在 "设置" 列表中选择 "启动、主页和新建选项卡页" 选项

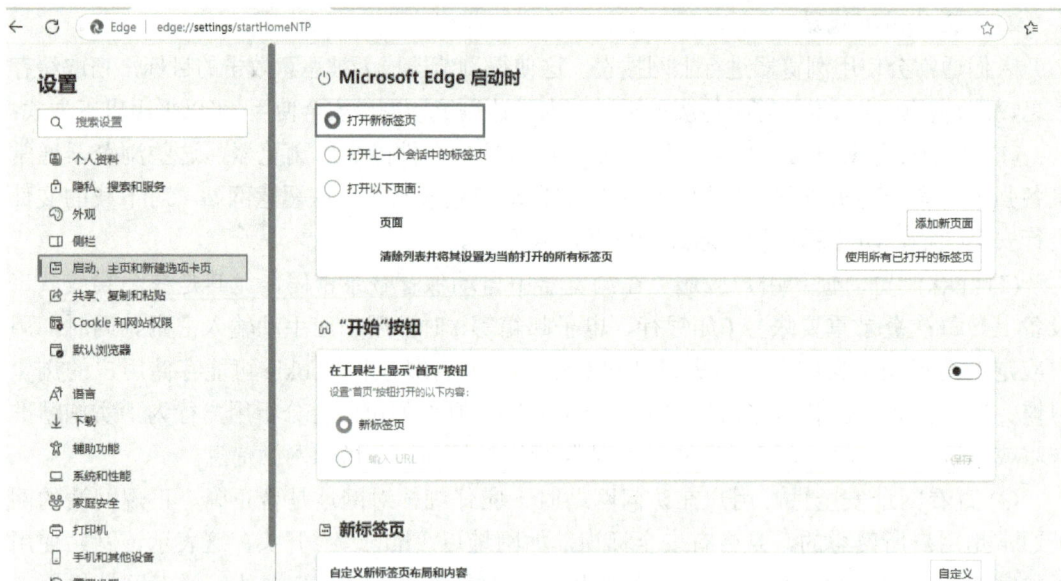

图 5-2　将启动设置更改为"打开新标签页"

　　② 定期清理浏览器缓存。用户应定期清理浏览器中的本地缓存、历史记录和临时文件，以保障浏览器的安全，并提升计算机的运行速度。以 Microsoft Edge 浏览器为例，用户可以打开浏览器，选择右上角"设置与其他"菜单中的"设置"选项，在打开页面右侧的"设置"列表中选择"隐私、搜索和服务"选项（如图 5-3 所示），然后在右侧"清除 Internet Explorer 的浏览数据"栏中根据提示清除本地缓存、历史记录和临时文件等内容（如图 5-4 所示）。

　　③ 开启网络防护功能。当前，浏览器均具备一定的自我防护能力。同时，用户应开启计算机的杀毒软件，对所有下载的资源及代码进行扫描，以进一步提升安全性。用户需要安装并运行火绒安全软件，并在其"防护中心"中开启"网络防护"下的所有功能（如图 5-5 所示）。

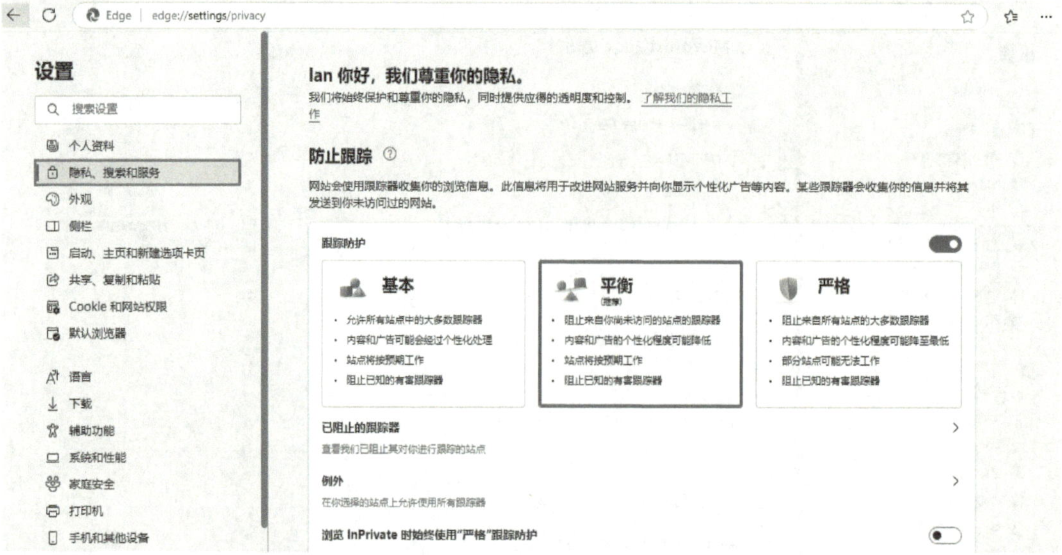

图 5-3　在"设置"列表中选择"隐私、搜索和服务"选项

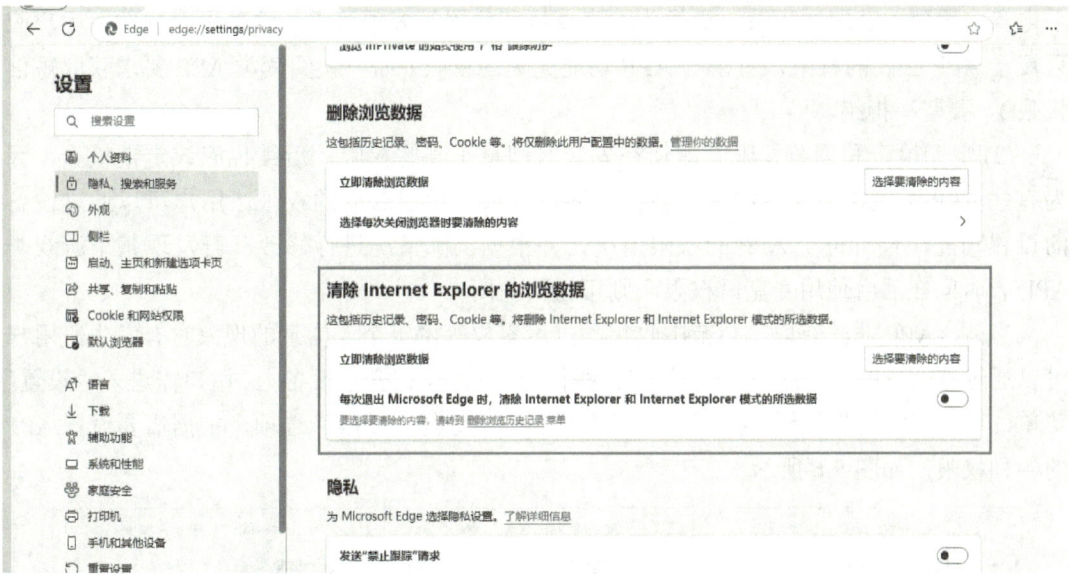

图 5-4　根据提示清除本地缓存、历史记录和临时文件等内容

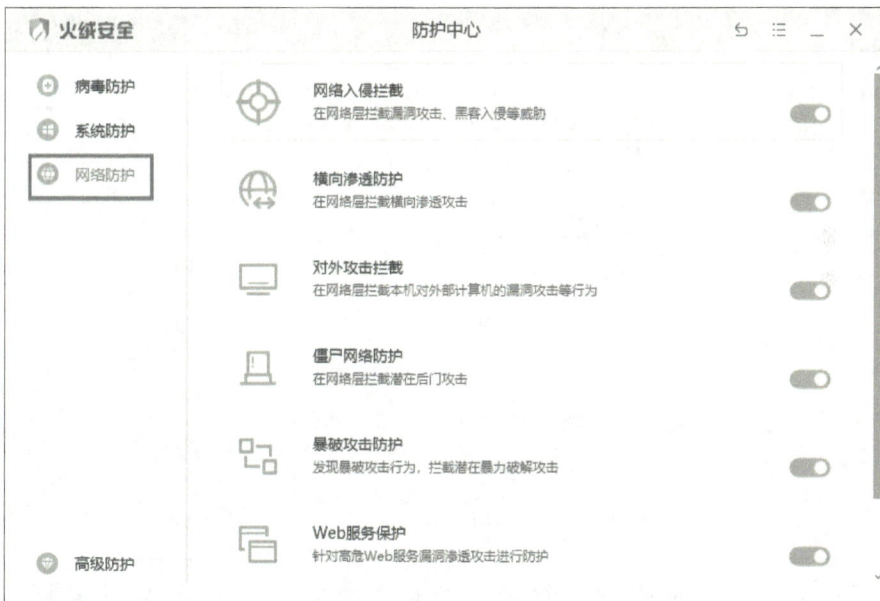

图 5-5　开启"网络防护"下的所有功能

3) 修改 APP 权限

在移动应用的使用过程中，APP 权限如同掌控数据与设备功能的钥匙。权限设置是否得当，直接关系到个人隐私安全和应用的使用体验。不当的权限授予可能导致隐私泄露，例如某些 APP 过度获取位置信息或通讯录权限等。而合理调整权限则能在保障隐私的同时，使 APP 更好地服务用户。因此，学会根据自身需求修改 APP 权限至关重要。接下来，我们将详细介绍修改 APP 权限的相关内容。

(1) 谨慎授权。在安装新的 APP 时，应仔细审查它所要求的权限。例如，一款简单的手电筒应用要求获取通讯录、摄像头、麦克风和位置等多项权限，这是不合理的。用户应只授予 APP 必要的权限，对于与 APP 功能无关的权限（如一款阅读类 APP 要求获取短信权限），要坚决拒绝。

（2）定期检查和调整权限。即使在安装时同意了某些权限，后续也应该定期检查，因为有些 APP 可能在更新后增加了新的权限需求或滥用已获取的权限。用户可以通过设备的设置功能，查看每个 APP 的权限情况，并根据实际情况进行修改。若发现某个游戏类 APP 长时间在后台使用麦克风权限，则可将其关闭。

当前，APP 非法获取、超范围收集、过度索权等侵害个人信息的现象时有发生。用户可以通过修改 APP 权限的方法来限制这些行为。例如，在安卓设备上，用户需进入"设置"菜单，单击"应用"按钮，然后在"权限管理"中选择"权限"选项，根据需要设置 APP 的各种权限，如图 5-6 所示。

(a) 在"应用"中选择"权限　　(b) 选择"存储"选项　　　(c) 为 APP 设置权限
　　管理"选项

图 5-6　设置 APP 权限

4）妥善处理个人信息

（1）纸质信息处理。对于包含个人信息的纸质文件，如银行对账单、信用卡账单、快递单等，不能随意丢弃。这些文件上通常包含姓名、地址、电话号码、账号等信息。可以使用碎纸机将其粉碎，或者用黑色记号笔涂抹关键信息后再丢弃，以防他人通过翻找垃圾获取这些信息。另外，为保证身份证复印件仅用于合法用途，人们通常会在复印件上加盖公章或书写说明文字。但需注意，加盖公章或书写说明文字时，不可遮盖姓名、身份证号、头像等关键信息；应避免覆盖空白区域，以防止不法分子利用空白区域进行身份证复印；印章或书写的文字必须清晰可辨。身份证安全处理示意图如图 5-7 所示。

把身份证复印件给别人时，一定要注意以下事项：

① 身份证复印件上需做标注，建议使用蓝色或黑色笔书写。

② 需注明身份证复印件的具体用途，如"本复印件仅用于办理 ** 业务，再复印无效"。

③ 标注宜分三行书写，每行末尾画一条横线，以防止他人添加内容。

④ 书写标注应与身份证实际内容相邻，避免遮盖关键信息。

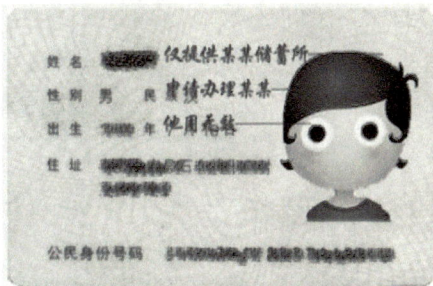

图 5-7　身份证安全处理示意图

(2) 电子设备信息处理。在处理旧电子设备 (如旧手机、旧电脑、旧硬盘等) 时，要确保其中存储的个人信息已被安全删除。简单的删除操作可能不足以彻底清除数据，因为数据可能仍保留在设备的存储介质中。可以使用专业的数据擦除软件对存储设备进行多次覆盖写入，以确保信息无法被恢复。对于存储在云端的数据，也要定期检查和清理，只保留必要数据，并确保云存储服务提供商采取了可靠的安全措施。

2. 防护业务静态数据安全

业务静态数据是指在业务运营过程中相对稳定、变化较少的数据。

1) 加密重要文件

加密是将明文数据通过特定算法转化为密文的过程。在静态数据安全防护中，加密具有重要意义。对于业务中的重要文件，如客户资料、财务数据、商业机密等，即使这些文件在存储设备上被非法获取，没有解密密钥，攻击者也无法解读信息。例如，采用对称加密算法 (如 AES 算法)，使用同一个密钥进行加密和解密；或者采用非对称加密算法 (如 RSA 算法)，其中公钥用于加密，私钥用于解密，这些都能有效保证文件内容的保密性。

(1) 加密文档。在文字处理软件中，在文档"另存为"时，选择"加密"选项 (如图 5-8 所示)，然后在"密码加密"对话框中设置打开权限和编辑权限 (如图 5-9 所示)，最后单击"应用按钮"即可加密文档。设置成功后，重新打开该文档时，会提示输入密码，否则无法进行操作。

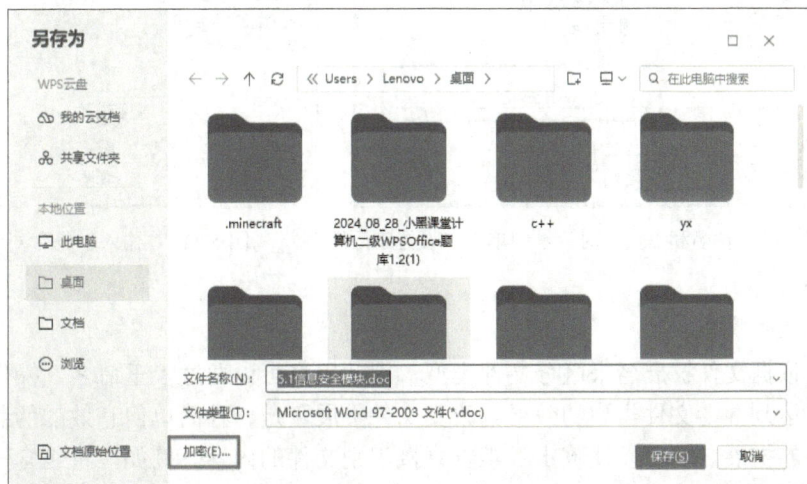

图 5-8　在文档"另存为"对话框中选择"加密"选项

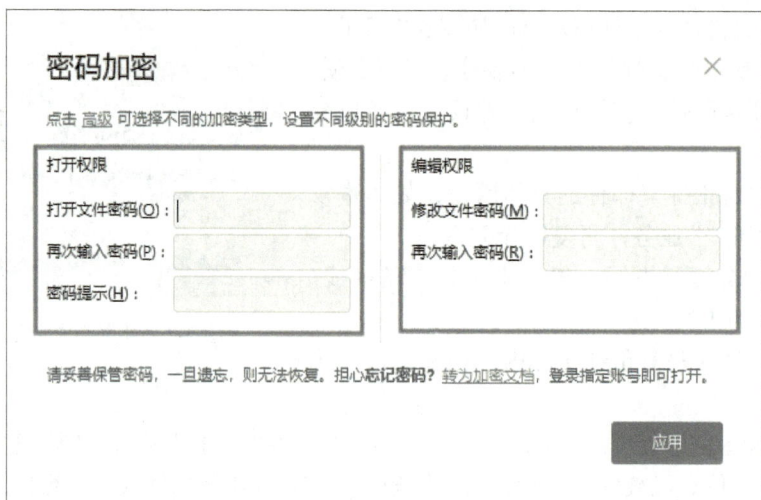

图 5-9 在"密码加密"对话框中设置打开权限和编辑权限

(2) 加密压缩文件。使用压缩软件压缩文件时，在打开的"压缩文件名和参数"对话框中单击"设置密码"按钮（如图 5-10 所示），可打开"输入密码"对话框（如图 5-11 所示）。在该对话框中，可为压缩文件设置密码。设置成功后，重新解压压缩文件时需输入正确的密码。

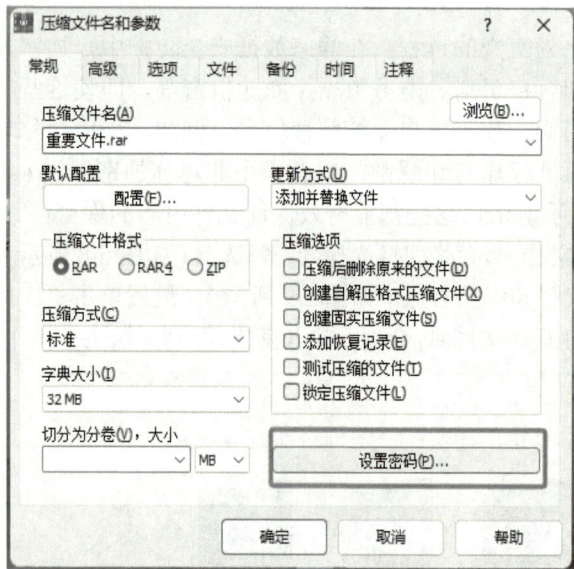

图 5-10 在"压缩文件名和参数"对话框中单击"设置密码"按钮

图 5-11 "输入密码"对话框

2) 修改文件类型

计算机依据文件扩展名来区分文件类型，因此用户可以通过"重命名"操作修改文件扩展名，以达到混淆文件类型的效果。改变文件扩展名是一种简单但有效的伪装手段。通过修改文件的扩展名，可以使攻击者难以直接识别文件的内容。例如，将包含重要业务数据的 Excel 文件 (.xlsx) 的扩展名改为 .txt(如图 5-12 所示)，攻击者在未进一步分析的情况下，可能会误认为这是普通文本文件，从而忽略它，或在尝试用文本编辑器打开时只看到乱码，无法获取文件的真实内容。

图 5-12　修改文件类型

通过修改文件扩展名来伪装文件类型的方法仅是一种初步的伪装手段，并不能完全替代加密等更高级别的安全措施。因为有经验的攻击者可能利用文件头等其他信息识别出文件的真实类型。同时，在修改文件类型后，需确保合法用户能够在需要时方便地将其恢复为原类型。为此，应建立相应的记录机制，记录已修改类型的文件及其还原方法。

3) 备份重要数据

备份重要数据是确保数据安全的关键环节。业务数据可能因硬件故障、软件漏洞、人为误操作、恶意攻击 (如勒索病毒加密数据) 等多种原因而丢失或损坏。通过定期备份数据，企业可以在这些情况发生时快速恢复业务以正常运行。例如，对于每天处理大量订单的电商企业，订单数据库的备份至关重要。若数据库因服务器硬盘损坏而丢失数据，只要有备份，即可在短时间内恢复，从而减少对业务的影响。

企业可以采用多种方式备份重要数据，既可以使用外部存储设备 (如 U 盘、光盘、移动硬盘等) 进行定期备份，也可以利用网络备份解决方案，将数据备份至远程存储服务器或云端 (例如百度网盘、夸克网盘等)。在制定备份策略时，企业需确定备份周期，如每天、每周或每月进行一次全量备份，并在全量备份之间进行增量备份 (仅备份自上次备份以来更改的数据)。此外，企业还需对备份数据进行完整性和可用性验证，确保在需要恢复时数据的可靠性，同时，也需要对备份数据的存储位置采取相应的安全措施，以防止备份数据被盗取或篡改。

3. 保障业务动态数据安全

业务动态数据是在业务运营过程中不断变化的数据，对企业的日常运作和决策至关重要。

1) 内部文件安全共享

内部文件共享时，需确保在安全的前提下实现有效共享，主要通过以下两方面达成：一是创建用户和组，二是为共享文件夹设置用户 (或组) 权限。其中，创建用户和组为文件共享提供了基本架构，明确了参与共享的主体；设置相应访问权限如同为不同主体颁发通行证，精准控制其对共享文件夹的访问级别。二者相辅相成，共同确保内部文件既能实现共享又能保障安全。

(1) 创建用户和组，具体步骤如下：

① 在任务栏的搜索框中输入"计算机管理"，在上方的弹窗中单击"计算机管理"，打开"计算机管理"窗口。然后，在左侧的"本地用户和组"下拉列表中右击"用户"按钮，在右键菜单中选择"新用户"选项 (如图 5-13 所示)，并在弹出的"新用户"对话框中创建名为"123"的新用户 (如图 5-14 所示)。

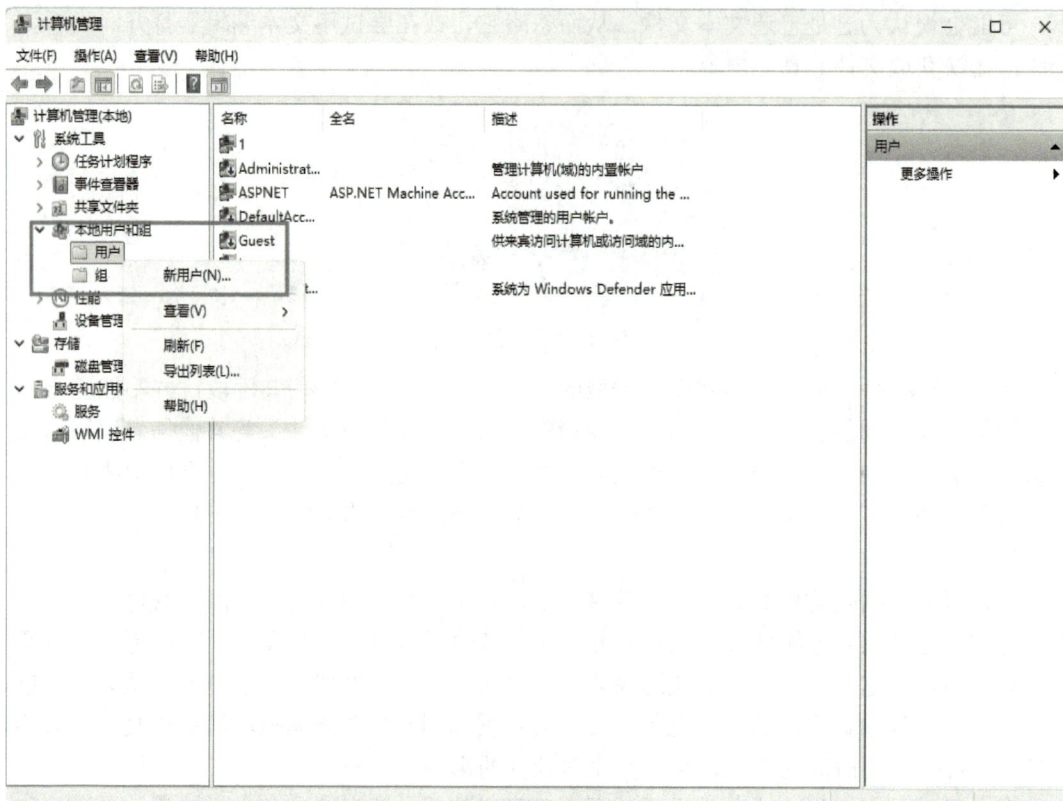

图 5-13　创建新用户（一）

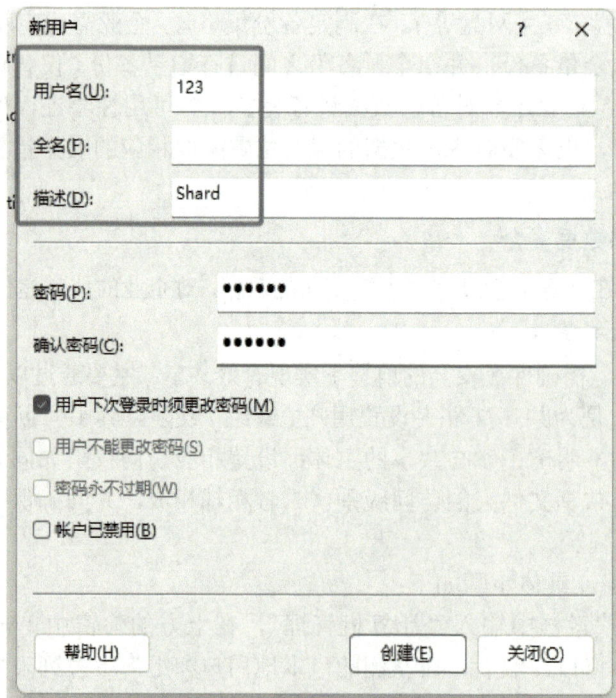

图 5-14　创建新用户（二）

② 采用同样的方法，在"计算机管理"窗口左侧的"本地用户和组"下拉列表中右击"组"按钮，在弹出的右键菜单中选择"新建组"选项。然后，在弹出的"新建组"对话框中创建名为"Shared"的组 (如图 5-15 所示)。

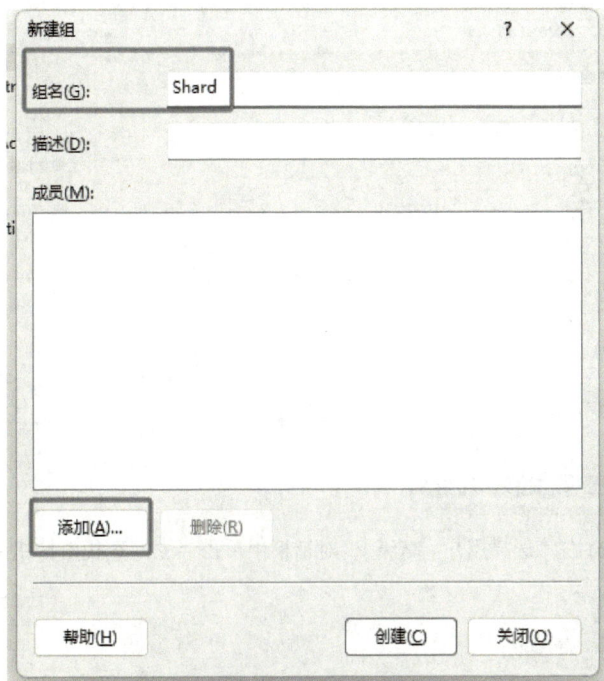

图 5-15　新建组

③ 在"新建组"对话框中单击"添加"按钮 (如图 5-15 所示)，在弹出的"选择用户"对话框中单击"高级"按钮 (如图 5-16(a) 所示)。然后，在弹出的"选择用户 (高级)"对话框中单击"立即查找"按钮 (如图 5-16(b) 所示)，并在"搜索结果"列表框中选择用户"123"，将该用户加入组"Shared"中。将用户"123"加入组"Shared"中的结果如图 5-16(c) 所示。

(a) 在"选择用户"对话框中单击"高级"按钮

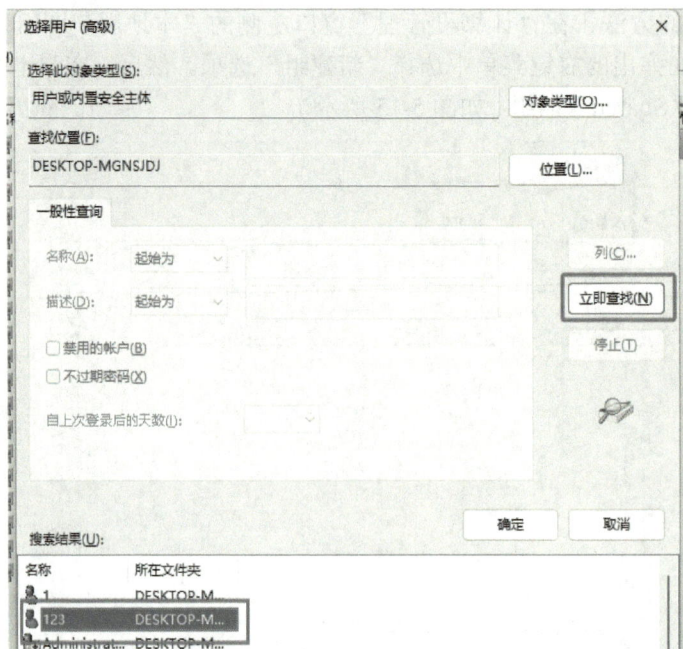

(b) 在"选择用户（高级）"对话框中单击"立即查找"按钮

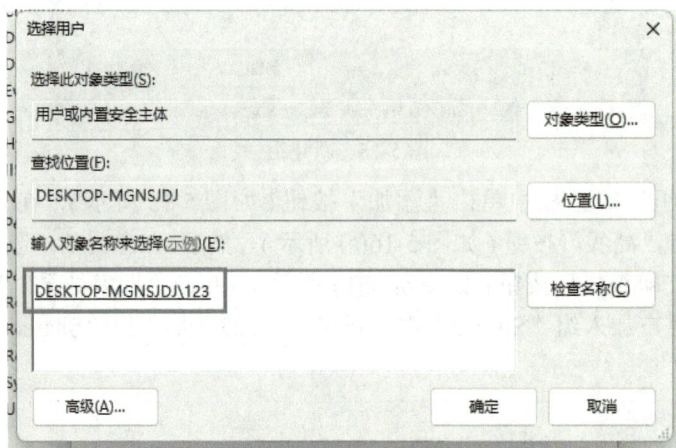

(c) 将用户"123"加入组"Shared"中的结果

图 5-16　将用户"123"加入组"Shared"中

(2) 为共享文件夹设置用户（或组）权限，具体操作步骤如下。

① 在桌面上新建"我的资料"文件夹，右击，在右键菜单中选择"属性"选项，弹出"我的资料 属性"对话框。单击"共享"选项卡中的"高级共享"按钮（如图 5-17(a) 所示），弹出"高级共享"对话框中。勾选"共享此文件夹"复选框，并单击"权限"按钮（如图 5-17(b) 所示），弹出"我的资料 的权限"对话框。

② 在"我的资料 的权限"对话框中，单击"添加"按钮，如图 5-18(a) 所示，弹出"选择用户或组"对话框。单击"高级"按钮，如图 5-18(b) 所示，弹出"选择用户或组（高级）"对话框。单击"立即查找"按钮，在"查找结果"列表框中选择"Shared"，再单击"确定"按钮，将组"Shared"添加到共享权限列表中（如图 5-18(c) 所示）。然后，根据需要配置

该组的权限 (如图 5-18(d) 所示)，并删除用户 "Everyone" (如图 5-18(e) 所示)。

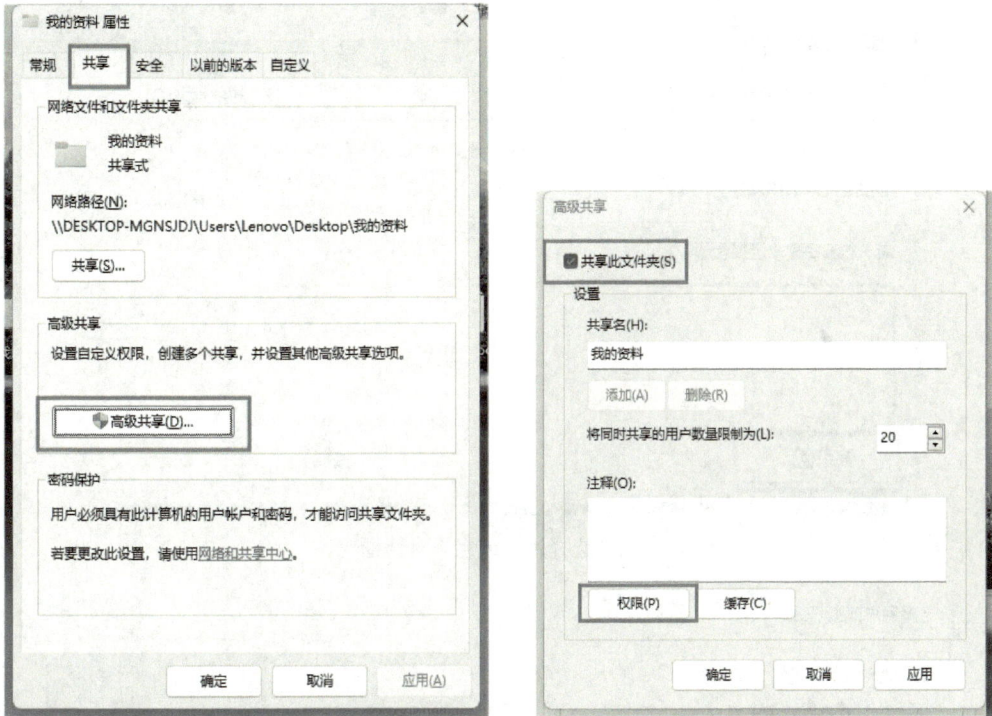

(a) 单击 "共享" 选项卡中的 "高级共享" 按钮　　　　(b) "高级共享" 对话框

图 5-17　设置共享文件夹

(a) "我的资料的 权限" 对话框

(b)"选择用户或组"对话框

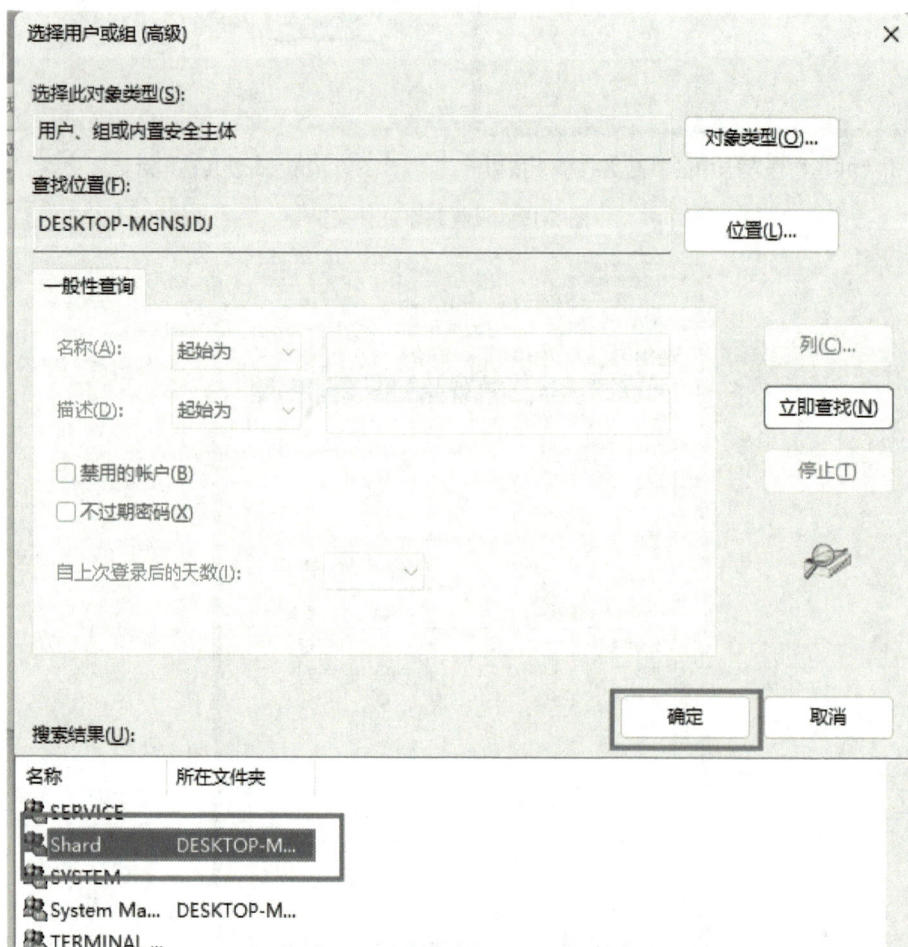

(c)将组"Shared"添加到共享权限列表中

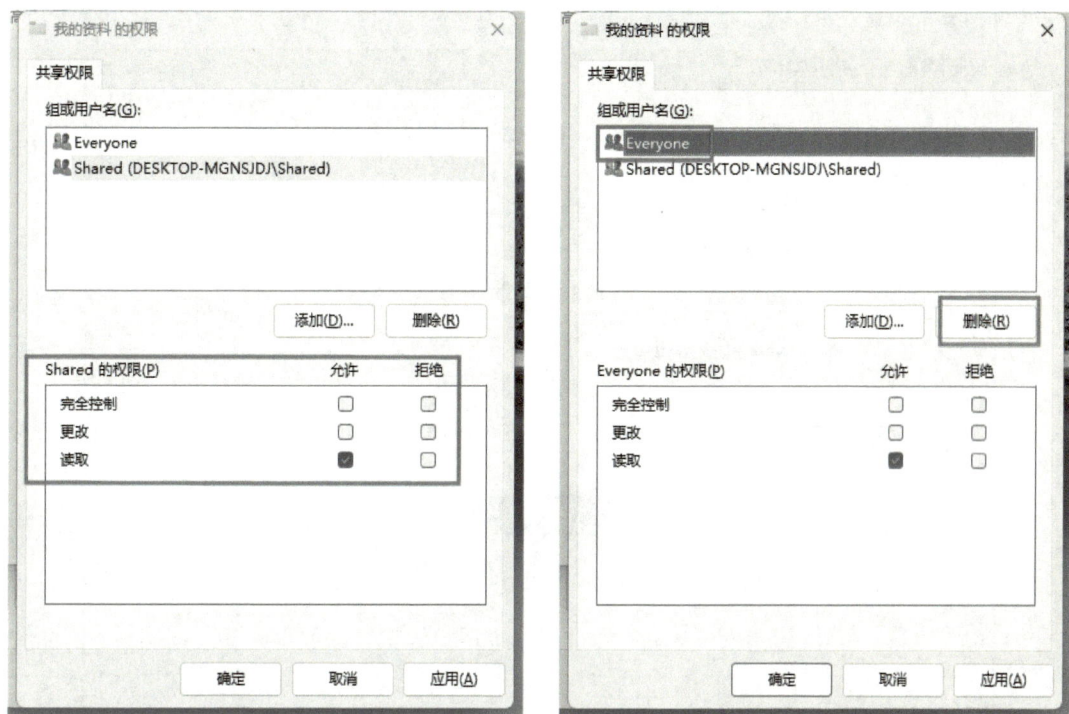

(d) 设置权限　　　　　　　　　　(e) 删除用户"Everyone"

图 5-18　"高级共享"设置

(3) 检测访问权限。从同一网络内的其他计算机上，输入设置共享文件夹的计算机的 IP 地址以及用户"123"的账号和密码，即可访问共享的文件夹。其他没有相应账户的计算机则无法访问。

2) 保障文件传输安全

因业务需要，公司内部资料需分享给客户。为确保资料能安全传递到指定客户手中，特设定以下流程保障文件传输安全。

(1) 加密压缩文件。使用压缩软件对文件进行压缩，并设置解压密码。

(2) 上传至网盘并设置密码共享。网盘品牌众多，此处我们使用百度网盘进行分享，具体步骤如下：

① 将压缩文件上传至百度网盘。

② 右击已上传的压缩文件夹，在右键菜单中选择"分享"选项。然后，在弹出的"分享文件：Ps2020.rar"对话框中设置分享形式、提取方式、访问人数和有效期（如图 5-19 所示）。

(3) 电话告知客户解压密码。将步骤 (2) 中生成的分享链接、提取码和二维码发送给客户，如图 5-20 所示。客户成功下载文件后，通过电话告知其解压密码，以确保文件的安全。

图 5-19 设置分享文件

图 5-20 通过百度网盘分享加密文件

（二）防火墙设置

Windows 10 自带软件防火墙，通过配置该防火墙，可以阻止不必要的网络通信，从而在一定程度上保障 Windows 主机的安全。

打开"控制面板"窗口，默认情况下，组件图标按"类别"进行分类（如图 5-21 所示）。单击"查看方式"下拉按钮，在弹出的下拉列表中选择"大图标"或"小图标"选项，以恢复经典的控制面板组件图标显示方式。大图标显示方式下的"控制面板"窗口如图 5-22 所示。

图 5-21　Windows 10 的"控制面板"窗口

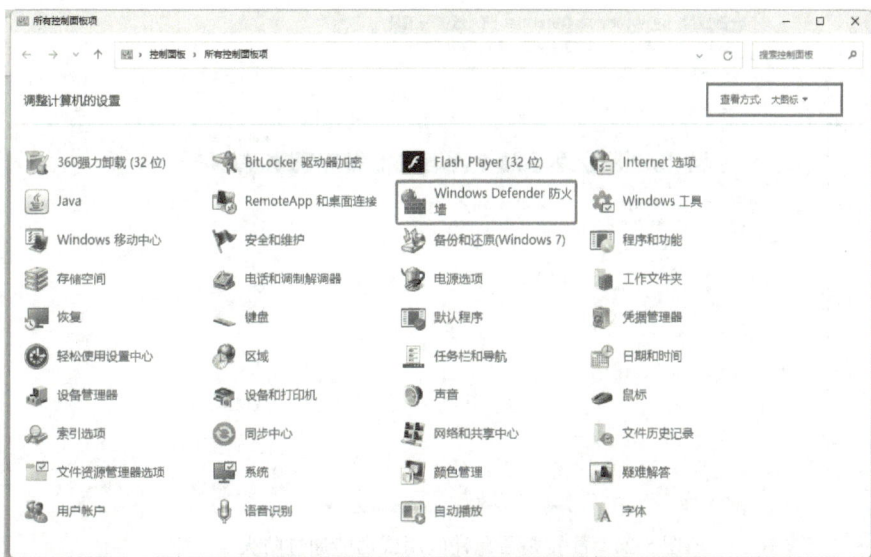

图 5-22　大图标显示方式下的"控制面板"窗口

在"控制面板"窗口中选择"Windows Defender 防火墙"选项（如图 5-22 所示），即可打开 Windows 10 的防火墙设置界面。"Windows Defender 防火墙"初始界面如图 5-23 所示。

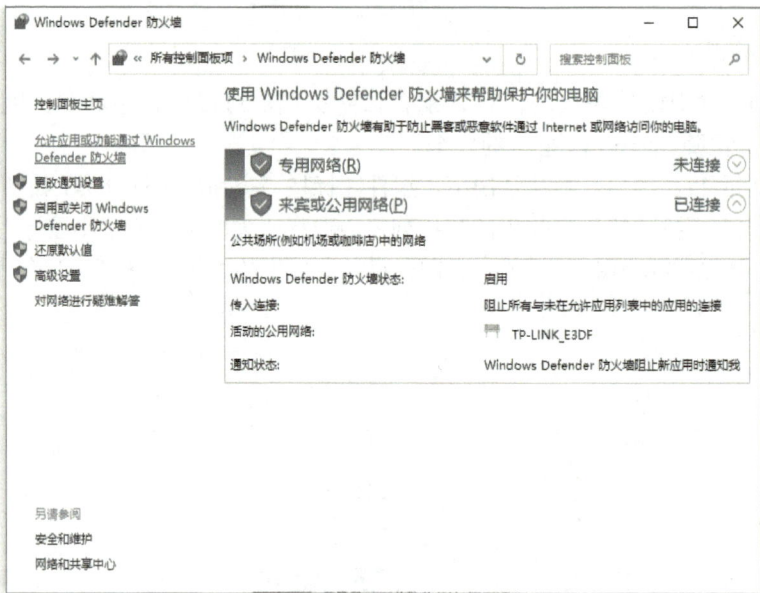

图 5-23　"Windows Defender 防火墙"初始界面

在"Windows Defender 防火墙"初始界面中，可以看到，针对"专用网络"及"来宾或公用网络"，Windows 10 的防火墙均处于启用状态。在该界面中，选择"允许应用或功能通过 Windows Defender 防火墙"选项，即可针对已有应用或功能，在"专用网络"和"来宾或公用网络"上配置是否允许其通过防火墙（如图 5-24 所示）。

图 5-24　配置是否允许应用或功能通过防火墙

在"Windows Defender 防火墙"初始界面中，选择"更改通知设置"或"启用或关闭 Windows Defender 防火墙"选项，均可进入"自定义设置"界面，如图 5-25 所示。在该界面中，可在"专用网络设置"或"公用网络设置"中启用或关闭防火墙。

图 5-25　"自定义设置"界面

在"Windows Defender 防火墙"初始界面中，选择"高级设置"选项，打开"高级安全 Windows Defender 防火墙"窗口，如图 5-26 所示。在该窗口中，用户可修改已有的"出站规则"和"入站规则"，或新建"出站规则"和"入站规则"，以实现细粒度的访问控制。

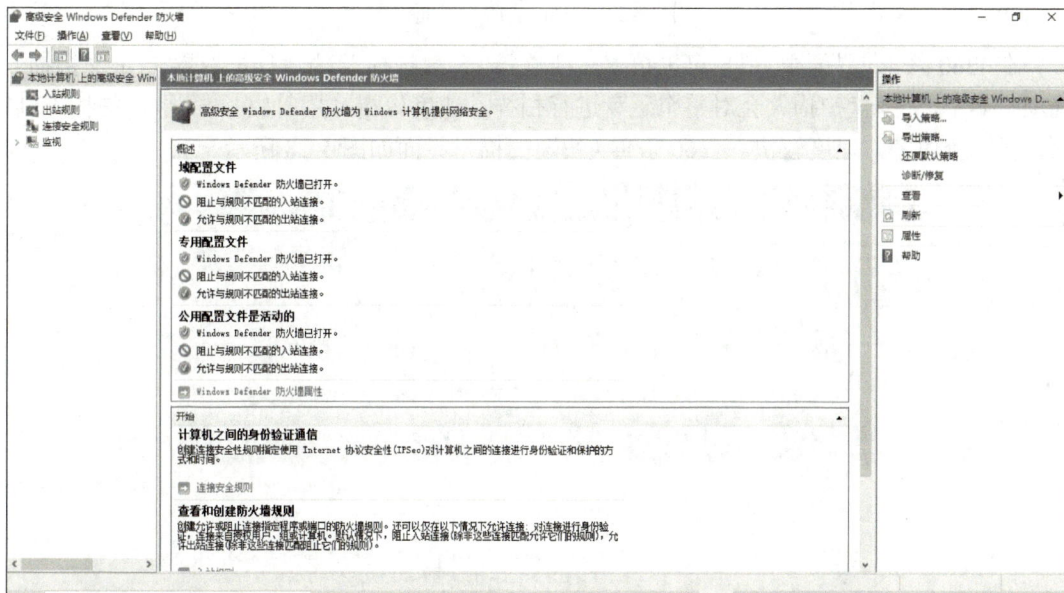

图 5-26　"高级安全 Windows Defender 防火墙"窗口

（三）常用杀毒软件使用

杀毒软件是一种计算机程序，可以进行检测、防护，并采取行动来解除或删除恶意软件（如蠕虫和木马等）。杀毒软件的种类繁多，其功能、性能各不相同。据调查，在 2019 年和 2020 年期间，使用最多的杀毒软件包括 360 安全卫士、金山毒霸、卡巴斯基、诺顿、瑞星杀毒软件等。下面我们将介绍 360 杀毒与 360 安全卫士。

在浏览器地址栏中输入网址 https://www.360.cn 并按回车键，进入 360 官网主页，然后下载 360 安全卫士和 360 杀毒。其中，360 杀毒的主要功能是病毒清除，360 安全卫士是一个综合性的计算机安全工具。

1. 360 杀毒

360 杀毒软件安装完成后，会在桌面生成"360 杀毒"图标，双击此图标即可进入"360 杀毒"界面（如图 5-27 所示）。

图 5-27　"360 杀毒"界面

在"360 杀毒"界面中，用户可以根据需要选择"全盘扫描""快速扫描"或"自定义扫描"选项。其中，"全盘扫描"会对整个磁盘进行扫描，速度较慢，用时较长；"快速扫描"则只扫描部分内容，速度较快。"360 杀毒 - 快速扫描"界面如图 5-28 所示。

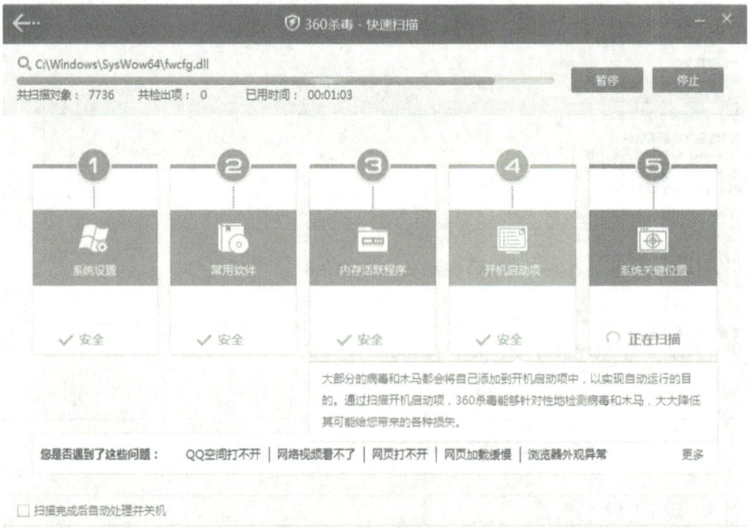

图 5-28　"360 杀毒 - 快速扫描"界面

360 杀毒中的"快速扫描"仅对"系统设置""常用软件""内存活跃程序""开机启动项"和"系统关键位置"进行扫描，因此速度比"全盘扫描"快很多，但扫描范围相对不全面。

扫描完成后,系统将分别按"高危风险项""系统异常项"和"可能影响开机速度的启动项"展示扫描结果,用户可单击"立即处理"按钮进行修复,或单击"暂不处理"按钮。快速扫描结果如图 5-29 所示。

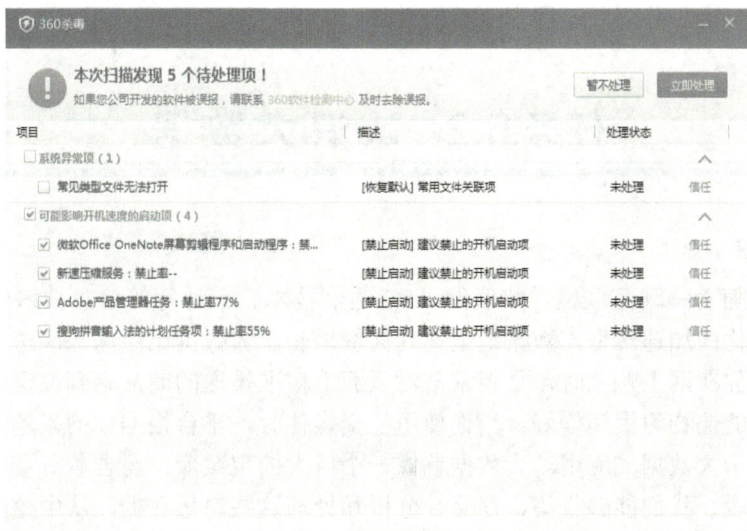

图 5-29　快速扫描结果

2. 360 安全卫士

360 安全卫士是由奇虎 360 公司推出的一款功能强大、效果良好且备受用户欢迎的安全软件。它具有查杀木马、清理插件、修复漏洞、电脑体检、电脑救援、保护隐私、电脑专家、清理垃圾、清理痕迹等多种功能。

360 安全卫士安装完成后,会在桌面生成"360 安全卫士"图标,双击此图标即可启动 360 安全卫士程序。每次启动计算机时,360 安全卫士也会自动启动,以确保系统安全。"360 安全卫士"的启动界面如图 5-30 所示。

图 5-30　"360 安全卫士"的启动界面

在"360 安全卫士"的启动界面中，单击"木马查杀"按钮后，"360 安全卫士"将连接"360 安全大脑"对系统进行木马查杀，以提高查杀成功率。通常，传统杀毒软件只能查杀已知病毒，对未知病毒往往无能为力。但目前，有些杀毒软件利用大数据和云计算平台，能够对未知病毒进行行为分析，并在一定程度上实施拦截。

任务 5.2　认 识 大 数 据

一、任务描述

近年来，随着移动互联网、物联网、5G 通信技术、云计算等信息技术的快速发展和传统产业数字化的加速转型，数据量呈现几何级增长。大数据已经深深渗透到人们生活的方方面面。当你在网上购物时，是否常常对页面上精准推送的商品感到惊讶？这背后是大数据在分析你的购物习惯和偏好。当你使用社交媒体时，平台根据你的兴趣推荐的好友和内容，也得益于大数据的应用。大数据就像一个巨大的宝藏库，蕴含着海量的信息。通过先进的技术手段，我们能够收集、存储、分析和处理这些海量数据，从中挖掘出有价值的信息和知识。在本任务中，我们将介绍大数据的产生、大数据在各个领域的具体应用、支持大数据处理的关键技术和工具，以及数据安全的保护方法。

二、任务分析

本任务主要介绍大数据处理流程中的数据抓取、预处理和可视化过程。我们首先利用后羿采集器采集豆瓣读书 Top250 数据，然后在 WPS 表格中对这些数据进行预处理，最后利用 DataEase 对豆瓣读书 Top250 数据进行可视化分析。

三、相关知识点

1. 大数据的概念和特征

大数据 (Big Data) 指的是传统数据处理应用软件难以有效处理的大规模、多样化且快速变化的数据集合。大数据具有 "4V" 特征：Volume(大体量)、Variety(多种类)、Velocity(高速度)、Value(低价值密度)。

(1) 大体量 (Volume)。大体量指的是数据规模庞大，涵盖采集、存储和计算等各个环节的数据量都很大。大数据的起始计量单位至少是 PB(1 PB 等于 1000 个 TB)、EB(1 EB 等于 100 万个 TB) 或 ZB(1 ZB 等于 10 亿个 TB)。全球互联网每天产生的数据量巨大，用户的网页浏览记录、在线交易数据、社交媒体互动信息等众多来源的数据汇聚在一起，形成了庞大的数据体量。

(2) 多种类 (Variety)。大数据的类型包括网络日志、音频、视频、图片、地理位置信息等。其中，10% 为结构化数据 (如关系数据库中的表格数据)，通常存储在数据库中；90% 为半结构化数据 (如 XML(Extensible Markup Language，可扩展标记语言)、JSON(JavaScript Object Notation，JavaScript 对象表示法) 格式的数据) 和非结构化数据 (如文本、图像、音频、视频等)。这些数据具有异构性和多样性，缺乏明显的模式，语法和语义不连贯，这对数据的处理能力提出了更高的要求。以一个智能城市的管理系统为例，结构化数据可能包括交通违章记录的数据库信息，非结构化数据可能是城市监控摄像头拍摄的视频，半结构化数据可能是交通流量传感器以 XML 格式传输的数据。

(3) 高速度 (Velocity)。大数据处理速度快，时效性要求高，需实时进行分析。数据的输入、处理和分析需连贯进行，这是大数据区别于传统数据挖掘的最显著特征。例如，在高频股票交易环境中，交易数据以微秒级速度产生和更新。在搜索引擎中，用户的每一次搜索请求都是实时数据，搜索引擎需快速处理这些数据，以在极短时间内返回搜索结果。

(4) 低价值密度 (Value)。大数据的价值密度相对较低。例如，随着物联网的广泛应用，信息感知无处不在，产生了海量信息，但其中存在大量不相关信息。以小区监控视频为例，如果没有意外事件发生，那么连续产生的数据大多没有价值。当发生偷盗等意外情况时，仅有记录事件过程的那一小段视频具有价值。然而，为了获取这段有价值的视频，人们不得不投入大量资金购买监控设备、网络设备、存储设备，并耗费大量电能和存储空间来保存摄像头连续传来的监控数据。

2. 数据的类型

根据数据结构的不同，数据可分为结构化数据、非结构化数据和半结构化数据。

(1) 结构化数据。结构化数据是一种具有高度组织性和规律性的数据类型，它遵循预定义的数据模型，通常以表格形式呈现。每一条记录都有固定的格式，各字段都有明确的定义和数据类型。例如，在关系型数据库 (如 MySQL、Oracle) 中，数据被存储在表中，表由行 (记录) 和列 (字段) 组成。这种数据因其结构固定，易于理解、存储和查询，可使用结构化查询语言 (SQL) 进行高效操作，如数据插入、删除、更新和检索。在企业的人力资源管理系统中，员工信息表可能包含员工编号、姓名、性别、出生日期、职位、入职日期等字段。每个员工的信息作为一条记录存储在表中，这些记录结构相同，方便管理人员进行查询，如查找特定职位的员工数量或特定年龄段的员工信息。

(2) 非结构化数据。非结构化数据没有固定的结构或预定义的数据模型，其形式多样，包括文本、图像、音频、视频等。例如，社交媒体上用户发布的微博内容、评论，这些文本数据格式不固定，长度也各不相同；或者是监控摄像头拍摄的视频，其内容和格式复杂多变。

非结构化数据的处理难度较大，不能像结构化数据那样直接使用简单的查询语言进行处理，而需要采用自然语言处理 (Natural Language Processing，NLP) 技术来处理文本数据，或使用计算机视觉技术来处理图像和视频数据。例如，要从大量用户评论中提取用户的情感倾向 (好评或差评)，就需运用自然语言处理中的情感分析算法。

(3) 半结构化数据。半结构化数据介于结构化和非结构化数据之间，它具有一定的结构，但这种结构不像结构化数据那样严格固定。半结构化数据通常以标签或键－值对的形式来组织。

XML 格式数据使用标签来标记不同的数据元素。例如，在 <book><title>Python 编程从入门到实践 </title><author>Eric Matthes</author></book> 中，<book> 是根标签，<title> 和 <author> 是子标签。JSON 格式数据以键－值对的形式表示。例如，在 {"name": " 张三 ", "age": 30, "hobbies": [" 阅读 ", " 运动 "]} 中，"name""age""hobbies" 是键，对应的 " 张三 "、30、[" 阅读 ", " 运动 "] 是值。

半结构化数据比非结构化数据更容易解析和处理，同时又比结构化数据更灵活，可以根据需要灵活添加或修改数据元素的结构。

3. 大数据时代到来的背景

人类社会信息科技的发展为大数据时代的到来提供了技术支撑，而数据产生方式的变革则是促进大数据时代到来的关键因素。

1) 信息科技提供的技术支撑

(1) 信息存储。随着科技的发展，存储设备的容量不断增加。早期那些容量小、价格高且体积大的存储设备已经逐渐被体积小、质量轻、抗震性能好的闪存所取代。闪存的出现极大改变了数据存储方式，它不仅方便携带，而且还能快速读写数据，为大数据存储提供了可靠的硬件基础。例如，现在的手机、平板电脑等移动设备普遍采用闪存作为存储介质，用户可轻松存储大量的照片、视频、音乐和文档等数据。

同时，分布式存储技术的发展也使得大规模数据存储成为可能。通过将数据分散存储在多个节点上，不仅提高了存储容量，还增强了数据的可靠性和可用性。例如，Hadoop 分布式文件系统 (Hadoop Distributed File System，HDFS) 能够将数据存储在多个服务器上，即使某个节点出现故障，数据也不会丢失。

(2) 信息传输。网络带宽的不断增加是大数据时代的重要支撑之一。光纤入户和 5G 技术的普及，极大地提升了数据传输的速度和容量。光纤通信具有带宽高、损耗低、抗干扰等优点，能实现高速数据传输。例如，家庭用户通过光纤接入互联网，可享受高速的下载和上传速度，轻松观看高清视频、进行在线游戏等。5G 技术为移动互联网带来了革命性变化。5G 网络具有速率高、延迟低和容量大等特性，使得大量数据能在瞬间完成传输。例如，在智能交通领域，5G 技术可实现车辆与交通基础设施之间的实时通信，提高交通效率和安全性。同时，5G 技术也为物联网的发展提供了有力支撑，使得大量传感器设备能够快速将数据传输至云端进行处理。

(3) 信息处理。CPU 处理能力的大幅提升是应对大数据挑战的关键所在。随着制造工艺的不断进步，晶体管数量不断增加，CPU 的主频从早期的 10 MHz 提高到了现在的 3.6 GHz 甚至更高。这使得计算机能够更快地处理海量数据。例如，在数据分析和机器学习领域，高性能的 CPU 能够加速算法运行，提高数据处理效率。

此外，并行计算和分布式计算技术的发展为大数据处理开辟了新途径。通过将任务分配到多个处理器或计算节点，实现数据的高效同步处理，显著加快了处理速度并缩短了耗时。例如，Apache Spark 等分布式计算框架能够在大规模集群上高效处理和分析数据，适用于处理 TB 级甚至 PB 级数据。

2) 数据产生方式的变革

(1) 运营式系统阶段。在这个阶段，数据库成为主要的数据存储和管理工具。在大型零售超市销售系统、银行交易系统、股市交易系统、医院医疗系统以及企业客户管理系统等运营式系统中，数据的产生依赖于企业业务的实际发生。只有当业务发生时，相关记录才会被生成并存入数据库。例如，在股市交易系统中，股票交易的发生才会触发相关记录的生成。这些数据库中的数据具有较高的结构化程度，便于后续的查询和分析。然而，由于数据的产生是被动的，其规模和增长速度相对有限。此外，不同运营式系统间的数据往往处于孤立状态，难以实现有效的整合和分析。

(2) 用户原创内容阶段。Web2.0 时代的到来引发了数据产生方式的重大变革。Wiki、博客、微博、微信等自服务平台兴起，强调用户的参与和互动。大量上网用户转变为内容创作者，他们发布文字、图片、视频等多种形式的原创内容，为大数据的形成做出了重要贡献。尤其随着移动互联网和智能手机的普及，用户可以随时随地发布微博、上传照片，导致数据量急剧增加。

(3) 感知式系统阶段。物联网的发展将人类社会带入了感知式系统阶段。物联网中包含大量传感器 (如温度传感器、湿度传感器、压力传感器、位移传感器、光电传感器等)，视频监控摄像头也是物联网的重要组成部分。这些设备持续不断地自动产生大量数据。与 Web2.0 时代的人工数据产生方式相比，物联网中的自动数据产生方式能在极短时间内生成更密集的数据。例如，在智能工厂中，传感器可以实时监测设备的运行状态和生产过程中的温度、压力等参数，为生产优化和故障诊断提供数据支持。在智能城市中，视频监控摄像头可以实时监测交通流量、社会治安等情况，为城市管理提供决策依据。

4. 大数据的应用场景

大数据在众多领域都有广泛且极具价值的应用场景，下面我们简单介绍大数据在 6 个领域的应用情况。

(1) 在商业领域，企业通过分析消费者的购买历史、浏览行为、兴趣爱好等数据，能够为消费者提供个性化的产品推荐和营销信息。在库存管理方面，大数据能够实时监控库存水平，并根据销售速度和补货周期自动生成补货订单。在物流配送方面，大数据分析交通数据、仓库位置和订单分布，以优化配送路线，提高配送效率，降低物流成本。

(2) 在金融领域，金融机构通过分析客户的交易记录、还款历史、资产状况及社交网络信息等多维度数据，构建信用评分模型，以评估客户的信用风险。在金融产品营销方面，大数据可以帮助金融机构精准定位目标客户，通过分析客户的金融行为和消费习惯，向潜在客户推荐合适的金融产品。

(3) 在医疗领域，医疗机构通过收集和分析大量的患者病历数据、检验检查结果 (如 X 光片、CT 扫描结果、血液检测结果) 及基因数据，利用机器学习和数据挖掘技术建立疾病诊断模型，辅助医生进行疾病诊断。在药物研发方面，科研机构通过分析大量的基因数据、疾病病理数据及药物临床试验数据，加速药物研发的进程。例如，科研机构利用基因大数据发现新的药物靶点，为药物研发提供方向。

(4) 在交通领域，城市交通管理部门通过收集和分析道路传感器数据 (如车流量、车速、占有率)、交通摄像头数据、车辆 GPS 数据以及气象数据，可以提前预测早晚高峰的交通拥堵情况，并采取相应的交通管制措施，如调整信号灯时长、引导车辆分流等。在公共交通运营方面，公共交通管理部门通过分析公交车辆的实时位置、载客量、行驶速度等数据，优化车辆调度，提高运营效率。大数据为智能出行服务提供了支持。打车软件平台根据用户的历史打车记录和当前位置，预测出行目的地，并提前为用户匹配附近的出租车或网约车。同时，智能导航系统通过收集和分析道路实时交通数据，可以为用户推荐最优行驶路线，避开拥堵路段，节省出行时间。

(5) 在教育领域，大数据可以助力个性化学习。教育机构或平台通过收集学生的学习过程数据 (包括在线课程学习时间、作业完成情况、考试成绩、课堂互动情况等) 来分析学生的学习风格、学习进度和知识掌握程度，进而为每个学生提供个性化的学习路径和学习资源。例如，自适应学习平台根据学生的学习数据，为学生推送适合的学习内容和练习题，以提高学习效果。

(6) 在农业领域，农业管理者可以利用大数据整合土壤传感器收集的数据。这些传感器能够实时监测土壤的养分含量（如氮、磷、钾）、酸碱度、湿度和温度等信息。通过对这些土壤数据的深入分析，农业管理者可以绘制出详细的土壤肥力地图，精确地了解每一块土地的肥力状况，从而实现精准施肥。

此外，大数据系统还能记录农产品从种植、加工到销售的全过程信息。在种植环节，大数据系统记录种子来源、化肥和农药的使用情况；在加工环节，记录加工工艺、添加剂使用等信息；在销售环节，记录物流路径和销售渠道。消费者可以通过扫描产品二维码等方式轻松获取这些信息，实现农产品的产地溯源。这不仅有助于保障农产品的质量，还能增强消费者对农产品的信任。

5. 大数据的发展趋势

大数据的发展趋势呈现出以下特点：

(1) 数据资源化与资产化趋势明显。大数据已成为企业和社会的重要战略资源，企业日益重视数据的价值，将其作为核心资产进行管理和运营，以获取商业洞察、优化业务流程并提升竞争力。同时，数据交易市场不断发展和规范，促进了数据的流通和共享。

(2) 实时分析需求日益增长。在数字化时代，企业对数据实时性的要求不断提高，需要快速获取数据并进行分析，以支持迅速决策。因此，实时大数据分析将成为未来发展的重要趋势。企业将采用流处理技术、实时数据仓库等技术手段，实现数据的实时采集、处理和分析。例如，金融机构需要实时监控市场行情和交易数据，以便及时调整投资策略。

(3) 更依赖云存储。随着数据量的快速增长和多样化，传统内部部署的数据存储方式难以满足需求。因此，企业广泛采用云计算和混合云解决方案，利用其可扩展性和简化的存储架构。同时，云托管的数据仓库和数据湖等基于云的存储方案也得到了更多应用。

(4) 数据安全与隐私保护得到加强。随着数据价值的提升和数据安全事件的频发，数据安全成为关键。企业加大了对数据安全技术的投入，采用了加密、访问控制、备份与恢复等技术。同时，随着隐私保护法规的不断完善，企业需严格遵守相关规定，加强数据隐私保护。

(5) 行业应用不断深化和拓展。未来，跨行业的数据融合将成为趋势，不同行业之间的数据将相互流通和共享，从而创造出更多的创新应用和商业模式。例如，金融机构与电商企业合作，利用电商数据进行信用评估和风险控制；医疗行业与保险行业合作，利用医疗数据进行保险产品设计和定价。

(6) 与新兴技术的融合加深。大数据与云计算紧密结合，云计算为大数据提供了强大的计算和存储能力，是大数据处理的基础平台。未来，大数据与云计算的融合将更加紧密，云服务提供商将推出更高效、便捷的大数据解决方案，企业也将更倾向于采用云服务的方式来处理和存储大数据。

(7) 与人工智能、机器学习协同发展。人工智能和机器学习技术依赖大量的数据进行训练和优化，而大数据为这些技术提供了丰富的资源。未来，大数据将与人工智能、机器学习更加协同发展，通过大数据的分析和挖掘，为人工智能和机器学习提供更精准的模型和算法，推动人工智能技术的持续进步。例如，智能客服、智能推荐系统等应用都是大数据与人工智能相结合的产物。

(8) 与物联网的融合加深。物联网产生的海量数据为大数据分析提供了丰富的数据源，大数据技术能够对这些数据进行深入分析和挖掘，实现对物联网设备的智能管理和控制。未来，随着物联网技术的不断发展，大数据与物联网的融合将进一步加深，应用场景也将持续扩展。

6. 大数据安全问题与防护方法

1) 大数据面临的安全问题

目前，大数据面临的安全问题主要包括数据泄露、数据篡改和数据滥用。

(1) 数据泄露。

企业内部员工可能因疏忽、恶意或被外部势力利用而导致数据泄露。例如，员工可能错误地将包含敏感数据的文件发送给非授权对象，或内部恶意员工为谋取经济利益，将公司的用户数据、商业机密等出售给竞争对手或不法分子。

黑客攻击是数据泄露的主要外部威胁之一。黑客利用 SQL 注入、跨站脚本 (Cross Site Scripting，XSS) 攻击、分布式拒绝服务 (Distributed Denial of Service，DDoS) 攻击等渗透攻击手段，突破企业网络安全防护，入侵大数据存储系统。一旦入侵成功，黑客可窃取大量敏感数据，包括用户个人信息 (如姓名、身份证号、银行卡号等) 和企业商业机密 (如产品研发数据、客户订单数据等)。

网络钓鱼也是常见的外部攻击方式。攻击者通过钓鱼邮件、恶意软件下载链接等，将病毒、木马、勒索软件等恶意程序植入企业内部网络或用户设备。这些恶意软件能在后台自动收集数据，并发送给攻击者。例如，一些勒索软件会加密企业数据，同时窃取数据备份，以此要挟企业支付赎金。

(2) 数据篡改。

当数据存储在数据库、数据仓库或云端存储设施中时，若攻击者获得存储系统的访问权限，即可对数据进行篡改。在金融领域，交易记录篡改可能导致交易详情被错误呈现，进而引发金融欺诈。在医疗领域，患者病历数据被篡改可能导致误诊等严重后果。

数据在网络传输过程中，若从数据采集设备传至数据中心，或在不同数据中心间传输，则易受中间人攻击。攻击者可拦截数据传输流，篡改数据后再发送给接收方。在物联网场景下，传感器数据在传输中被篡改，可能使基于这些数据的智能决策产生偏差。例如，在智能家居系统中，温度传感器数据被篡改可能导致空调系统异常运行。

(3) 数据滥用。

① 商业目的滥用：一些企业在收集用户数据时，可能会超出用户同意的范围使用数据。例如，企业最初告知用户收集数据是为了改善产品服务，但实际上却将数据用于精准营销，向用户推送大量不相关的广告。这种行为侵犯了用户的隐私权，并可能导致用户对企业的信任度降低。

② 非法活动滥用：数据可能被用于身份盗窃、诈骗等犯罪活动。犯罪分子获取用户个人信息后，可能假冒用户身份进行信用卡诈骗、申请贷款等违法活动。在网络犯罪中，

数据滥用还可能涉及网络水军操纵、恶意刷量等行为，破坏网络生态的公平性和秩序。

2) 大数据的安全防护

大数据的安全防护涉及技术和管理两个核心层面。

在技术层面，我们将介绍加密、访问控制以及数据脱敏这三大关键技术，它们在大数据安全防护中发挥着至关重要的作用。

(1) 加密。作为保障数据安全的核心手段，加密包含数据存储加密和数据传输加密两方面。对存储在数据库、硬盘等存储介质中的数据进行加密，可确保数据在静态时的安全，这通常通过 AES（高级加密标准）等强加密算法来实现。在数据传输过程（如网络通信）中，使用 SSL/TLS 等协议可确保数据不被窃听或篡改。端到端加密技术确保仅发送方和接收方能解密数据。

(2) 访问控制。访问控制是确保仅授权用户能访问数据的机制，包括使用用户名和密码、生物识别、智能卡、多因素认证等方式验证用户身份，以及采用基于角色的访问控制 (RBAC) 和基于属性的访问控制 (ABAC)，依据用户的角色或属性来分配数据访问权限。

(3) 数据脱敏。数据脱敏是指对敏感数据进行处理，以在保留数据使用价值的同时避免泄露敏感信息。对于存储在数据库中的数据，可采取替换、加密或混淆敏感字段的方式进行脱敏处理。在数据查询或展示环节，可实时对敏感数据进行脱敏，以确保用户仅能看到脱敏后的数据。

在管理层面，我们将重点阐述安全策略与制度以及数据分类分级，这两者在大数据安全防护中起着关键作用。

(1) 安全策略与制度。安全策略与制度是指组织内部对数据安全的整体规划和规定，包括对员工进行安全意识培训、明确数据安全责任、实施人员背景审查和离职审查等措施。同时，针对数据的创建、存储、使用、共享到销毁的每个阶段，组织都制定了相应的安全管理措施。

(2) 数据分类分级。数据分类分级是指依据数据的敏感程度和价值，对数据进行分类和等级划分，以便实施差异化的安全措施。具体地，根据数据内容和用途，组织将数据划分为公开数据、内部数据、敏感数据等；根据数据的敏感性和对组织的影响程度，将数据划分为低敏感数据、中敏感数据、高敏感数据等。

除上述技术和措施外，大数据的安全防护还包括以下几方面。

(1) 安全审计：定期对数据安全措施的执行情况进行审计，以发现潜在的安全漏洞和违规行为。

(2) 应急响应计划：制定针对数据安全事件的应急响应计划，以便在数据泄露或其他安全事件发生时能够迅速响应。

(3) 合规性检查：确保数据安全措施符合《通用数据保护条例》(General Data Protection Regulation，GDPR)、《健康保险流通与责任法案》(Health Insurance Portability and Accountability Act，HIPAA) 等相关法律法规的要求。

通过综合运用这些技术和管理措施，可构建一个全面的大数据安全防护体系，有效保护数据资产免受威胁。

7. 大数据的处理流程

大数据开发的过程大致分为五个阶段，即大数据采集、大数据预处理、大数据存储与管理、大数据分析与挖掘、大数据可视化。

1) 大数据采集

大数据采集是指从各种不同的数据源 (如 WEB 端、APP 端、传感器、数据库) 中获取数据，并进行存储与管理，为后续的数据分析与挖掘做准备。

(1) WEB 端。基于浏览器的网络爬虫是获取数据的一种常见方式。网络爬虫如同在网络世界中穿梭的信息采集者，依据预先设定的规则和算法，自动在网页之间跳转，抓取网页中的文本、图像、链接等信息。这些信息经过处理后，为后续的数据分析提供丰富的素材。

另外，WEB 端的 API(应用程序编程接口) 也是数据的重要来源。许多网站和网络服务都提供 API，开发者可以通过这些接口，按照规定的方式请求并获取特定类型的数据。例如，一些社交媒体平台的 API 允许开发者获取用户的公开信息、发布内容以及社交关系等数据，这些数据对于分析用户行为和社交趋势具有极高的价值。

(2) APP 端。无线客户端采集软件——开发工具包 (Software Development Kit，SDK) 是一种集成在 APP 中的工具，它能在用户使用 APP 的过程中收集各种相关信息。例如，SDK 可以采集用户在 APP 内的操作行为 (如单击某个按钮、浏览某个页面等)，还能获取 APP 的运行状态信息 (包括内存使用情况、网络连接状态等)。这些数据有助于开发者了解用户与 APP 的交互情况，从而对 APP 进行优化和改进。

埋点是 APP 端采集数据的另一种有效手段。埋点是指在 APP 的代码中特定位置设置的标记，当用户的操作触发这些标记时，会产生相应的数据记录。例如，在电商 APP 中，当用户将商品加入购物车或完成支付时，埋点会记录下这些关键操作的时间、商品信息、用户 ID 等内容。通过对这些埋点数据进行分析，商家可以深入了解用户的购买行为路径和消费习惯。

(3) 传感器能将物理世界中的各种测量值转化为数字信号，这些数字信号成为大数据的一部分。例如，温度传感器可以实时测量环境温度，并将其转化为数字数据。

(4) 数据库。数据库是大数据的重要来源，它负责源业务系统的数据存储及数据同步。在企业的日常运营中，各个业务系统都会产生大量数据，并存储于数据库中。这些数据库中的数据包含结构化数据和非结构化数据。数据库中的大数据采集通常采用 ETL(Extract，Transform，Load) 技术，即将数据从来源端先后进行抽取 (Extract，从各种数据源获取数据)、转换 (Transform，按需求格式将源数据转换为目标数据)、加载 (Load，把目标数据加载到数据仓库中) 后送至目的端。Sqoop 等工具常被用于此流程。

2) 大数据预处理

大数据的预处理主要包括 4 个步骤，即数据清洗、数据集成、数据规约和数据转换。

(1) 数据清洗。数据清洗是一项复杂且烦琐的工作，同时也是大数据预处理过程中最为重要的环节。大数据中往往包含大量的噪声数据、重复数据和错误数据。例如，在用户提交的表单数据中，可能会出现拼写错误、格式不规范等问题。数据清洗的目的是去除这些无用的数据，提高数据的质量。数据清洗的具体操作包括去除重复记录、处理缺失值 (方法包括删除含有缺失值的记录、填充缺失值等）和纠正错误数据（如通过数据验证规则来纠正不符合要求的数据）。

(2) 数据集成。当数据来源于多个不同的数据源时，需要将这些数据集成到一起。这涉及实体识别（如识别不同数据源中表示同一实体的记录）、数据合并（将不同数据源的相关数据整合到一个数据集中）和数据冲突处理（解决不同数据源间的数据不一致问题）。例如，在企业并购后，需集成两个企业的客户数据，可能会遇到客户信息重复、数据格式不一致等情况，这时需要运用数据集成技术来解决。

(3) 数据规约。数据规约是指从原有庞大的数据集中提取一个精简的数据集合，同时确保这一精简数据集保持原有数据集的完整性。这样，在精简数据集上进行数据挖掘的效率会更高，且挖掘结果与使用原有数据集获得的结果基本一致。

(4) 数据转换。数据转换是指对数据进行转换处理，使其更适合当前任务或算法的需求。数据转换的主要目的是将数据转换或统一成便于进行数据挖掘的数据存储形式，以提升挖掘过程的效率。

3) 大数据存储与管理

大数据存储和管理聚焦于两个关键点：一是存储架构的选择，需为不同类型的数据选择相适应的数据库系统，以确保数据存储的合理性与有效性；二是数据存储策略的运用，需根据数据的规模、使用特性等因素合理规划存储方式，以实现数据存储的可靠性、可用性以及成本的最优控制。

(1) 存储架构的选择。在选择存储架构时，我们需要根据数据的类型来选择合适的数据库系统。以下是两种常见的数据库系统。

① 关系型数据库。对于结构化数据，如企业的财务数据、员工信息等，关系型数据库（如 MySQL、Oracle 等）是一种常用的选择。关系型数据库具有严格的数据模型和事务处理机制，能够保证数据的一致性和完整性。

② 非关系型数据库。非结构化和半结构化数据（如社交媒体的帖子和用户评价等）通常以键－值（如 Redis）、文档（如 MongoDB）、列族（如 Cassandra) 和图形（如 Neo4j) 等形式存储在非关系型数据库 (NoSQL) 中。非关系型数据库具有高扩展性和高灵活性，能够应对大数据的存储需求。

(2) 数据存储策略的运用。在实施数据存储策略时，需要考虑数据的存储方式和管理方法。以下是两种常见的数据存储策略。

① 分布式存储。为应对海量数据的存储需求，通常采用分布式存储系统，如 Hadoop 分布式文件系统 (HDFS)。该系统将数据分散地存储在多个节点上，通过数据冗余来提高数据的可靠性和可用性。

② 数据分层存储。数据分层存储是指根据数据的使用频率、重要性等因素，将数据存储在不同层次。例如，经常访问的数据存储在高速存储设备（如固态硬盘）中，不经常访问的数据存储在低速、大容量的存储设备（如磁带库）中，以降低存储成本。

4) 大数据分析与挖掘

(1) 数据分析。数据分析是指运用适当的统计和分析方法对收集来的大量数据进行分析，加以汇总、理解和消化，以最大化地开发数据的功能并发挥数据的作用。常用的分析方法包括以下几类。

① 描述性分析：分析发生了什么，主要用于描述数据的基本特征，如计算数据的均值、中位数、标准差等统计指标，或者绘制数据的直方图、饼图等统计图表。例如，通过计算电商企业用户的平均年龄、性别比例等，对用户群体进行基本描述。

② 探索性分析：分析为什么会发生，用于发现数据中的模式、关系和异常。可以采用数据可视化技术（如散点图、箱线图等）和相关性分析方法（如计算皮尔逊相关系数）进行探索。例如，通过绘制用户购买金额和购买频率的散点图，探索两者之间的关系。

③ 预测性分析：分析可能发生什么，利用机器学习、统计模型等方法预测数据的未来趋势。例如，在气象领域，通过对历史气象数据的分析来建立预测模型，预测未来天气情况；在金融领域，利用时间序列分析等方法预测股票价格走势。

(2) 数据挖掘。数据挖掘是指提取隐含在数据中的、人们事先不知道的、但又潜在有用的信息和知识。数据挖掘的常用方法包括分类、聚类、关联规则挖掘。

① 分类：用于将数据对象分配到不同的类别中。常用的分类算法有决策树、支持向量机、朴素贝叶斯等。例如，在垃圾邮件过滤中，利用分类算法将邮件分为垃圾邮件和非垃圾邮件。

② 聚类：用于将数据对象划分为不同的簇，使得同一簇内的数据对象相似度较高，而不同簇之间的数据对象差异较大。常用的聚类算法有 K-均值聚类、层次聚类等。例如，在客户细分中，利用聚类算法根据客户的购买行为、人口统计学特征等将客户划分为不同的群体，以便企业制定针对性的营销策略。

③ 关联规则挖掘：用于挖掘数据集中不同变量之间的关联关系。例如，在超市购物篮分析中，通过关联规则挖掘可以发现哪些商品经常被一起购买，如"购买牛奶的顾客中有 70% 也购买了面包"。

5) 大数据可视化

大数据可视化是指运用计算机图形学和图像处理技术，将数据转换为可以在屏幕上显示并进行交互处理的方法和技术。大数据可视化的本质是借助图形化手段，清晰有效地传达信息。大数据可视化最常用的表现形式是统计图表，包括折线图、柱状图、饼图、散点图、雷达图、仪表盘等。根据数据的类型和分析目的，选择合适的可视化工具（如 Tableau、PowerBI 等商业软件，或者 Python 中的 Matplotlib、Seaborn 等开源库）将复杂的数据以直观的图表形式展示出来。

四、任务步骤

本任务可分为三个步骤：利用后羿采集器采集豆瓣读书 Top 250 数据、在 WPS 表格中对数据进行预处理、利用 DataEase 对豆瓣读书 Top 250 数据进行可视化分析。下面我们详细介绍每个步骤的操作方法。

（一）利用后羿采集器采集豆瓣读书 Top 250 数据

后羿采集器是一款热门的网络数据采集软件，由前谷歌技术团队开发。它基于人工智能技术，用户只需输入网址，软件即可自动识别并采集数据。后羿采集器提供智能模式和流程图模式，支持多种数据导出格式，操作简便易上手。

1. 下载并安装后羿采集器

打开浏览器，在地址栏输入网址 https://www.houyicaiji.com/ 并按回车键，即可打开后羿采集器网站的首页，下载后羿采集器并进行安装。安装完成后，运行软件，其界面如图 5-31 所示。随后，注册并登录该软件。

图 5-31　后羿采集器的界面

2. 获取"豆瓣读书 Top250"页面的网址

在浏览器的地址栏中输入网址 https://www.douban.com/ 并按 Enter 键，打开豆瓣网站的首页；然后，单击顶部导航栏的"读书"按钮，进入"豆瓣读书"页面；接着，在"豆瓣读书"页面中找到并单击"豆瓣图书 250"后面的"更多"，进入"豆瓣读书 Top 250"页面，如图 5-32 所示。复制该页面的网址。

图 5-32　"豆瓣读书 Top 250"页面

3. 采集数据

在此任务中，我们采用智能模式进行数据采集。智能模式是后羿采集器的一种简便操作模式，能满足大部分采集需求。在该模式下，后羿采集器利用算法自动识别网页内容和分页按钮，用户只需输入网址，其即可自动采集数据。这种模式特别适合列表页和表格页的数据采集。

采集数据

(1) 将复制的"豆瓣读书 Top 250"页面的网址粘贴到后羿采集器"智能采集"的编辑栏中，如图 5-33 所示。

图 5-33　在后羿采集器"智能采集"的编辑栏中输入网址

(2) 单击"智能采集"按钮，后羿采集器即开始自动识别并采集页面数据。采集部分数据后的预览页面如图 5-34 所示。

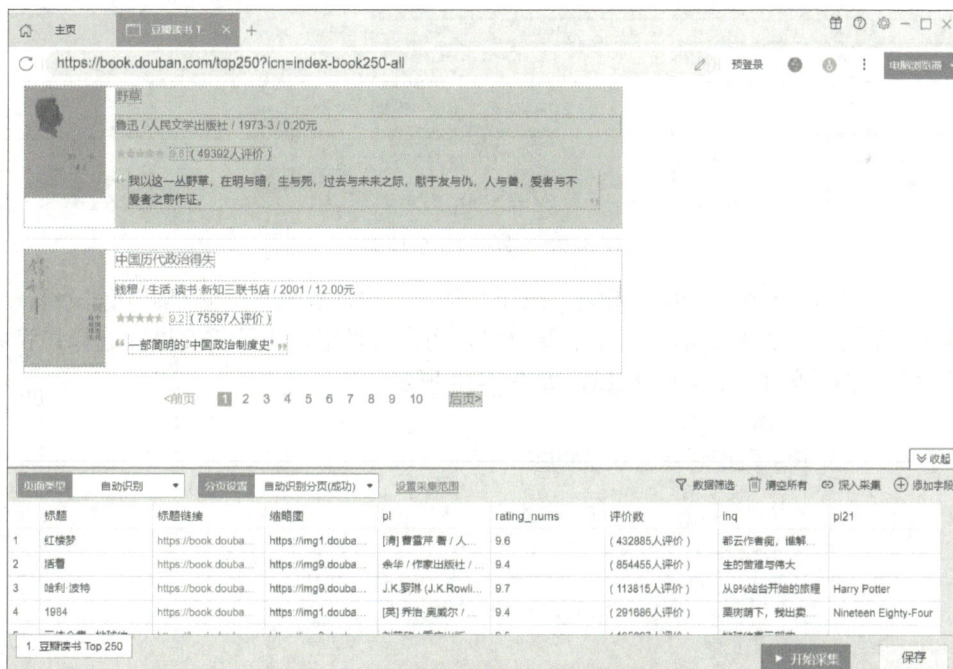

图 5-34　采集部分数据后的预览页面

(3) 在预览页面中，我们可以看到采集到了 8 个字段的数据。我们可以根据需要修改字段名称。右击"标题"字段，在弹出的右键菜单中选择"修改字段名称"选项 (如图 5-35 所示)，打开"修改字段名称"对话框。在"新字段名称"文本框中输入"书籍名称"，并单击"确定"按钮，如图 5-36 所示。采用同样的方法，把第 4、第 5、第 7、第 8 个字段的名称分别修改为"出版信息""豆瓣评分""书籍简介""英文名称"(每次采集到的数据字段顺序可能不同，请根据实际情况进行修改)。

图 5-35　选择"修改字段名称"选项　　　图 5-36　"修改字段名称"对话框

(4) 删除不需要的字段。分别右击第 2 个和第 3 个字段的名称，在弹出的右键菜单中选择"删除该字段"选项，即可将这两个字段删除。最终的预览结果如图 5-37 所示。

图 5-37　最终的预览结果

(5) 单击页面右下角的"开始采集"按钮，弹出"启动设置"对话框。在"启动设置"对话框中，有些设置是免费的，有些需要收费，用户可以根据实际需要进行选择。我们选择默认设置，然后单击"启动"按钮，如图 5-38 所示。

图 5-38　"启动设置"对话框

(6) 后羿采集器开始采集数据。经过一段时间后，弹出"采集已停止"窗口，显示已采集 250 条数据，如图 5-39 所示。

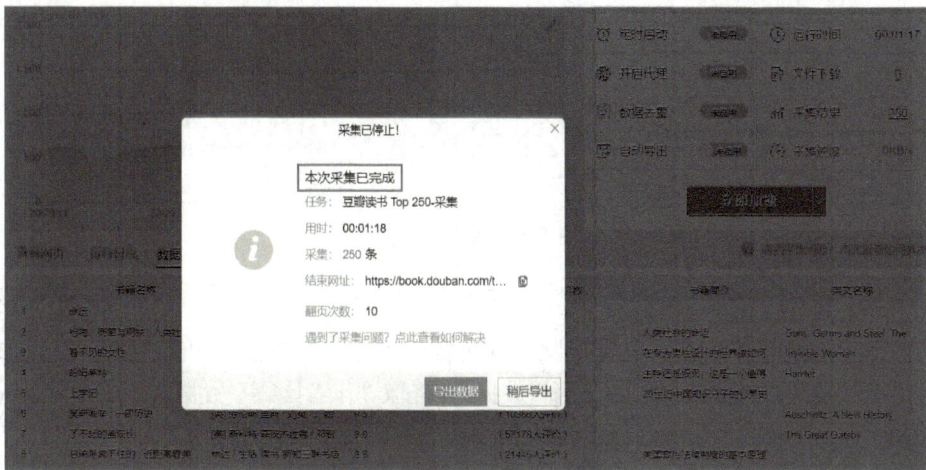

图 5-39　"采集已停止"窗口

(7) 在"采集已停止"窗口中，单击"导出数据"按钮，弹出"选择导出方式"对话框。在该对话框左侧的"导出到文件"列表中选择"Excel"选项，在右侧设置"保存地址"为"桌面"(每个人的桌面路径可能不同)，"文件名"设置为"豆瓣读书 Top 250 - 采集的数据"，然后单击"导出"按钮，如图 5-40 所示。

图 5-40　"选择导出方式"对话框

(8) 导出完成后，单击"直接导出数据文件"按钮，打开桌面上的"豆瓣读书 Top 250 - 采集的数据 .xlsx"文件，可看到如图 5-41 所示的导出数据。

	A	B	C	D	E	F
1	书籍名称	出版信息	豆瓣评分	评价数	书籍简介	英文名称
2	红楼梦	[清] 曹雪芹 著 / 人民文学出版社 / 1996	9.6	(	都云作者痴，谁解其中味？	
3	活着	余华 / 作家出版社 / 2012-8 / 20.00	9.4	(	生的苦难与伟大	
4	哈利·波特	J.K. 罗琳 (J.K.Rowling) / 苏农 / 人民文	9.7	(	从9¾站台开始的旅程	Harry Potter
5	1984	[英] 乔治·奥威尔 / 刘绍铭 / 北京十月	9.4	(	栗树荫下，我出卖你，你出卖我	Nineteen Eighty-Four
6	三体全集	刘慈欣 / 重庆出版社 / 2012-1 / 168.00	9.5	(	地球往事三部曲	
7	百年孤独	[哥伦比亚] 加西亚·马尔克斯 / 范晔 /	9.3	(	魔幻现实主义文学代表作	Cien años de soledad
8	飘	[美国] 玛格丽特·米切尔 / 李美华 / 译林	9.3	(	革命时期的爱情，随风而逝	Gone with the Wind
9	动物农场	[英] 乔治·奥威尔 / 荣如德 / 上海译文出	9.3	(	太阳底下并无新事	Animal Farm
10	房思琪的初恋乐园	林奕含 / 北京联合出版公司 / 2018-2 / 4	9.2	(	向死而生的文学绝唱	
11	三国演义（全二	[明] 罗贯中 / 人民文学出版社 / 1998-05	9.3	(	是非成败转头空	
12	福尔摩斯探案全	[英] 阿·柯南道尔 / 丁钟华 等 / 群众出	9.3	(	名侦探的代名词	

图 5-41 导出的数据

（二）在 WPS 表格中对数据进行预处理

通过 WPS 表格的智能填充功能删除"评价数"列数据中的括号和空格，整理"出版信息"列中的"作者国籍"数据，并提取"作者国籍"数据。

数据预处理

1. 删除"评价数"列数据中的括号和空格

首先，打开"豆瓣读书 Top 250 - 采集的数据 .xlsx"文件，在"评价数"列左侧插入一列。在新插入列的 D1 单元格中输入字段名"评价数（人）"；然后，将 E2 单元格中的数字（仅数字，不包括括号和空格）复制并粘贴到 D2 单元格中；接着，选中 D 列，选择"开始"→"填充"→"智能填充"，以将处理后的"评价数"数据填充到 D 列；最后，删除原"评价数"列（即现在的 E 列，因插入新列后原列位置变更）。

2. 整理"出版信息"列中的"作者国籍"数据

删除 B2 单元格中的"[清]"，在 B4 单元格最前面输入"[美]"，将 B8 单元格中的"[美国]"改为"[美]"，删除 B11 单元格中的"[明]"，将 B15 单元格中的"（丹麦）"改为"[丹麦]"，将 B17 单元格中的"【美】"改为"[美]"，在 B28 单元格最前面输入"[俄]"，将 B46 单元格中的"[法国]"改为"[法]"，在 B52 单元格最前面输入"[日]"，将 B57 单元格中的"[意大利]"改为"[意]"，将 B60 单元格中的"[德国]"改为"[德]"，将 B79 单元格中的"【英】"改为"[英]"，将 B115 单元格中的"（德）"改为"[德]"，将 B146 单元格中的"（俄罗斯）"改为"[俄]"，在 B157 单元格最前面输入"[日]"，在 B169 单元格最前面输入"[法]"，将 B205 单元格中的"[日本]"改为"[日]"，删除 B207 单元格中的"[明]"，删除 B215 单元格中的"（清）"，在 B224 单元格最前面输入"[法]"（注意：由于 Top 250 的数据是动态变化的，格式有问题的单元格不一定是上述列出的单元格，请根据实际情况修改）。

3. 提取"作者国籍"数据

(1) 在 B 列（即"出版信息"列）右侧插入一列（即 C 列），将 B 列中的数据复制到 C 列，并将 C1 单元格中的内容改为"作者国籍"。选中 C 列，选择"开始"→"查找"→"替换"，打开"替换"对话框。在该对话框中，首先，在"查找内容"文本框中输入"]*"，"替换为"文本框留空，如图 5-42 所示，单击"全部替换"按钮，C 列中"]"后面的内容将被全部删除；然后，在"查找内容"文本框中输入"["，"替换为"文本框留空，单击"全部替换"按钮，C 列中的"["将被全部删除；接着，在"查找内容"文本框中输入"*/*"，"替换为"文本框留空，单击"全部替换"；最后，单击"关闭"按钮。此时 C 列中包含中国作者信息的所有单元格中的数据都被删除。

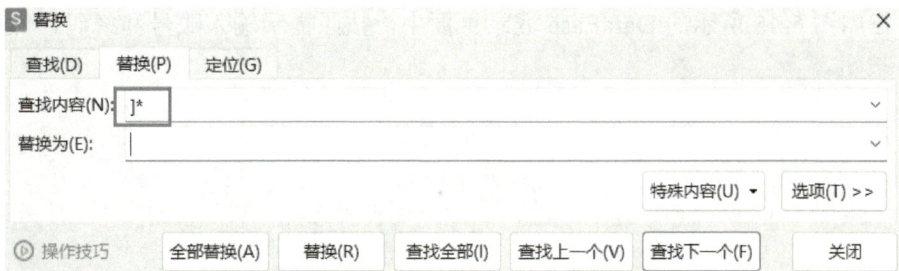

图 5-42　"替换"对话框

(2) 选中 C2:C251 单元格区域，选择"开始"→"查找"→"定位"，打开"定位"对话框。在该对话框中，选中"空值"单选按钮，如图 5-43 所示，然后单击"定位"按钮。此时，C2:C251 单元格区域中所有的空白单元格都被选中。光标所在单元格中输入"中"字，并按下"Ctrl + Enter"组合键，这些空白单元格都被填充上"中"字。

(3) 选择"文件"→"保存"，以保存工作簿。

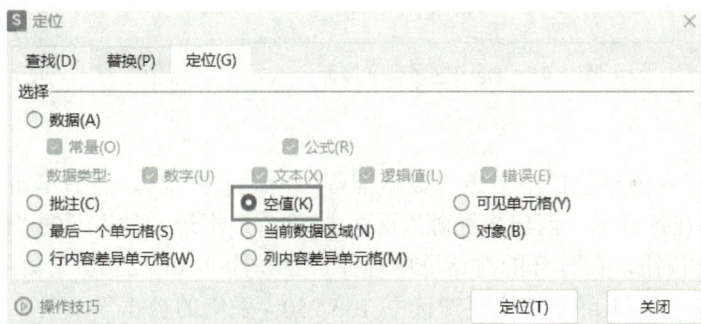

图 5-43　定位空值单元格

数据可视化的
准备工作

（三）利用 DataEase 对豆瓣读书 Top250 数据进行可视化分析

1. 登录 DataEase 在线体验平台

(1) 打开浏览器，在地址栏输入网址 https://fit2cloud.com/dataease/demo.html 并按下回车键，即可，打开 DataEase 在线体验环境网站首页，如图 5-44 所示，然后单击"在线体验"区的"社区版"。

图 5-44　DataEase 网站首页

(2) 在如图 5-45 所示的 DataEase 登录页面中，按照提示输入账号和密码，然后单击"登录"按钮。

图 5-45　DataEase 登录界面

2. 创建数据源

　　登录 DataEase 后，在网页导航栏中单击"数据准备"→"数据源"，然后单击页面中的"新建数据源"按钮。在打开的"创建数据源"页面中，选择"本地文件"下的"Excel"。接着，单击"上传文件"按钮，在打开的对话框中选择"豆瓣读书 Top 250 - 采集的数据"文件，并单击"打开"按钮，即可上传"豆瓣读书 Top 250 - 采集的数据"文件，在"自定义数据源名称"文本框中输入"豆瓣读书 Top 250"，如图 5-46 所示。最后单击"保存"按钮，并在弹出的"新建数据源"对话框中单击"确认"按钮。此时，数据源即创建成功。

图 5-46　创建数据源

3. 新建数据集

　　(1) 在网页导航栏中单击"数据准备"→"数据集"，然后单击页面中的"新建数据集"按钮，如图 5-47 所示。

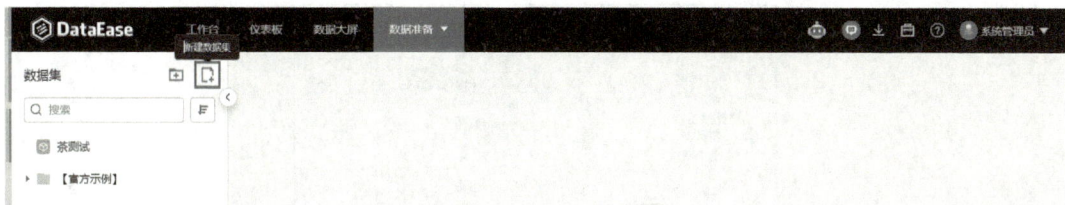

图 5-47　"新建数据集"按钮

(2) 在"选择数据源"下拉列表中选择"豆瓣读书 Top 250",然后将"excel_sheet1_0375aad844"(文件名称是随机生成的,请以实际文件名称为准)拖至"将左侧的数据表、自定义 SQL 拖拽到这里创建数据集"区域。在弹出的对话框中单击"确认"按钮,之后可在"数据预览"中看到数据的维度和指标。

(3) 单击"保存并返回"按钮,弹出"保存数据集"对话框。在"数据集名称"文本框中输入"豆瓣读书 Top 250",然后单击"确认"按钮。此时,数据集即创建成功。

4. 新建仪表板

(1) 单击网页导航栏中的"仪表板",弹出"新建文件夹"对话框。在"文件夹名称"文本框中输入"豆瓣读书数据",并单击"确认"按钮,即可新建名为"豆瓣读书数据"的文件夹。接着将鼠标放在"新建仪表板"按钮上,在下拉列表中选择"空白新建"选项,如图 5-48 所示,以新建仪表板。

新建仪表板

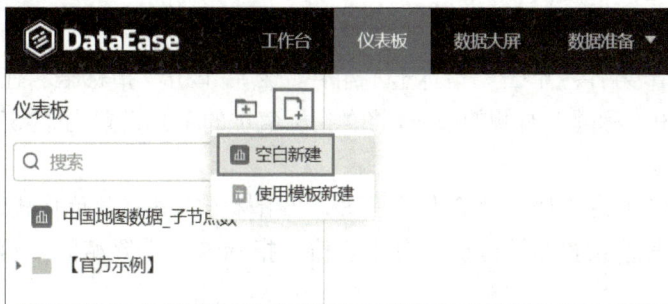

图 5-48　选择"空白新建"选项

(2) 添加标题:在导航栏中单击"富文本"→"富文本",在组件框中输入文字"豆瓣读书 Top 250 书籍数据分析表",格式设置为微软雅黑、36 磅、加粗、水平居中、垂直居中,字体颜色设置为蓝色。用鼠标拖拉组件边框,适当调整富文本组件的长度和宽度,使其占满一行。

(3) 添加指标卡组件。首先,选择"图表"→"指标"→"指标卡",在页面右侧的"数据集"任务窗格中,在"数据集"下拉列表中选择"豆瓣读书 Top 250"。然后,将"数据集"任务窗格"指标"栏中的"豆瓣评分"拖至"指标卡"任务窗格"数据"选项卡中的"指标"编辑栏中。接着,单击此编辑栏右侧的下拉按钮,在下拉列表中选择"汇总方式(求和)"下的"平均"选项,如图 5-49 所示。再次单击"指标"编辑栏右侧的下拉按钮,在下拉列表中分别选择"编辑显示名称"和"数据格式"选项,在打开的对话框中,将显示名称设置为"豆瓣评分平均值",将数据格式设置为"数值型,小数位数为 2"。设置完毕后,单击"更新图表数据"按钮,指标卡组件将显示更新后的数据。

图 5-49　设置指标计算方式

　　(4) 编辑指标卡组件：单击"指标卡"组件，然后单击"指标卡"任务窗格中的"样式"选项卡。关闭"标题"右侧的按钮，将"指标值"的字号设置为"36"，将"指标名称"的字号设置为"20"。

　　(5) 采用同样的方法添加"评价人数平均值"指标卡，并将数值格式设置为"数值型，小数位数为 0"，其他设置与"豆瓣评分平均值"指标卡的设置相同。然后，适当调整这两个指标卡的尺寸。

　　(6) 添加汇总表组件：选择"图表"→"表格"→"汇总表"，将"数据集"任务窗格"维度"栏中的"作者国籍"拖至"汇总表"任务窗格"数据"选项卡中的"数据列 / 维度"编辑栏中，将"数据集"任务窗格"指标"栏中的"记录数"拖至"汇总表"任务窗格"数据"选项卡中的"数据列 / 指标"编辑栏中，然后单击"更新图表数据"。调整组件的尺寸，以确保数据完整显示。单击"样式"选项卡，关闭"标题"右侧的按钮，并在"表头"和"单元格"中将字号设置为 18，对齐方式设置为居中。

　　(7) 添加环形图组件：选择"图表"→"分布图"→"环形图"，将"数据集"任务窗格"维度"栏中的"作者国籍"拖至"环形图"任务窗格"数据"选项卡中的"扇区标签 / 维度"编辑栏中，将"数据集"任务窗格"指标"栏中的"记录数"拖至"环形图"任务窗格"数据"选项卡中的"扇区角度 / 指标"编辑栏中，然后单击"更新图表数据"。单击"样式"选项卡，关闭"标题"右侧的按钮。

　　(8) 添加词云组件：选择"图表"→"分布图"→"词云"，将"数据集"任务窗格"维度"

栏中的"书籍名称"拖至"词云"任务窗格"数据"选项卡中的"词标签/维度"编辑栏中，将"数据集"任务窗格"维度"栏中的"豆瓣评分"拖至"词云"任务窗格"数据"选项中的"词大小/指标"编辑栏中，然后单击"更新图表数据"。单击"样式"选项卡，关闭"标题"右侧的按钮。

(9) 适当调整各个组件的尺寸和位置，确保它们在页面中对齐且分布均匀。单击仪表板中的空白区域，然后在右侧"仪表板配置"任务窗格的"仪表板风格"下拉面板中选择"深色主题"选项。仪表板分布效果图如图 5-50 所示。

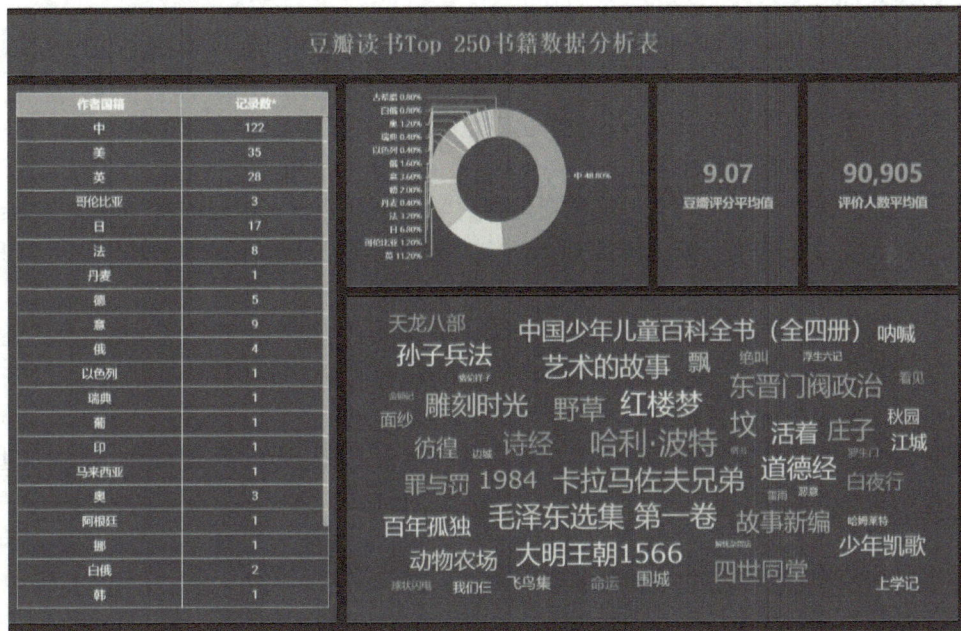

图 5-50　仪表板分布效果图

(10) 单击页面右上角的"保存"按钮，在弹出的"新建主题"对话框中输入"豆瓣读书 Top 250 书籍数据分析表"，并选择存储文件夹为"豆瓣读书数据"，然后单击"确认"按钮。之后，可单击页面右上角的"预览"按钮进行全屏预览或在新页面中查看效果。

任务 5.3　认识人工智能

一、任务描述

如今，我们生活在一个深受人工智能影响的时代。我们使用语音助手轻松查询信息，智能机器人在工厂里精准作业，自动驾驶汽车能在无人驾驶的情况下安全行驶，这些都得益于人工智能的发展。人工智能就像拥有智慧的精灵，能够模仿人类的智能，进行学习、推理和解决问题，重塑着我们的生活、经济和社会结构。在本任务中，我们将介绍人工智能的定义和发展历程，机器学习、深度学习等核心技术，以及人工智能在医疗、教育、娱乐等领域的应用。

二、任务分析

在本任务中，我们将在学习人工智能基本知识的基础上，通过实践操作，介绍生成式人工智能的具体应用。

三、相关知识点

1. 人工智能的定义

对于人工智能 (Artificial Intelligence，AI) 这一概念，不同领域的研究者从不同的角度给出了不同的定义。

1971 年，麦卡锡教授最早将人工智能定义为：人工智能是使一部机器的反应方式像一个人在行动时所依据的智能。

人工智能逻辑学派的奠基人、美国斯坦福大学人工智能研究中心的尼尔森 (J. Nilsson) 教授认为：人工智能是关于知识的学科——怎样表示知识以及怎样获得知识并使用知识的科学。

人工智能之父、首位图灵奖获得者明斯基 (M. Minsky) 将人工智能定义为：人工智能是一种让机器能够完成人类智能所能完成的某些任务的技术，这些任务包括学习、推理、问题解决、感知和自然语言理解。

麻省理工学院的温斯顿教授将人工智能定义为：人工智能就是研究如何使计算机去做过去只有人才能做的智能工作。

中国《人工智能标准化白皮书 (2018 版)》中对人工智能的定义是：人工智能是利用数字计算机或者由数字计算机控制的机器，模拟、延伸和扩展人类的智能，感知环境、获取知识并使用知识获得最佳结果的理论、方法、技术和应用系统。

2. 人工智能的发展历程

1) 人工智能的早期发展时期 (1950—1956 年)

1950 年，当时还是大四学生 (后来被称为 "人工智能之父") 的马文·明斯基与他的同学邓恩·埃德蒙共同建造了世界上第一台神经网络计算机，这通常被视为人工智能的起点之一。同年，有着 "计算机之父" 之称的阿兰·图灵提出了著名的图灵测试设想：如果一台机器能够与人类对话而不被识别出其机器身份，那么这台机器便具备智能。此外，阿兰·图灵还大胆预言了制造出真正智能机器的可行性。

1956 年，在美国新罕布什尔州汉诺威小镇的达特茅斯学院，洛克菲勒基金会提供了7500 美元资金支持，举办了一场为期两个月的人工智能研讨会。此次研讨会共有 10 位参会人员，达特茅斯学院的约翰·麦卡锡、克劳德·香农、马文·明斯基和 IBM 公司的纳撒尼尔·罗切斯特共同主持会议。会上，约翰·麦卡锡首次提出了 "人工智能" 这一概念，此次会议也被公认为是人工智能学科的起源，因此 1956 年被称为人工智能元年。

知识补充

• 图灵测试

计算机和人类志愿者分别处在两个独立的房间中，测试者既看不见计算机，也看不见人类志愿者。测试者通过键盘提出问题，计算机和人类志愿者都通过屏幕来回答问题，且都需如实作答。测试者的任务是辨别哪个房间里是计算机，哪个房间里是人类志愿者。在测试过程中，为防止通过非智力因素泄露信息，测试双方的所有交流均通过键盘和屏幕进行。如果测试者在经过一系列测试后，仍然无法准确判断出哪个房间里是计算机，哪个房间里是人类，那么这表明该计算机通过了图灵测试，被认为具有图灵测试意义上的智能。

　　• 阿兰•图灵

　　阿兰•图灵是英国数学家、逻辑学家，被誉为"计算机科学之父"。1931 年，阿兰•图灵进入剑桥大学国王学院学习。毕业后，他前往美国普林斯顿大学攻读博士学位。二战爆发后，他回到剑桥，此后曾协助军方破解德国著名的密码系统 Enigma，帮助盟军取得了二战的胜利。

　　2) 人工智能的第一个黄金期 (1956—1974 年)

　　在 1956 年的达特茅斯会议之后，人工智能迎来了其首次发展高潮。计算机在数学和自然语言领域被广泛应用，用于解决代数、几何和英语等方面的问题。

　　1958 年，麦卡锡和明斯基相继前往麻省理工学院工作，他们共同创建了 MAC 项目，该项目后来演化为麻省理工学院的人工智能实验室，这是全球首个人工智能实验室，为人工智能领域培育了众多精英人才。1969 年，明斯基荣获图灵奖。1971 年，麦卡锡也获得了图灵奖。他们二人都被称为"人工智能之父"。

　　1959 年，计算机游戏先驱亚瑟•塞缪尔在 IBM 的首台商用计算机 IBM 701 上编制了国际跳棋程序，该程序成功战胜了当时的国际跳棋大师罗伯特•尼赖。

　　1966 年，麻省理工学院发布了世界上第一个聊天机器人 ELIZA。

　　1966 年至 1972 年期间，美国斯坦福国际研究所研制出了机器人 Shakey，这是第一台运用了人工智能的移动机器人。

　　3) 人工智能的第一个瓶颈期 (1974—1980 年)

　　20 世纪 70 年代，人工智能遭遇了首次发展低谷。当时，人工智能面临的技术挑战主要体现在以下三个方面：

　　(1) 计算机性能不足，导致早期众多程序难以在人工智能领域得到应用。当时有学者计算得出，计算机模拟人类视网膜视觉至少需要执行 10 亿次指令。而在 1976 年，世界上最快的计算机 Cray-1 的造价高达数百万美元，但其计算速度还不到 1 亿次 / 秒，普通计算机的计算速度甚至不到一百万次 / 秒。

　　(2) 问题复杂度的挑战。早期人工智能程序主要用于解决特定问题，此类问题的对象有限且复杂性较低。然而，一旦问题的复杂程度有所提升，程序便难以应对。

　　(3) 数据量严重匮乏。在当时，无法找到足够规模的数据库来支持程序进行深度学习，这导致机器因无法读取充足的数据而难以实现智能化。

　　许多人工智能科学家开始意识到，对于数学推理这类人类智能活动，计算机能够凭借较少的计算力轻松完成；而对于图像识别、声音识别和自由运动这类人类凭借本能和直觉就能完成的任务，计算机却需要耗费巨大的计算量才有可能实现。

　　4) 人工智能的第二个黄金期 (1980—1987 年)

　　20 世纪 80 年代，专家系统和人工神经网络技术的新进展推动了人工智能的再次兴起。

　　1980 年，卡耐基梅隆大学为迪吉多公司 (Digital Equipment Corporation，DEC) 设计

了名为 XCON 的专家系统。XCON 是一个集成了专业知识和经验的计算机智能系统，可视为"知识库＋推理机"的结合体。在 1986 年之前，该系统每年为迪吉多公司节省超过 4000 万美元的资金。

在专家系统取得显著进展的同时，人工神经网络也从低谷中复苏。1982 年，约翰·霍普菲尔德提出了一种全互联型人工神经网络，成功解决了 NP 问题中的旅行商问题。1986 年，大卫·鲁梅尔哈特等人研制出了具有误差反向传播功能的多层前馈网络，即 BP 网络（Back-Propagation Network），该网络后来成为应用最广泛的人工神经网络之一。

5）人工智能的第二个瓶颈期（1987—1993 年）

专家系统最初取得的成功是有限的，因为它们无法自我学习并更新知识库和算法，导致维护变得日益复杂，成本也随之增加。20 世纪 80 年代，人工智能技术的发展对硬件计算和存储的要求越来越高。当时，人工智能领域主要采用约翰·麦卡锡提出的 LISP 编程语言。为了满足人工智能的计算需求，一些公司和机构开始研发人工智能专用的 LISP 机器。然而，1987 年，专用 LISP 机器的硬件销售市场开始衰退。20 世纪 80 年代末，由于原本被寄予厚望的人工智能产品的功能未能实现，人工智能再次进入了瓶颈期。

6）人工智能的稳健发展时期（1993 年至今）

20 世纪 90 年代后，随着计算机硬件性能的提升和大数据技术的进步，人工智能再次崛起，进入了稳健发展时期。

1997 年，IBM 公司研发的计算机深蓝在国际象棋比赛中战胜了世界冠军卡斯帕罗夫。

2002 年，美国机器人技术公司 iRobot 面向市场推出了 Roomba 扫地机器人，并取得了巨大成功。

2011 年，IBM 公司开发的人工智能程序 Watson 参加了美国智力问答节目，使用自然语言回答问题，击败了两位人类冠军。此后，这一人工智能程序被广泛应用于医疗诊断等领域。

2013 年，Facebook、Google、百度等公司开始探索深度学习算法，并将其应用到产品开发中。

2017 年，Google 公司开发的人工智能围棋程序 AlphaGo 在比赛中战胜了围棋世界冠军柯洁，这一事件引发了社会各界对人工智能的广泛关注和讨论。

3. 人工智能的典型应用

近年来，人工智能技术已广泛应用于多个行业，为这些行业的发展注入了新的动力。

（1）智能客服。目前，许多行业的客服中心已引入人工智能客服。在"双十一购物节"期间，公司后台需处理超过 500 万次的客服请求，如果完全依赖人工客服，则需要 3 万多名服务人员。而现在，90% 以上的咨询已由人工智能客服处理，人工客服仅处理不到 10% 的咨询。

（2）智能助理。人们熟悉的基于人机对话技术的产品包括苹果公司的 Siri、亚马逊的 Echo、微软的 Cortana 和百度的小度等。用户可以向这些虚拟个人助理发出指令，如"查询明天的天气情况""播放《世界那么多人》这首歌""在八点钟提醒我给某某某打电话"，然后虚拟个人助理即可通过查询信息并向手机中的 App 发送相应指令来完成任务。天猫精灵方糖智能音箱、小米 AI 音箱等人工智能产品也深受老人和儿童的喜爱。

(3) 图像处理。人工智能技术在摄影领域得到了广泛应用。当前，智能手机的系统内置了美颜功能，它们利用 AI 技术模拟预设光源，实现前景虚化和自动美颜。在拍照时，AI 技术通过深度学习算法和数据库分析，智能识别人脸和场景，判断最佳拍照时机，并智能地进行背景虚化，呈现出类似"奶油化开"的迷人效果，助力用户轻松拍摄出专业级别的美照。

(4) 人脸识别。人脸识别 (也称为人像识别或面部识别) 是一种基于人的脸部特征信息进行身份识别的生物识别技术。该技术通过摄像机或摄像头采集含有人脸的图像或视频流，并自动在图像中检测和跟踪人脸，进而对检测到的人脸进行识别。人脸识别产品已广泛应用于金融、司法、军事、公安、航天、电力、教育、医疗等多个领域。人脸识别的应用实例包括人脸识别门禁考勤系统、人脸识别智能锁，以及利用人脸识别技术和网络在全国范围内追捕逃犯等。

(5) 智慧医疗。人工智能在智慧医疗领域的应用越来越广泛。利用深度学习和计算机视觉技术，人工智能能够快速且准确地分析 X 光、CT 扫描、MRI 等医学影像资料，帮助医生识别癌症、心脏病和神经退行性疾病等复杂病症的特征，提高疾病诊断的准确率。例如，郑州大学第一附属医院自主研发的肺结节 AI 辅助系统，其诊断准确率高达 96.8%。人工智能还能辅助医生细致分析病理切片，准确识别癌细胞等病变细胞，为制定精准治疗方案提供依据。虚拟健康助手提供 24 小时在线咨询服务，快速解答咨询者的健康问题并协助安排医生预约等，提高了医疗服务的便捷性和响应速度。

(6) 智慧家居。人工智能在智慧家居领域的应用多种多样，极大地提升了人们生活的便利性、舒适度和安全性。通过语音指令，智能家居可以控制灯光、电视、空调、窗帘等设备的开关、调节亮度或温度。智能安防系统能够实时监控家中情况，利用摄像头和传感器识别异常活动并触发警报。智能门锁采用电子感应锁定系统，既安全又便捷。智能照明系统能根据用户的使用习惯、时间和室内外光线自动调整照明强度和颜色，并通过感应人体是否存在自动开灯或延时关灯，实现节能。智能扫地机器人能自动在房间内完成地板清洁工作，其前方的感应器能检测障碍物并自动转弯避让，有效清扫难以到达的角落。

(7) 人工智能 + 教育。人工智能在教育领域的应用日益广泛，正在改变教学和学习的方式。人工智能能够根据学生的学习习惯和能力提供个性化的学习计划和资源，帮助学生更有效地学习。AI 辅导系统可以提供全天候的学习支持，通过自然语言处理技术与学生互动并解答问题。AI 辅导系统还可以自动对标准化测试和作业进行评判、打分，减轻教师的工作量，并提供即时反馈。此外，AI 能够创建模拟环境和游戏化学习体验，大大提升了学习的吸引力和学生的参与度。

4. 常用的人工智能开放平台

人工智能 (AI) 开放平台为开发者提供了丰富的工具和资源，帮助他们构建、训练和部署 AI 模型。开发者可以根据自己的需求和兴趣选择合适的平台进行开发。以下是中国四大互联网巨头提供的 AI 开放平台。

(1) 百度 AI 开放平台。百度 AI 开放平台是一个综合性的人工智能技术服务平台。它提供了超过 250 项的核心 AI 能力，每天 API 调用次数达到 1 万亿次，服务于超过 190 万的开发者。该平台涵盖了语音、图像、自然语言处理、视频、增强现实、知识图谱、数据智能七大技术领域。开发者可以通过该平台轻松接入百度大脑的各类 AI 技术，如语音识别、图像识别、自然语言处理等，以加速产品的智能化升级。

（2）腾讯 AI 开放平台。腾讯 AI 开放平台是一个功能强大、易于使用且价格合理的人工智能服务平台。它适用于各种场景下的 AI 应用开发和创新，覆盖了语音识别、图像识别、自然语言处理、机器翻译、智能推荐等多个领域。用户可以选择使用现有的 AI 模型和算法，或基于自己的数据和需求进行自定义训练和优化。腾讯 AI 开放平台提供了丰富的文档和示例代码以及增值服务，如数据标注、模型评估、部署管理等。该平台还提出了"基础研究 - 场景共建 -AI 开放"的三层架构整体 AI 战略，将 AI 提升到战略高度，并不断扩展其应用场景。

（3）阿里云 AI 开放平台。阿里云 AI 开放平台提供了机器学习、深度学习、自然语言处理等多种 AI 技术。开发者可以通过该平台利用阿里云的 AI 技术进行应用开发和创新。此外，阿里云还提供了丰富的云计算资源，帮助开发者构建和部署 AI 应用。阿里云的 AI 服务已广泛应用于电商、金融、医疗等多个行业。

（4）讯飞 AI 开放平台。讯飞 AI 开放平台以语音和人工智能技术为核心，提供了语音识别、语音合成、语言理解等多种 AI 技术。开发者可以通过该平台开发语音交互等应用。同时，讯飞 AI 开放平台还提供了丰富的语音数据和模型训练资源，帮助开发者提高语音识别的准确率，其 AI 技术已广泛应用于教育、医疗、智能家居等领域。

5. 常用的人工智能开发工具和框架

人工智能已在各行业普及，并极大地方便了人们的生活。人工智能开发工具和框架是开发者构建、训练和部署机器学习模型的工具集，这些工具和框架使开发人员的工作变得更加轻松。以下是一些常用的人工智能开发工具和框架，它们极大地推动了 AI 技术的发展和应用。

（1）TensorFlow。TensorFlow 是由谷歌公司开发的开源机器学习框架，支持深度学习和神经网络的构建与训练。TensorFlow 提供了丰富的功能和模块，包括数据流图、自动微分、优化器等。TensorFlow 支持多种编程语言（如 Python、C++、Java 等），并能在 CPU、GPU 和 TPU 等多种硬件平台上运行。

（2）PyTorch。PyTorch 是由 Facebook 人工智能研究院开发的开源深度学习框架，因其灵活性和动态计算图特性而受到开发者的青睐。PyTorch 提供了易于使用的 API 和动态计算图，使得模型开发更直观和高效。它主要支持 Python 语言，并能在 CPU 和 GPU 上运行。

（3）Keras。Keras 是一个高级神经网络 API，可以在 TensorFlow、Theano 或 CNTK 等后端上运行。Keras 因其用户友好的界面和模块化设计而受到开发者的青睐。它提供了丰富的预训练模型和易于使用的 API，简化了构建和训练深度学习模型的过程。

（4）Theano。Theano 是一个 Python 库，用于定义、优化和评估数学表达式，特别是与多维数组相关的表达式。它是一个强大的工具，用于构建和训练复杂的神经网络模型。Theano 支持自动微分和 GPU 加速，并能与 NumPy 等科学计算库无缝集成。

（5）Caffe。Caffe 是一个深度学习框架，以其高效的卷积神经网络 (Convolutional Neural

Network，CNN) 训练和部署而闻名。它支持多种编程语言和硬件平台，因其高性能和易扩展性而受到开发者的青睐。

(6) Scikit-learn。Scikit-learn 是一个 Python 库，用于机器学习。它提供了简单而有效的工具，用于数据挖掘和数据分析。Scikit-learn 支持多种机器学习算法，包括分类、回归、聚类等，并提供了丰富的数据预处理和模型评估工具。

(7) Microsoft 认知工具包。Microsoft 认知工具包 (Microsoft Cognitive Toolkit，CNTK) 是一个用于深度学习的工具包，它允许开发人员组合不同类型的模型，例如卷积网络 (CNN)、深度神经网络 (Deep Neural Networks，DNN)、循环神经网络 (Recurrent Neural Network，RNN) 和长短期记忆 (Long Short Term Memory，LSTM) 网络。它是一个开源工具包，既可以通过 BrainScript 作为独立的 ML 工具使用，也可以作为 Python/C++ 程序中的库使用。

(8) Google ML 工具包。Google ML 工具包使开发人员能够为 Android 和 iOS 平台构建移动应用。它实际上是 Google 的 ML SDK，专为移动应用开发设计，用于创建高度自定义的功能。该工具包包括自然语言处理 (NLP)API、视频和图像分析 API，以及先进的 AutoML 视觉边缘功能。

6. 人工智能的核心技术

人工智能的核心技术包括机器学习和深度学习。

1) 机器学习

机器学习，顾名思义，是指让机器具备类似人类的学习能力。作为机器学习领域的奠基人之一，美国工程院院士汤姆·米歇尔教授认为，机器学习是计算机科学与统计学的交叉领域，同时也是人工智能的核心组成部分。机器学习的最终目标是让机器能够独立或至少半独立地完成复杂或高要求的任务。本质上，机器学习旨在让机器承担大规模数据的识别、分类及规律总结等对人类而言耗时费力的工作。

根据学习方式的不同，机器学习可为监督学习、非监督学习、半监督学习和强化学习。

(1) 监督学习。在监督学习中，输入的数据被称为"训练数据"，每组数据均附带一个明确的标签或结果，例如防垃圾邮件系统中的"垃圾邮件"与"非垃圾邮件"标签，或手写数字识别中的"1""2""3"和"4"等数字标签。在构建预测模型时，监督学习通过对比预测结果与训练数据的实际标签，不断调整模型参数，直至预测准确率达到预期。监督学习常用于解决分类与回归问题，常用的监督学习算法有逻辑回归 (Logistic Regression) 和支持向量机 (Support Vector Machines，SVM)。

(2) 非监督学习。在非监督学习中，数据并未被明确标识，学习模型的目标在于揭示数据的内在结构或特征。该学习方法主要应用于关联规则学习与聚类分析，常用的非监督学习算法包括 Apriori 算法和 K-Means 算法。例如，在设计外套尺码时，若不明确 XS、S、M、L、XL 等尺码的具体划分标准，则可依据人们的体测数据，运用聚类算法将人群划分为不同的组别，从而确定尺码范围。

(3) 半监督学习。在半监督学习中，部分输入数据被标识，部分输入数据未被标识。这种学习模型可用于预测任务，但首先需要从已标识数据中学习数据的内在结构或特征，以便合理地组织未标识数据进行预测。半监督学习主要应用于分类与回归任务，常用的半监督学习算法包括一些监督学习算法的扩展形式，如图论推理 (Graph Inference) 算法和拉普拉斯支持向量机 (Laplacian SVM) 等。这些算法首先尝试对未标识数据进行建模，然后在此基础上对标识数据进行预测。

(4) 强化学习。强化学习涉及主体与环境之间的交互学习。它既不属于监督学习，也不属于非监督学习。强化学习的目标是通过与环境的交互，根据环境的反馈 (Reward) 来优化策略，并根据策略采取行动，以获得更多更好的奖励。简而言之，强化学习的主体能够依据环境的反馈来不断优化完成任务的方式。强化学习常用于动态系统控制和机器人控制等领域，常用的强化学习算法包括 Q-Learning 和时间差分学习 (Temporal Difference Learning)。

知识补充

- AlphaGo Zero

AlphaGo Zero(阿尔法元) 是强化学习算法的应用典范。AlphaGo Zero 在训练起始阶段，除规则外无任何监督信号，仅将棋盘当前局面作为网络输入，不像其前身 AlphaGo 那样使用气、目、空等其他人工特征。此外，AlphaGo Zero 使用策略迭代的强化学习算法来更新神经网络的参数，即通过不断交替进行策略评估和策略改进来完成强化学习过程。

机器学习的整个过程可以分为五个步骤，即数据获取、数据预处理、模型训练、模型验证和模型应用。

(1) 数据获取。数据获取是机器学习的第一步，旨在收集可用于后续模型训练与分析的相关数据。数据的来源多种多样，可源自数据库、文件系统、网络爬虫抓取的网页内容、传感器采集的实时监测数据 (如气象传感器采集的温度、湿度等数据)、人工整理标注的数据集等。例如，在执行图像识别任务时，机器学习算法通常会从公开的图像数据库 (如 ImageNet) 中获取大量带有标注 (标注了图像中物体的类别) 的图片作为原始数据；在构建电商商品推荐系统时，会从电商平台的交易记录、用户浏览记录等数据库中提取相应的数据。

(2) 数据预处理。原始数据常常存在各种问题，如数据缺失 (部分记录的某些字段无值)、数据噪声 (数据中含有错误或异常值，如传感器因故障偶尔采集到偏离正常范围的数值)、数据格式不统一 (例如有的日期格式是 "YYYY-MM-DD"，有的日期格式是 "DD/MM/YYYY")、数据特征维度过高 (某些数据包含大量对模型训练作用不大的冗余特征) 等。数据预处理就是对这些原始数据进行清理、转换、归一化等操作，使其满足模型训练的要求。

(3) 模型训练。在这一步中，机器学习算法会根据经过预处理的数据进行学习，寻找数据中的模式、规律以及特征与目标之间的关系，进而构建一个可用于执行预测或分类等任务的模型。不同的机器学习任务 (如分类、回归、聚类等) 需采用不同的算法和模型结构。例如，分类任务常采用逻辑回归、决策树、支持向量机等算法，回归任务常采用线性回归、岭回归等算法，聚类任务常采用 K-Means 算法。

(4) 模型验证。模型训练完成后，需对其性能进行评估，查看它在新数据上是否能准确预测和分类，而非仅在训练数据上表现良好 (避免出现过拟合现象，即模型在训练数据上拟合得很好，但对新数据的预测效果很差)。通过验证，可以筛选出性能最优的模型版本，并进一步调整模型的超参数 (如决策树的最大深度、神经网络的学习率等，这些参数不是在训练过程中通过学习得到的，而是在训练前人为设定范围，在验证过程中选择合适的值)，从而提升模型性能。

(5) 模型应用。在模型通过验证且其性能符合要求后，可将其应用于实际场景，以解决具体问题，如使用图像识别模型识别监控视频中的物体，使用情感分析模型分析社交媒体上的用户评论情感，使用推荐模型为电商用户推荐商品等。

2) 深度学习

深度学习是机器学习的一个分支，它基于数据进行表征学习。通过构建多层神经网络，深度学习能够自动学习数据的特征表示。这些神经网络由大量神经元组成，神经元之间通过权重连接。与传统机器学习方法相比，深度学习能够自动提取数据中的高级特征，而不需要人工手动设计特征。

神经网络的基本组成单元类似于生物神经系统中的神经元，其接收多个数值作为输入信号，然后通过一个激活函数对这些输入进行处理，最后生成一个输出信号。例如，一个简单的神经元接收两个输入值 x_1 和 x_2，它们分别与权重 w_1 和 w_2 相乘后相加，再加上偏置 b，得到值 z。z 经过激活函数 (如 Sigmoid 函数、ReLU 函数等) 处理后，输出结果 y。这一过程的数学表达式为 $y = f(w_1 x_1 + w_2 x_2 + b)$，其中 f 为激活函数。

多个神经元按一定规则组合在一起就构成了神经网络的层，常见的层类型有输入层、隐藏层和输出层。输入层接收原始数据，输出层输出模型最终的预测或分类结果。隐藏层位于输入层和输出层之间，负责逐步转换和抽象提取数据特征。层与层之间的神经元通过合适的连接方式 (如全连接，即上一层的每个神经元都与下一层的每个神经元相连) 传递信号，数据在前向传播过程中 (从输入层依次经过各隐藏层到达输出层) 不断被处理和转换。

下面，我们介绍几种常见的深度学习模型。

(1) 多层感知机 (MLP)。多层感知机 (Multilayer Perceptron，MLP) 是一种前馈人工神经网络，属于较简单的深度学习模型。它由输入层、一个或多个隐藏层及输出层组成，各层由多个神经元构成，数据从输入层向输出层单向流动。多层感知机常用于分类和回归任务。例如，在根据房屋面积、房间数量等特征预测房价的回归任务中，可以构建多层感知机模型。模型的输入层接收房屋特征数据，经隐藏层进行特征变换后，输出层输出预测的房价。

(2) 卷积神经网络 (CNN)。卷积神经网络主要用于处理具有网格结构的数据，尤其是图像数据。它由卷积层、池化层和全连接层组成。卷积层利用卷积核在图像上滑动进行卷积操作，提取图像的局部特征，如物体的边缘、纹理等。池化层对卷积后的特征图进行降维处理，以减少数据量同时保留关键特征。常见的池化操作有最大池化和平均池化。最后，全连接层整合这些特征并输出分类结果。例如，在人脸识别系统中，CNN 能从人脸图像中准确提取关键特征，用于识别不同的人脸。

(3) 循环神经网络 (RNN)。循环神经网络适用于处理序列数据，如文本、语音等。循环神经网络的特点是网络中存在循环连接，这使得神经元能够处理当前时刻的输入及之前时刻的信息，从而对序列数据中的时序依赖关系进行建模。然而，传统 RNN 在处理较长序列时容易出现梯度消失或梯度爆炸问题。因此，衍生出了长短期记忆 (LSTM) 网络和门控循环单元 (GRU) 等改进版本。例如，在机器翻译任务中，RNN 及其改进模型可以根据输入句子的先后顺序理解语义，并输出对应的翻译结果。

7. 人工智能面临的伦理问题

人工智能技术的发展与应用是历史趋势。然而，随着人工智能的深入发展，其应用中的伦理问题日益凸显，引发了社会各界的广泛关注和深刻思考。我们要认识到这些问题并积极应对。

1) 人工智能技术代替人类劳动

人工智能因其高度自动化和智能化特性，在众多重复性、规律性强的工作领域中展现出超越人类的效率。这必然导致大量人类工作岗位被替代，从工厂生产线上的工人到办公室中的数据录入员、客服人员等皆受影响。这种就业结构的剧变可能引发严重的社会不平等问题。因人工智能而失业的人群，往往是教育程度较低、技能单一的弱势群体，他们可能长期陷入经济困境，甚至面临社会边缘化的风险。

随着人工智能不断替代人类执行各种任务，人类可能逐渐丧失一些关键技能。过度依赖人工智能进行决策、计算和解决问题，可能导致人类的批判性思维、分析能力和实践操作技能逐渐衰退。同时，教育系统也面临严峻挑战。传统教育模式侧重于培养学生适应现有工作岗位的技能，但在人工智能时代，这些技能可能迅速过时。因此，教育需重新定位，着重培养学生与人工智能协同工作或超越人工智能的能力，如创新思维、解决复杂问题的能力和情感沟通能力等。然而，教育改革的步伐往往滞后于技术发展的速度，这可能导致一代人在技能和就业能力上出现短板。

2) 人工智能引发犯罪问题

人工智能的发展为犯罪活动提供了新的机会和手段。例如，深度伪造技术能够生成逼真的虚假视频和音频，不法分子可利用这些伪造信息进行诈骗、勒索或扰乱社会秩序。他们可以制造虚假的名人演讲来操纵金融市场，或者冒充政府官员发布虚假指令。此外，智能机器人或自动化系统若被恶意利用，则可能成为实施暴力犯罪的工具。例如，若被黑客控制的无人机用于恐怖袭击，则其破坏力将是巨大的。

科幻小说家阿西莫夫曾提出"机器人三定律"以应对伦理问题。

第一定律：机器人不得伤害人类个体，或者目睹人类个体将遭受危险而袖手不管。

第二定律：机器人必须服从人给予它的命令，当该命令与第一定律冲突时例外。

第三定律：机器人在不违反第一、第二定律的情况下要尽可能保护自己的生存。

尽管阿西莫夫的"机器人三定律"广为人知，但问题的解决还需政府统一政策并推进执行。2017 年 7 月，国务院发布了《新一代人工智能发展规划》，明确提出了人工智能治理"三步走"战略目标：到 2020 年，部分领域的人工智能伦理规范和政策法规初步建立；到 2025 年，初步建立人工智能法律法规、伦理规范和政策体系，形成人工智能安全评估和管控能力；到 2030 年，建成更加完善的人工智能法律法规、伦理规范和政策体系。

8. 生成式人工智能

生成式人工智能 (Generative Artificial Intelligence，GAI) 是人工智能的一个分支，它基于算法、模型和规则来生成文本、图片、声音、视频和代码等内容。这种技术能够根据用户需求，依托预先训练好的多模态基础大模型，利用用户提供的相关资料，生成具有逻辑性和连贯性的内容。与传统人工智能相比，生成式人工智能不仅能处理输入数据，还能学习和模拟事物的内在规律，自主创造出新内容。

生成式人工智能的核心在于"生成"。它能依据已有的数据或模式，创造出全新的、具有创造性的输出。这类技术通常基于深度学习模型，如生成对抗网络 (Generative Adversarial Networks，GANs) 和变分自编码器 (Variational Autoencoder，VAE) 等，通过学习大量数据，生成与输入数据相似但全新的内容。生成式人工智能的应用场景广泛，包括文字生成、图像生成和音乐创作等。

(1) 文字生成。文字生成技术已取得显著进展，其中 GPT 系列模型为其典型代表。GPT 通过在大规模文本数据上进行预训练，再利用迁移学习生成符合上下文的自然语言文本。这些模型能够生成文章、编写代码、创作诗歌，甚至进行对话，具有高度的语言理解和生成能力。

(2) 图像生成。生成式人工智能技术能够根据用户的描述或输入的关键词，生成符合要求的图像。这种技术在设计、艺术等领域具有广泛的应用前景，能够创造出全新的视觉艺术作品。

(3) 音乐创作。生成式人工智能技术不仅能自动创作音乐，还能生成符合特定风格和情感的音频内容。

生成式人工智能的兴起引发了人们关于内容版权和所有权的广泛讨论。由于生成模型能够创作出新的艺术作品、音乐、文学作品等，这些作品的版权归属问题变得复杂。法律界目前对此尚未完全明确，因此需制定新的法律框架来解决这一问题。

四、任务步骤

在本任务中，我们利用豆包大模型 (以下简称豆包) 的网页版，探索生成式人工智能在 AI 搜索、文生文、文生图和文生音频方面的应用。

（一）打开豆包网页并登录

1. 打开豆包网页

打开浏览器，在地址栏输入网址 https://www.doubao.com/chat/ 并按 Enter 键，打开豆包网站的首页。

2. 登录账号

单击页面右上角的"登录"按钮，根据页面指引输入手机号和验证码，即可完成登录。登录后的页面如图 5-51 所示。

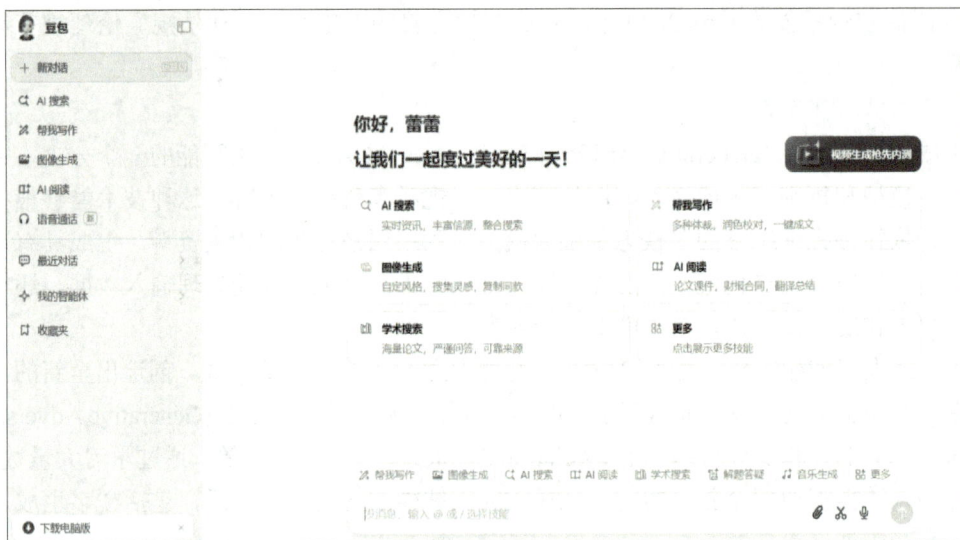

图 5-51　登录豆包后的界面

（二）体验豆包智能助手功能

1. AI 搜索

(1) 在编辑栏内输入想搜索的内容，描述需详细、清楚，如图 5-52 所示。

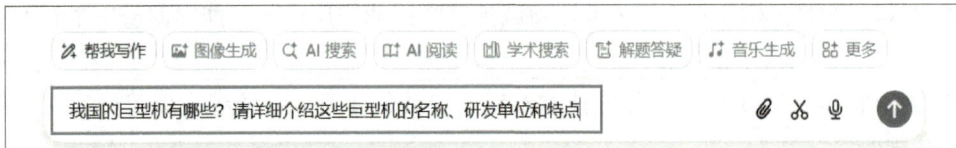

图 5-52　输入想搜索的内容

(2) 单击"发送"按钮，豆包即开始搜索网页，并将搜索结果输出，如图 5-53 所示。

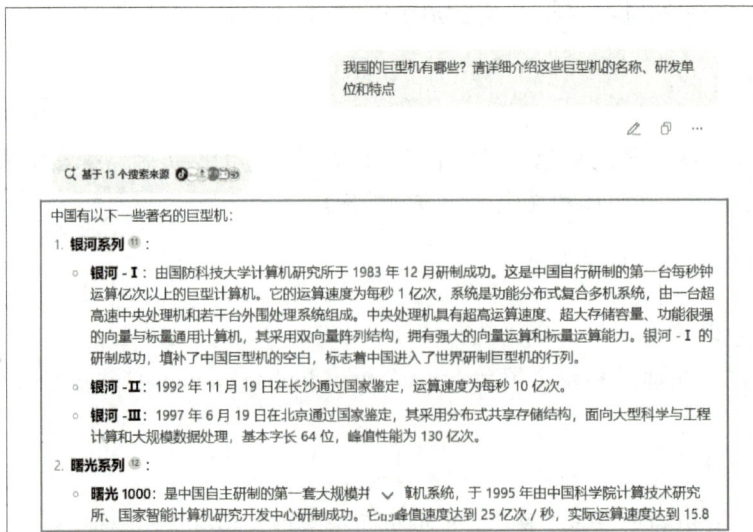

图 5-53　搜索结果

2. 生成小说

(1) 单击豆包页面左侧列表中的"新对话"按钮，开启新对话。

(2) 在编辑栏内输入生成小说的提示语，例如请创作一部科幻小说，背景设定在 22 世纪，主要情节围绕外星人入侵地球，人类靠现代科技反击展开，故事需要有意外的情节转折，最后以外星人与人类和解结尾。

(3) 单击"发送"按钮，豆包即可生成一篇小说，如图 5-54 所示。

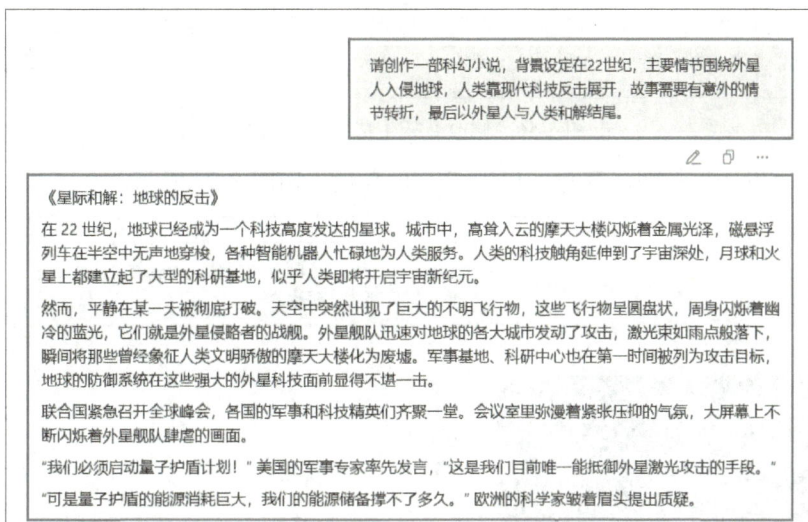

图 5-54　生成小说的部分内容

在使用豆包生成小说时，用户还可以在提示语中加入人物名称、字数要求等信息。

3. 生成图片

(1) 单击豆包页面左侧列表中的"新对话"按钮，开启新对话。

(2) 在编辑栏内输入生成图片的提示语，例如请生成一幅热带海滩的风景图像，画面中包含茂密的椰林、在海边玩沙子的孩子和妈妈以及刚刚升起的太阳。

(3) 单击"发送"按钮，豆包即可生成一幅图片，如图 5-55 所示。

图 5-55　生成的图片

4. 生成音频

(1) 单击豆包页面左侧列表中的"新对话"按钮，开启新对话。

(2) 在编辑栏下方选择"音乐生成"选项，并修改提示词，如图 5-56 所示。

生成音频

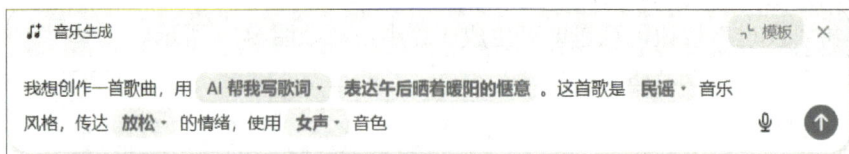

图 5-56　修改音乐生成提示词模板

(3) 单击"发送"按钮，豆包即可生成一个音频，如图 5-57 所示。

图 5-57　生成的音频

知识补充

• 大模型的选择

目前，国内外大模型产品众多。在选择大模型产品时，用户应依据具体需求与各产品的优势进行匹配。例如，百度的文心一言在文本生成、情感分析和问答等方面表现出色，尤其在文学创作和商业文案撰写等领域有卓越表现；阿里云的通义千问擅长多模态处理（如内容创作、图像生成和视频编辑），能够突破文本处理的限制，为用户提供丰富多样的体验；科大讯飞的讯飞星火在语音处理任务方面表现突出，适用于智能客服、语音助手、语音转文字等场景。

任务 5.4　认识物联网

一、任务描述

物联网正在绘制一幅宏伟的蓝图，描绘着一个万物互联的新世界。在这个新世界里，人们能更有效地管理日常生活，企业能更精准地把握商业动态，城市能更智能地管理其基础设施。物联网产业正以惊人的速度蓬勃发展，其影响力已悄然渗透到我们生产和生活的各个方面。

物联网正在潜移默化地改变社会和消费者，最终将使整个行业发生深刻变革。物联网将为我们的生活带来前所未有的美好体验，帮助我们做出更明智的决策，使日常生活变得更便捷、舒适、安全且环保。

物联网的崛起不仅预示着一场行业变革的来临，还推动着商业模式的创新、产业链的重构、技术标准的统一和法律法规的完善。在这个万物互联的时代，物联网将为我们创造更美好的生活环境，帮助我们做出更佳决策，引领我们迈向一个更智能化、更高效且可持续发展的未来。在本任务中，我们将介绍物联网技术，阐述其概念及特征、体系结构、关键技术、典型应用和发展趋势。

二、任务分析

本任务的主要目的是让学生体验物联网在智能交通系统中的应用（如智能导航、实时路况监测、公共交通信息查询等），感受物联网技术在出行中的优势，思考现有系统的局限性和提出改进方案，设想未来智能交通系统，并探讨这些设想的可行性和实施难点。

三、相关知识点

1. 物联网的概念及特征

1) 物联网的概念

1991 年，美国麻省理工学院的凯文·阿什通 (Kevin Ashton) 教授首次提出了物联网的概念。然而，由于物联网的研究仍处于发展阶段，国际上尚未形成一个被广泛接受的物联网定义。其中，较为广泛的一种解释是，物联网 (Internet of Things，IoT) 是指依据约定的协议，通过射频识别 (Radio Frequency Identification，RFID)、红外感应器、全球定位系统 (Global Positioning System，GPS)、激光扫描器等信息传感设备，把任何物体与互联网连接起来进行信息交换与通信，从而实现智能化识别、定位、跟踪、监控和管理等功能的一种网络。简单来讲，物联网就是通过特定方式将各类设备连接至互联网，形成"物物相连的互联网"，其目的是赋予万物交流的能力。

物联网的这个概念包含两层含义：其一，物联网的核心和基础仍然是互联网，是在互联网基础上的拓展和延伸；其二，其用户端延伸至任何物体，使它们能够进行信息交换与通信。

在物联网这个庞大的网络中，物体变得有"智慧"，能"说话"，会"思考"，可"行动"。它们能够在不需要人类干预的情况下相互"交流"，达成物物相连、感知世界的目标。

2) 物联网的特征

物联网的特征主要体现在以下几个方面。

(1) 全面感知。物联网通过射频识别 (RFID)、传感器等感知设备，随时随地获取和识别物体的各种状态、属性和变化等信息，实现对物体的全面感知。全面感知在物联网中的应用包括环境监测、物体追踪、智能识别等。例如，通过部署各种传感器（如温度传感器、湿度传感器等），物联网系统可以实时监测环境参数，为环境保护和灾害预警提供数据支持。

（2）可靠传输。物联网通过互联网、无线网络等通信手段，将物体的信息实时、准确地传送至处理中心或用户端，实现信息交流和共享。为了保证信息的可靠传输，物联网采用多种通信协议和技术，确保数据的稳定性和可靠性。可靠传输在物联网中的应用包括数据传输、通信网络选择、数据安全保障等。例如，物联网系统可以利用 Wi-Fi、蓝牙、ZigBee、LoRa 等通信网络，实现设备之间的无线连接和数据传输。

（3）智能处理。物联网利用云计算、大数据、人工智能等智能技术，对感知和传输的数据进行智能分析和处理，实现物体的智能识别、定位、跟踪、监控和管理。通过智能处理，物联网能够实现自动化控制和决策，提升生产和生活的智能化水平。智能处理在物联网中的应用包括数据分析、智能决策支持、自动化控制等。例如，物联网系统可以运用大数据分析技术，对感知到的海量数据进行挖掘和分析，提取有价值的信息和规律。

综上所述，物联网的这些特征使其能够实现对物理世界的数字化和智能化管理，为人们的生活和工作带来极大的便利和效益。

2. 物联网的体系结构

物联网的体系结构是一个多层次、多组件的复杂系统，主要由感知层、网络层和应用层构成，如图 5-58 所示。这三层在物联网系统中各自扮演着不同的角色，并且与人体的结构和功能具有一定的类比性。

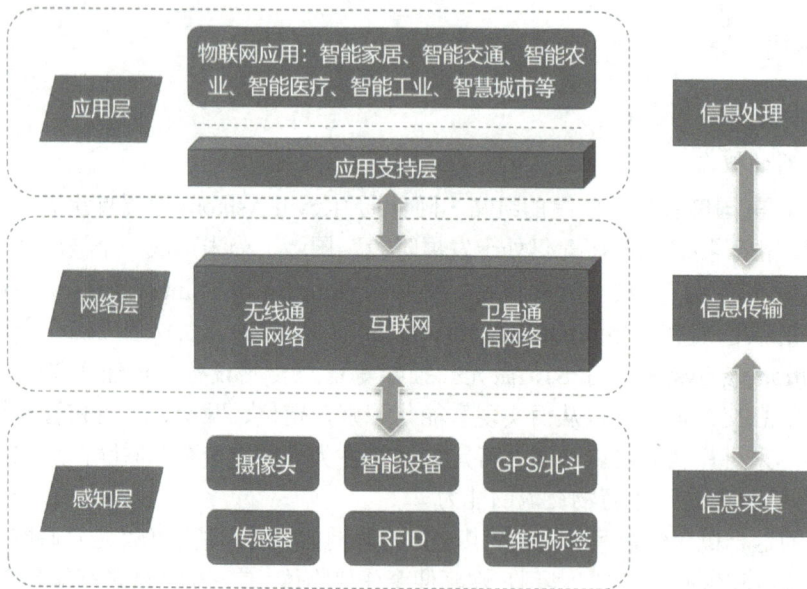

图 5-58　物联网的体系结构

（1）感知层。感知层是物联网系统的"皮肤和五官"，类似于人体的皮肤和五官（如眼睛、耳朵），主要负责数据采集和识别。它通过各种传感器、RFID（射频识别）标签、二维码标签、摄像头、GPS 等终端设备，实时采集物体的动态信息，并将其转化为可供后续处理的数据格式。

（2）网络层。网络层是物联网系统的"神经系统"，类似于人体的神经系统，主要负责数据的传输和通信。它将感知层采集的数据通过卫星通信网络、互联网以及无线通信网络等传输到中央处理系统或云平台进行处理，同时也负责将处理中心的控制指令传输到感知层的终端设备。

(3) 应用层。应用层是物联网系统的"大脑",类似于人体的大脑,主要负责数据的处理、分析和应用。它接收网络层传输的数据,进行存储、处理、分析和挖掘,以提取有价值的信息和知识,并根据这些信息做出相应的决策或控制指令。这一层通常涉及软件开发,包括基于云计算的服务平台、用户界面设计、数据挖掘算法等。应用层还可以为用户提供各种物联网服务,如智能农业、智能交通、智能电网、智能建筑、智能工业、智能医疗等。

物联网的体系结构是一个复杂而精细的系统,由感知层、网络层和应用层紧密协作,共同构成了物联网的完整框架,实现了物体之间的互联互通和智能化应用。随着技术的不断发展,物联网的体系结构将不断完善和优化,为人们的生活和工作带来更多便利。

3. 物联网的关键技术

物联网技术并非单一的技术,而是多种技术的有机融合,这些技术共同支撑着物联网系统的运行。下面我们介绍物联网的一些关键技术。

1) 感知层的关键技术

物联网感知层的关键技术包括传感器技术、自动识别技术等。

(1) 传感器技术。传感器是物联网中感知世界的关键器件,是连接实体世界与数字世界的重要桥梁,堪称物联网的"眼睛"和"耳朵"。传感器能够感知环境中的各种物理量,如温度、湿度、光照、压力、加速度等,并将这些物理量转化为可读取的数字信号,为物联网提供数据支持,是实现物物相连、人物互动的基础。常见的传感器包括温度传感器、湿度传感器、压力传感器、光敏传感器、气体传感器、位移传感器和加速度计。

① 温度传感器:用于测量环境温度,适用于各种需要温度监控的场合。

② 湿度传感器:用于检测环境湿度,常用于气象监测、农业灌溉等领域。

③ 压力传感器:测量气体或液体的压力,广泛应用于工业控制、医疗设备等领域。

④ 光敏传感器:对光线强度敏感,可用于照明控制等场景。

⑤ 气体传感器:能够检测空气中特定气体 (如一氧化碳、二氧化碳等) 的浓度。

⑥ 位移传感器:用于测量物体的位置变化。

⑦ 加速度计:用于测量物体的加速度,常用于运动追踪、设备震动监测等。

此外,传感器还包括微机电传感器、智能传感器等,它们共同构成了物联网感知层的基础。

(2) 自动识别技术。自动识别技术通过特定的识别装置自动获取目标物体信息,并将其转化为计算机可接受的信息,以实现信息的自动识别和输入。这项技术使物联网设备能够在无人工干预的情况下识别物体的身份信息,为物联网提供快速、准确的标识和识别手段。常见的自动识别技术包括射频识别 (RFID) 技术、条形码技术、生物特征识别技术、近场通信 (Near Field Communication,NFC) 技术和智能卡技术。

① 射频识别 (RFID) 技术。射频识别 (RFID) 技术是一种无接触的自动识别技术,利用射频信号和空间耦合 (电感或电磁耦合) 的传输特性,对静态或移动的待识别物体进行自动识别和跟踪。RFID 技术广泛应用于库存管理、物流追踪、身份认证等场景。

② 条形码技术。条形码技术是一种信息的图形化表示技术,通过光电原理把信息转化为计算机能够接受的形式,常用于商品管理、图书管理等领域。人们可以通过多种设备和方式来扫描条形码以获取物品的相关信息。

③ 生物特征识别技术。生物特征识别技术是一种基于个体独特的生理或行为特征来进行身份验证的技术。常见的生物特征识别技术有指纹识别、面部识别、虹膜识别等。

④ NFC 技术。NFC 技术是一种短距离无线通信技术，允许电子设备之间进行非接触式点对点数据传输。

⑤ 智能卡技术。智能卡技术能够存储和读取用户信息，实现身份认证和支付等功能。

综上所述，这些技术相互协同，为上层网络提供了丰富、准确、实时的数据，构成了物联网体系结构的基础。随着技术的持续进步，物联网感知层将更加智能化、高效化，更好地服务于人类社会生活的各个方面。

2) 网络层的关键技术

(1) Wi-Fi 技术：一种允许电子设备连接到无线局域网 (WLAN) 的技术，适用于家庭和办公室等场所的短距离高速数据传输，广泛应用于智能家居设备。

(2) 蓝牙技术：一种近距离无线数字通信技术，主要用于设备间的短距离数据通信，功耗低，常用于可穿戴设备与移动设备之间的连接。

(3) ZigBee 技术：基于 IEEE 802.15.4 标准的低功耗局域网协议的技术，专为低速短距离无线通信设计，功耗极低，适用于传感器网络和智能家居系统等。

(4) 移动通信技术：如 4G、5G 等，提供高速、大容量的数据传输能力，支持大规模物联网设备的接入和远程通信，适用于车联网、工业自动化等对可靠性和实时性有较高要求的应用场景。

网络层的关键技术各具优势，相互补充，为构建高效可靠的物联网网络层提供了技术基础，确保了物联网设备间的数据能够稳定、快速传输，为物联网设备的互联互通提供了坚实支撑。未来，随着 5G、6G 等新一代通信技术的发展，物联网的网络层将变得更加智能、高效。

3) 应用层的关键技术

(1) 云计算。云计算作为物联网应用层的核心技术之一，在物联网中扮演着数据存储和分析的核心角色。它能够高效存储和管理物联网设备产生的海量数据，对收集到的数据进行实时处理和分析，支持大数据分析、机器学习等高级应用，并能根据物联网设备数量和计算需求的变化动态调整资源分配。此外，云计算还具备完善的安全机制，包括数据加密、访问控制、防火墙等，以确保数据的安全性和隐私保护。云计算服务主要分为三种类型：基础设施即服务 (Infrastructure as a Service，IaaS)、平台即服务 (Platform as a Service，PaaS) 和软件即服务 (Software as a Service，SaaS)。

(2) 中间件。物联网中间件是一种独立的系统软件或服务程序，位于硬件和操作系统之上、应用软件之下，在物联网系统中发挥着承上启下的作用。它屏蔽了底层操作系统的复杂性，为开发人员提供了一个统一且简单的开发环境。

(3) 应用系统。物联网应用系统是指用户直接使用的各种应用，如智能家居、智能交通、智能农业、智能医疗、智能工业、智慧城市等。这些应用系统将处理后的数据应用于各个领域，实现智能化管理和控制。在设计物联网应用层时，需综合考虑用户体验、数据安全、系统可靠性、可扩展性及互操作性，以提供个性化服务，满足未来发展需求，促进生态系统健康发展。

总之，这些关键技术共同构成了物联网的基石和核心，为物联网的发展和应用提供了有力支撑，使物联网成为一个高度互联、智能且高效的系统。随着技术的不断进步和创新，物联网将在更多领域发挥重要作用，推动社会智能化发展，为人们的生活和工作带来更大便利和效益。

4. 物联网的典型应用

物联网已经在多个行业和领域得到广泛应用，涵盖了从消费电子产品到工业自动化等各个方面。以下是一些典型的物联网应用场景。

(1) 智能家居 (Smart Home)。智能家居系统主要是通过物联网技术将家中的各种设备连接起来，实现远程控制和自动化管理。常见的智能设备包括智能灯光、智能空调、智能电视、智能门锁、智能摄像头、智能窗帘、智能插座和智能扫地机器人等。出门在外时，用户可以通过手机 APP 对设备进行各种操作，如调整灯光亮度、色温，设置空调温度、风速，管理电视节目，控制门锁开关，远程监控家庭情况等。此外，物联网技术还可以实现智能场景控制，如会客模式、晚安模式、影院模式等，为用户提供更加便捷、舒适和个性化的家居体验。

(2) 智能交通 (Smart Transportation)。智能交通系统通过物联网技术实现交通信息的实时收集、处理和发布，优化交通流量，提高交通效率。首先，智能交通系统利用物联网设备 (如摄像头、传感器、GPS 等) 实时收集交通信息，包括交通流量、车辆速度、车辆数量等。然后，物联网平台对这些信息进行处理和分析，生成交通状况报告，如交通拥堵预警、交通流量分析等。基于这些信息，智能交通系统可以实现交通信号的智能化控制，如智能交通灯调控、信号灯配时优化等。此外，物联网技术还可以实现交通安全的监控和报警，如车辆碰撞预警、车辆超速报警等，为交通参与者的安全出行提供保障。

(3) 智能农业 (Smart Agriculture)。物联网在农业领域的应用，提高了农业生产的智能化、精准化水平。通过物联网设备，用户可以实时监测农业生产环境的各项参数，如温度、湿度、光照、二氧化碳浓度等，以及农作物的生长状况。这些数据为农业生产提供了科学依据，帮助农民及时了解农作物的生长情况和环境变化。基于这些数据，智能农业系统能够实现智能灌溉、智能施肥、智能病虫害防治和智能收割等自动化、智能化操作。这些操作不仅提升了农业生产效率和质量，还降低了人力成本和资源消耗，促进了农业的可持续发展。此外，物联网技术还能实现农产品溯源管理，对农产品从种植到销售的全过程进行追踪，确保食品安全。

(4) 智能医疗 (Smart Healthcare)。智能医疗主要是利用物联网技术实现医疗资源的优化配置，提升医疗服务质量。物联网技术在智能医疗领域的应用主要包括远程监测、智能穿戴设备以及智能管理。远程监测指患者可在家中通过智能设备监测心率、血压等健康数据。智能穿戴设备 (如智能手环、智能手表) 能实时监测个人健康状态。智能管理指利用物联网技术对医院内部的设备、药品、床位等进行智能化管理，提高医疗服务效率。另外，通过 RFID 技术，医疗机构可以实现医疗器械与药品的生产、配送、防伪、追溯的全过程管理，避免公共医疗安全问题。这些应用不仅提高了医疗质量和效率，还降低了医疗成本和风险，为患者提供了更加便捷和高效的医疗服务。

(5) 智能工业 (Smart Industry)。工业物联网 (Industrial Internet of Things，IIoT) 是物联网技术在工业环境中的应用，它将先进的传感器、软件和机械设备与互联网相连接，以收集、分析和处理大量数据。这些数据驱动的方法能够实现实时决策和预测分析，从而提升运营效率、降低成本并改善产品质量。通过工业物联网，企业可以监控设备性能、预测设备故障、优化物流流程。此外，工业物联网还可应用于能源、石油和天然气、运输物流以及医疗保健等领域，提供远程监控、预测性维护和智能物流等服务。这些应用不仅增强了企业的生产力和竞争力，还推动了行业的变革和发展。

(6) 智慧城市 (Smart City)。智慧城市是指通过物联网、大数据等技术实现城市管理和服务的智能化。城市管理者通过连接各种设备和传感器，能够更高效地收集和分析数据，从而优化资源利用，提升公共服务质量。物联网技术在智慧城市中的应用包括智能交通、智能能源、环境监测、智能安防以及智能建筑等。例如，智能交通系统可以缓解交通拥堵，提高交通效率；智能安防系统可以增强城市的安全管理能力。这些应用共同促进了城市的智能化升级和可持续发展。

5. 物联网的发展趋势

物联网是继计算机、互联网之后的一项新的信息科学技术，其发展是一个持续演进的过程。未来，全球物联网将朝着规模化、协同化和智能化方向发展。

(1) 规模化。随着物联网技术的不断成熟与普及，以及世界各国对物联网应用的持续推动，物联网的应用规模将持续扩大。物联网设备数量的迅猛增长是规模化发展的直接表现。为了支持这些设备的互联，全球范围内的物联网基础设施正在快速拓展。此外，物联网的应用将不再局限于单一国家或地区，而是通过国际标准和协议实现跨国界、跨地区的设备互联互通，其应用领域也将迅速延伸至各行各业。

(2) 协同化。物联网的协同化发展主要体现在：不同物体、不同企业、不同行业乃至不同地区或国家间的物联网信息将实现互联互通互操作，形成一个更加高效、有序的整体。这主要得益于以下三方面的因素：① 各国政府和国际组织正在加速制定和推广物联网标准，以确保不同设备和系统之间的兼容性和互操作性。② 物联网平台将整合不同来源的数据和信息，提供统一的数据接口和服务，促进跨行业、跨领域的数据共享和协同应用。③ 各国间以及各国政府与企业间的合作将日益加强，共同推动物联网技术的研发与应用，促进全球物联网市场的繁荣与发展。

(3) 智能化。智能化是物联网发展的核心。未来，物联网系统将集成人工智能、机器学习等先进技术，进行自我学习、自我优化和智能决策，实现信息在真实世界与虚拟空间之间的智能化交互。

全球物联网正朝着更大规模、更深层次的协同合作及更高级别的智能化方向发展，同时面临着安全、数据处理等挑战。随着物联网技术的不断发展和完善，它将更深刻地改变我们的生活和工作方式，极大推动相关行业发展，提升生产效率，为人们的生活和工作带来更多便利。

四、任务步骤

本次任务的主题是"智在指尖，美好出行"。学校将利用学生的课余时间，组织一次从保定职业技术学院出发前往中国古动物馆（保定自然博物馆）的物联网体验之旅。

（一）做好准备工作

(1) 每名学生准备一部智能手机，并能熟练操作地图导航、公交查询等软件。

(2) 学生提前了解物联网的基本概念、原理及其在智能交通系统中的应用，如智能导航、实时路况监测、公共交通信息查询等。

(3) 分组与角色分配：教师根据学生的兴趣和特长进行分组 (每组 4~6 人)，并为每组分配相应的角色 (如导航员、路况监测员、安全监督员、记录员等)。

(4) 制定智能出行计划书。计划书主要包括出行目的、路线规划、预期成果和注意事项。其中，路线规划为重点。学生需利用智能手机上的地图导航软件，规划从保定职业技术学院至中国古动物馆 (保定自然博物馆) 的最佳路线，并充分考虑交通拥堵、公共交通换乘等因素。

(5) 安全与应急准备：学生通过讨论制定出行安全计划，明确紧急联系方式，并准备必要的应急物资。

（二）智能出行体验

(1) 实时导航与路况监测。导航员利用智能手机上的地图导航软件进行实时导航。路况监测员通过物联网应用实时监控沿途路况，并根据路况信息及时调整路线。记录员负责记录出行时间、导航路线、路况变化等信息。

(2) 公共交通体验。在需要换乘公共交通时，各成员利用物联网应用查询公交到站时间，亲身体验智能公交系统的便捷性。记录员详细记录公共交通换乘的全过程，包括等待时间、乘车体验等细节。

(3) 共享单车租赁与步行导航。当接近目的地时，各成员可选择骑共享单车或步行前往，亲身体验物联网技术在共享单车租赁和步行导航中的应用。安全监督员负责确保团队成员在骑行或步行过程中严格遵守交通规则，并保持安全距离。

(4) 智能停车与充电体验。若团队成员选择自驾出行或需要停车，则利用智能停车查询应用寻找合适停车位，并了解电动汽车充电站的相关信息 (如需)。记录员负责记录停车过程及费用，并与传统停车方式进行对比分析，总结各自的优缺点。

（三）目的地探索与物联网应用展示

(1) 博物馆参观：学生到达中国古动物馆 (保定自然博物馆) 后，进行参观学习，了解古生物相关知识。

(2) 物联网应用展示：在博物馆内或其周边区域，学生寻找并亲身体验物联网应用，如智能导览、AR/VR 互动等，记录体验过程及个人感受。

（四）明确注意事项

参与活动时，请注意以下事项：

(1) 在出行过程中注意安全，严格遵守交通规则，并保持通信设备畅通。

(2) 主动探索物联网应用，以提升解决问题的能力。

(3) 积极参与团队协作，确保每位成员都能参与到任务中。

(4) 塑造良好的个人形象，展现出积极向上、朝气蓬勃的大学生风貌。

（五）成果展示与反思

1. 团队汇报

每组通过 PPT、视频或海报等形式，详细汇报智能出行的体验过程、遇到的挑战及其解决方法，以及物联网应用的体验感受，确保汇报内容既全面又生动形象。

2. 反思与讨论

团队成员共同讨论物联网技术在出行中的优势与局限性，思考现有系统的不足之处并提出改进方案，同时设想未来智能交通系统的发展，并深入探讨其可行性和可能遇到的实施难点。

3. 总结评价

(1) 教师对学生的整体表现进行评价，并着重强调物联网技术在出行中的重要性和实际应用价值。

(2) 教师评选出在本次活动中表现优秀的小组和个人，并给予相应的奖励或表彰。

任务 5.5　认识云计算

一、任务描述

提起云计算，你是不是一头雾水？下面，我们为大家举两个生活中的例子，来告诉大家云计算是什么。

(1) 水龙头观点论。当需要用水或电时，你不需要管水是怎么来的，电是怎么发的，只需扭开水龙头用水，插上插头用电，并记得按时缴纳水电费即可。云计算就像各地的自来水公司和电力公司一样，云服务商向全球各地提供软件服务。

(2) 共享单车观点论。当出行需要用车时，云计算或云服务就像提供出租车、专车、共享单车的服务机构，你可以随时按需使用他们的交通工具，只需按约定（如路程、时间）付费即可。

在数字化时代，互联网已成为基础设施。云计算使数据中心能够像一台计算机一样工作，通过互联网将算力以按需使用、按量付费的方式提供给用户。这些算力形态包括计算、存储、网络、数据库、大数据计算、大模型等。云计算的一个明显优势是弹性，用户能按需使用各类服务，灵活扩缩容，从而轻松应对业务流量的变化。在任务中，我们将重点介绍云计算的相关知识以及阿里云、百度智能云以及典型云存储应用的案例。

二、任务分析

某信息技术企业计划利用云计算服务拓展业务，并借此机会培养员工掌握云计算的基础技能，让他们熟悉云计算的相关概念、技术特点及应用领域。

三、相关知识点

1. 云计算概述

云计算是一种基于互联网的计算方式。通过这种方式，软硬件资源和信息可以按需共享给计算机和其他设备。就像使用水电一样，用户不需要自己构建和维护发电站、水厂等复杂设施，只需直接使用即可。云计算的资源包括服务器、存储、数据库、网络、软件、分析等，用户可以通过网络在云服务提供商的平台上获取这些资源来运行应用程序、存储数据等，而不必在本地硬件上进行大量投资。

云计算主要解决用户面临的一些实际问题，具体如下：

(1) 降低信息技术 (Information Technology，IT) 成本：传统 IT 基础设施需大量硬件设备和人力来维护管理，而云计算提供按需付费模式，用户仅需支付实际使用的资源费用。

(2) 提供灵活的计算资源：在传统 IT 环境中，用户需提前规划和购买硬件设备以满足未来业务需求，这常导致资源浪费。云计算能根据用户需求自动调整资源，提供弹性伸缩能力，用户可按实际需求使用和付费，从而避免资源浪费。

(3) 提供高性能的计算资源：云服务提供商部署大规模服务器集群，用户可通过云平台利用这些服务器的高性能计算能力，更快处理大规模计算任务。

2. 云计算的优势

(1) 弹性：云计算支持灵活的扩容和缩容，用户可以根据实际需求按需使用资源。这样，用户就无须为业务高峰提前筹备大量 IT 资源，同时也能避免业务高峰后留下大量闲置资源，从而造成浪费。

(2) 敏捷：云计算提供了丰富多样的技术产品、全球部署的基础设施以及易上手的产品体验。这使得用户可以轻松地使用各种技术，快速完成业务创新，并构建全球商业系统。

(3) 安全：云计算与云基础设施深度融合，提供了原生安全服务。这些服务实现了云平台及业务数据的全生命周期保护，并具备全球高等级的数据安全及合规隐私保障，从而确保了用户业务的在线安全。

(4) 稳定：云计算通过多地区数据中心部署、容灾备份、自动化监控和恢复等技术，全方位地支持用户业务的连续性。同时，云计算还通过服务等级协议 (SLA) 为用户提供稳定的服务保障。

(5) 高性能：云计算采用了存储计算分离、软硬协同优化等底层技术，这些技术大幅提高了服务资源的效率和性能，从而满足了用户业务对高性能的要求。

(6) 低成本：云计算依托超大规模的数据中心和全球化服务能力，提供了高性价比的服务。随着公共云规模的扩大，云计算带来了规模化效益，不断降低了用户在云上的支出成本。

3. 云计算的结构体系

云计算可以根据不同的分类标准进行分类。其中，根据服务模式的不同，云计算主要分为 IaaS(基础设施即服务)、PaaS(平台即服务)、SaaS(软件即服务) 三种传统模式，而在智能时代，随着大模型的发展，又新增了 MaaS(模型即服务) 这一服务模式。

(1) 基础设施即服务 (IaaS)。IaaS 是一种云计算服务模式，为用户提供全面的基础设施服务，涵盖计算、存储、网络等关键资源。用户无须购买和部署服务器、存储设备等硬件基础设施，即可灵活部署自己的业务系统。

(2) 平台即服务 (PaaS)。PaaS 提供应用程序所需的硬件和软件部署平台的服务。用户无须管理和维护复杂的底层基础架构和操作系统，只需关注业务逻辑，即可提高开发效率。

(3) 软件即服务 (SaaS)。SaaS 提供包括协同软件、客户关系管理、企业资源计划、人力资源系统在内的软件服务。用户无须经历传统研发流程，只需通过互联网即可使用软件服务，节省管理基础设施和软件开发的工作。

(4) 模型即服务 (MaaS)。MaaS 将 AI 模型视为生产的重要元素，提供从模型预训练到二次调优，再到模型部署的全生命周期服务。用户可以通过低成本方式访问、使用、集成模型，从而提升自己的业务智能化能力。

4. 云计算的基本特征

云计算的基本特征主要包括以下几点：

(1) 资源池化。云服务提供商将计算资源（如服务器、存储、网络等）整合为资源池，供多个用户共享。用户无须了解资源的具体物理位置或分配细节，这类似于公寓共享水电资源。

(2) 快速弹性。云计算系统能根据用户需求快速提供或释放资源。例如，在电商网站的促销活动期间，平台可以快速分配额外的服务器以应对流量高峰，活动结束后释放这些资源。

(3) 按需自助服务。用户可以根据需求通过网络自助获取计算资源（如存储和计算能力），无须与云服务提供商进行人工交互，这类似于网上购物。

(4) 广泛的网络访问。用户可以通过多种网络设备（包括电脑、平板、手机等），使用标准浏览器或客户端软件，随时访问云计算服务，只要有网络连接即可。

(5) 可计量服务。云计算系统能够精确计量用户使用的资源（如计算时长、存储容量等），并根据使用量收费，有助于用户控制成本和云服务提供商管理资源。

5. 云计算的部署模式

(1) 公共云。公共云（如图 5-59 所示）是一种通过互联网向公众提供计算资源的云计算环境。它由第三方公司所拥有和运营，用户可以通过互联网访问这些服务。用户无须购买物理基础设施，可以轻松扩展，并且只需为实际使用的资源付费。

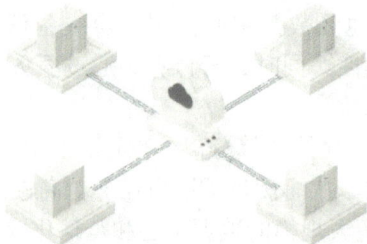

图 5-59　公共云

(2) 专有云。专有云（如图 5-60 所示）是专为单个组织或某类组织构建的云计算环境。它采用与公共云相似的技术架构，可与公共云互联，实现云服务的弹性和敏捷性。不同的是，专有云以独立部署的形式存在，它既可以在组织内部网络中部署，也可以由第三方提供商托管部署。

图 5-60　专有云

6. 云计算的实际应用

1) 企业应用

在云计算的支持下，企业能够更高效地部署和管理各类应用系统，以下是两个典型的企业应用实例。

(1) 企业资源规划 (ERP) 系统。企业将 ERP 系统部署在云端，实现企业内部资源的高效管理和整合，涵盖财务、采购、销售、库存等模块。借助云计算，企业能够快速调整系统以适应业务变化，降低本地服务器的维护成本和硬件投入。例如，Salesforce 提供的 ERP 云服务被众多企业采用，有效提升了运营效率。

(2) 客户关系管理 (CRM) 系统。云 CRM 系统使企业能够更高效地管理客户信息、销售流程和客户服务。企业员工可随时随地访问客户数据，进行销售跟进和提供客户服务支持，从而提高客户满意度和销售业绩。微软公司的 Dynamics 365 是一款基于云计算的平台，它为企业提供了强大的客户关系管理功能。

2) 数据存储与管理

数据的妥善存储与高效管理是发挥其价值的关键。下面，我们介绍云存储与数据库管理的方式与显著优势。

(1) 云存储。用户和企业可以将文件、照片、视频等数据存储在云服务提供商的服务器上，通过互联网随时随地进行访问和共享。云存储具备高可靠性、可扩展性和便捷性，用户无须担心本地存储设备的故障或容量限制。常见的云存储服务包括百度网盘、腾讯微云、阿里云盘等。个人用户可以选择免费或付费使用一定容量的存储空间，企业可以根据实际需求购买大容量的云存储服务。

(2) 数据库管理。云数据库服务提供数据库的创建、管理、备份及恢复等功能。企业可根据业务需求，选择关系型数据库 (如 MySQL、Oracle) 或非关系型数据库 (如 MongoDB、Redis) 等，并快速部署和扩展。例如，AWS 的 RDS(Relational Database Service) 和阿里云的云数据库服务均为企业提供了稳定高效的数据库解决方案。

3) 软件开发与测试

在软件迭代周期不断缩短、市场需求瞬息万变的当下，软件开发与测试流程面临着更大的挑战，而云计算为此提供了全方位的解决方案。下面我们介绍云计算在开发平台搭建与测试环境构建方面的应用。

(1) 开发平台。云开发平台为开发者提供了集成的开发环境，包括代码编辑、编译、调试、版本控制等工具。开发者可以在云上快速创建项目、编写代码，并与团队成员进行协作。例如，腾讯云的 Cloud Studio、谷歌的 Cloud Source Repositories 等为开发者提供了便捷的云端开发方式。

(2) 测试环境。云计算提供了灵活的测试环境搭建和管理服务。企业可快速创建测试服务器，模拟各种场景进行软件测试，以提升测试效率和覆盖度。测试完成后，企业可以方便地销毁测试环境，从而节省资源和成本。

4) 办公自动化与协作

在数字化办公趋势日益显著的今天，高效的办公自动化与协作方式成为了提升团队生产力、促进信息流通的关键因素。借助云计算技术的各类工具，我们的工作模式正经历着前所未有的变革。下面我们将详细介绍云办公套件、视频会议与协作平台以及项目管理工具在实际办公场景中的应用。

(1) 云办公套件。云办公套件 (如 Google Docs、微软公司的 Microsoft 365 等) 提供了在线文档编辑、电子表格、演示文稿等办公功能。用户可直接在浏览器中创建、编辑和共享文档，团队成员能实时协作编辑，从而提升办公效率和协同工作能力。

(2) 视频会议与协作平台。云视频会议工具 (如腾讯会议、Zoom、钉钉等) 支持用户通过互联网进行远程视频会议、屏幕共享、文件传输等操作，便于团队成员间的沟通和协作，尤其在远程办公和跨地域团队合作中得到了广泛应用。

(3) 项目管理工具。基于云计算的项目管理工具可帮助团队规划项目、分配任务、跟踪进度、管理文档等。团队成员能实时更新项目信息，项目经理可以方便地监控和管理项目，从而提高项目管理的效率和透明度。

5) 医疗保健

随着科技的飞速发展，云计算技术正以前所未有的速度渗透到医疗保健的各个领域，为传统医疗体系带来一系列显著的创新变革，极大地提升了医疗服务的质量与效率。

(1) 电子病历系统。医疗云平台可以存储患者的电子病历，包括病历记录、检查报告、诊断结果等。医生在获得授权后，可随时随地访问患者的病历信息，这不仅提高了医疗诊断的准确性和效率，也方便了患者在不同医疗机构之间的转诊和就医。

(2) 远程医疗。利用云计算技术，患者可以在家中通过视频通话等方式与医生进行远程咨询和诊断。医生能够远程查看患者的症状、检查报告等，并给出诊断和治疗建议。对于偏远地区的患者而言，远程医疗有效解决了就医难的问题。

(3) 医疗数据分析。医疗机构可以利用云计算的强大计算能力，对医疗数据进行分析，挖掘疾病模式、治疗效果等潜在信息，为医疗研究和临床决策提供依据。例如，医疗研究人员可以通过对大量患者的病历数据进行分析，发现某些疾病的高发人群和危险因素，进而制定相应的预防措施。

6) 教育领域

在数字化浪潮的推动下，教育领域正经历深刻变革，云计算技术如同催化剂一般，为教学方式、资源管理和学习体验等方面带来全方位的创新与突破。

(1) 在线教育平台。学校、教育机构和企业可以搭建在线教育平台，提供课程直播、录播、在线作业、考试等服务。学生可以通过电脑、平板、手机等设备随时随地学习，教师可以在线授课、批改作业及答疑，这促进了教育资源的共享，实现了远程教学。

(2) 教育资源管理。云计算可用于存储和管理教育资源，包括教学课件、教材、试题库等。教师和学生能够方便地访问并使用这些资源，进而提高教学和学习的效果。

(3) 虚拟实验室。针对物理、化学、生物等需要实验教学的学科，云计算能够提供虚拟实验室环境。学生可以在虚拟实验室中进行实验操作，观察实验现象，并记录实验数据，这增强了实验教学的安全性和可重复性。

7) 金融服务

在科技与金融深度融合的时代浪潮中，云计算技术正以迅猛之势席卷金融服务领域，全面革新银行、证券等多个业务板块的运营模式，为行业带来前所未有的机遇与变革。下面我们介绍云计算技术在金融领域中的多元应用。

(1) 银行系统应用。银行可将核心业务系统、网上银行、手机银行等部署在云计算平台上，以提高系统的稳定性和可靠性，并降低 IT 成本。云计算还能助力银行迅速推出新的金融产品和服务，以满足客户不断变化的需求。

(2) 证券交易。证券交易所和证券公司可利用云计算的高性能计算能力，实现证券交易的实时处理与风险分析。同时，云计算还能提供灾备服务，保障证券交易系统的连续稳定运行。

(3) 金融数据分析。金融机构可利用云计算对海量金融数据进行分析，挖掘客户需求、评估风险、把握市场趋势，为金融决策提供有力支持。例如，金融机构通过分析客户交易数据，为客户提供定制化的金融产品和服务。

8) 游戏娱乐

在数字娱乐的浪潮中，玩家与用户对便捷、多元体验的需求不断上升。而云计算技术恰似一阵强劲东风，为游戏娱乐领域带来了从游戏玩法到视听享受的全方位革新。

(1) 云游戏服务。云游戏将游戏的运行与渲染过程置于云端服务器。玩家通过网络向云端发送操作指令，云端服务器实时将游戏画面传回玩家设备。玩家无须在本地安装游戏软件，只需拥有网络和支持的设备 (如电脑、手机、平板等)，即可畅玩各类大型游戏，从而节省了本地存储空间和计算资源。例如，腾讯的 START 云游戏平台、谷歌的 Stadia 等都是云游戏服务的典型代表。

(2) 在线视频与音乐服务。视频和音乐服务提供商借助云计算的存储与分发能力，为用户提供高清、流畅的在线视频和音乐播放体验。用户可以随时随地观看自己喜爱的电影、电视剧、综艺节目，并聆听音乐。同时，服务提供商还能根据用户的观看和收听历史，为用户推荐个性化内容。

9) 交通物流

随着经济全球化与城市化进程的加快，交通物流的高效运作愈发重要。云计算技术恰似一把神奇的钥匙，为物流管理的精准化与智能交通的顺畅有序打开了全新的大门。

(1) 物流管理系统。物流企业可以将物流信息管理系统部署在云端，以实现货物的跟踪、仓储管理、运输调度等功能。借助云计算技术，物流企业能够实时掌握货物的位置和状态信息，进而优化物流配送路线，提高物流运作效率和服务质量。

(2) 智能交通系统。云计算技术可以用于智能交通系统的数据分析和处理工作，如交通流量监测、路况预测、智能信号灯控制等。交通管理部门通过对大量的交通数据进行深入分析，可以优化交通流量分配，提高道路通行能力，有效减少交通拥堵现象。

10) 政务服务

在数字化时代，政务服务的转型升级至关重要。云计算技术的融入，恰如为政务工作注入了创新活力。从搭建便捷的电子政务平台优化公众办事体验，到深挖政务数据价值赋能决策支持，云计算全方位助力政务服务迈向高质量发展的新征程。

(1) 电子政务平台。政府部门可以搭建电子政务云平台，该平台提供政务信息发布、在线办事、审批服务等功能。公众可以通过互联网访问这一电子政务平台，办理各类政务事项，如申请证件、缴纳税费、查询信息等，从而提高政务服务的效率和透明度。

(2) 政务数据管理。政府可以利用云计算技术对政务数据进行集中管理和深入分析，挖掘数据的价值，为政策制定、城市规划、公共安全等提供支持。例如，政府可以通过对人口数据、经济数据、环境数据等进行综合分析，制定出合理的城市发展规划和政策措施。

8. 常见的云计算平台

1) 国内云计算平台

(1) 阿里云。阿里云是阿里巴巴集团旗下的云计算平台，是国内市场份额较大、技术相对成熟的云计算服务提供商。阿里云提供了一站式云计算服务，包括弹性计算、存储、数据库、网络、数据分析、人工智能等，这些服务广泛应用于电商、金融、政务、医疗、教育、游戏等多个行业。

(2) 腾讯云。腾讯云是腾讯公司推出的云计算平台，为全球客户提供全面的云服务。腾讯云在游戏、视频、社交等领域拥有较强的技术优势和丰富的实践经验，其提供的云产品和服务涵盖云服务器、云数据库、云存储、人工智能服务、大数据处理等。

(3) 华为云。华为云是华为技术有限公司旗下的云计算平台，它专注于公有云领域的技术研究与生态拓展。华为云提供了一系列服务和解决方案，包括基础云服务、超算服务、内容分发与加速服务、视频托管与发布服务、企业 IT 服务、云电脑服务、云会议服务、游戏托管服务等，这些服务和解决方案在政务、金融、电信、能源等行业得到了广泛应用。

(4) 百度智能云。百度智能云是百度公司提供的云计算平台，主要面向企业用户，提供了云服务器、云存储、云数据库、人工智能服务、大数据处理等云服务和工具。百度智能云在人工智能、大数据分析等领域具有一定的技术优势。

(5) 移动云。移动云是中国移动旗下的云计算平台，专注于提供云计算、大数据和物联网等服务。依托中国移动的网络资源和技术实力，移动云为企业和政府客户提供安全、可靠、高效的云计算解决方案。

(6) 联通云。联通云是中国联通推出的云计算平台，面向政府、企业和个人用户提供云服务。联通云在网络覆盖和资源整合方面具有优势，提供的云服务包括云主机、云存储、云数据库、云安全等。

(7) 天翼云。天翼云是中国电信提供的云计算平台，为用户提供全面的云计算解决方案。天翼云在网络带宽、数据中心布局等方面具有优势，其服务涵盖政务、金融、医疗、教育等多个行业。

(8) UCLOUD 优刻得。UCLOUD 优刻得是国内领先的云计算平台，提供了丰富的云产品和解决方案，包括云服务器、云数据库、云存储、网络服务和安全服务等。UCLOUD 优刻得在企业级应用、游戏、电商等领域拥有广泛的客户群体。

(9) QingCloud。QingCloud 提供了面向企业的全栈式云计算服务平台，支持公有云、私有云和混合云部署。QingCloud 在技术创新和服务质量方面享有较高的口碑，提供的服务涵盖计算、存储、网络、数据库和人工智能等。

(10) 金山云。金山云是金山软件旗下的云计算平台，提供了丰富的云产品和服务，包括云服务器、云存储、云数据库和视频云等。金山云在视频、游戏等领域占据一定的市场份额。

2) 国外云计算平台

(1) Amazon Web Services(AWS)。AWS 是亚马逊旗下的云计算平台，也是全球最大的云服务提供商。它提供了广泛的云产品和解决方案，涵盖计算、存储、数据库、网络、人工智能、机器学习等领域，服务对象包括初创企业、大型企业以及政府机构等。

(2) Microsoft Azure。Azure 是微软公司推出的云计算平台，适用于各种规模的企业，包括初创公司、大型企业等。它具有强大的安全性和可靠性，支持全球范围内的数据存储和访问，提供 IaaS、PaaS、SaaS 等多种服务，并且对微软相关技术的支持尤为出色。

(3) Google Cloud Platform(GCP)。GCP 是谷歌公司提供的云计算平台，拥有强大的基础设施和机器学习服务。它提供的服务包括计算引擎、容器引擎、云存储、大数据分析和人工智能等，在全球范围内设有多个数据中心，确保高可用性和低延迟的服务。

(4) IBM Cloud。IBM Cloud 是 IBM 公司提供的云计算平台，融合了人工智能、区块链和大数据等技术。它提供了多种云计算服务，包括计算服务、存储服务、数据库服务、分析服务以及人工智能服务等，能够满足各种规模企业的需求。

四、任务步骤

本任务主要介绍阿里云、百度智能云以及典型云存储应用的案例。

（一）认识阿里云

1. 注册

在浏览器地址栏中输入网址 https://www.aliyun.com/ 并按回车键，即可打开阿里云官网首页 (如图 5-61 所示)。在阿里云官网首页，单击右上角的"注册"按钮，根据页面指引填写相关信息，如手机号、验证码等 (如图 5-62 所示)，完成账号创建。注意：需确保所填写的账号信息准确无误且便于记忆。

图 5-61 　阿里云官网首页

图 5-62　阿里云的注册页面

2. 登录

注册成功后，用户需登录阿里云官网。单击阿里云官网首页右上角的"登录"按钮，在打开的"登录"页面中输入账号名和登录密码并单击"登录"按钮，即可完成登录。若账号已开启双因素认证 (2FA)，则用户还需按照提示输入验证码等相关信息。

3. 查看阿里云产品

单击导航栏中的"产品"按钮 (如图 5-63(a) 所示)，用户可查看阿里云产品 (如图 5-63(b) 所示)。

(a) 单击导航栏中的"产品"按钮

(b) 阿里云产品

图 5-63　查看阿里云产品

4. 账号安全设置与资源管理

(1) 账号安全设置。登录阿里云账号后，用户应立即设置一个强密码，密码建议包含字母、数字和符号的组合。账号安全设置如图 5-64 所示。

图 5-64　账号安全设置

(2) 资源管理。单击导航栏中的"控制台"按钮，用户进入阿里云控制台（如图 5-65 所示）。控制台是阿里云的管理中心，用户在此可以创建、配置、删除资源，并能将资源权限分配给不同的用户或团队。例如，用户可以创建云服务器 ECS、对象存储 OSS、云数据库 RDS 等。

图 5-65　阿里云控制台

5. 创建云服务器 ECS

(1) 购买：用户在搜索栏中输入"云服务器 ECS"进行搜索，找到并打开云服务器 ECS 页面，如图 5-66 所示，设置实例配置 (包括类型、操作系统、区域等)，并选择购买时长后完成购买。

(2) 连接：对于 Linux 系统，用户可以使用 SSH 客户端进行连接；对于 Windows 系统，用户可以使用远程桌面连接进行连接，并输入 IP 地址、用户名和密码。

(3) 管理：用户在控制台可以对实例进行启动、停止、重启等操作，并可以监控实例性能以及使用快照进行备份和恢复。

图 5-66　云服务器 ESC 页面

6. 创建对象存储 OSS

(1) 开通服务：在工作台的搜索栏中搜索"对象存储 OSS"并开通服务 (如图 5-67 所示)，然后在控制台进行管理。

(2) 创建存储桶：填写名称、区域等信息，创建用于存储数据的容器。

(3) 上传和下载文件：可通过控制台或利用 API、SDK 等工具上传和下载文件。

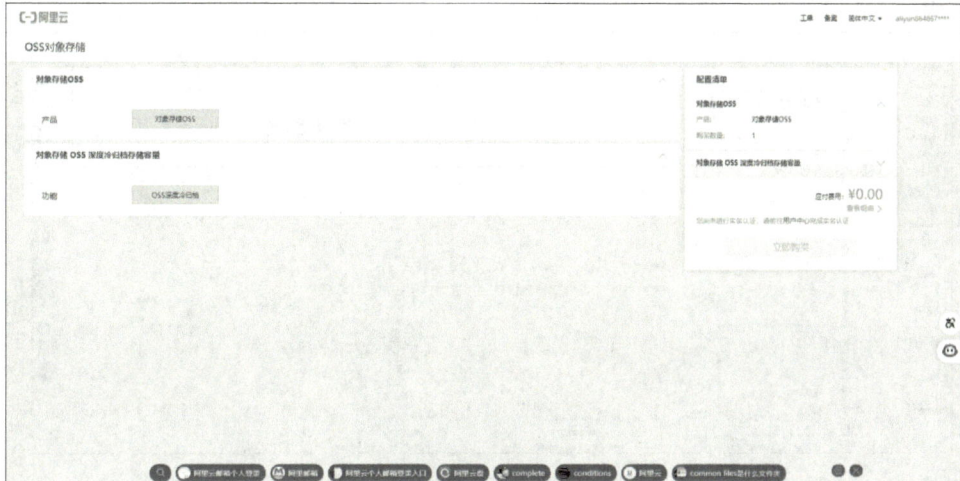

图 5-67　开通对象存储 OSS

7. 创建云数据库 RDS

(1) 创建实例：在云数据库 RDS(如图 5-68 所示) 中选择数据库类型、规格等信息，创建数据库实例。

(2) 连接数据库：依据控制台的连接信息 (如地址、端口、用户名、密码)，使用数据库客户端连接数据库实例。

(3) 管理数据库：在客户端操作数据库，同时在控制台设置数据库的备份和恢复策略。

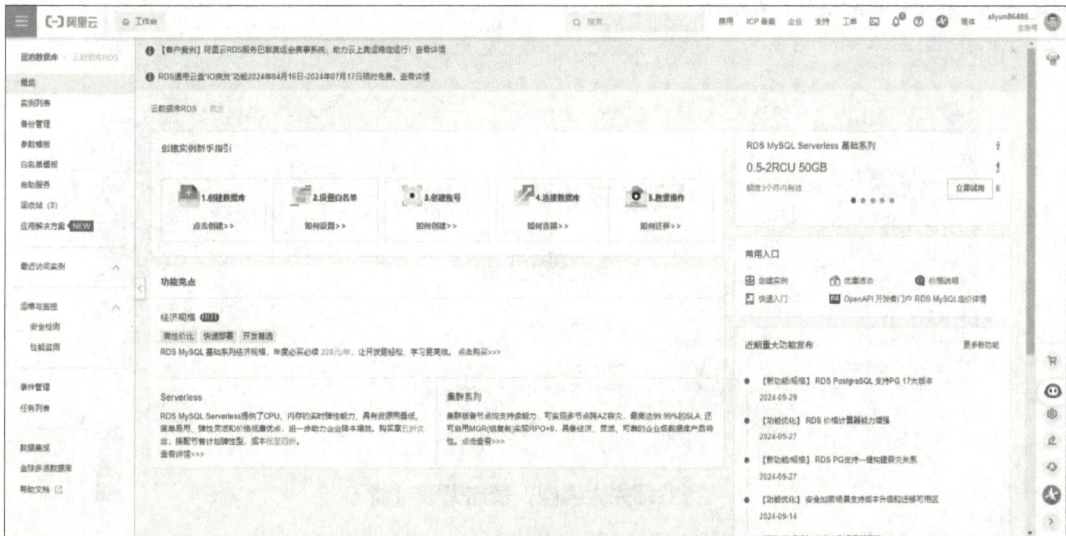

图 5-68　云数据库 RDS

8. 购买、解析、绑定域名

(1) 购买域名：在阿里云域名服务中选择域名后缀和名称，然后购买域名。域名控制台界面如图 5-69 所示。

(2) 解析域名：在域名解析页面添加解析记录，将域名指向相应的 IP 地址。

(3) 绑定域名：在网站配置文件中绑定所购买的域名 (具体操作依 Web 服务器而定)。

图 5-69　域名控制台界面

（二）认识百度智能云

2019 年 4 月 11 日，百度云正式升级为百度智能云。目前，百度智能云已推出了 40 余款高性能云计算产品，并推出了天算、天像、天工三大智能平台，这三个平台分别提供智能大数据服务、智能多媒体服务和智能物联网服务。

1. 登录

在浏览器地址栏中输入网址 https://cloud.baidu.com/，然后按回车键，即可打开百度智能云网站首页 (如图 5-70 所示)。

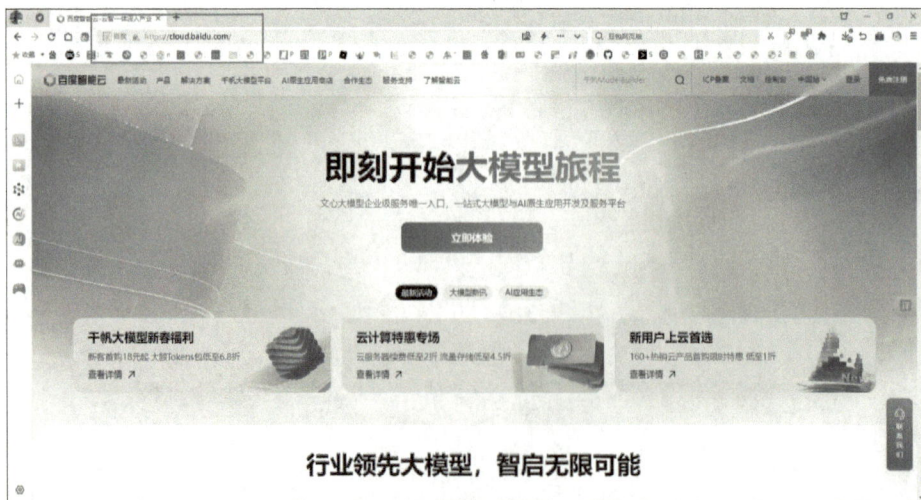

图 5-70　百度智能云网站首页

2. 查看百度智能云产品

单击百度智能云网站首页的"产品"按钮，即可查看百度智能云产品，如图 5-71 所示。

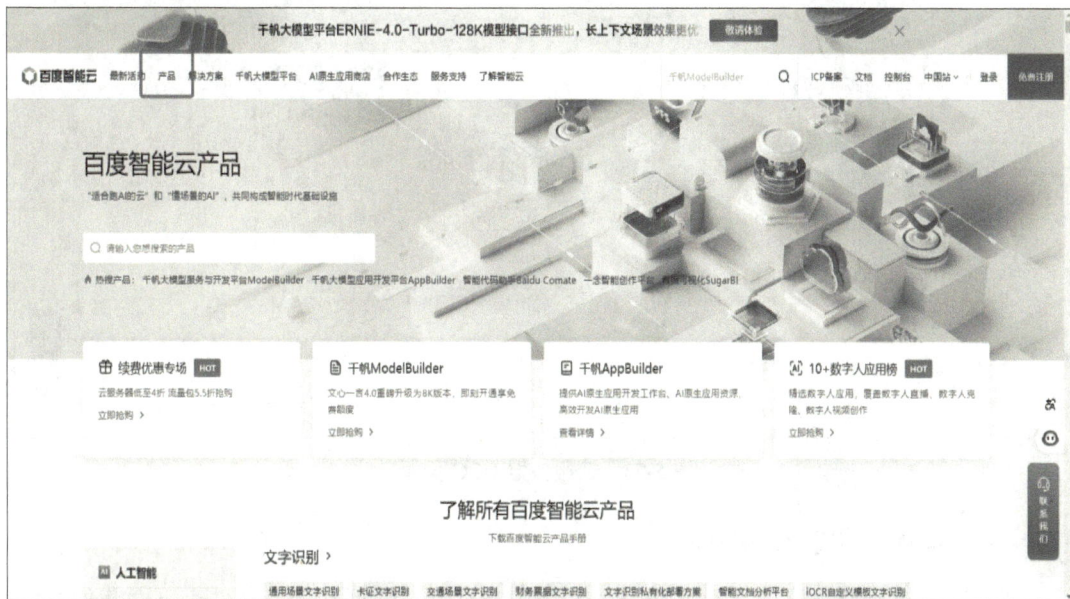

图 5-71　查看百度智能云产品

在百度智能云网站首页，选择"产品"菜单下的"云计算"，然后选择"计算"产品，即可进入云计算产品页面（如图 5-72 所示）。

图 5-72　云计算产品页面

浏览云服务器 BCC 网页时，向下滚动可看到云服务器租用的配置及价格详情（如图 5-73 所示）。

图 5-73　云服务器 BCC 页面

（三）认识典型云存储应用

百度网盘是一款流行的云存储服务，允许用户存储、访问和分享文件。下面我们介绍使用百度网盘的基本步骤。

1. 注册和登录

首先，在浏览器地址栏中输入网址 https://yun.baidu.com/ 并按回车键，即可打开百度网盘官网首页（如图 5-74 所示）。然后，注册一个百度网盘账户。注册时，用户需要填写用户名、手机号，并设置密码，如图 5-75 所示。注册完成后，用户可使用这些凭据登录百度网盘。百度网盘的登录页面图 5-76 所示。

图 5-74　百度网盘官网首页

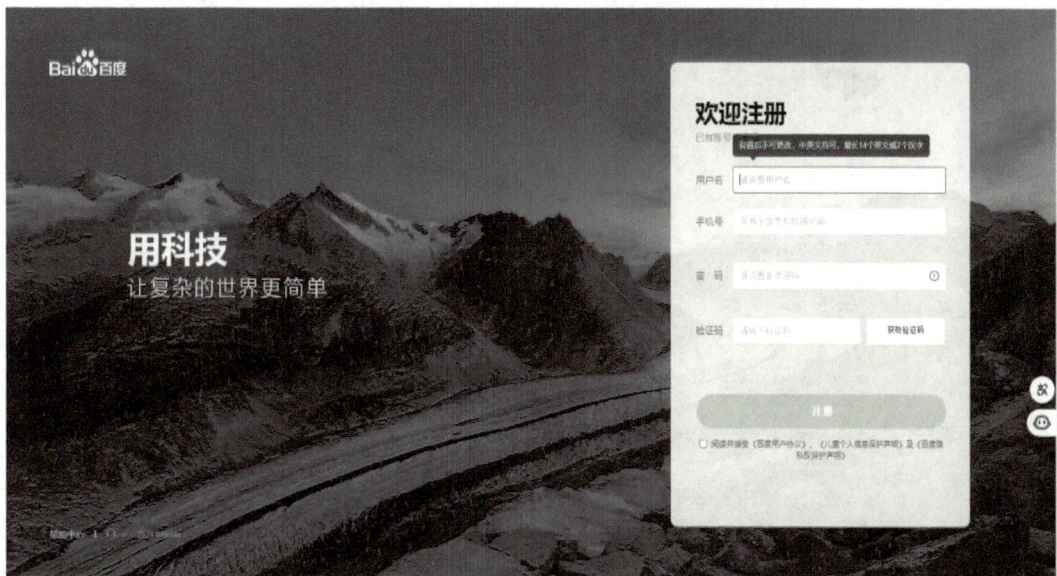

图 5-75　百度网盘的注册页面

图 5-76　百度网盘的登录页面

2. 使用百度网盘

如果用户的设备上已经安装了百度网盘应用，那么可以直接打开并使用；如果没有安装，那么用户需要先下载百度网盘应用并进行安装，或者通过网页版直接使用。登录百度网盘后，用户会看到百度网盘的界面。网页版百度网盘界面和客户端百度网盘界面分别如图 5-77、图 5-78 所示。

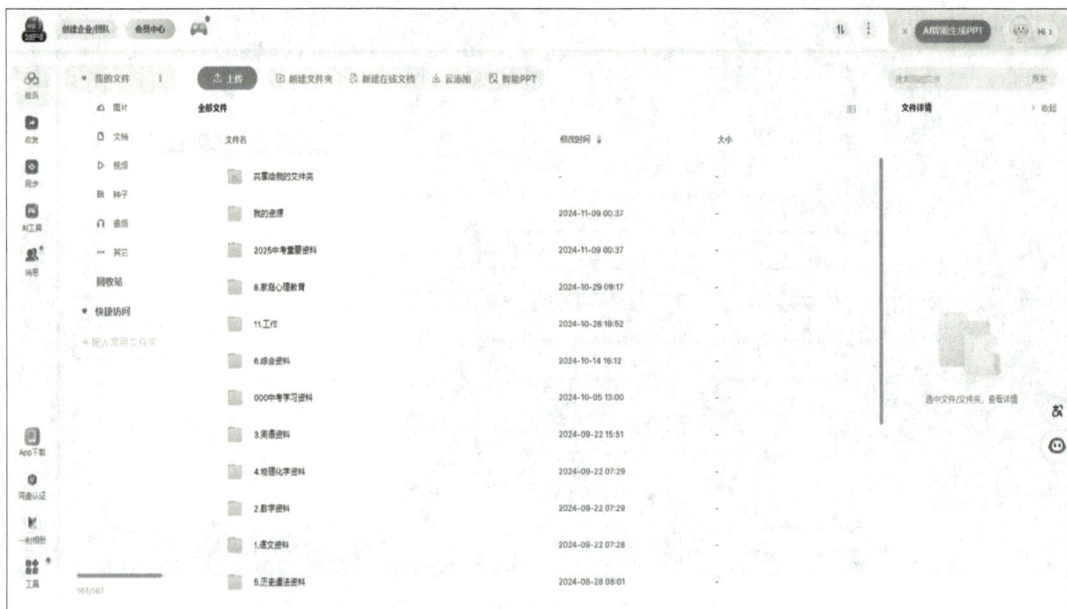

图 5-77　网页版百度网盘界面

图 5-78　客户端百度网盘界面

3. 上传文件

在百度网盘中，用户可以单击页面上方的"上传"按钮，选择并上传照片或其他文件，如"我的资料"文件夹，如图 5-79 所示。此外，用户还可以直接将文件拖至百度网盘界面中进行上传。

图 5-79　上传文件示意图

4. 创建文件夹

为了更好地组织文件，用户可以在百度网盘中创建文件夹。在客户端百度网盘中创建文件夹的具体操作步骤为：单击"新建文件夹"按钮，输入所需的文件夹名称，然后单击按钮✔️，即可成功创建新的文件夹，如图 5-80 所示。

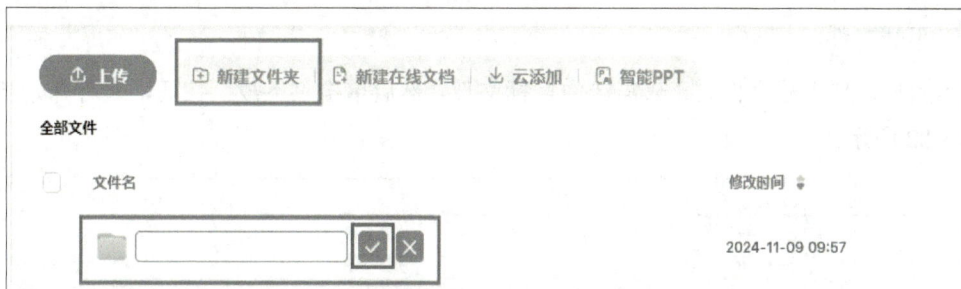

图 5-80　创建文件夹示意图

5. 分享文件

百度网盘分享文件主要有链接分享和发给网盘好友两种方式。

(1) 链接分享：选择要分享的文件或文件夹，单击"分享"按钮，随后在弹出的对话框中选择"生成链接分享"。用户可以选择生成公开链接或私密链接，公开链接允许任何人直接访问，私密链接需输入提取码方可访问。同时，用户还可以设置分享的有效期。链接生成后，单击"复制链接"按钮，即可将链接发送给希望分享的对象。

（2）发给网盘好友：首先，选中要分享的文件或文件夹，单击"分享"按钮；然后，在弹出的对话框中选择"发给网盘好友"；接着，在好友列表中选择要分享的百度网盘好友；最后单击"确定"即可完成分享，如图 5-81 所示。

图 5-81　发给网盘好友

6. 下载文件

当用户想要下载文件时，只需选中目标文件，然后单击"下载"按钮，即可开始下载，如图 5-82 所示。

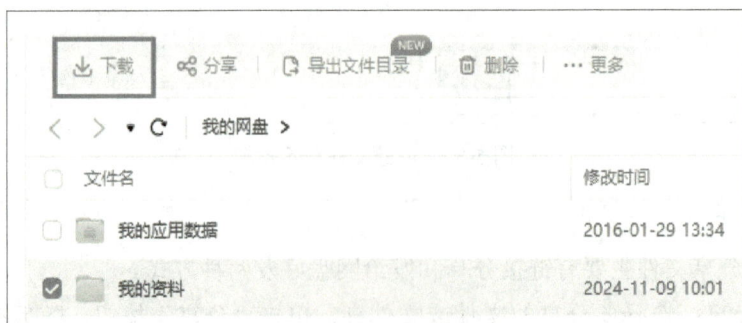

图 5-82　下载文件示意图

7. 查看文件

百度网盘支持在线预览多种格式的文件，包括图片、音频和视频等。用户无须下载，即可直接在百度网盘中查看这些文件，如图 5-83 所示。

图 5-83　在线预览多种格式的文件

8. 管理文件

用户可以通过单击文件或文件夹旁的"更多选项"按钮来执行删除、移动等操作，如图 5-84 所示。此外，用户还可以利用搜索功能快速查找所需的文件。

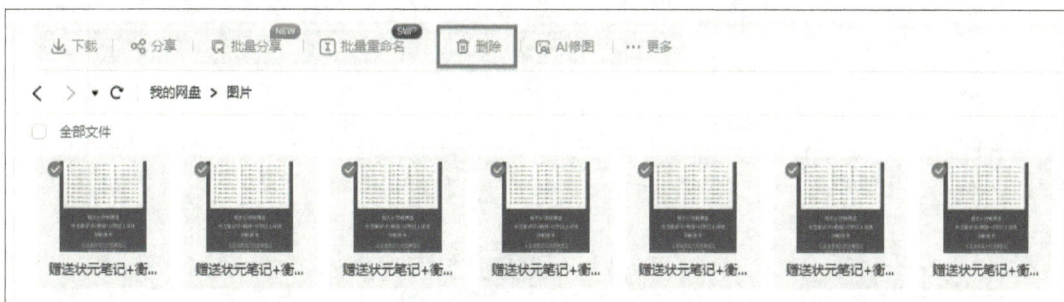

图 5-84　管理文件界面

9. 扩容网盘

当百度网盘的默认存储空间不足时，用户可以通过完成任务、邀请好友等方式来扩充空间容量，或者通过购买会员服务来扩容网盘空间容量（如图 5-85 所示）。例如，用户在手机上安装并登录百度网盘 APP 后，可获得更多免费存储空间。

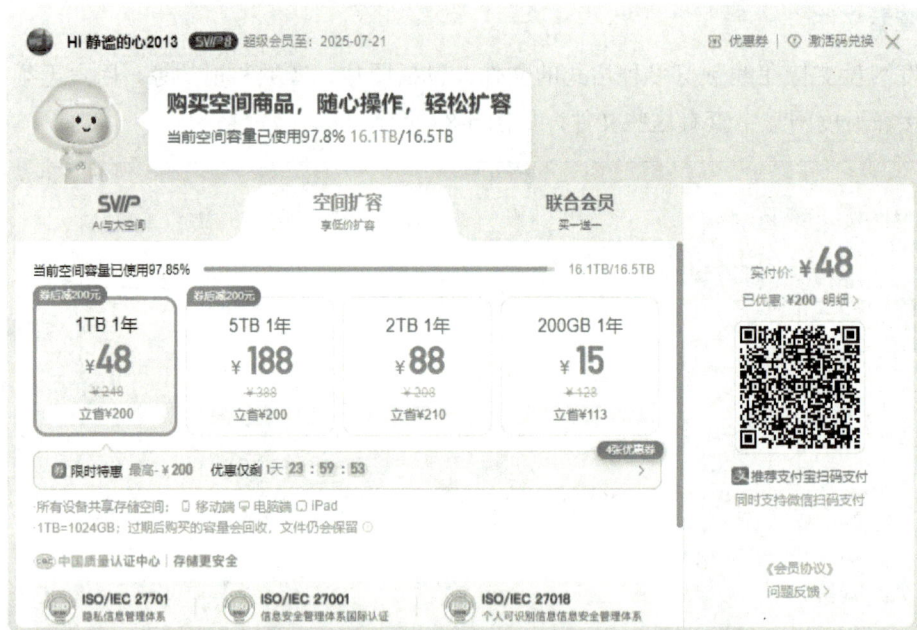

图 5-85　通过购买会员服务扩容网盘空间容量的界面

10. 启用隐藏空间功能

百度网盘提供隐藏空间功能，供用户存放私密或重要文件。隐藏空间采用额外安全机制，以确保文件安全。启用百度网盘隐藏空间功能的操作步骤为：首先，单击百度网盘首页中的"隐藏空间"按钮；然后，单击"启用隐藏空间"按钮，如图 5-86(a) 所示；接着，在弹出的"创建二次密码"对话框的"输入二级密码"和"确认二级密码"文本框中输入密码，并单击"创建"按钮。此时，隐藏空间已上锁。进入此空间需输入设置的二级密码。

(a) "启用隐藏空间"按钮

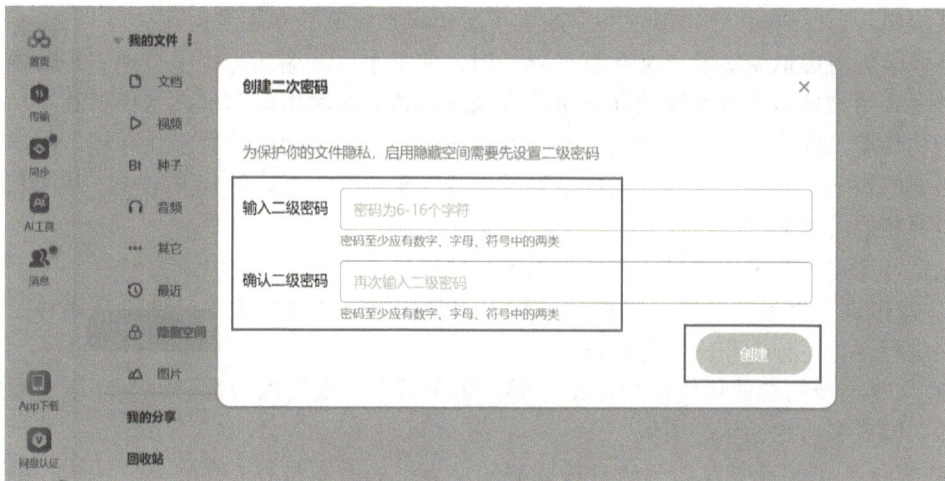

(b) "创建二次密码"对话框

图 5-86　启用百度网盘的隐藏空间

任务 5.6　认识虚拟现实技术

一、任务描述

虚拟现实 (Virtual Reality，VR) 技术是 20 世纪末逐渐兴起的一门综合性技术，也被称为灵境技术或人工环境技术。作为信息技术领域的前沿技术，虚拟现实技术通过综合运用计算机图形学、多媒体技术、传感技术、仿真技术、人工智能技术、计算机网络技术和光学技术等，创建出一种集视觉、听觉、触觉等多种感官模拟于一体的虚拟环境，使用户能够身临其境地体验。

虚拟现实技术源于现实又超越现实，它在教育、娱乐、医疗等领域展现出巨大的应用潜力，还逐渐成为了提升国民信息素养和信息技术应用能力的重要工具。

在本任务中，我们将介绍虚拟现实技术的概念、特征、发展历程、应用场景、应用开发流程以及相关工具，并介绍主流的引擎开发工具。同时，我们还将探讨与虚拟现实相关的概念——增强现实 (Augmented Reality，AR) 和混合现实 (Mixed Reality，MR)。

二、任务分析

虚拟现实 (VR) 技术已经广泛应用于多个领域，特别是在教育和文化体验方面。为了让学生更好地理解和体验 VR/AR 技术的实际应用，本次任务将安排学生利用业余时间前往中国古动物馆 (保定自然博物馆) 参与 VR/AR 体验活动。

三、相关知识点

1. 虚拟现实技术的概念及特征

1) 虚拟现实技术的概念

虚拟现实最早由美国 VPL Research 公司的创始人杰伦·拉尼尔 (Jaron Lanier) 于 1989

年正式提出，自此以后，"虚拟现实"成为了这一科学领域的专用名词。

不同学者对虚拟现实的定义存在差异，但目前学术界普遍认为：虚拟现实是一种能够创建并允许用户体验虚拟世界的计算机仿真系统。该系统利用计算机技术模拟真实环境或创造虚构环境，创建出一个三维的、与真实或构想环境高度相似的数字化环境。用户可以借助必要的设备，以自然的方式与虚拟环境中的对象进行交互，并相互影响，从而获得与现实世界相似的感受和体验。

通常，虚拟现实中的虚拟环境包含以下几种形式：

(1) 模拟真实世界的环境，如地理环境、建筑场馆、文物古迹等，使用户能够在虚拟环境中进行预览、分析和优化等操作。

(2) 人类主观构造的环境，如奇幻世界、未来城市、太空探险等，这类环境主要应用于娱乐、游戏和艺术创作等领域。

(3) 模仿真实世界中人类无法直接观察的环境，如微观世界（例如分子结构、细胞内部等）、宏观世界（例如星系、宇宙等）以及超出人类常规感知范围的现象（如空气流速、温度分布、压力变化等），为用户提供全新的体验和认知途径。

2) 虚拟现实技术的特征

虚拟现实技术的核心特征包括沉浸感 (Immersion)、交互性 (Interaction) 和构想性 (Imagination)，这三者常被称为虚拟现实技术的 3I 特征，如图 5-87 所示。这些特征共同作用，使虚拟现实成为一种独特的体验方式，为用户带来了前所未有的参与感和真实感。

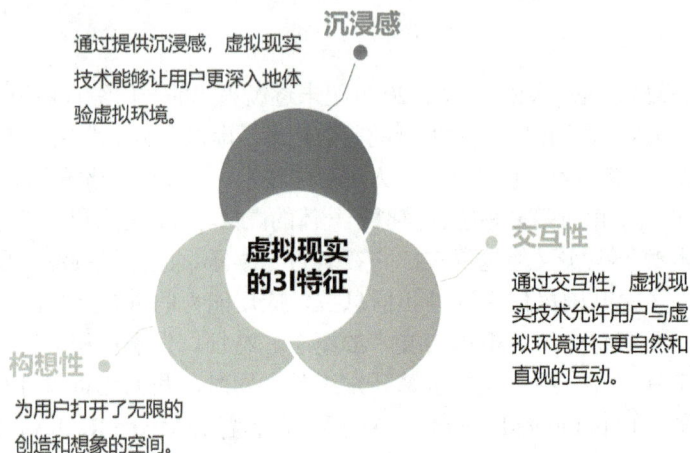

图 5-87　虚拟现实技术的 3I 特征

(1) 沉浸感 (Immersion)：又称为临场感、存在感或浸没感，是指用户在计算机系统所创造和呈现的虚拟环境中获得的感觉和认知。当用户置身于虚拟环境中并完全投入时，会难以分辨虚拟环境与真实环境的界限。这种沉浸感是多维度的，视觉上逼真，听觉上真实，触觉上动感十足，甚至嗅觉和味觉等方面也给人以相当真实的感觉，从而使用户全方位地沉浸在这个虚幻的世界之中。

(2) 交互性 (Interaction)：指用户与虚拟环境中的物体进行双向交流的能力。用户可以通过各种输入设备（如手柄、手势识别、语音命令等）与虚拟对象进行互动，而虚拟环境也会根据用户的操作做出相应的响应。互动性主要体现在实时反馈、自然交互和多用户交互三个方面。

① 实时反馈。例如，在虚拟现实的化学实验室中，当用户将两种试剂混合时，虚拟

环境会立即显示反应结果，如颜色变化、气泡产生等。

② 自然交互。例如，在虚拟现实绘画应用中，用户可以拿起虚拟的画笔，在三维空间中自由绘画。当他们挥动手臂时，虚拟画笔会跟随其动作，在虚拟画布上留下痕迹。

③ 多用户交互。例如，在虚拟现实的会议系统中，位于不同地点的多个用户可以戴上头戴式显示器 (Head-Mounted Display，HMD)，通过虚拟形象进入同一个虚拟会议室，利用手势或语音进行交流和协作。同时，他们还可以共同操作虚拟白板，进行演示和讨论。

(3) 构想性 (Imagination)：又称为自主性，指虚拟现实技术能够激发用户的想象力和创造力，拓宽人类的认知范围。它不仅能够再现真实存在的环境，还能够随意构想出客观不存在甚至不可能发生的环境。这一特征使得虚拟现实技术成为了一种强大的创意工具，为用户带来了前所未有的体验。"数字敦煌"项目就完美地体现了这一构想性特征。该项目利用虚拟现实技术，将敦煌石窟这一珍贵的文化遗产进行了数字化呈现，使人们可以随时随地通过互联网访问和欣赏这些瑰宝。这种超越时空的构想方式打破了传统参观模式的限制，使人们即使不亲临敦煌，也能感受到敦煌石窟的壮丽与神秘。

2. 虚拟现实技术的发展历程和发展趋势

1) 虚拟现实技术的发展历程

虚拟现实技术的发展大体上可分为以下四个阶段，如图 5-88 所示。每个阶段都有其独特的贡献，并在技术上取得了进步，这些贡献和进步共同促成了今日虚拟现实技术的繁荣。

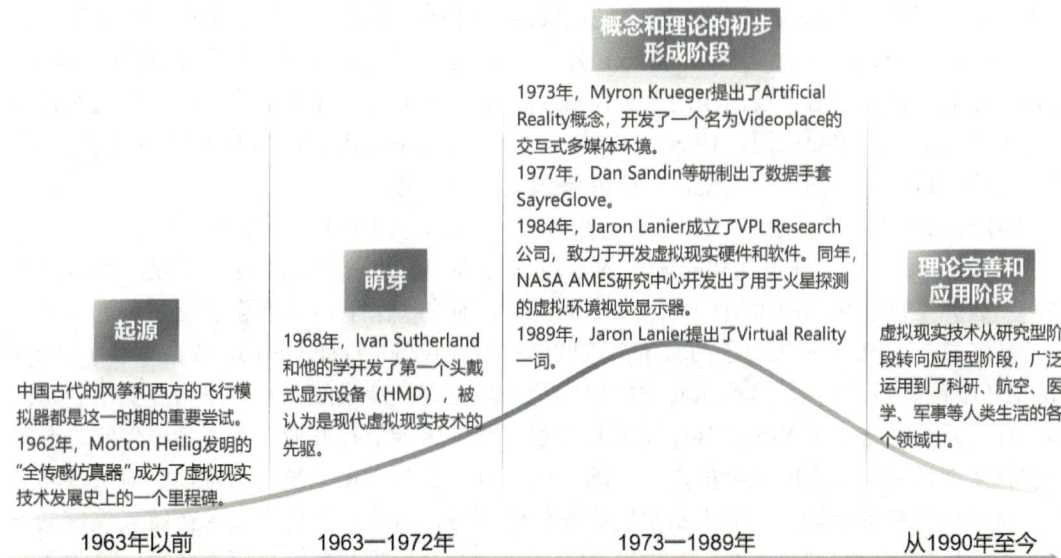

概念和理论的初步形成阶段

1973年，Myron Krueger提出了Artificial Reality概念，开发了一个名为Videoplace的交互式多媒体环境。

1977年，Dan Sandin等研制出了数据手套SayreGlove。

1984年，Jaron Lanier成立了VPL Research公司，致力于开发虚拟现实硬件和软件。同年，NASA AMES研究中心开发出了用于火星探测的虚拟环境视觉显示器。

1989年，Jaron Lanier提出了Virtual Reality一词。

理论完善和应用阶段

虚拟现实技术从研究型阶段转向应用型阶段，广泛运用到了科研、航空、医学、军事等人类生活的各个领域中。

起源

中国古代的风筝和西方的飞行模拟器都是这一时期的重要尝试。1962年，Morton Heilig发明的"全传感仿真器"成为了虚拟现实技术发展史上的一个里程碑。

萌芽

1968年，Ivan Sutherland和他的学生开发了第一个头戴式显示设备 (HMD)，被认为是现代虚拟现实技术的先驱。

| 1963年以前 | 1963—1972年 | 1973—1989年 | 从1990年至今 |

图 5-88　虚拟现实技术的发展历程

(1) 第一阶段：虚拟现实技术的起源阶段 (1963 年以前)。

虚拟现实技术并非凭空产生，其前身可追溯到对生物在自然环境中的感官和动作等行为的模拟交互技术，这与仿真技术的发展紧密相连。其中，中国古代的风筝和西方的飞行模拟器都是这一时期的重要尝试。这些尝试一方面蕴含着通过模仿和模拟来创造新事物的思想，与后来虚拟现实技术中的模拟和交互理念相契合。另一方面，从实践角度看，它们不仅推动了飞行模拟器技术的进步，也为虚拟现实技术在飞行训练等领域的应用提供了重要基础。1962 年，Morton Heilig 发明的"全传感仿真器"成为了虚拟现实技术发展史上的一个里程碑。这款设备集成了视觉、听觉、触觉等多种感官体验，为用户提供了身临其境的虚拟环境，标志着虚拟现实技术的初步理论框架开始形成。

(2) 第二阶段：虚拟现实技术的萌芽阶段 (1963—1972 年)。

20 世纪 60 年代，随着计算机技术的初步发展，虚拟现实技术开始步入萌芽阶段。1968 年，计算机科学家伊万·苏瑟兰 (Ivan Sutherland) 和他的学生鲍勃·斯普拉格 (Bob Sproull) 共同研发了第一个头戴式显示设备 (Head-Mounted Display，HMD)，该设备也被称为"达摩克利斯之剑"(The Sword of Damocles)。这一创新设备不仅能够展示简单的线框图，还能实时追踪并响应应用用户的头部运动，被视为现代虚拟现实技术的先驱。

这一阶段的探索工作不仅为虚拟现实技术的基本思想形成和理论发展奠定了坚实基础，还推动了计算机图形学、传感器技术和人机交互技术等的发展，为虚拟现实技术的广泛应用提供了有力支撑。

(3) 第三阶段：虚拟现实技术概念和理论的初步形成阶段 (1973—1989 年)。

从 1973 年到 1989 年，虚拟现实技术的概念和理论开始逐步形成。在这一阶段，研究人员致力于研究虚拟现实的理论基础和技术实现途径。1973 年，迈克尔·麦金利 (Myron Krueger) 提出了"人工现实"(Artificial Reality) 这一概念，这是虚拟现实技术早期的术语。此外，他还开发了一个名为"视频空间"(Videoplace) 的交互式多媒体环境。该环境允许用户与数字投影的图像进行实时互动，体现了早期虚拟现实的交互性。1977 年，Dan Sandin 等人研制出了数据手套 SayreGlove，这是虚拟现实交互技术的一项重要进展。1984 年，拉尼尔 (Jaron Lanier) 成立了 VPL Research 公司，专注于开发虚拟现实硬件和软件。同年，NASA AMES 研究中心开发出了用于火星探测的虚拟环境视觉显示器，这是虚拟现实技术在航天领域的一次重要应用。1989 年，拉尼尔 (Jaron Lanier) 提出了"Virtual Reality"一词。这一词很快被广大研究人员接受，并成为该领域的专用名词。

(4) 第四阶段：虚拟现实技术理论完善和应用阶段 (从 1990 年至今)。

从 1990 年至今，虚拟现实技术进入了理论完善和应用阶段。在这一阶段，虚拟现实技术从研究型逐步转向应用型，广泛应用于科研、航空、医学、军事等领域。

1990 年，VPL 公司推出了两款革命性的虚拟现实设备：Data Gloves(数据手套) 和 Eye Phones(眼镜式显示器)，这标志着虚拟现实技术理论进一步成熟并开始应用于实践。1991 年，任天堂公司推出了 Virtual Boy 游戏机，虽然最终未能取得商业上的成功，但它为虚拟现实技术在消费市场上的应用奠定了基础。1993 年，经过 VR 系统的训练，宇航员成功完成了从航天飞机的运输舱内取出新望远镜面板的任务，这是虚拟现实技术在航天领域的一个典型应用实例。2012 年，Oculus Rift 的 Kickstarter 众筹项目取得了巨大成功，掀起了一股新的 VR 热潮。此后，索尼、HTC、谷歌等科技巨头相继推出各自的虚拟现实产品，进一步推动了虚拟现实技术的普及。近年来，随着技术的持续升级和成本的不断降低，虚拟现实技术的软硬件生态环境日益成熟。

2) 虚拟现实技术的发展趋势

随着科技的飞速发展，虚拟现实技术逐渐成为新一代信息技术的重要方向。近年来，虽然虚拟现实技术尚未完全成熟，但 VR 产业却稳步发展，展现出强劲的增长势头与多元化的发展趋势，具体如下：

(1) 技术融合与创新。虚拟现实技术正加速与人工智能、5G、云计算、物联网等新一代信息技术进行融合。随着生成式人工智能、数字孪生、元宇宙等新技术的兴起，虚拟现实技术在硬件、软件、内容应用等各个环节日益完善，进一步提升了用户的沉浸感和参与度。例如，虚拟现实技术与人工智能技术的结合使得虚拟角色具备了更高的智能，实现了与用户的自然交互。

(2) 产品形态多样化。虚拟现实设备正朝着更轻、更小、更智能、更沉浸的方向发展。终端产品的种类将更加丰富，产品服务也将持续创新和升级。同时，新型、廉价且性能优良的虚拟现实设备将不断涌现，为用户提供更加丰富、多样和个性化的虚拟体验，从而有效提升用户的使用体验和满意度。

(3) 内容生态优化。随着技术的进步、优质产品的推出以及更加易用、高效的内容创作工具的出现，虚拟现实内容制作的门槛得以降低。这使得虚拟现实的内容生态得到革新，虚拟现实的应用场景也变得更加丰富。

(4) 行业应用拓展。越来越多高品质、大众化、低门槛的虚拟现实内容不断出现，加速了虚拟现实的规模化应用。虚拟现实技术在教育、医疗、娱乐、工业生产、商贸创意等领域展现出广阔的应用前景。

(5) 市场规模增长。市场研究机构的数据显示，中国虚拟现实市场规模呈上升趋势，预计到 2028 年，市场规模将达到 2125.9 亿元。近半数受访者表现出强烈购买 VR 产品的意愿，并且更偏好购买国产品牌。

(6) 用户体验提升。随着虚拟现实技术的不断进步和硬件设备性能的持续提升，用户体验将得到进一步优化。例如，近眼显示技术的进步为用户带来了更加清晰、细腻且色彩丰富的虚拟视觉体验。同时，5G、云计算、人工智能等新技术的融合应用，为虚拟现实技术提供了更加稳定、高速的传输和计算支持。

(7) 交互技术发展。VR 交互技术呈现多点布局，手势识别、语音控制、眼球追踪等交互方式不断优化，加速了"全感 VR"体验的实现，进一步提升了用户的沉浸感和参与度。

3. 虚拟现实技术的应用场景

随着计算机技术的快速发展，虚拟现实技术已经成为推动社会进步和产业升级的重要力量，正以前所未有的速度改变着我们的生活、学习和工作方式。作为一种高度沉浸式的数字体验技术，虚拟现实技术通过模拟真实或虚构的环境，使用户能够"身临其境"地与之互动，从而开辟了广阔的应用前景。

(1) 教育培训领。虚拟现实技术在教育培训领域展现出广阔的应用前景。通过 VR 技术，我们可以创建高度逼真的虚拟环境，让学生在这些模拟的虚拟环境中进行实景学习和练习，例如进行科学实验、职业体验等，从而提高学生的实践能力。在课堂教学中，教师可以将课堂教学内容与虚拟现实技术相结合，为学生提供沉浸式、互动式的学习体验，如重现历史场景等。此外，虚拟现实技术还支持远程教学和资源共享，使得不同地区、国家的学生都能享受到优质的教育资源。

(2) 医疗领域。虚拟现实技术已广泛应用于医疗领域，涵盖医学研究、手术模拟、患者治疗、心理疗法等多个方面。例如，医生可以利用 VR 设备进行手术模拟训练，从而提高手术技能；患者可以通过 VR 设备进行康复训练，以促进其肢体功能的恢复。

(3) 娱乐与游戏领域。虚拟现实技术在娱乐与游戏领域的应用已经非常成熟，为玩家带来了前所未有的沉浸式体验。通过先进的硬件设备和软件技术，VR 游戏不仅增强了玩家的游戏乐趣，还开拓了全新的娱乐形式，如沉浸式游戏体验、体育健身活动、虚拟现实影院等。例如，迪士尼乐园推出的 VR 体验项目 Star Wars: Secrets of the Empire 就利用了虚拟现实技术，让游客能够与《星球大战》中的角色进行互动，亲身参与到故事中去。

(4) 工业领域。虚拟现实技术在工业领域的应用正逐渐从概念验证阶段迈向实际生产阶段，为工业生产带来了智能化、高效化的变革。通过创建高度仿真的虚拟环境，虚拟现实技术能够提高设计效率、优化生产流程、提升培训效果、增强设备维护和检修能力。虚拟现实技术在工业领域的应用场景主要包括：在产品设计阶段，工程师使用虚拟现实技术创建和测试产品的三维模型，进行虚拟装配和仿真分析；在生产规划阶段，工程师利用虚拟现实技术在虚拟环境中模拟生产线的布局和运行情况；在培训方面，企业利用逼真的虚拟培训环境对员工进行培训与安全教育；在设备维护方面，维修人员利用虚拟现实技术对设备进行维护和检修；在管理决策方面，数据分析系统为管理人员提供数据可视化与决策支持。

除上述领域外，虚拟现实技术还可以应用于建筑设计、城市规划、军事航天、房地产、文物保护等多个领域。例如，在房地产领域，开发商利用虚拟现实技术，可以为购房者提供沉浸式的看房体验，提高购房满意度；在军事航天领域，军事人员可以通过虚拟现实技术进行模拟训练，以提高自身的作战能力；在文物保护领域，博物馆和文化遗址管理机构能通过虚拟现实技术向全世界展示其珍贵藏品，让更多人有机会近距离接触和了解这些藏品。

4. 虚拟现实应用的开发流程和相关工具

虚拟现实应用的开发是一个复杂而有趣的过程，它主要包含策划设计、美术素材设计与制作、交互功能开发以及应用程序发布四个阶段，如图 5-89 所示。每个阶段都有其特定的工具和方法。这些工具和方法不仅是虚拟现实应用开发的基石，更是开发人员创造精彩虚拟世界的得力助手。在每个阶段中，开发人员都需要运用特定的技能，借助特定的工具来完成相应的工作。

图 5-89　虚拟现实应用的开发流程

1) 策划设计阶段

策划设计阶段是整个项目成功的关键。此阶段的工作不仅关乎项目的整体方向和定位，还直接影响到后续开发的顺利进行。这个阶段的核心目标是确定虚拟现实应用开发的基础框架和核心要素，具体包括以下内容：

(1) 项目团队明确项目目标，并将这些目标细化。

(2) 项目团队通过用户调研，确定虚拟现实应用的目标使用群体，包括他们的年龄、性别、兴趣和需求等。

(3) 根据项目目标和用户需求，项目团队确定虚拟现实应用的核心功能和可以提升用户体验的附加功能。

(4) 项目团队根据需要实现的核心功能，对整体框架进行规划，包括技术框架搭建、交互设计、前后台系统架构设计。

(5) 项目团队成员共同参与头脑风暴会议，提出创意和想法，并对这些创意和想法进行概念验证，评估其可行性和吸引力。

(6) 项目管理团队对项目进行规划和管理，包括制定详细的项目时间线，确定项目所需的资源并进行合理分配，对项目进行风险评估并制定相应的风险缓解策略。

(7) 项目文档编写人员编写详细的项目文档，包括项目概述、目标、受众、功能需求和整体框架等，并创建设计报告，记录创意和概念开发的过程以及最终确定的设计决策。

在这个阶段，团队之间的沟通和协作，以及对项目目标和需求的深入理解至关重要。因此，良好的团队沟通和协作需要贯穿于整个策划设计阶段，以确保项目在正确的轨道上前进，并为后续的开发工作打下坚实的基础。

在这个阶段，常用的工具包括以下几种。

(1) Markdown。该工具用于撰写简洁的文档，如项目文档和策划书。

(2) MindManager/XMind/ProcessOn。这些工具用于构建思维导图，帮助梳理项目需求和设计思路。

(3) Visio。该工具用于绘制流程图、架构图等。

(4) Axure。该工具用于制作高保真原型，以展示项目的界面设计和交互设计。

(5) WPS Office/Microsoft Office。这些办公软件用于编写项目文档、制作表格和演示文稿。

2) 美术素材设计与制作阶段

此阶段主要是对项目中涉及的所有视觉元素进行设计与创建，具体包括以下内容。

(1) 概念设计：绘制场景、角色、道具等的概念图。

(2) 3D 建模：根据概念图制作出相应的 3D 模型。

(3) 材质贴图：为 3D 模型添加合适的纹理和颜色。

(4) 动画制作：为角色和道具创建相应的动画效果。

在这个阶段，常用的工具包括以下几种。

(1) Adobe Photoshop (PS)。这是一款图像处理软件，主要用于编辑和合成图像。

(2) Adobe Illustrator (Ai)。这是一款矢量图形设计软件，常用于创建和编辑图标、插图等矢量图形。

(3) 3ds Max/Maya/Blender/Cinema 4D。这些工具用于制作 3D 模型和动画。

(4) Substance Painter/Substance Designer。这些软件用于制作材质贴图。

3) 交互功能开发阶段

交互功能开发是虚拟现实应用开发的核心部分，良好的交互设计能够让用户体验更加流畅自然。因此，这一阶段的重点工作是实现用户与虚拟世界之间的互动。这个阶段的主要工作包括：

(1) 对需要实现的交互功能进行前期分析，确定开发流程与分工方案，并明确各项任务的责任人。

(2) 选择合适的开发引擎和编程语言，搭建程序框架，然后将 3D 模型、动画等素材导入开发引擎，完成场景搭建。

(3) 编写并调试交互逻辑代码，以实现用户与虚拟环境的交互功能。

(4) 对整体的视觉效果进行细致调整，并根据实际需求设计和添加特效。

(5) 对应用程序的性能进行全面优化，确保运行流畅。

在这个阶段，常用的工具包括以下几种。

(1) Unity/Unreal Engine/VRP。这些是主流的虚拟现实开发引擎，用于创建逼真的三维立体影像，实现虚拟世界的实时交互、场景漫游和物体碰撞检测等功能。

(2) C#/C++/ 蓝图 (Blueprints)/JavaScript。这些是编程语言，用于编写交互逻辑。

(3) Visual Studio。这是一个集成开发环境，用于编写、调试和管理代码。

4) 应用程序发布阶段

在应用程序发布阶段，开发者需要将已完成的虚拟现实应用部署到目标平台上，供用户使用。通常情况下，这个阶段的主要工作包括：

(1) 在正式上线发布之前，开发者对应用进行内部测试，发现并修复程序中的 bug，以确保其稳定性和兼容性。

(2) 开发者根据测试反馈进行功能优化。

(3) 开发者将应用程序发布到各大平台。

在这个阶段，常用的工具包括以下几种。

(1) Unity Test Tools/Unreal Automation Tool。这些是测试工具，帮助开发者发现并修复潜在问题。

(2) Steam/Oculus Store/Google Play。这些是发布平台，开发者通过这些平台将自己的作品提交，供用户下载体验。

5. 主流的虚拟现实引擎开发工具

虚拟现实引擎 (Virtual Reality Engine，VR 引擎) 是一种用于构建、管理和优化虚拟现实环境的软件工具，它负责处理和模拟虚拟现实环境中的各种场景和对象。虚拟现实引擎的主要目的是通过计算机生成虚拟环境，使用户能够沉浸其中，并通过各种交互设备与虚拟环境进行互动，从而为用户提供更真实、更优质的虚拟现实体验。

目前，有许多虚拟现实引擎开发工具，例如 Unity、Unreal Engine(虚幻引擎)、Godot、Virtual Reality Platform(虚拟现实平台，简称 VR-Platform 或 VRP)、CryEngine 等。其中，Unity 和 Unreal Engine(虚幻引擎) 是比较主流的引擎。可以说，这两款引擎如今已成为 PC 和移动游戏开发的"标配"，为开发者提供了全面且可靠的创作支持，满足了开发者的绝大多数需求。

1) Unity

Unity 是由 Unity Technologies 开发的一款跨平台综合型游戏开发工具。它使开发者能够轻松地创建三维视频游戏、虚拟现实、增强现实、建筑可视化、实时三维动画等互动内容，是一个支持多平台全面整合的专业开发引擎。Unity 的特点主要体现在以下几个方面：

(1) 跨平台兼容性出色。Unity 支持包括 Windows、Mac、iOS、Android、PlayStation、Xbox、Nintendo Switch 等在内的多个主流平台，使开发者只需进行一次开发，就能轻松部署到多个平台，从而大大节省了时间。

(2) 易用性高。Unity 具有直观的用户界面和丰富的在线资源，使初学者能够快速上手。

(3) 开发语言易学。Unity 采用 C# 作为主要开发语言，该语言相对易学且便于维护。

(4) 资源库丰富。Unity 资源商店 (Asset Store) 提供大量的免费和付费资源，开发者可以轻松获取高质量预置资源，以加速开发进程，节省时间和成本。

(5) 社区活跃。Unity 的开发者社区非常活跃，开发者可以在此交流经验、分享资源，并获得官方技术支持。

Unity 以其简易的操作界面、出色的跨平台兼容性以及丰富的资源库，显著降低了开发门槛，提高了开发效率，因此广受独立开发者、小型团队及大型企业的欢迎，成为虚拟现实应用开发的优选工具。

2) Unreal Engine(虚幻引擎)

Unreal Engine(虚幻引擎) 是由数字游戏和图形交互技术开发商 Epic Games 公司开发的一款高性能游戏引擎。虚幻引擎首次亮相于 1998 年，现已发展到第五代，以其强大的渲染、实时光线追踪和全局光照等功能而闻名，能够提供极佳的视觉效果和交互体验。Unreal Engine(虚幻引擎) 的特点主要体现在以下几个方面：

(1) 支持图形渲染。Unreal Engine 内置了强大的渲染引擎和物理模拟系统，使得游戏在视觉效果上拥有极高的逼真度。

(2) 具有蓝图 (Blueprint) 功能。Unreal Engine 4 提供了可视化编程蓝图功能，使没有程序设计基础的策划者也能参与到项目开发中。他们只需通过拖拽节点即可实现复杂的游戏逻辑，从而有效降低了设计开发门槛。

(3) 具有实时预览功能。开发者可以在编辑器中直接看到改动的效果，这有助于提高开发迭代速度和进行创意实验。

(4) 源代码部分开放。Unreal Engine 的部分源代码是开放的，便于开发者进行深度定制和开发。

(5) 社区活跃。Unreal Engine 拥有活跃的开发者社区，社区内提供了丰富的教程和资源。

虚幻引擎的这些特点使其成为开发高质量、高性能游戏和实时渲染应用的理想选择，尤其是在需要先进图形效果和复杂交互的项目中。

综上所述，Unity 和 Unreal Engine 作为两大主流游戏引擎，各自具备独特特点，能够满足不同类型的游戏开发需求。开发者应根据项目的具体需求、团队规模、技术实力以及个人偏好，来选择适合的游戏引擎。

6. 与虚拟现实的相关概念—增强现实和混合现实

虚拟现实 (VR)、增强现实 (AR) 和混合现实 (MR) 并称为 3R 技术，它们之间息息相关，既存在区别也有相互联系。3R 技术之间的关系如图 5-90 所示。

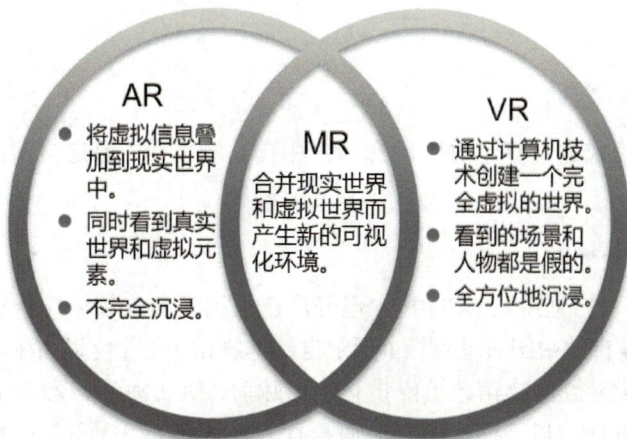

图 5-90　3R 技术之间的关系

1) 增强现实 (AR)

增强现实 (AR) 是一种将虚拟信息与真实世界巧妙融合的技术。它利用多媒体、三维建模、实时跟踪及注册、智能交互、传感等多种技术手段，将计算机生成的文字、图像、三维模型、音乐、视频等虚拟信息进行模拟仿真，并叠加到真实世界中。这两种信息互为补充，共同实现了对真实世界的"增强"。

与虚拟现实 (VR) 不同，增强现实 (AR) 将虚拟信息直接叠加到现实世界的视图中，使用户能同时看到并感知到真实世界和虚拟元素。AR 技术旨在增强用户对现实世界的感知，而并非替代它。相比之下，虚拟现实通过计算机技术完全隔绝现实环境，创建一个全新的虚拟世界。用户戴上 VR 设备后，会感觉自己仿佛置身于这个虚拟世界中，能够全方位地沉浸在虚拟环境中。简而言之，虚拟现实呈现的是完全虚拟的场景和人物，将用户带入一个完全虚拟的世界；增强现实是将虚拟信息融入现实世界中，形成既包含真实元素又包含虚拟元素的混合场景。

增强现实 (AR) 系统具有虚实结合、实时交互、三维注册和不完全沉浸等特点，因此被广泛应用于医疗、古迹复原、工业维修、娱乐游戏、导航定位、教育培训等领域。

2) 混合现实 (MR)

混合现实是虚拟现实和增强现实的结合体，它创造出一个既包含物理世界元素又包含数字世界元素的环境。在这个混合现实环境中，用户不仅可以在现实世界中与虚拟对象进行交互，而且虚拟对象也能够与现实世界中的物体进行互动。

实现混合现实需要一个能与现实世界中的各事物相互交互的环境。如果所有事物都是虚拟的，那么这属于 VR 的范畴。如果虚拟信息只是简单叠加在现实事物上，那么这属于 AR 范畴。MR 既能让用户看到现实世界 (类似于 AR)，同时又能呈现出逼真的虚拟物体 (类似于 VR)，并将这些虚拟物体固定在真实空间中，给人以强烈的真实感。因此，MR 的功能在某些方面与 VR 相似，在某些方面又与 AR 相似。

混合现实 (MR) 系统具有虚拟和现实相结合、空间感知、实时交互等特点，被广泛应用于设计、建筑、远程协作、娱乐和游戏、教育和科研等领域。

虚拟现实、增强现实和混合现实都是构建数字世界的核心技术，它们各自拥有不同的应用场景和用户体验。这些技术不仅改变了我们的生活方式，也预示着未来科技的发展趋势。

四、任务步骤

（一）确定任务名称

本任务的名称确定为"穿越时空的探险：中国古动物馆 (保定自然博物馆)VR/AR 体验之旅"。

（二）分析任务背景

虚拟现实 (VR) 与增强现实 (AR) 技术已经广泛应用于各个领域，特别是在教育和文化体验方面。位于保定市的中国古动物馆 (保定自然博物馆) 是一座以古生物化石等自然资源为载体的自然科学类专题博物馆。馆内设有地球脉动、远古海洋、恐龙帝国、哺乳新生和灭绝之殇五大常设展厅，以及两个大型临时展厅，还配备有 5D 和飞行两个特效影院。博物馆利用 AR、VR 等全景呈现手段，使观众仿佛置身于远古时代，亲身感受大自然的奥秘。

为了让学生更好地理解和体验 VR/AR 技术的实际应用，本次任务安排学生利用业余时间前往中国古动物馆（保定自然博物馆）参与 VR/AR 体验活动。通过这次体验活动，学生不仅可以学到古生物学的知识，还可以亲身体会到 VR/AR 技术带来的沉浸式学习体验。

（三）明确任务目标和注意事项

本任务的目标如下：

(1) 了解 VR/AR 在教育和文化领域的应用。

(2) 体验 VR/AR 技术如何增强学习的趣味性和互动性。

(3) 记录 VR/AR 体验的过程，并分析个人感受。

(4) 思考 VR/AR 在未来教育中的潜在应用和发展方向。

执行本任务时，应注意以下事项：

(1) 要合理安排时间，确保不影响其他课程学习和个人休息。

(2) 在参观过程中注意个人安全，严格遵守博物馆参观规定，正确操作 VR/AR 设备。

(3) 保持礼貌，尊重博物馆工作人员和其他参观者。

(4) 尊重历史事实，对 VR/AR 体验内容进行批判性思考，积极提出问题与建议。

(5) 遵守网络道德，尊重并保护知识产权。

(6) 自觉维护环境卫生，不乱扔垃圾。

（四）做好任务准备

1. 查阅相关资料

学生查阅并了解中国古动物馆（保定自然博物馆）的基本情况、展览内容以及 VR/AR 项目的相关介绍等资料。

2. 预约参观时间

根据中国古动物馆（保定自然博物馆）的参观要求，学生提前在线预约参观时间，以确保能够顺利体验 VR/AR 项目。

3. 储备必要知识

学生学习并掌握 VR/AR 技术的基本原理及常见的设备类型。

4. 准备其他事项

教师将学生分成每组 4~6 人的小组，并确定各组组长。学生准备记录本或电子笔记工具以备使用。

（五）执行任务

1. 进行实地考察

学生利用业余时间前往中国古动物馆（保定自然博物馆），在馆内找到 VR/AR 体验区。

2. 进行 VR/AR 项目体验

(1) 学生按照博物馆工作人员的指导，正确佩戴 VR/AR 设备进行体验。每位学生需至少体验一个 VR/AR 项目，并在体验过程中记录下印象深刻的古生物和个人感受。

(2) 学生注意观察 VR/AR 体验的交互设计，记录哪些元素增强了沉浸感，哪些元素需要改进。

3. 进行记录与反思

学生完成 VR/AR 体验记录表 (如表 5-1 所示)，并进行个人反思。

表 5-1　VR/AR 体验记录表

姓名		班级		日期	
体验的 VR/AR 展项名称					
展项简介					
体验感受					
视觉效果					
互动性					
知识性					
沉浸感					
学习到的古生物知识					
对 VR/AR 技术在博物馆应用的看法					
改进建议 (如有)					

4. 开展小组讨论与汇报

(1) 小组分享：每组选派一名学生代表，分享本组在 VR/AR 体验过程中的亮点、趣事以及学到的新知识。

(2) 课堂讨论。

① 师生共同分析 VR/AR 技术在展示古生物方面的优势，如直观性、互动性、安全性等。

② 师生共同讨论 VR/AR 体验的局限性，如可能存在的技术限制、历史准确性问题、观众适应性等。

③ 学生积极思考并提出改进建议，探讨如何结合 VR/AR 等技术进一步提升古生物学教育的趣味性和有效性。

5. 提交任务成果材料

(1) 学生提交 VR/AR 体验记录表。

(2) 学生根据个人体验和小组讨论内容，利用 WPS 文字软件撰写一篇关于 VR/AR 在博物馆教育中应用的文章，字数不少于 1000 字。

(3) 学生根据撰写的文章制作 WPS 演示文稿，以便在课堂上进行展示。

6. 进行任务效果评价

教师根据学生的 VR/AR 体验记录表、小组分享内容、撰写的文章以及 WPS 演示文稿的展示情况，给予评价和建议。

任务 5.7　认识项目管理

一、任务描述

在当今快节奏、充满挑战与机遇的时代，无论是企业期望推出创新产品抢占市场，还是政府部门规划大型基础设施建设来改善民生，亦或是社会组织筹备一场盛大的公益活动来传递爱心，背后都离不开一套科学、高效的管理手段。而这一关键手段，正是项目管理。它宛如一把万能钥匙，能够解开复杂任务的层层关卡，将看似遥不可及的目标一步步转化为现实。现在，就让我们一同走进项目管理的奇妙世界，揭开它神秘的面纱。在本任务中，我们将介绍项目的相关知识和项目管理工具。

二、任务分析

本任务的主要目标是介绍与项目管理相关的基础知识，并通过任务实践使读者对项目管理有更深入的认识。

三、相关知识点

1. 项目管理的概念

项目是指需要在限定的资源和时间内完成的一次性任务，具体形式可以是一项工程、一项服务、一个研究课题或一项活动等。

为了有效地进行项目管理，我们需要将管理的知识、工具、技术应用于项目活动中，以解决项目问题或满足项目需求。管理过程包括领导 (Leading)、组织 (Organizing)、用人 (Staffing)、计划 (Planning)、控制 (Controlling) 五项主要工作。

在项目管理中，质量、进度与成本是三个最关键的要素。

(1) 质量。质量是项目成功的必要保证。为了确保质量，我们需要进行质量管理，包括制定质量计划、实施质量保证措施和进行质量控制。

(2) 进度。进度管理是确保项目能够按期完成的过程。为了实现这一目标，各参与单位需在总体计划的指导下编制并执行各自的分解计划，以保证工程能够顺利进行。

(3) 成本。成本管理是确保项目在批准的预算范围内完成的过程，包括编制资源计划、进行成本估算、制定成本预算以及实施成本控制措施。

2. 学习项目管理的重要性

项目管理对于项目的成功至关重要，主要体现在以下几个方面：

(1) 提高项目的执行效率。项目管理能够确保项目在预定的时间、预算和质量标准内顺利完成，从而提高项目的执行效率。

(2) 提升项目的质量。项目管理有助于提升项目的质量，确保项目的产品和服务符合客户的需求和期望。

(3) 提高客户的满意度。通过项目管理，可以确保客户对项目的质量和效率感到满意，从而增强客户的满意度。

(4) 增强项目团队的协作能力。项目管理通过优化项目流程，能够增强项目团队的协作能力，促进团队成员之间的配合，确保团队能够顺利地完成任务。

(5) 提升项目组织的声誉。通过成功实施项目管理，能够提升项目组织在行业内的声誉，为项目组织赢得良好的行业声誉。

(6) 降低项目的风险。项目管理通过有效管控项目过程，能够有效降低项目的风险，减少项目失败的可能性。

3. 项目管理的形式

项目管理的形式多种多样，以适应不同项目的特点和需求，具体如下：

(1) 设置项目管理的专门机构，全面负责管理项目。对于规模庞大、工作复杂且时间紧迫的项目，由于存在众多不确定因素和新问题，且需要多个部门和单位的协同合作。此时，企业可以单独设立专门机构，并配备一定数量的专职人员，以全面负责项目的管理工作。

(2) 设置项目专职管理人员，负责项目的协调管理工作。对于规模较小、工作不太复杂且时间不太紧迫的项目，虽然不确定因素较少，涉及的单位和部门也不多，但仍需加强组织协调。此时，企业可委派专职人员负责协调管理，协助相关领导联系、督促和检查各有关部门和单位的任务执行情况。必要时，企业可为专职管理人员配备助手以协助其工作。

(3) 设置项目主管，负责项目的临时授权与管理工作。对于规模、复杂程度、涉及面和协调量介于上述两种情况之间的项目，设置专门机构的必要性不大，而设置专职人员又可能因力量单薄而难以胜任。因此，企业可以指定主管部门并任命项目主管人员，临时授予他们相应的管理权力。主管部门或主管人员在履行原有职能或岗位职责的同时，将全权负责项目的计划制定、组织实施与控制管理。

(4) 设置矩阵结构的组织形式，以实现项目的综合管理。矩阵结构是借用数学中的矩阵概念，将多个单元按照横行纵列的方式组合成一个矩形组织结构。该结构由纵向的部门职能系统和横向的项目系统构成。纵向系统负责部门的日常管理，横向系统负责项目的具体实施。通过横向与纵向系统的交叉重叠，形成一个矩阵组织结构，从而实现对项目的综合管理。

4. 项目管理的主要内容

项目管理主要包括以下几方面内容。

(1) 项目范围管理。这是为实现项目目标，对项目工作内容进行确定、规划和调整的管理活动。它涵盖项目范围的确定、规划、调整等。

(2) 项目时间管理。这是为确保项目最终按时完成而实施的一系列管理活动。它包括具体活动的定义、排序、时间估算、进度安排及时间控制等。很多人将 GTD(Getting Things Done) 时间管理方法引入其中，大幅提高了工作效率。

(3) 项目成本管理。这是为保证项目完成时实际成本、费用不超过预算而进行的管理活动。它包括资源的配置、成本及费用的预算制定、费用控制等。

(4) 项目质量管理。这是为确保项目达到客户规定的质量要求而实施的一系列管理活动。它包括质量规划、质量控制和质量保证等。

(5) 项目人力资源管理。这是为确保所有项目相关人员的能力和积极性得到最有效发挥和利用而采取的一系列管理措施。它包括组织规划、团队建设、人员选聘和团队绩效管理等。

(6) 项目沟通管理。这是为确保项目信息的合理收集和有效传递而实施的一系列管理活动。它包括沟通规划、信息传输、进度报告等。

(7) 项目风险管理。这涉及项目可能遇到的各种不确定因素的管理。它包括风险识别、风险量化、对策制定以及风险控制等。

(8) 项目采购管理。这是为从项目实施组织之外获得所需资源或服务而采取的一系列管理活动。它包括采购计划的制定、采购与征购、供应商的选择以及合同管理等。

(9) 项目集成管理。这是为确保项目各项工作能够有机地协调和配合而进行的综合性和全局性的项目管理活动。它包括项目集成计划的制定、实施以及项目变动的总体控制等。

(10) 项目干系人管理。这是指对项目干系人的需求、期望进行识别，并通过沟通管理来满足其需求、解决其问题的过程。项目干系人管理有助于赢得更多人的支持，从而确保项目的成功实施。

5. 项目管理的阶段

项目管理一般分为项目启动、项目规划、项目执行、项目监控、项目收尾五个阶段。

1) 项目启动阶段

项目启动阶段主要包含以下几个关键步骤。

(1) 识别项目需求：项目管理者明确项目的来源，判断其是基于市场需求、客户要求还是企业内部发展战略等。例如，一家餐饮企业计划拓展业务，因此产生了开设新分店的需求，这就是项目启动的起始点。

(2) 定义项目目标和范围：项目管理者确定项目要达成的具体目标，包括可量化的目标（如销售额增长、成本降低等）和质量目标（如产品合格率、服务满意度等）；清晰界定项目的范围，明确哪些工作属于项目内容，哪些不属于项目内容。以新分店项目为例，目标可能是在特定区域内开设一家可容纳一定数量顾客、达到一定营收水平的餐厅，范围则涵盖选址、店面装修、设备采购、人员招聘等各项任务。

(3) 进行可行性研究：项目管理者从技术、经济、操作等方面对项目实施的可能性进行全面评估。以新分店项目为例，在技术方面，项目管理者需评估新的餐饮设备是否满足生产需求；在经济方面，需分析成本与预期收益；在操作方面，需考虑当地市场的运营环境等因素。

(4) 组建项目团队：项目管理者挑选合适的人员组建项目团队，团队成员包括项目经理、厨师团队、服务人员、采购人员、财务人员等，并明确各成员的具体角色和职责。

(5) 召开项目启动会：项目管理者组织团队成员和利益相关者召开项目启动会，使他们了解项目的目标、范围、计划和各自的职责，同时营造积极的项目启动氛围。

2) 项目规划阶段

项目规划阶段主要包含以下几个关键步骤。

(1) 制定项目计划：项目管理者详细规划项目的工作流程、时间安排、资源分配和成本预算，使用甘特图等工具来安排工作顺序和时间跨度。例如，确定选址工作在第 1～2 个月内完成，装修工作在第 3～5 个月内进行。

(2) 分解项目任务：项目管理者将项目目标分解为具体的、可操作的任务，并明确各任务之间的依赖关系。例如，装修任务可细分为水电改造、墙面地面处理、厨房装修等子任务，且水电改造完成后才能进行墙面和地面处理。

(3) 分配资源：项目管理者根据任务需求，合理分配人力、物力、财力资源。例如，为装修任务分配施工人员、装修材料和相应的预算，为采购任务分配采购人员和采购资金。

(4) 制定风险管理计划：项目管理者识别项目可能面临的风险（如选址困难、装修超支、人员招聘不足等），并制定相应的应对措施。例如，针对装修超支风险，项目经理预留一定比例的应急预算或寻找多家装修供应商进行比价。

(5) 制定沟通计划：项目管理者确定项目团队内部以及与外部利益相关者（如供应商、政府部门等）的沟通方式、频率和内容。例如，项目管理者每周召开项目团队内部会议，每月与供应商沟通一次材料供应情况。

3) 项目执行阶段

项目执行阶段主要包含以下几个关键步骤。

(1) 按计划开展工作：项目团队成员依据项目计划和任务分配，各自开展相应的工作。例如，施工人员根据装修设计图进行施工，采购人员按照清单采购所需的设备和食材。

(2) 协调资源和任务：项目管理者负责协调各任务之间的资源分配和进度衔接，及时解决资源冲突和任务依赖问题。例如，在装修过程中，若发现某种材料短缺，则项目经理需立即协调采购人员进行补货；若水电改造进度延迟影响后续装修进度，则项目经理应及时调整工作计划或增加资源以加快施工速度。

(3) 记录项目进展信息：项目团队成员需详细记录项目的实际进展情况，包括已完成的任务、正在进行的任务、已消耗的资源、出现的问题等，以便为项目监控和后续分析提供数据支持。

4) 项目监控阶段

项目监控阶段主要包含以下几个关键步骤。

(1) 跟踪项目进度：项目管理者对比实际进度与计划进度，使用进度偏差 (Schedule Variance，SV) 等指标进行衡量。若发现进度滞后，则项目管理者需立即分析原因 (如任务难度超出预期、资源不足等)，并采取措施 (如调整计划、增加资源等) 进行调整。例如，若发现装修进度慢于计划，项目管理者可考虑增加施工人员或调整工作时间。

(2) 监控项目成本：项目管理者监测实际成本与预算成本之间的差异，计算成本偏差 (Cost Variance，CV) 等指标。若成本超支，项目管理者需分析原因 (如材料价格上涨、浪费还是其他原因)，并采取控制成本的措施，如重新谈判采购价格、加强成本管理。

(3) 控制项目质量：项目管理者按照质量计划对项目成果进行检查和评估，确保项目符合质量标准，例如检查装修质量是否达标，食品采购是否符合卫生标准等。对于不符合质量要求的部分，项目管理者应及时要求整改。

(4) 管理项目风险：项目管理者持续关注已识别风险的状态，并同时识别新的风险。若出现新的风险 (如当地政策变化影响餐厅开业)，则项目管理者应立即启动相应的应对措施。

5) 项目收尾阶段

项目收尾阶段主要包含以下几个关键步骤。

(1) 完成项目交付：项目管理者确保项目的最终成果符合项目目标和客户要求，随后将项目成果移交给相关方。例如，新餐厅装修完成、设备安装调试完毕、人员培训到位后，项目管理者正式安排开业。

(2) 进行项目验收：项目团队组织客户等相关方对项目进行验收，检查项目是否完成所有既定任务、是否达到质量标准等。验收通过后，各方签署验收报告。

(3) 整理项目文档：项目团队成员整理项目实施过程中的所有相关文档，包括需求文档、设计文档、测试报告、变更记录等，并进行归档保存，以备后续查阅。

(4) 释放项目资源：项目管理者对项目占用的资源 (如人员、设备、场地等) 进行合理安排和释放，确保资源能够顺利回归到企业资源池中，例如归还临时租赁的施工设备，遣散临时雇佣的施工人员。

(5) 总结项目经验教训：项目团队成员对项目全过程进行回顾和总结，分析项目中的成功经验和不足之处，为未来项目提供借鉴。例如，项目管理者总结装修过程中遇到的问题及其解决方法，以便在后续分店开设项目中加以改进。

6. 项目管理的特性

项目管理具有如下特性：

(1) 普遍性。项目作为一种一次性和独特性的社会活动，普遍存在于人类社会的各项活动之中。甚至可以说，人类现有的各种物质文化成果，最初大多是通过项目的方式实现的。因为现有各种运营所依靠的设施与条件，最初都是依靠项目活动建设或开发的。

(2) 目的性。项目管理的目的性在于，通过开展项目管理活动，保证满足或超越项目有关各方明确提出的项目目标或指标，同时满足项目有关各方未明确规定的潜在需求和期望。

(3) 独特性。项目管理的独特性在于，项目管理不同于一般的企业生产运营管理，也不同于常规的政府管理或其他类型的管理活动，它是一种具有鲜明特点的管理方式。

(4) 集成性。项目管理的集成性要求，在项目管理过程中，必须根据具体项目各要素或各专业之间的配置关系，进行综合性的管理，而不能孤立地开展项目各个专业或进行单一专业的独立管理。

(5) 创新性。项目管理的创新性包含两层含义：一是指项目管理需要管理项目中所包含的创新点；二是指任何一个项目的管理都没有固定不变的模式和方法，都需要通过管理创新来实现对具体项目的有效管理。

(6) 临时性。项目是一种临时性的任务，它需要在限定的时间内完成。当项目的基本目标达成时，就意味着项目已经结束，尽管项目所建成的成果可能才刚刚开始发挥作用。

四、任务步骤

（一）认识项目管理工具

在信息技术高速发展的今天，项目管理者常常会利用各种计算机软件来进行项目管理。这些软件集成了多种项目管理工具，凭借其强大的逻辑处理能力和计算能力，协助项目管理者更加高效地完成项目管理工作。目前，常见的项目管理工具主要包括甘特图、计划评审技术 (Program Evaluation and Review Technique，PERT) 图、日历、时间线、任务分解结构 (Work Breakdown Structure，WBS) 表、状态表、质量屋 (House of Quality，HOQ)、思维导图和鱼骨图等。

1. 甘特图

甘特图 (如图 5-91 所示) 采用图示形式，通过活动列表和时间刻度，形象地展示出

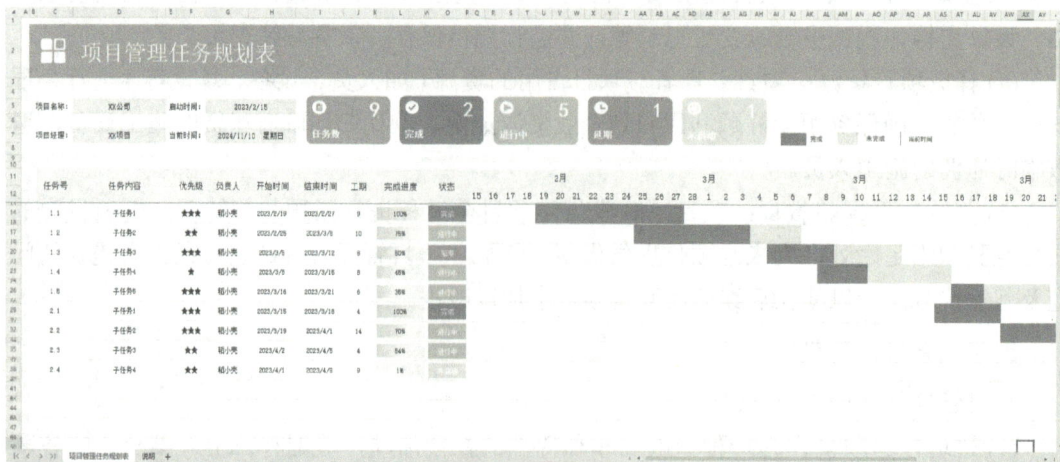

图 5-91　甘特图

特定项目的活动顺序和持续时间。它直观地呈现了项目任务的时间安排和进度状况。例如，在软件开发项目中，我们可以利用甘特图清晰地看到各个模块开发、测试等阶段的具体时间安排。

2. PERT 图

计划评审技术 (PERT) 可用于规划和安排整个项目的进程。PERT 图 (如图 5-92 所示) 是项目实施阶段的重要管理工具。它不仅能展示项目阶段的划分以及任务时间的分配情况，而且与甘特图不同，PERT 图不采用条状图形式来表示任务，而采用关系模型来展示相关信息。在 PERT 图中，方框用来表示任务，箭头用来表示任务之间的逻辑关系。相较于甘特图，PERT 图在展示任务之间的逻辑关系和反映当前项目所处阶段方面更具优势。

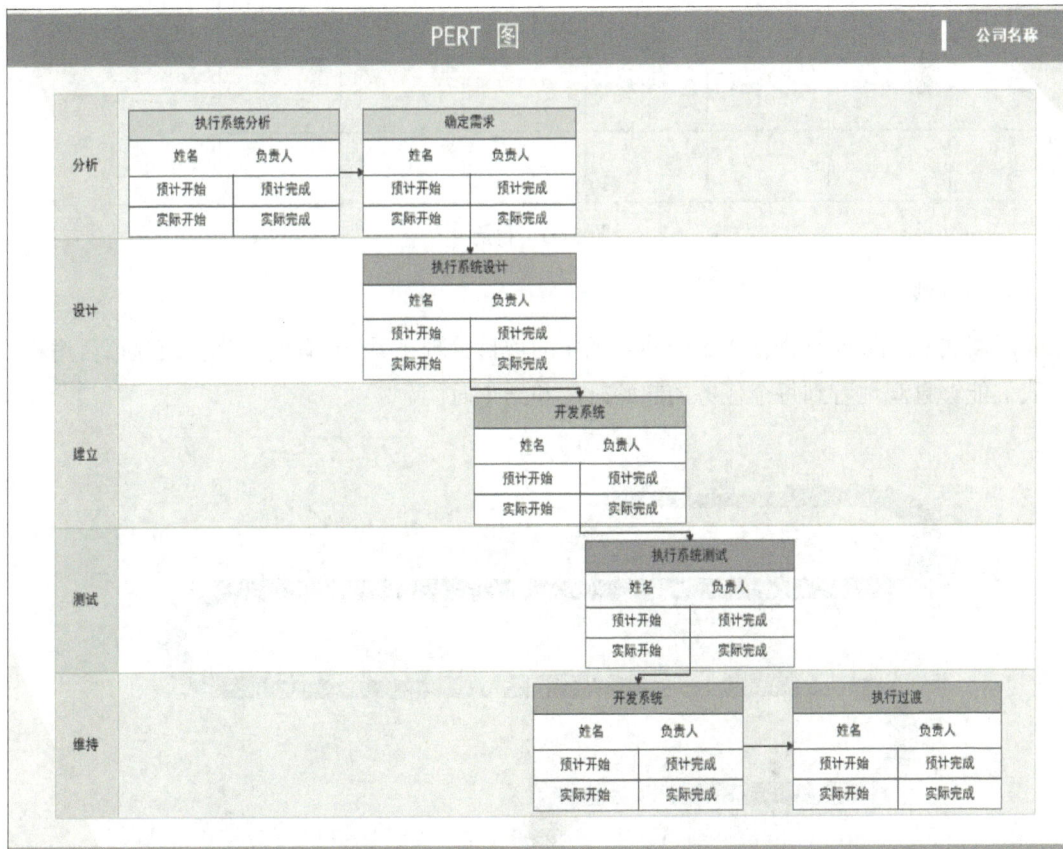

图 5-92　PERT 图

3. 日历

日历 (如图 5-93 所示) 是一种基于时间的项目管理工具。它能够帮助我们有效地管理每天、每周或每个月的行程安排。日历的优势在于，我们可以向其中添加各种待办事项，用以提醒自己在特定时间需要完成的事项，从而确保所有事情都能在截止日期前顺利完成。

图 5-93　日历

4. 时间线

时间线（如图 5-94 所示）是一种可视化的项目管理工具。它有助于我们跟踪项目进程，使我们能够直观地看到每个任务的起始时间和结束时间。

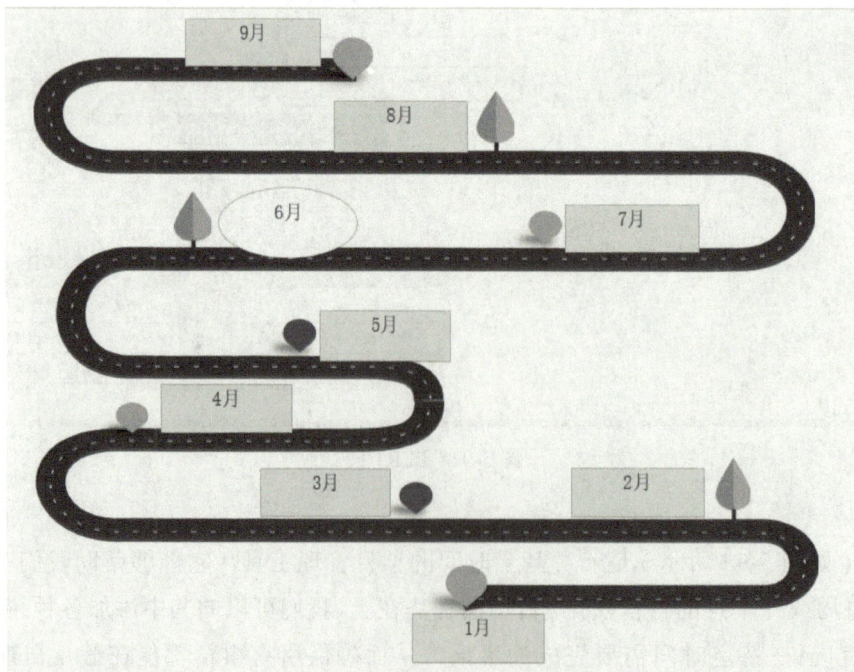

图 5-94　时间线

5. 工作分解结构 (WBS) 表

工作分解结构 (WBS) 与因数分解原理相似，即将一个项目按照一定的原则进行分解。首先，将项目分解成任务；然后，将任务进一步分解成一项项具体的工作；最后，将这些工作分配到每个人的日常活动中，直到无法再进一步分解为止，即遵循"项目→任务→工作→日常活动"的分解路径。

工作分解结构 (WBS) 表 (如图 5-95 所示) 是以可交付成果为导向，对项目要素进行分组的一种工具。它归纳和定义了项目的整个工作范围，每下降一层都代表对项目工作的更详细定义。WBS 表在计划过程中始终处于中心地位，它也是制定进度计划、确定资源需求、编制成本预算、制定风险管理计划和采购计划等的重要基础。

工作分解结构表 (WBS)														
一、项目基本情况														
项目名称			T 客户考察公司				项目编号			T0808				
制作人			张三				审核人			李四				
项目经理			张三				制作日期			2019/7/8				
二、工作分解结构 (R-负责 responsible; As-辅助 assist; I-通知 informed; Ap-审批 to approve)														
分解代码	任务名称	包含活动	工时估算	人力资源	其他资源	费用估算	工期	张三	李四	王五	赵六	吴丹	刘峰	张芳
1.1	邀请客户	提交邀请函给客户	0.5	2			1	I	AP	R	I	I	I	I
1.2		安排行程	2	3			2	R	AP	AS	I	I	I	AS
1.3		与客户确认行程安排	0.5	1			1	I	AP	R	I	I	I	I
2.1	落实资源	安排我司高层接待资源	1	2			1	R	AP	AS	I	I	I	I
2.2		安排各部门座谈人员	2	6			2	AP	I	I	AS	AS	R	I
2.3		确定总部可参观场所	0.5	4			1	AP	I	I	AS	AS	R	I
3.1	预定后勤资源	预定国际机票	0.5	1	机票6张	120000	1	AP	I	AS	I	I	I	AS
3.2		预定酒店	0.25	1	酒店房间6间	35000	1	AP	I	AS	I	I	I	R
3.3		预定陆上交通车	0.25	1	2辆车*7天	15000	1	AP	I	AS	I	I	I	R
3.4		预定用餐	0.5	1		20000	1	AP	I	AS	I	I	I	R
3.5		预定观光门票	0.5	1	门票6套	10000	1	AP	I	AS	I	I	I	R
4.1	实施考察接待	启程	1	3			1	I	AS	R	I	I	I	AS
4.2		展厅、生产线、物流参观	0.5	6			1	AS	AS	AS	I	R	AS	AS
4.3		实验室考察	0.5	3			1	I	I	AS	I	I	R	AS
4.4		样板点考察	1	4			1	I	I	AS	R	I	AS	AS
4.5		系列座谈	2	20			2	R	AS	AS	AS	AS	AS	AS
4.6		观光	1	2			1	I	I	AS	I	I	I	R
4.7		返程	1	2			1	I	I	AS	R	I	I	I
5.1	后续事宜跟踪	座谈交流问题点落实	3	6			3	R	AS	AS	AS	AS	AS	I
5.2		代表处主管回访	0.5	2			1	I	R	AS	I	I	I	I
5.3		代表处反馈考察效果	0.5	1			1	I	AP	AS	I	I	I	I
5.4		提交总结报告	1	3			1	R	AP	AS	I	I	I	AS

图 5-95　工作分解结构 (WBS) 表

6. 状态表

状态表 (如图 5-96 所示) 在跟踪项目进程时十分有效。它不包含项目的持续时间和任务之间的具体关系等细节，而更注重展示项目的当前状态和完成进度。状态表还清晰地列出了每个任务的负责人，这有助于项目管理者更好地评估员工的业绩表现，并更有效地追究和落实责任。

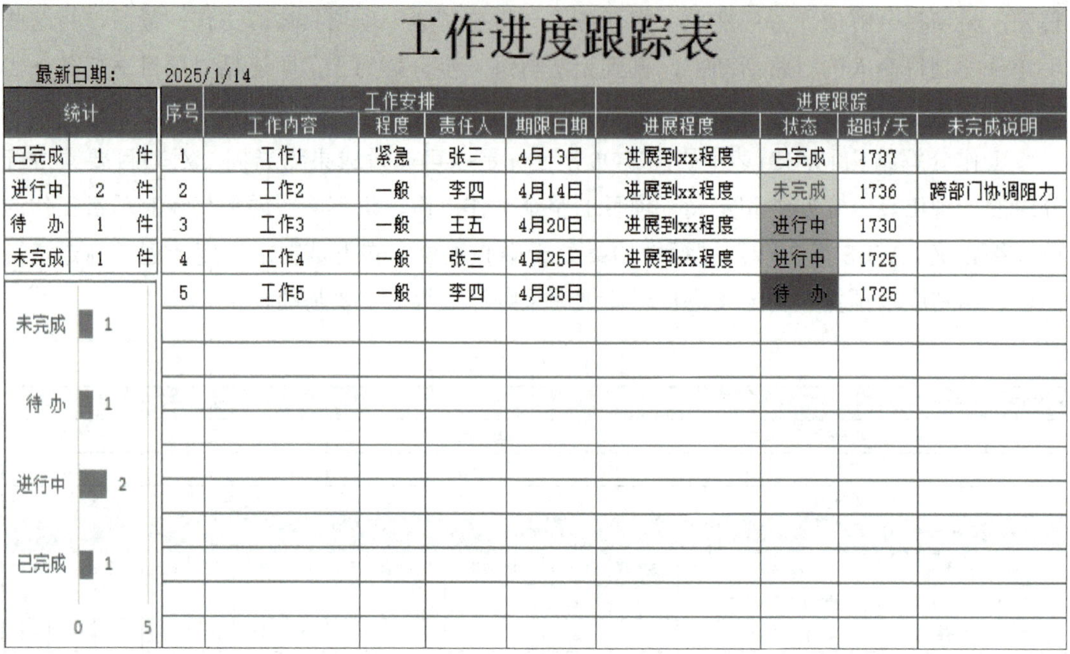

工作进度跟踪表

最新日期： 2025/1/14

统计		序号	工作安排				进度跟踪		
			工作内容	程度	责任人	期限日期	进展程度	状态	超时/天	未完成说明
已完成	1 件	1	工作1	紧急	张三	4月13日	进展到xx程度	已完成	1737	
进行中	2 件	2	工作2	一般	李四	4月14日	进展到xx程度	未完成	1736	跨部门协调阻力
待办	1 件	3	工作3	一般	王五	4月20日	进展到xx程度	进行中	1730	
未完成	1 件	4	工作4	一般	张三	4月25日	进展到xx程度	进行中	1725	
		5	工作5	一般	李四	4月25日		待办	1725	

未完成 ▮ 1

待办 ▮ 1

进行中 ▮ 2

已完成 ▮ 1

0   5

图 5-96 　状态表

7. 质量屋 (HOQ)

质量屋 (HOQ)(如图 5-97 所示) 能够清晰地界定用户需求和产品功能之间的关系，并在质量功能配置、团队决策等方面发挥着显著的作用。HOQ 的内容构成包括屋顶部分、技术特性部分、关系矩阵部分、顾客需求部分、技术评估部分以及竞争分析部分。

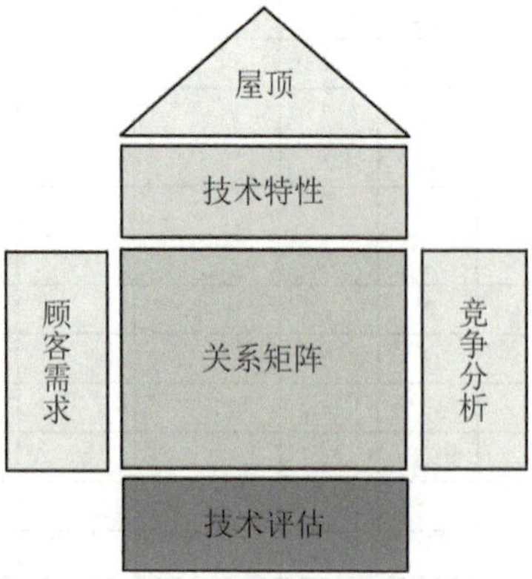

屋顶

技术特性

顾客需求 | 关系矩阵 | 竞争分析

技术评估

图 5-97 　质量屋 (HOQ)

8. 思维导图

思维导图 (如图 5-98 所示) 的主要作用是将项目分解成若干小任务，以便更好地管理待办事项或深入分析问题。

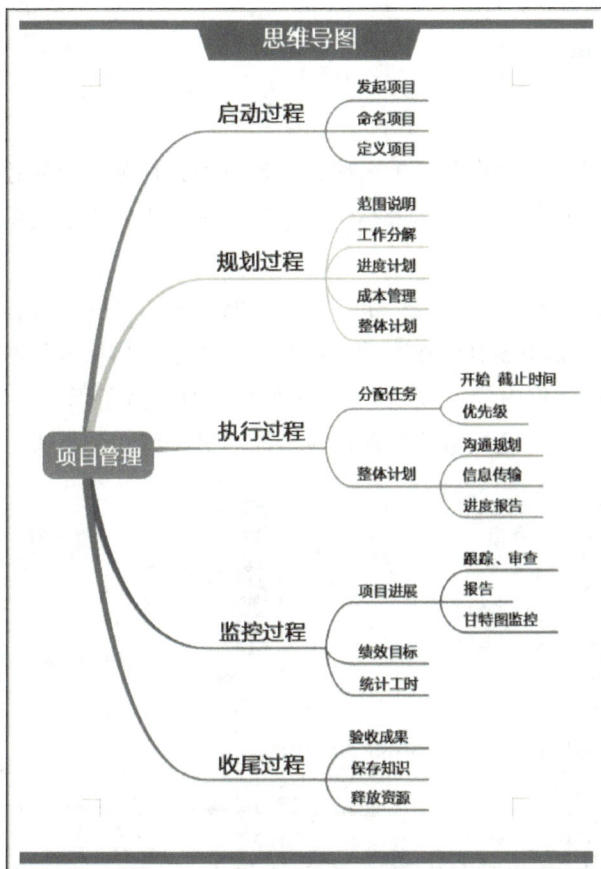

图 5-98　思维导图

9. 鱼骨图

鱼骨图 (如图 5-99 所示)，顾名思义，是一种形状类似鱼骨的图。它由日本管理大师石川馨先生发明，是一种用于发现问题"根本原因"的工具，也可称之为"lshikawa 图"或者"因果图"。

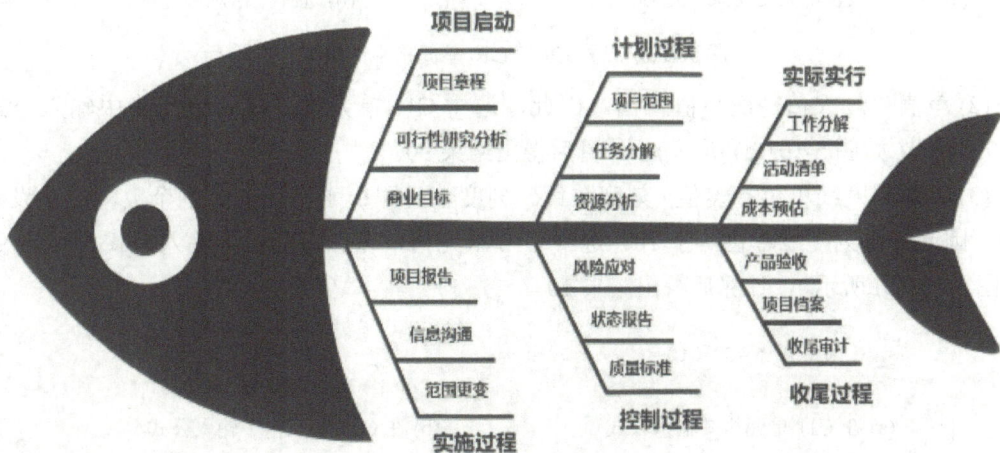

图 5-99　鱼骨图

（二）制作甘特图

1. 准备基础数据

在制作甘特图之前，需要准备任务名称、开始时间、任务天数的数据；同时，还需计算日期的最大值、最小值、差值和确定主要刻度线单位，具体步骤如下：

制作甘特图

(1) 打开"素材 .xlsx"文件，选中 C9 和 C10 单元格并右击，在弹出的右键菜单中选择"设置单元格格式"选项，如图 5-100(a) 所示。在弹出的"单元格格式"对话框中，选择"数字"选项卡"分类"列表框中的"常规"选项（如图 5-100(b) 所示），以便计算"开始时间"和"完成时间"的常规值。这些数值分别对应日期的最大值和最小值。

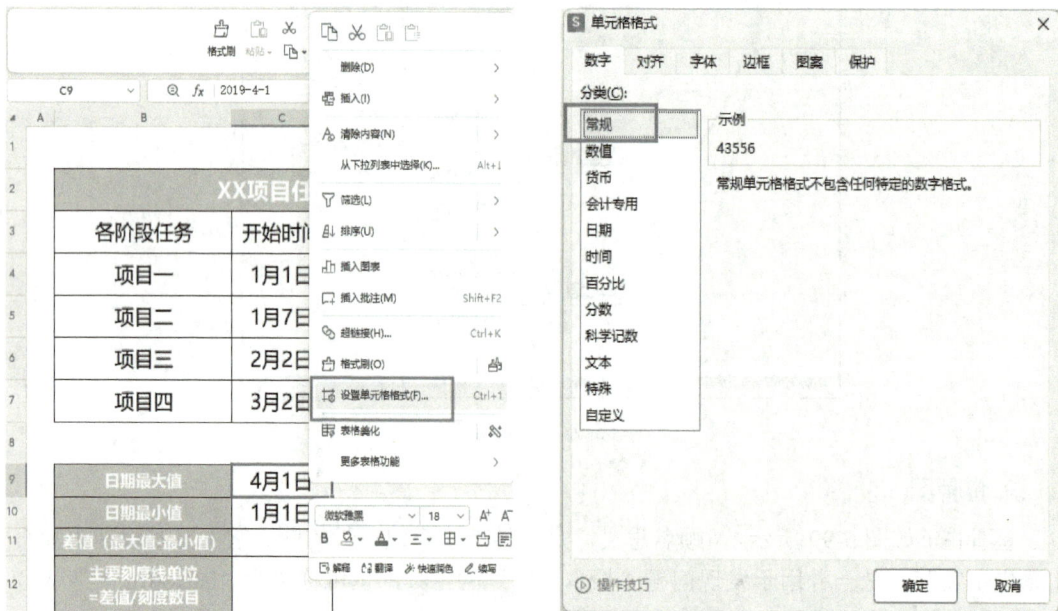

(a) 选择"设置单元格格式"选项   (b) 选择"常规"选项

图 5-100　设置 C9 和 C10 单元格中的数据

(2) 差值 = 最大值 − 最小值得出。因此，选中 C11 单元格，在该单元格中输入公式"=C9-C10"（如图 5-101(a) 所示），计算后得出结果 90。

(3) 主要刻度线单位 = 差值 / 刻度数目。刻度数目即横坐标轴的分割个数，这里设定为 9，因此主要刻度线单位等于 10。选中 C12 单元格，在该单元格中输入公式"=C11/9"（如图 5-101(b) 所示），计算后得出结果 10。

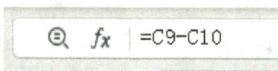

(a) 在 C11 单元格中输入公式   (b) 在 C12 单元格中输入公式

图 5-101　在 C11 和 C12 单元格中输入公式

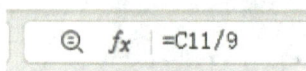

2. 制作图表

准备完基础数据后，开始制作图表，具体步骤如下。

1) 插入图表

选中"各阶段任务""开始时间"和"任务天数"列的数据，单击"插入"→"全部图表"→"条形图"→"堆积"，选择第一个图表样式，如图 5-102 所示。插入图表后的效果图如图 5-103 所示。

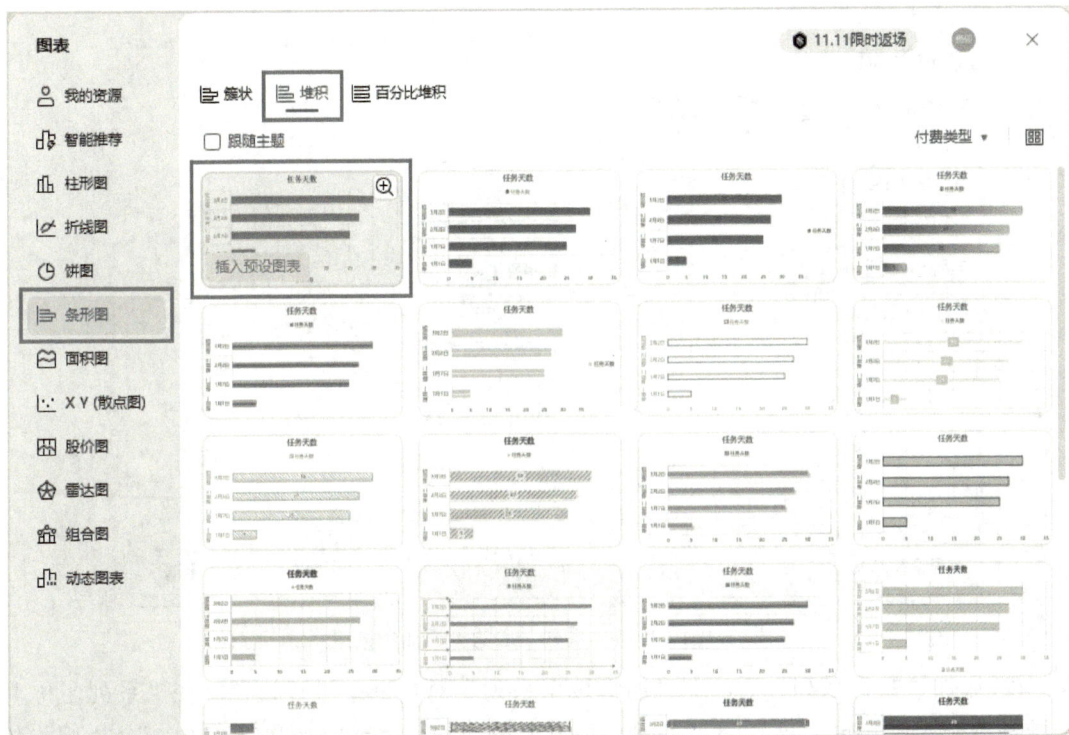

图 5-102　插入图表

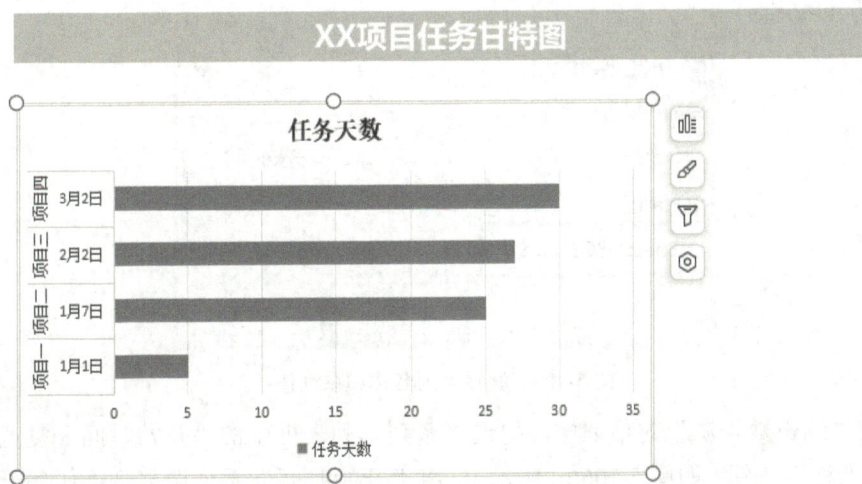

图 5-103　插入图表后的效果图

2) 选择并调整数据

(1) 单击"图表工具"选项卡中的"选择数据"按钮，弹出"编辑数据源"对话框。单击"系列"后的"添加"按钮 ➕，添加一个数据系列，如图 5-104 所示。

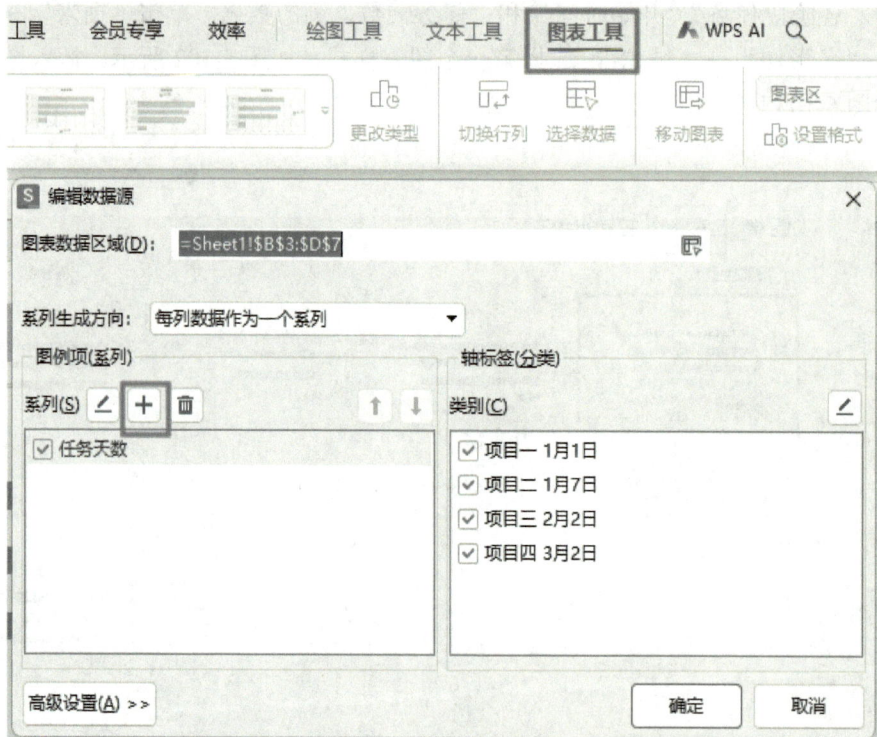

图 5-104　单击"系列"后的"添加"按钮

(2) 添加"数据系列"后，在"编辑数据系列"对话框中进行设置。在"系列名称"参数框中输入"开始时间"，在"系列值"参数框中输入"=Sheet1!$C$4:$C$7"（选择 C4 至 C7 单元格中的"开始时间"数据），如图 5-105 所示。然后单击"确定"按钮，返回"编辑数据源"对话框。

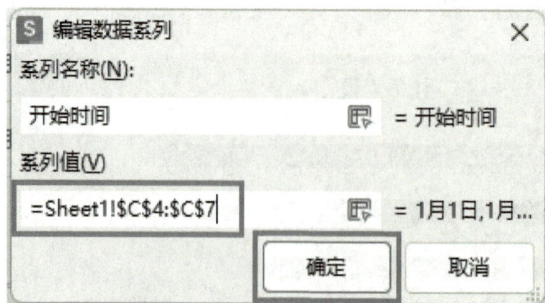

图 5-105　编辑系列名称和系列值

(3) 在"编辑数据源"对话框中，勾选"系列"列表框中的"开始时间"复选框，然后单击"上移"按钮（如图 5-106(a) 所示），将"开始时间"系列调整到"任务天数"系列的前面（如图 5-106(b) 所示），最后单击"确定"按钮。

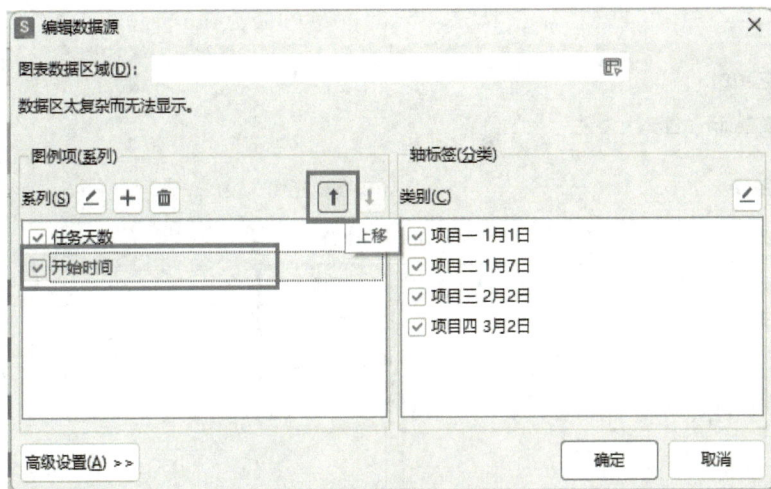

(a) 调整前

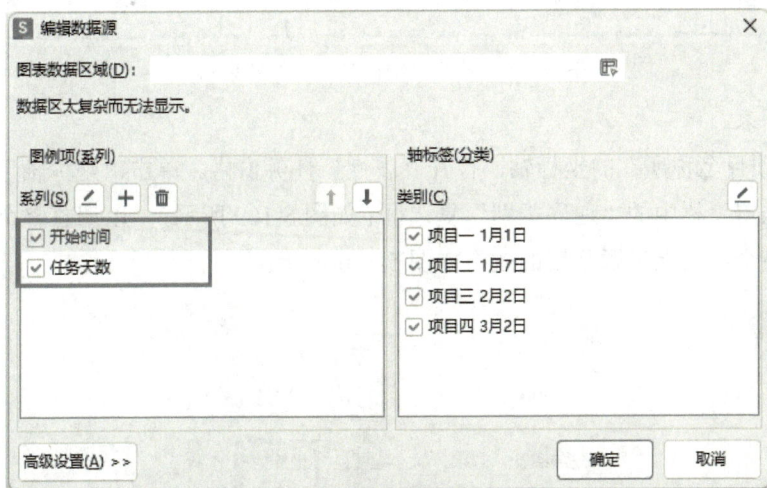

(b) 调整后

图 5-106　将"开始时间"系列调整到"任务天数"系列的前面

(4) 在"编辑数据源"对话框中，单击"类别"右侧的按钮，弹出"轴标签"对话框。在"轴标签区域"参数框中输入"=Sheet1!$B$4:$B$7"，单击"确定"按钮。更改"轴标签区域"数据前后对比图如图 5-107 所示。更改"轴标签"后的效果图如图 5-108 所示。

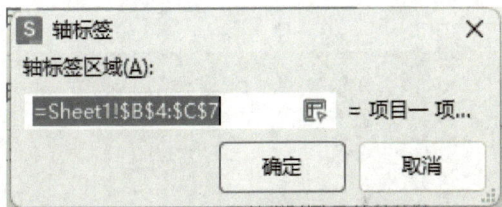

(a) 更改前

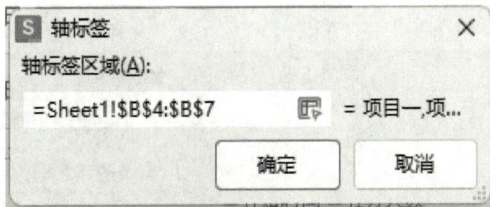

(b) 更改后

图 5-107　更改"轴标签区域"数据前后对比图

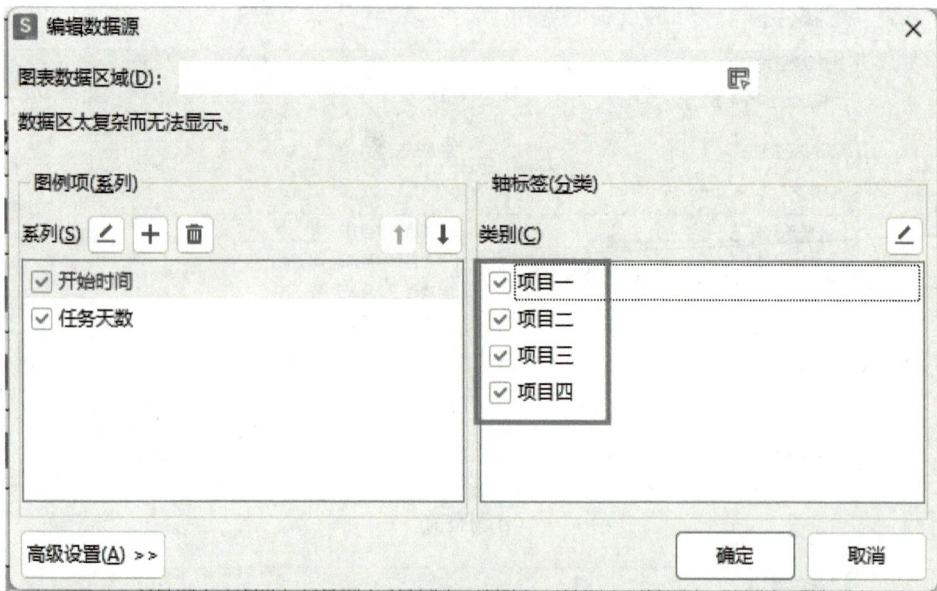

图 5-108　更改"轴标签"后的效果图

3) 调整图表

(1) 双击项目名称所在的坐标轴，打开"属性"任务窗格。单击"坐标轴"选项卡，勾选"坐标轴位置"栏中的"逆序类别"复选框 (如图 5-109 所示)，以调整整个图表的上下顺序。调整整个图表上下顺序后的效果如图 5-110 所示。

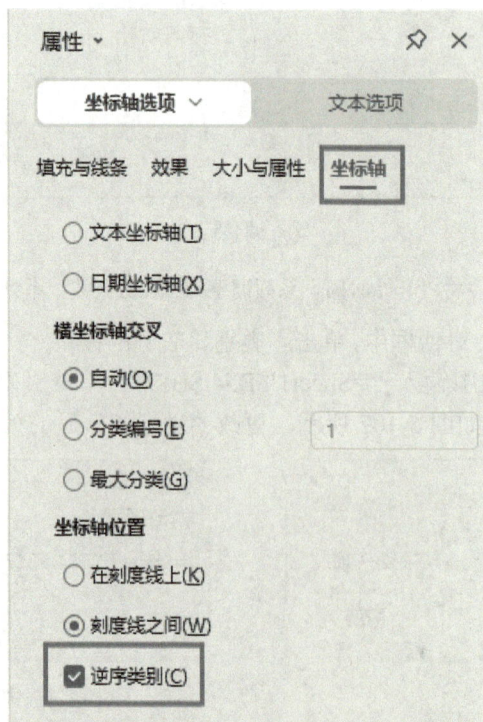

图 5-109　调整整个图表的上下顺序

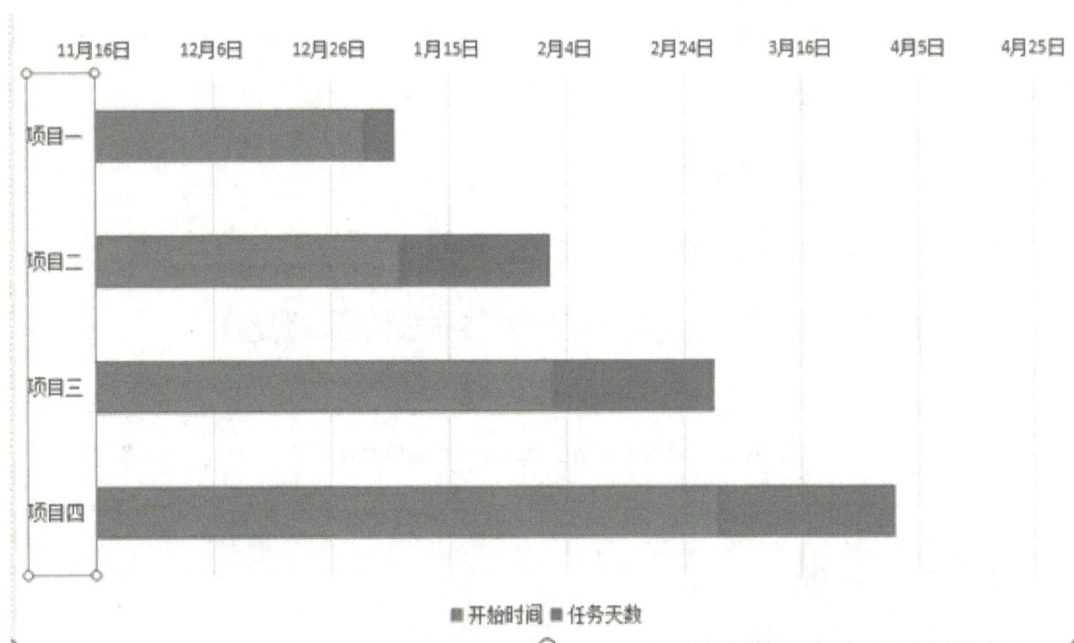

图 5-110　调整整个图表上下顺序后的效果图

(2) 双击"水平 (值) 轴", 打开"属性"任务窗格。选择"坐标轴选项"中的"坐标轴", 填入之前准备好的最小值、最大值、差值 (如图 5-111 所示), 以调整坐标轴至合适的时间间隔。调整坐标轴至合适时间间隔后的效果图如图 5-112 所示。

(3) 双击条形图的前段 (如图 5-113 所示), 打开"属性"任务窗格。单击"填充与线条"选项卡, 在"填充"栏中选中"无填充"单选按钮, 如图 5-114 所示。设置完成后, 条形图前段为无填充色后的效果图如图 5-115 所示。

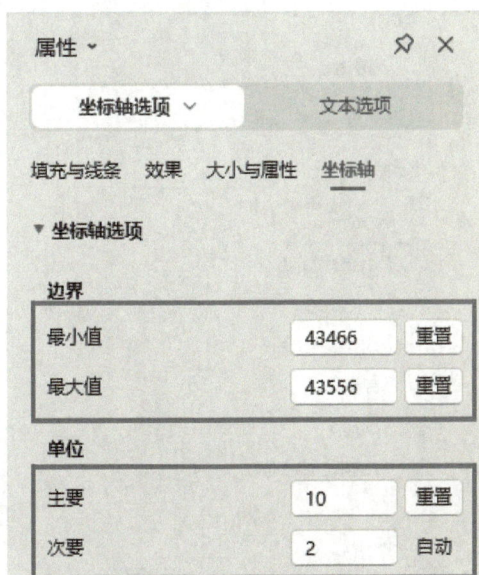

图 5-111　调整坐标轴至合适的时间间隔

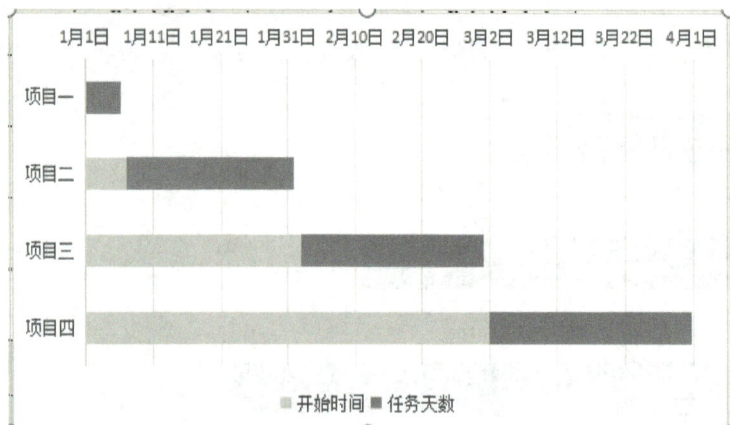

图 5-112　调整坐标轴至合适时间间隔后的效果图

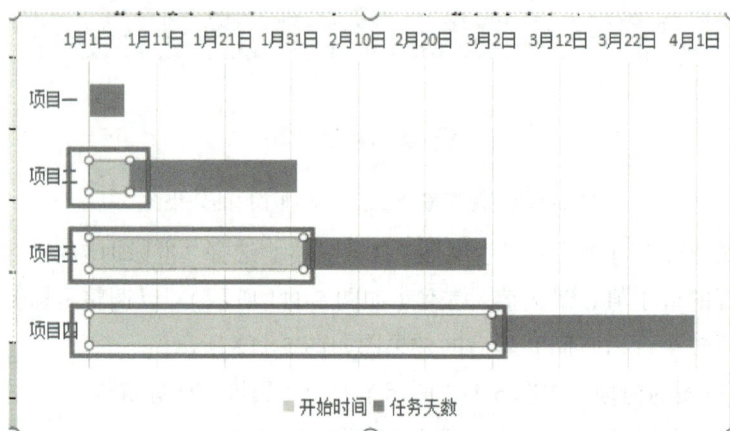

图 5-113　选中条形图的前段

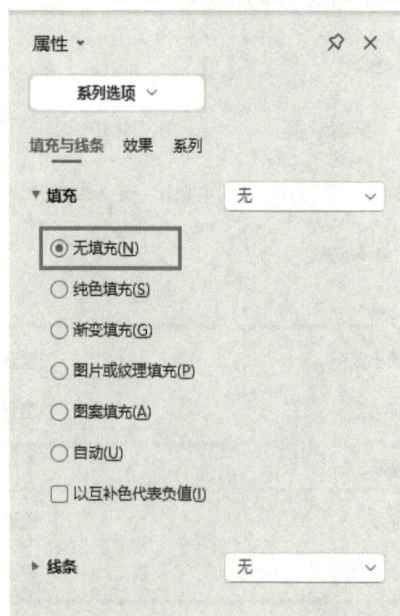

图 5-114　在"填充"栏中选中"无填充"单选按钮

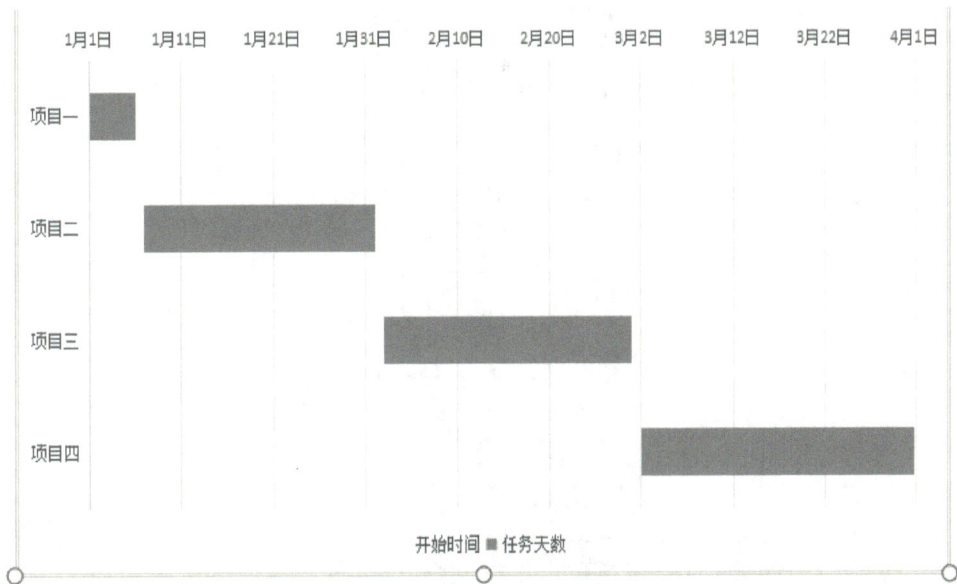

图 5-115　将条形图的前段设置为无填充色后的效果图

(4) 单击图表中的"水平 (值) 轴主要网格线"，其右侧会出现图表快捷按钮。单击"图表元素"按钮，然后在下拉列表中勾选"网格线"复选框，接着在"网格线"子菜单中勾选"主轴主要水平网格线"和"主轴主要垂直网格线"复选框，如图 5-116 所示。

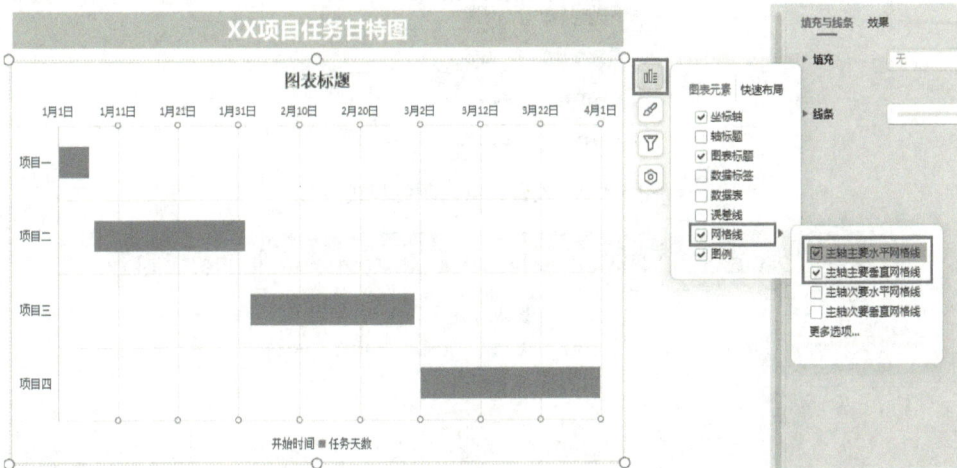

图 5-116　设置网格线

(5) 双击图表中的"水平 (值) 轴主要网格线"，打开"属性"任务窗格。在"线条"栏中选中"实线"单选按钮，在"颜色"下拉列表中选择"浅灰"选项，在"短划线类型"下拉列表中选择"短划线"选项，如图 5-117 所示。对"垂直 (分类) 轴主要网格线"也进行此设置。设置网格线后的效果图如图 5-118 示。

(6) 双击条形图，打开"属性"任务窗格。单击"填充与线条"选项卡，在"填充"栏中选中"纯色填充"单选按钮，在"颜色"下拉列表中选择"橙色"选项，如图 5-119 所示。设置填充色后的效果如图 5-120 所示。

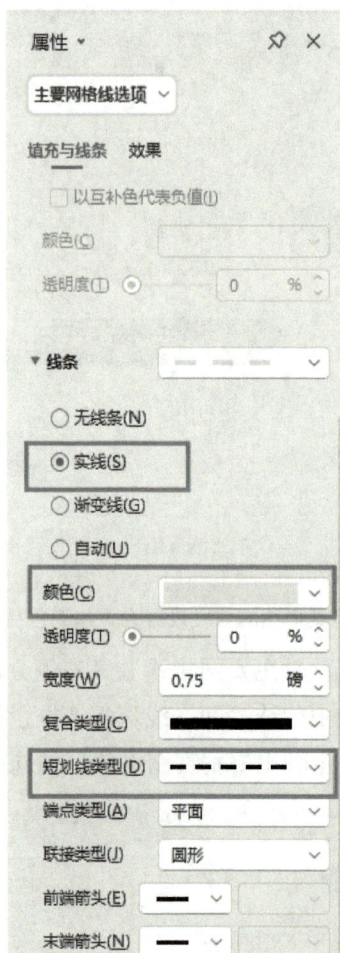

图 5-117　设置线条的颜色和线型

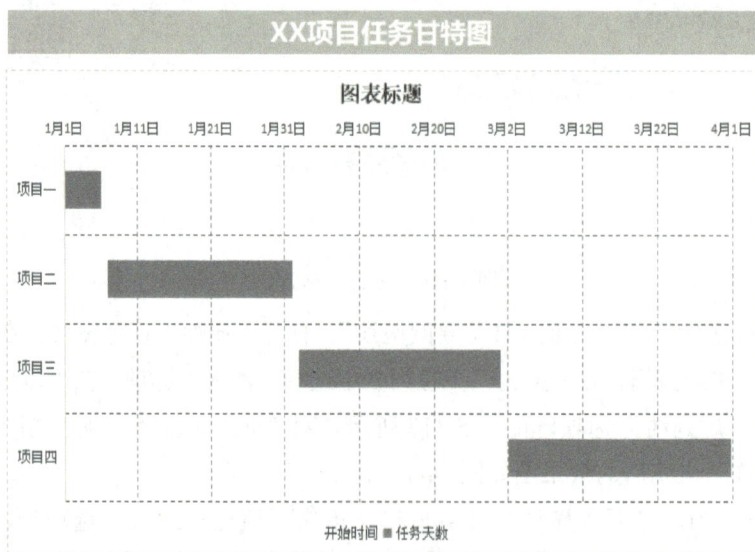

图 5-118　设置网格线后的效果图

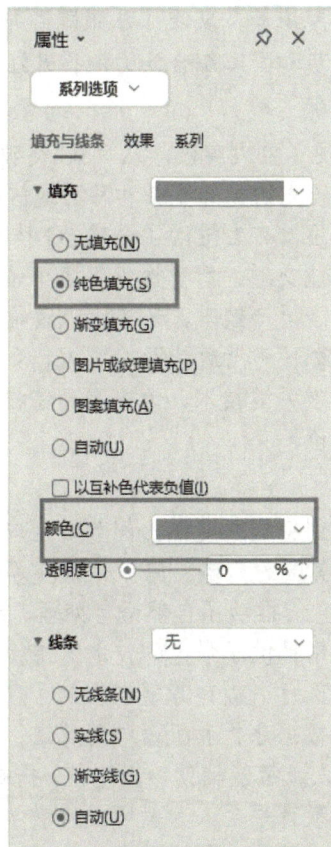

图 5-119　设置填充色

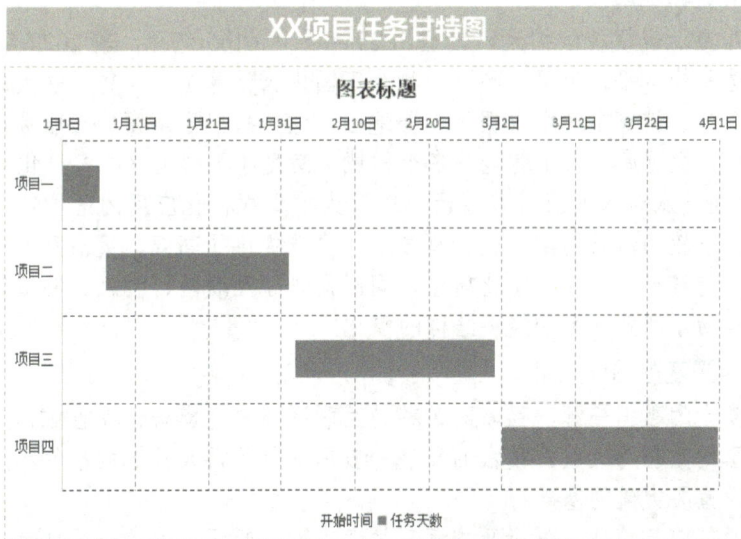

图 5-120　设置填充色后的效果图

课程思政

在当今数字化时代，新一代信息技术已成为推动全球经济社会发展的核心动力。我国在这一领域取得了举世瞩目的卓越成就，实现了从跟跑到并跑、领跑的历史性跨越，为经济的高质量发展、社会的全面进步和国家综合实力的提升注入了强大动力。

1. 通信技术领域的突破与引领

我国在 5G 通信技术方面实现了重大突破，从"3G 突破"到"4G 同步"再到"5G 引领"，建成了全球规模最大、技术领先的光纤宽带和移动通信网络。在 5G 标准制定过程中，我国企业积极参与并占据重要地位，有力推动了全球 5G 技术的发展和应用。如今，5G 技术已广泛应用于工业互联网、智能交通、智慧医疗等多个领域。远程驾驶、智能工厂等场景的应用已落地实施，不仅提升了生产效率，还极大地改善了人们的生活质量。

除了 5G，我国还在积极探索下一代通信网络技术，如 6G 等前沿领域。科研机构和企业加大了投入力度，致力于突破关键技术，为未来通信技术的发展奠定坚实基础，有望在全球通信领域继续保持领先地位。

2. 人工智能的崛起与创新

我国在人工智能领域的技术创新成果斐然。例如，生成式人工智能方面的专利申请数量高达 3.8 万项，是排名第二的美国的六倍。腾讯、百度等企业在人工智能核心技术研发与应用方面处于世界前沿水平，它们推动了自然语言处理、计算机视觉等技术的快速发展，为智能语音助手、图像识别等应用提供了强大的技术支持。

人工智能技术在我国金融、医疗、教育等领域得到了广泛应用，引发了产业变革。在金融领域，金融机构通过运用大数据分析和机器学习算法，实现了风险预测和智能投资决策。在医疗领域，医疗机构运用人工智能辅助诊断系统，提高了疾病诊断的准确性和效率。在教育领域，教育机构利用智能教育平台，为教师提供教学辅助工具，并为学生定制个性化的学习方案，有效促进了教育公平和质量的提升。

3. 云计算的蓬勃发展

我国云计算市场规模持续扩大，截至 2023 年已达 6165 亿元，较 2022 年增长 35.5%，增速远高于全球平均水平。阿里、腾讯、华为等国内云计算企业，凭借强大的技术实力和创新能力，在全球云计算市场中占据了重要地位。它们推出了丰富的云服务产品，这些产品涵盖弹性计算、数据库、人工智能等多个领域，满足了不同用户的多样化需求。

随着 AI 原生技术带来的云计算革新，以及大模型规模化应用的落地实施，我国云计算产业迎来了新一轮的增长周期。云计算技术为企业提供了高效、灵活且低成本的计算资源和服务，助力传统产业实现数字化转型，同时促进了互联网、金融、制造等行业的创新发展，进一步推动了产业升级和经济结构的优化。

4. 大数据的深度挖掘与应用

我国拥有庞大的数据资源，互联网、移动互联网用户规模居世界首位，产生了海量的数据。这些丰富的数据为大数据技术的发展和应用提供了得天独厚的条件，成为了我国在大数据领域取得重要突破的基础。

在大数据的存储、管理、分析及挖掘等技术方面，我国取得了一系列重要突破，并将这些技术广泛应用于金融风险防控、智慧城市建设、医疗健康等多个领域。例如，金融机构通过分析海量金融交易数据，实现了风险预警和反欺诈；城市管理部门利用大数据技术来优化城市交通流量，提升了城市治理水平；在医疗健康领域，医疗机构通过挖掘和分析患者数据，辅助医生进行精准诊断和制定治疗方案。

5. 物联网的广泛应用与创新

我国在物联网领域持续推出创新技术和产品。例如，深圳物芯科技控股集团研发出了具有完全自主知识产权的无线组网协议——ADC 去中心化协议，并成功将该协议芯片化，填补了国内相关技术的空白，有力推动了物联网产业的发展。同时，物联网技术在北京冬奥会等重大活动中得到了广泛应用，如冬奥村的智能床、无人餐厅等，充分展示了我国物联网技术的强大实力和广阔应用前景。

近年来，我国物联网产业规模持续扩大，连接数实现爆发式增长，整个行业正逐步从成长期迈向成熟期。物联网技术在工业制造、智能家居、智能农业等领域的应用不断深化，为传统产业的智能化升级提供了坚实支撑，创造了巨大的经济和社会效益。

6. 虚拟现实的前沿探索与应用拓展

我国在虚拟现实技术方面取得了显著进展。例如，中国科学技术大学研发的空中成像提词器采用了无介质空中悬浮成像技术，该技术基于微纳结构光场调控原理，实现了无须任何介质承载的实像，并支持穿透式交互操作，其技术水平已跻身全球领先阵营，为虚拟现实技术的应用拓展开辟了更广阔的空间。

虚拟现实技术在我国的应用场景日益丰富。除在娱乐、游戏等领域的广泛应用外，它还在教育、医疗、文化旅游等领域展现出了巨大的应用潜力。例如，在教育领域，教师通过虚拟现实技术构建虚拟教学场景，有效提升了教学效果和学生的学习体验；在医疗领域，医护人员利用虚拟现实技术进行手术模拟训练、辅助康复治疗，显著提高了医疗服务的质量和效率；在文化旅游领域，工作人员借助虚拟现实技术重现历史文化场景，为游客带来了全新的沉浸式体验。

7. 信息安全的坚实保障

我国在信息安全技术领域持续创新。例如，北京中科国光量子科技有限公司成功推出了全球首个真空噪声芯片，该芯片能有效抵御电源纹波攻击等侧信道攻击，为金融、通信、国防等关键领域提供了更加可靠的信息安全保障。

中安网脉等一批信息安全企业在密码与信息安全领域技术领先，其研制的多种信息安全产品在各级党政机关和企事业单位中得到了广泛应用。同时，我国已颁布并实施《中华人民共和国网络安全法》《中华人民共和国数据安全法》《中华人民共和国个人信息保护法》等一系列法律法规，建立了关键信息基础设施安全保护制度、数据安全与发展制度、个人信息保护制度等，构建了完善的网络安全法规体系，为信息安全提供了坚实的法律保障。

8. 编程语言的重大创新

2024 年，我国自主研发的世界首个数据化编程语言——拜语言正式发布。该语言配备了单机版转译器，实现了跨端编程、面向身份编程等多项创新技术，使开发效率提高了10 倍级以上，软件开发成本降低了 90% 以上。此外，它还拥有全球独一无二的"轻云"服务以及双语法树双节点等领先技术。拜语言的发布有望提升我国在编程语言领域的国际地位，为我国信息技术产业的发展提供更加坚实的支撑。

我国在新一代信息技术领域取得了卓越成就，彰显了我国在科技创新方面的强大实力和巨大潜力。这些成就的取得，离不开国家政策的大力支持、科研人员的不懈努力以及企业的积极创新。未来，我国将继续加大在新一代信息技术领域的投入力度，加强基础研究和前沿技术研发，促进新一代信息技术与各行业各领域的深度融合，为实现经济社会高质量发展和中华民族伟大复兴的中国梦贡献更大力量。

参 考 文 献

[1] 陈海燕．信息与文献 参考文献著录规则 (GB/T 7714—2015) 部分条款解读 [J]．中国科技期刊研究，2016，27(3)：237-242.

[2] 商蕾杰，李娜，杨硕．信息技术基础 + Office 2010 高效办公教程 [M]．西安：西安电子科技大学出版社，2018.

[3] 徐栋，韩妮娜．办公应用立体化教程：WPS Office 版：微课版 [M]．北京：人民邮电出版社，2023.

[4] 郑根让，李建辉，赵清艳．新一代信息技术基础 [M]．西安：西安电子科技大学出版社，2022.

[5] 陈修齐．物联网技术导论 [M]．西安：西北工业大学出版社，2018.

[6] 郎为民，马卫国，张寅，等．大话物联网 [M]．2 版．北京：人民邮电出版社，2020.

[7] 强世锦，徐杰．物联网技术导论 [M]．2 版．北京：机械工业出版社，2019.

[8] 刘驰．物联网技术概论 [M]．3 版．北京：机械工业出版社，2021.

[9] 陈赜．物联网技术导论与实践 [M]．北京：人民邮电出版社，2016.

[10] 魏旻，王平．物联网导论 [M]．北京：人民邮电出版社，2015.

[11] 李建，王芳．虚拟现实技术基础与应用 [M]．2 版．北京：机械工业出版社，2022.

[12] 何志红，孙会龙．虚拟现实技术概论 [M]．北京：机械工业出版社，2019.

[13] 胡钢．信息技术：拓展模块 [M]．北京：人民邮电出版社，2022.

[14] 张金娜，陈思．信息技术基础项目式教程：Windows 10 + WPS 2019：微课版 [M]．北京：人民邮电出版社，2022.

[15] 史小英．信息技术：拓展模块：慕课版 [M]．北京：人民邮电出版社，2021.